纺织服装高等教育"十二五"部委级规划教材

女装缝制工艺

主　编　周　捷
副主编　田　伟

东华大学出版社
·上海·

内 容 简 介

本书融入了服装企业实际生产知识系统,介绍了女装的短袖衬衫、长袖衬衫、马甲、斗篷、短外套、大衣、裙子和裤子等32款成衣品种的款式说明、结构图、缝头和加放、缝制工艺及要求等内容。内容覆盖面广,针对性强,以图配文的形式,突出介绍不同品种、不同部位的缝制要点和诀窍。全书图文并茂,让读者一目了然。本书可作为高等院校服装及相关专业学生的教材或参考书,也可供广大服装从业人员使用。

图书在版编目(CIP)数据

女装缝制工艺/周捷,田伟主编. —上海:东华大学出版社,2015.3
ISBN 978-7-5669-0664-9

Ⅰ.①女… Ⅱ.①周… ②田… Ⅲ.①女服—服装缝制—高等学校—教材
Ⅳ.①TS941·717

中国版本图书馆 CIP 数据核字(2014)第 275537 号

责任编辑　杜亚玲
封面设计　新　树

女装缝制工艺
NÜZHUANG FENGZHI GONGYI

主编　周捷　副主编　田伟
出　　版:东华大学出版社(上海市延安西路1882号,200051)
网　　址:http://www.dhupress.net
天猫旗舰店:http://dhdx.tmall.com
营销中心:021-62193056　62373056　62379558
印　　刷:昆山亭林印刷有限责任公司
开　　本:787mm×1092mm　1/16　印张:18.25
字　　数:450千字
版　　次:2015年3月第1版
印　　次:2015年3月第1次印刷
书　　号:ISBN 978-7-5669-0664-9/TS·561
定　　价:45.00元

前 言

服装缝制工艺是将服装款式设计、服装结构设计最终变成成衣的关键一步。女装缝制工艺课程是高等院校服装专业实践教学环节的不可缺少的部分。

本书内容涉及不同种类的女式长、短袖衬衫、马甲、斗篷、短外套、大衣、裙子及裤子等成衣品种。每一款成衣品种均包括款式特点、成品规格、结构制图、缝头加放、缝制方法及要求等内容。

每一款成衣品种都是精心挑选，具有时尚性和代表性。在工艺的选用上，既体现现代服装企业生产的工艺特色，又兼顾个体缝制工艺的特点，工艺规范合理，注重实战知识。全书内容由浅入深，图文并茂，通俗易懂，实用性强，既可作为高等院校服装专业教材，也可作为服装行业的技术人员参考用书及服装爱好者自学指导读物。

本书由西安工程大学服装与艺术设计学院周捷博士主编，负责全书的编著、统稿、校对和修改。西安工程大学服装与艺术设计学院田伟教授任副主编。

由于时间仓促、水平有限，难免有错误和疏漏，欢迎专家、同行和广大读者提出批评与改进意见，不胜感谢！

周　捷

CONTENTS
目 录

第一部分　上装缝制工艺

第一章　短袖衫　3
第一节　圆领口短袖衫　4
第二节　卷领短袖衫　10
第三节　方领短袖衫一　20
第四节　方领短袖衫二　25

第二章　长袖衬衫　31
第一节　单立领衬衫　32
第二节　飘带领长袖衬衫　38
第三节　荷叶领长袖衬衫　44
第四节　仿男式衬衫领长袖衬衫一　52
第五节　仿男式衬衫领长袖衬衫二　63

第三章　马甲与斗篷　71
第一节　V字领口马甲　72
第二节　连立领马甲　79
第三节　卷领马甲　84
第四节　大翻领马甲　89
第五节　立领斗篷　97
第六节　无领斗篷　104

第四章　短外套　109
第一节　翻驳领明贴袋短外套　110
第二节　平驳头七分袖外套　124
第三节　仿男式衬衫领短外套　133
第四节　翻驳立领短外套　145

CONTENTS 目 录

第五节　连立领短外套	154
第六节　翻领外套	163

第五章　大　衣　　　　　　　　　　171

第一节　无领大衣	172
第二节　立领大衣	183
第三节　翻领大衣	194
第四节　翻驳领大衣	207

第二部分　下装缝制工艺

第六章　裙　子　　　　　　　　　　229

第一节　节裙	230
第二节　围裹裙	236
第三节　全里西服裙	243
第四节　楔形裙	251

第七章　裤　子　　　　　　　　　　255

第一节　全里长裤	256
第二节　紧身七分裤	263
第三节　灯笼裤	270
第四节　牛仔裤	278

参考文献　　　　　　　　　　　　　284

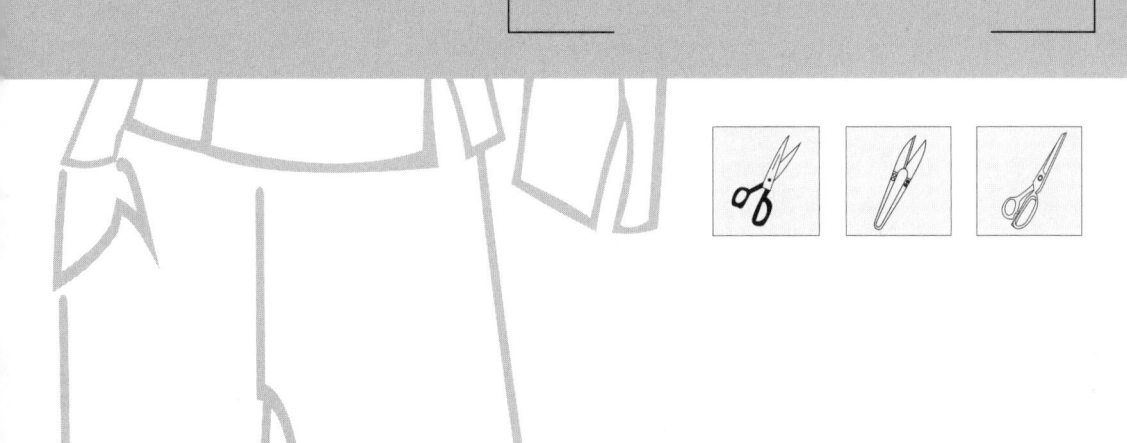

第一部分
上装缝制工艺

第一章
短袖衫

第一节 圆领口短袖衫

一、款式说明

如图1-1-1所示，该款为宽松式短袖衫，前片加育克和抽褶，抽褶起装饰作用的同时也使整件服装较为宽松；此款为宽松袖型，腋下透气性较好，适合夏季穿着；可以选用薄型针织或梭织面料。

二、结构图

制图说明：如图1-1-2所示前片抽褶量6cm，可以根据面料的情况和自己的喜好增加或减少，前、后

图 1-1-1 款式图

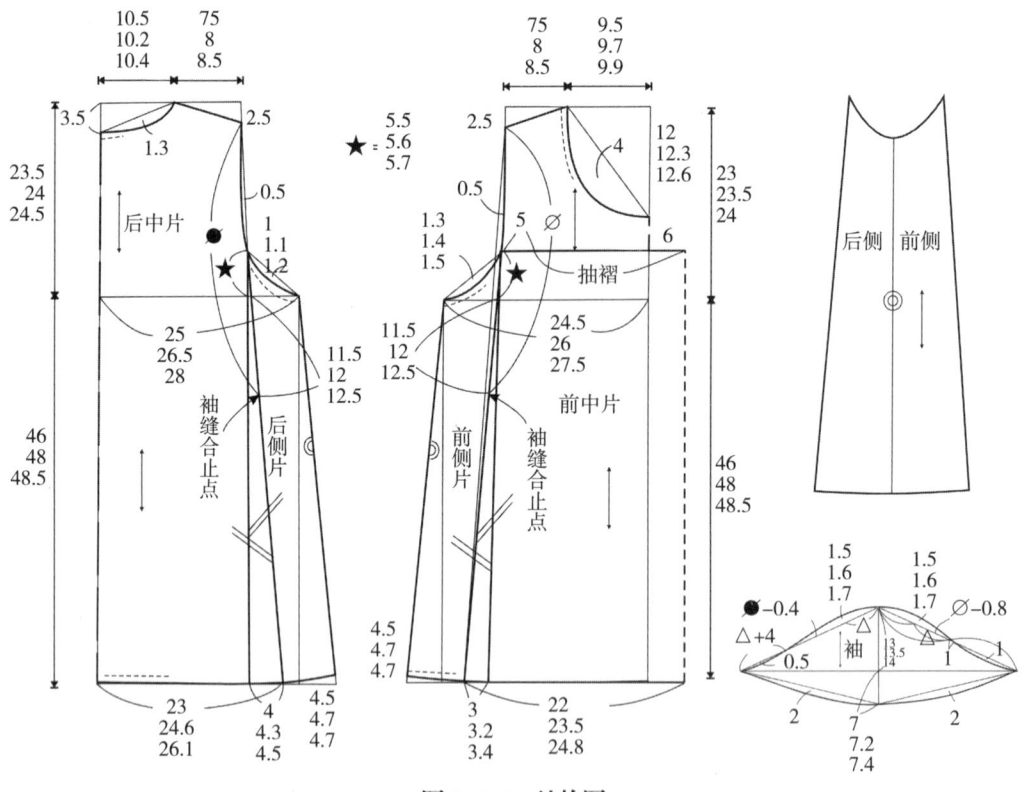

图 1-1-2 结构图

侧片拼合成一片，然后将袖窿弧线修圆顺；前、后领窝弧线与前、后中线在相交处要垂直，否则领口线容易形成凹角或凸角；前后肩缝拼合后，检查领窝弧线和袖窿弧线是否圆顺，如果不圆顺，则需要调整领窝弧线和袖窿弧线直至圆顺。

三、缝头加放

缝头加放说明：领口弧线部分缝头加放为0.8~1cm，袖口和衣身折边为1.5cm，其他部位的缝头为1~1.5cm，如图1-1-3所示。

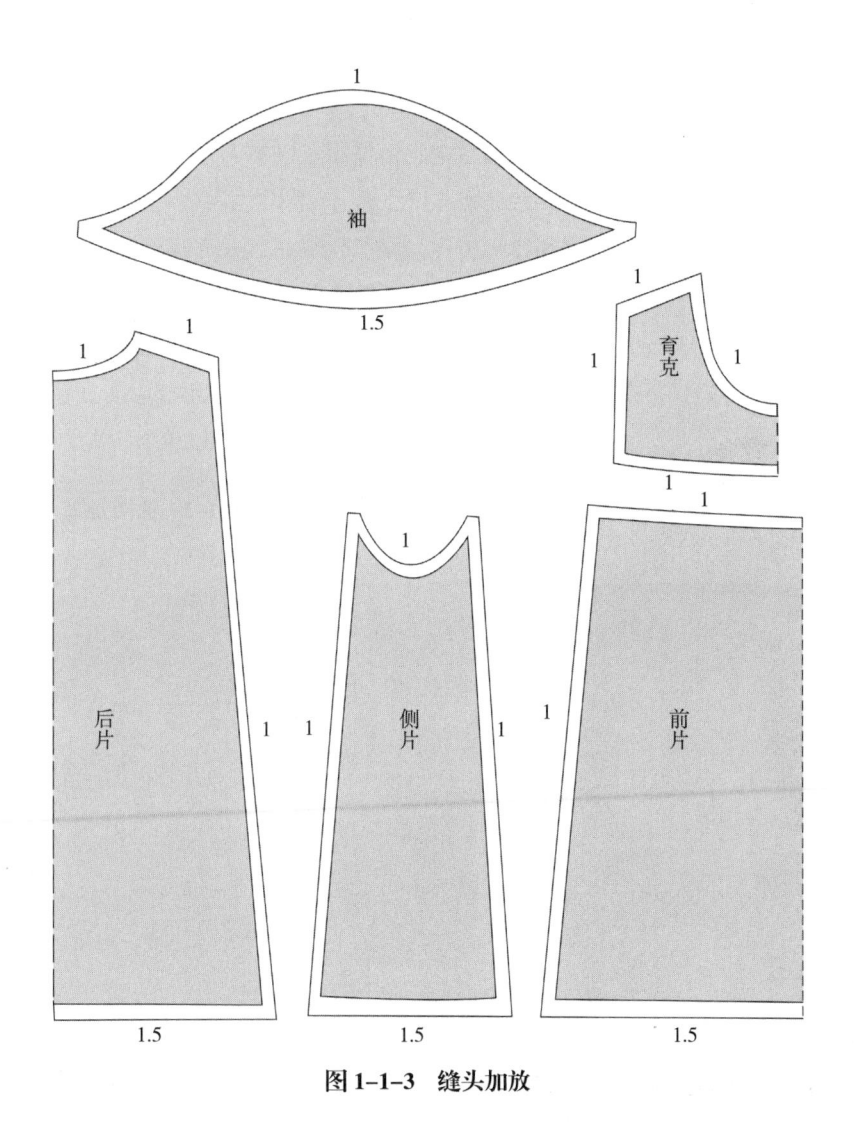

图1-1-3 缝头加放

四、缝制方法

1. 如图1-1-4所示，在前下衣片上口净线外侧0.2cm及0.5cm处拱针，抽缝线。
2. 如图1-1-5所示，用熨斗熨烫整理抽褶量，如抽褶一次不能到达预期效果的话，可以分几次抽拉缝线。
3. 如图1-1-6所示，将育克与前下衣片正面相对叠合，缉缝。然后将两片一起进行包缝。
4. 如图1-1-7所示，用熨斗在反面将缝道熨烫平整，然后再将育克翻到正面用熨斗进行压烫，缝头倒向育克。

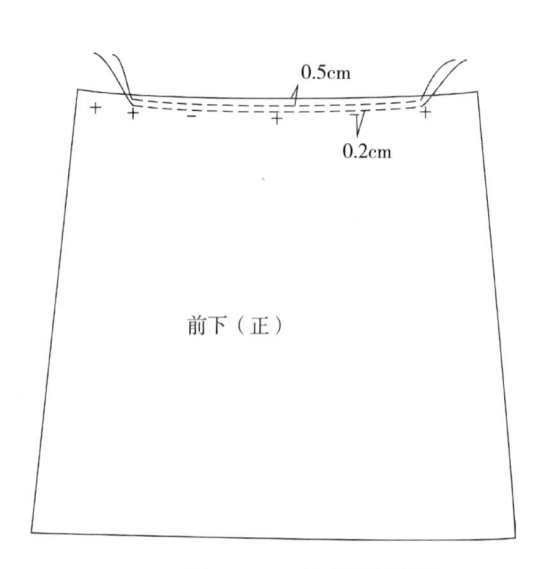

图 1-1-4　处理抽褶部位

图 1-1-5　抽褶处理

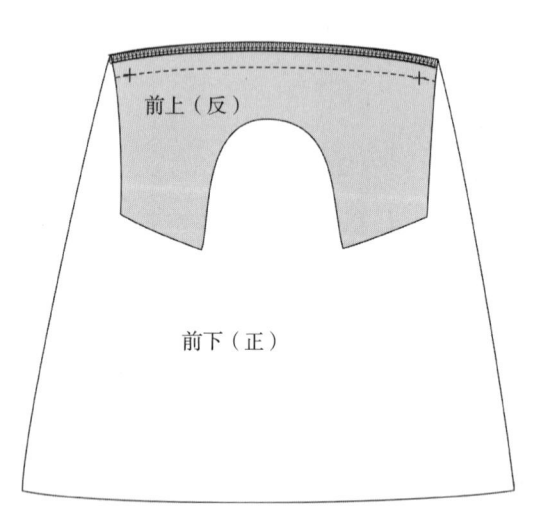

图 1-1-6　缉缝育克与前下衣片

图 1-1-7　熨烫缝道

5. 如图1-1-8所示，包缝前、后肩缝，然后将前后衣片肩缝正面叠合，分别缝合左、右肩缝，最后分烫。

6. 如图1-1-9所示，剪45°斜纱方向斜条做领口贴边，其宽度为2.2cm，长度为领窝弧线长+2cm，扣烫0.5cm的缝头。

7. 如图1-1-10所示，领口贴边正面与领窝弧线正面相对叠合，接缝放在左肩缝处，接缝重叠1cm。粗缝或用大头针固定，在领口净线外0.1cm处缉缝。然后将缝头修剪为0.5cm。

8. 如图1-1-11所示，将领口贴边翻到反面，比领口线退0.1cm，然后在0.5cm处缉一道明线。

9. 如图1-1-12所示，剪侧片袖窿弧线贴边，45°斜纱方向，其宽度为2.2cm，长度为袖窿弧线长+2cm，扣烫0.5cm缝头。

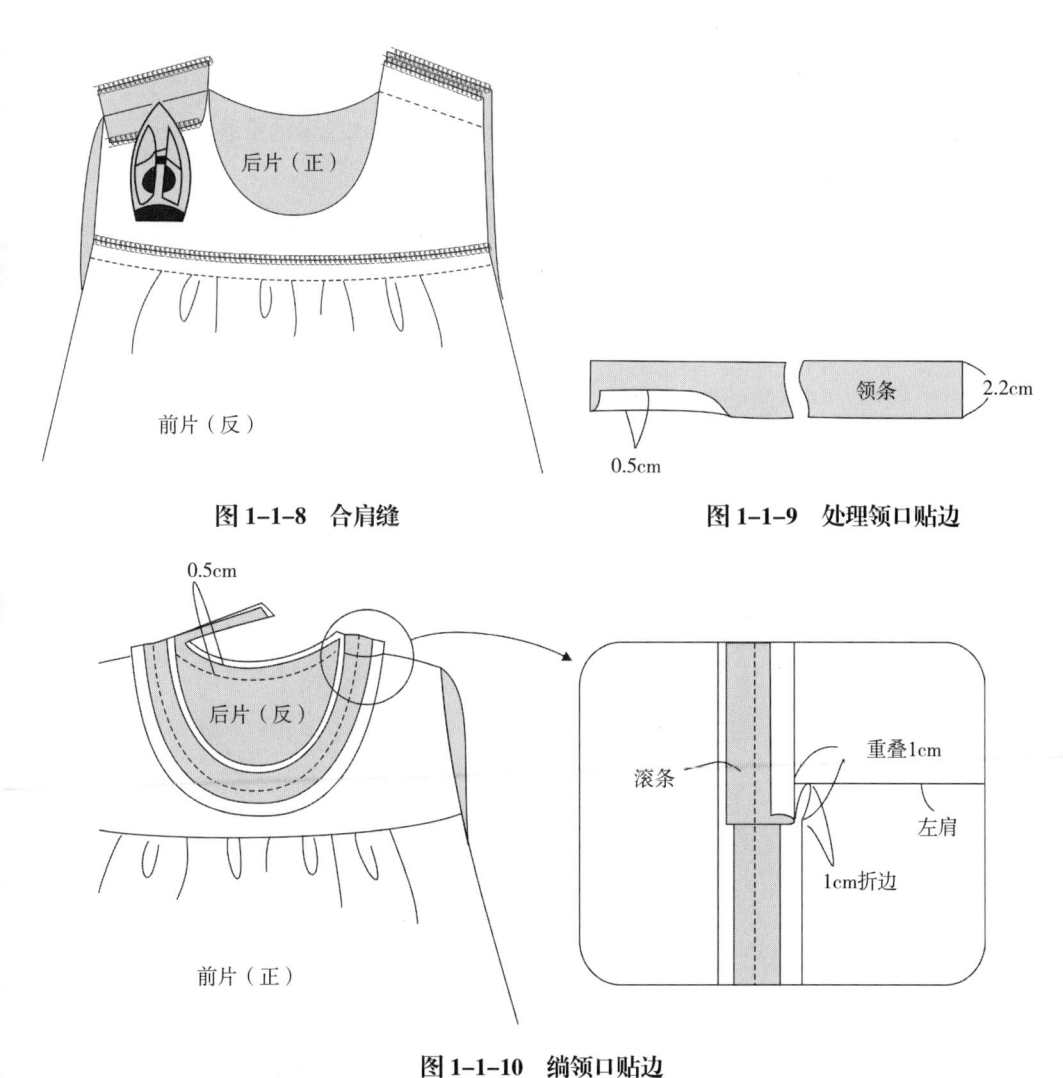

图 1-1-8　合肩缝

图 1-1-9　处理领口贴边

图 1-1-10　绱领口贴边

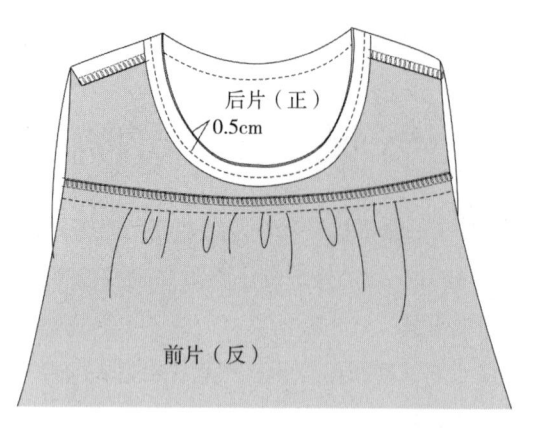

图 1-1-11　缉领口明线（领口加一道线）　　　　图 1-1-12　处理袖窿贴边

10. 如图1-1-13所示，侧片贴边袖窿弧线正面与侧片袖窿弧线正面相对叠合，粗缝或用大头针固定，在袖窿净线外0.1cm处缉缝，然后将缝头修剪为0.5cm。

11. 如图1-1-14所示，将侧片袖窿弧线贴边翻到反面，比袖窿袖条退0.1cm，然后在0.5cm处缉一道明线。

12. 如图1-1-15所示，将左、右袖口底边分别折转0.75cm，然后再在净缝处折转，在距离底边线0.5cm处缉一道明线。

13. 如图1-1-16所示，将袖山弧线与前后片袖窿弧线对位，为使袖子和衣片不错

图 1-1-13　绱袖窿贴边　　　　图 1-1-14　缉缝袖窿明线

图 1-1-15　绷缝袖口底边

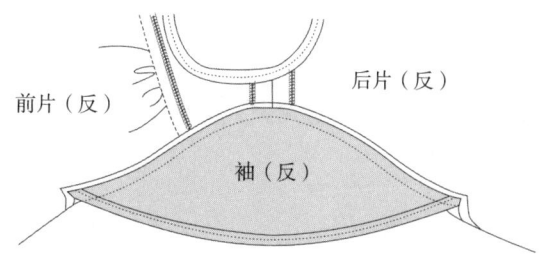

图 1-1-16　粗缝袖山与袖窿弧线

位，进行粗缝固定，起针处要回针，粗缝完成后将其翻到正面，检查袖子扭偏的情况和装袖线状态。

14. 如图1-1-17所示，将侧片的侧缝分别与前、后衣片的侧缝正面相对叠合，进行粗缝固定或大头针固定，然后连同袖子一起绷缝，起始位要打回车，在与袖口交叉部位进行加固缝或打套结。

15. 如图1-1-18所示，熨烫缝道，将衣片翻到正面，熨烫平整。

16. 如图1-1-19所示，扣烫下摆折边，扣烫方法与袖口折边方法相同，然后进行绷缝。

17. 拆掉粗缝线，整理熨烫。

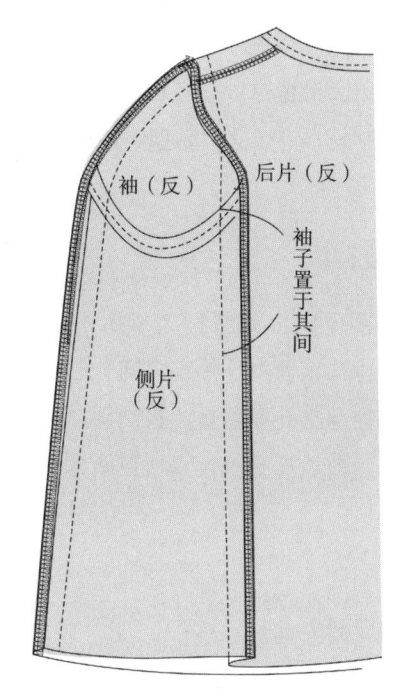

图 1-1-17　绷缝侧缝和袖窿

图 1-1-18　熨烫缝道

图 1-1-19　绷缝下摆折边

第一章　短袖衫　9

第二节　卷领短袖衫

一、款式说明

如图1-2-1所示，该款为宽松式短袖衫，腰部通过腰带束腰；领子采用45°斜料，翻卷自然；后背缝采用隐形拉链，后领口用扣襻和扣子闭合，适合夏季穿着；可以选用薄型针织或梭织面料。

二、结构图

制图说明：如图1-2-2所示，领子为45°斜裁，领里与领面为一片布；前、后领窝弧线与前、后中线在相交处要垂直，否则领口线容易形成凹角或凸角；前后肩缝拼合，检查领窝弧线和袖窿弧线

图1-2-1　款式图

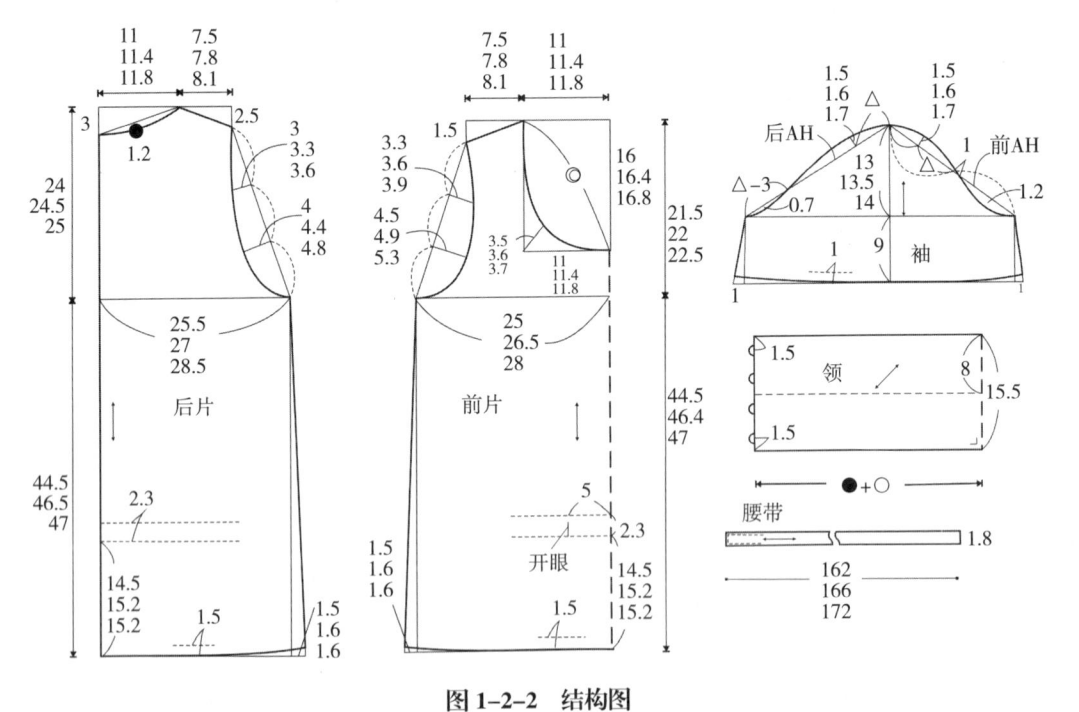

图1-2-2　结构图

是否圆顺，如果不圆顺，则需要调整领窝弧线和袖窿弧线直至圆顺。衣片前后侧缝长度要相等；将前后侧缝拼合，画顺前后衣片底边线。

三、缝头加放

缝头加放说明：领口弧线部分缝头加放在0.8~1cm，袖口和衣身折边为2cm，其他？部位的缝头为1cm，面料缝头加放如图1-2-3所示。

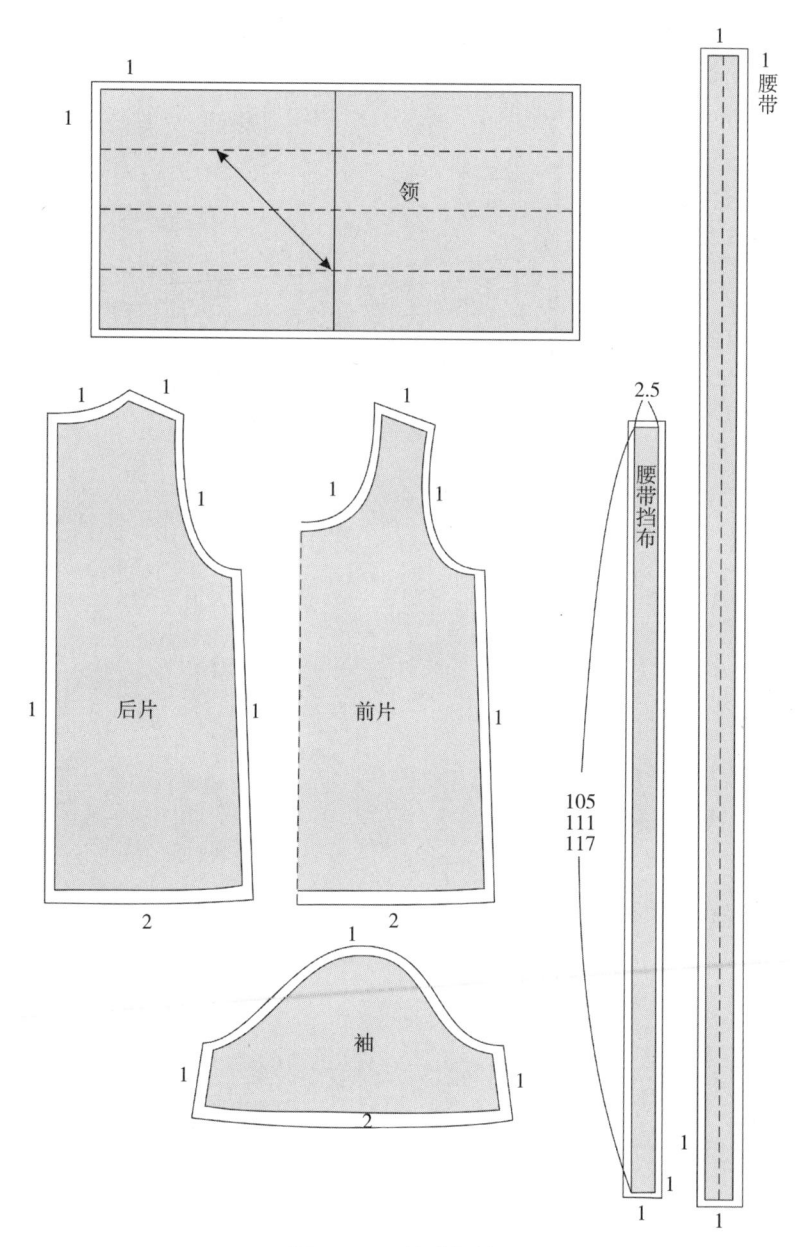

图1-2-3　缝头加放

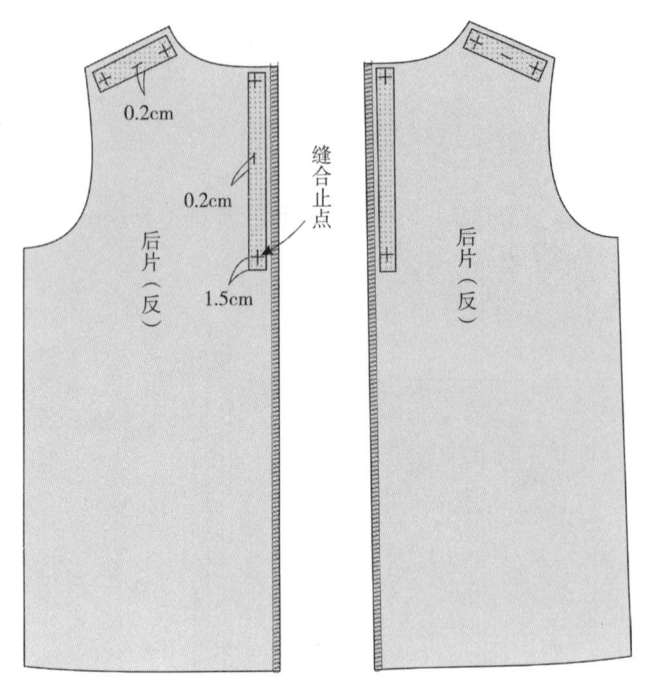

图 1-2-4　贴黏合衬

图 1-2-5　扣烫底边折边

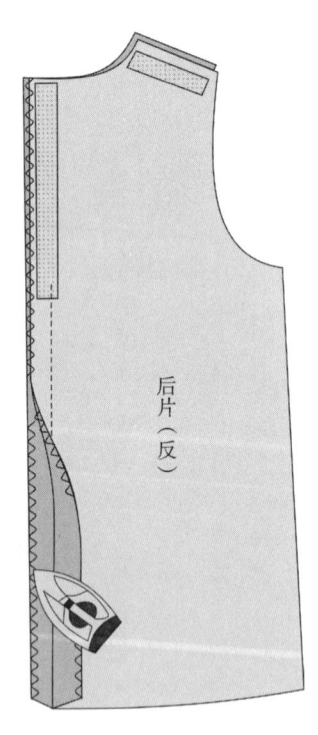

图 1-2-6　缝合后背缝

四、缝制方法

1. 如图1-2-4所示，用熨斗或黏合机将黏合衬布分别贴到左右肩缝和后背缝装拉链处，黏合衬需要盖过净缝线0.2cm，超出拉链开口止点1.5cm。

2. 包缝背中缝。

3. 如图1-2-5所示，扣烫底边折边，先扣烫0.8cm，再扣烫1.2cm折边。在装拉链处的黏合衬上做净缝标志。

4. 如图1-2-6所示，将左右两片正面相对，从底边向上缉缝后背缝，缝制拉链开口止点，起止点打回车，然后分烫。

5. 如图1-2-7所示，将隐形拉链与背中缝的缝头相对，拉链齿中心与背中缝线相对。拉链上端与后领口净缝线对齐，将缝头与拉链用大头针固定，检查左右对位情况，然后在拉链牙边上粗缝固定。

6. 如图1-2-8所示，将拉链的拉头拉至最下面。将拉链插进隐形拉链压脚的槽中，一边把拉链牙抬起，一边车缝，缝至开口止点。

7. 如图1-2-9所示，左右两边缝完后，从反面拉出拉链的拉头，然后闭合拉链，将拉链金属扣移至开口止点处，用钳子固定。

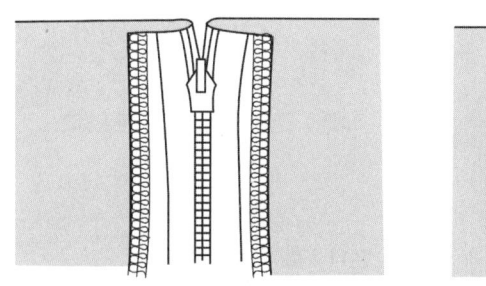

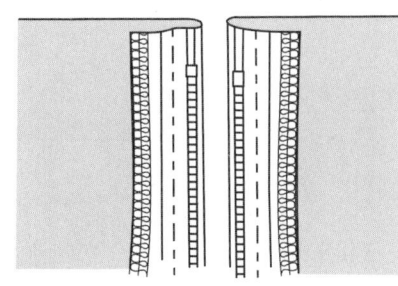

图 1-2-7　拉链与衣片固定

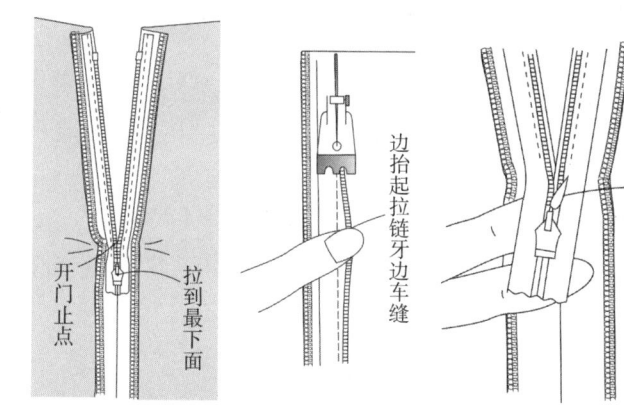

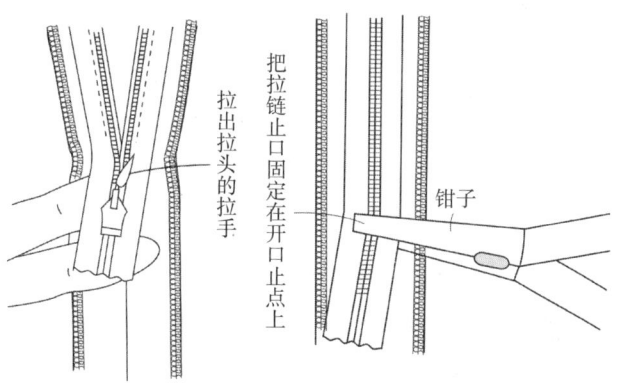

图 1-2-8　车缝拉链

图 1-2-9　修整拉链长度

8. 如图1-2-10所示，拉链基布两侧缲缝或缉缝在背中缝的缝头上，下端用三角针固定在缝头上或者用布将下端包住。

9. 如图1-2-11所示，在前片左、右腰带出口处，各贴3cm宽的正方形黏合衬。

10. 将两个出口进行锁眼缝处理。

11. 如图1-2-12所示，将前后肩缝正面相对叠合，缉缝，然后再将两片缝头一起进行包缝。

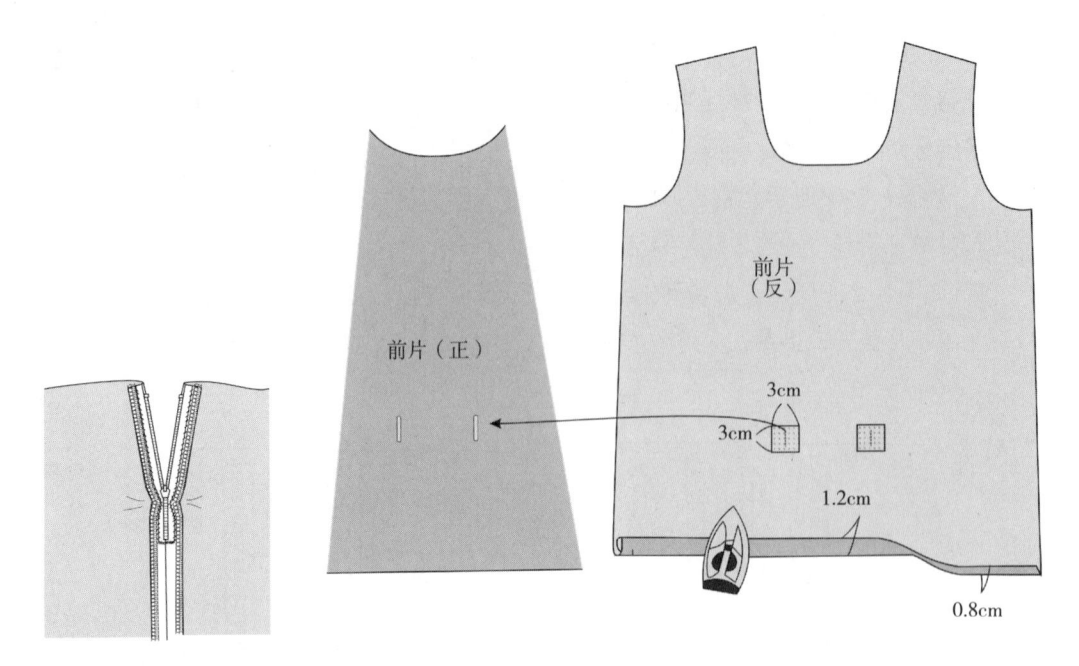

图 1-2-10 固定拉链基布　　　　图 1-2-11 处理腰带出口

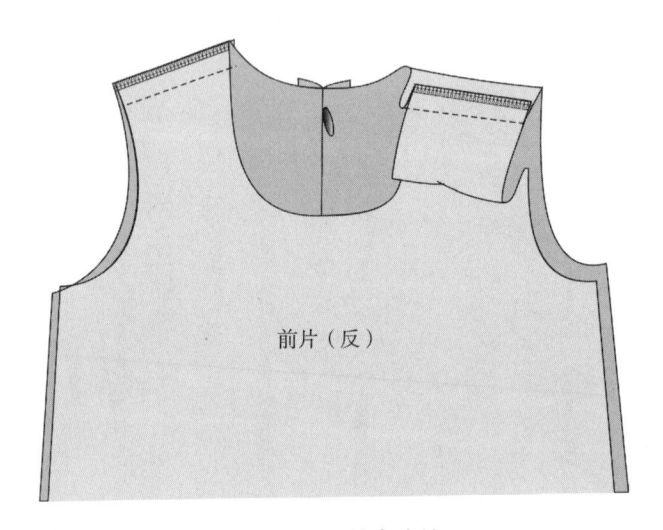

图 1-2-12 缝合肩缝

12. 如图1-2-13所示，做4个长约为4cm的扣襻，扣襻的内侧距离净缝线0.3cm，将扣襻固定在领里上。

13. 如图1-2-14所示，将领面与领里正面相对，缉缝两端至装领净线。

14. 如图1-2-15所示，将领子翻转至正面，熨烫平整，同时扣烫领里的缝头。

15. 如图1-2-16所示，将领面的领底线与衣身的领口线正面相对，用大头针固定，然后缉缝。

约4cm

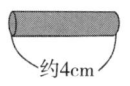

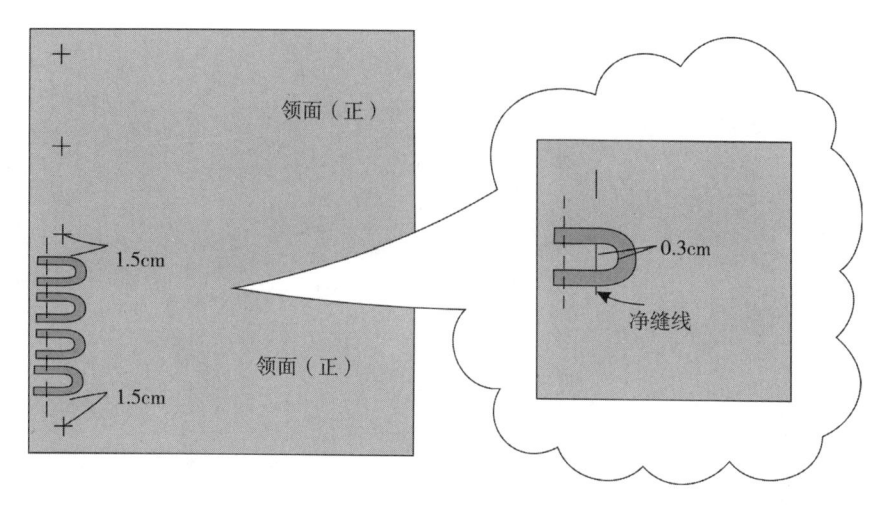

领面（正）

1.5cm

领面（正）

1.5cm

0.3cm

净缝线

图 1-2-13　固定扣襻

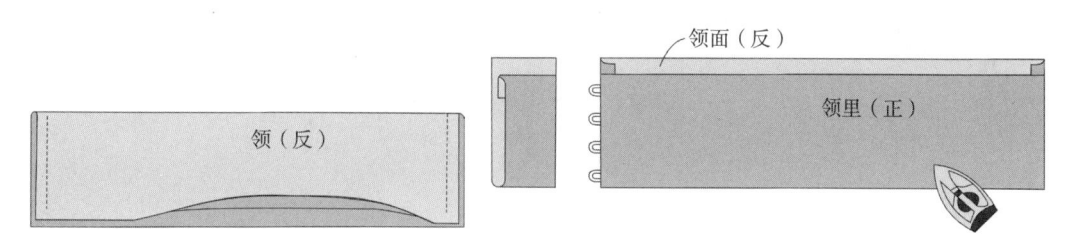

领（反）

领面（反）

领里（正）

图 1-2-14　缉缝领子　　　　图 1-2-15　熨烫领子

领（正）

前片（正）

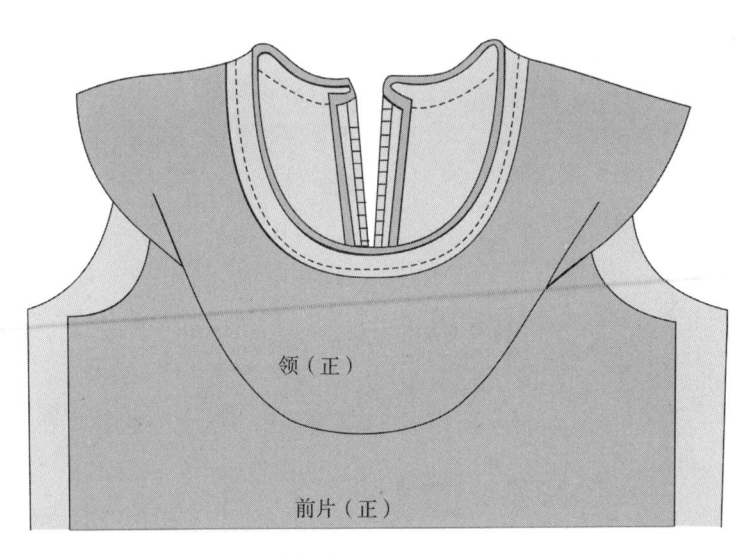

图 1-2-16　绱领子

第一章　短袖衫　15

16. 如图1-2-17所示，将衣身翻转到反面，将领子内侧的缝头用手针缲缝固定到领口缝头上。

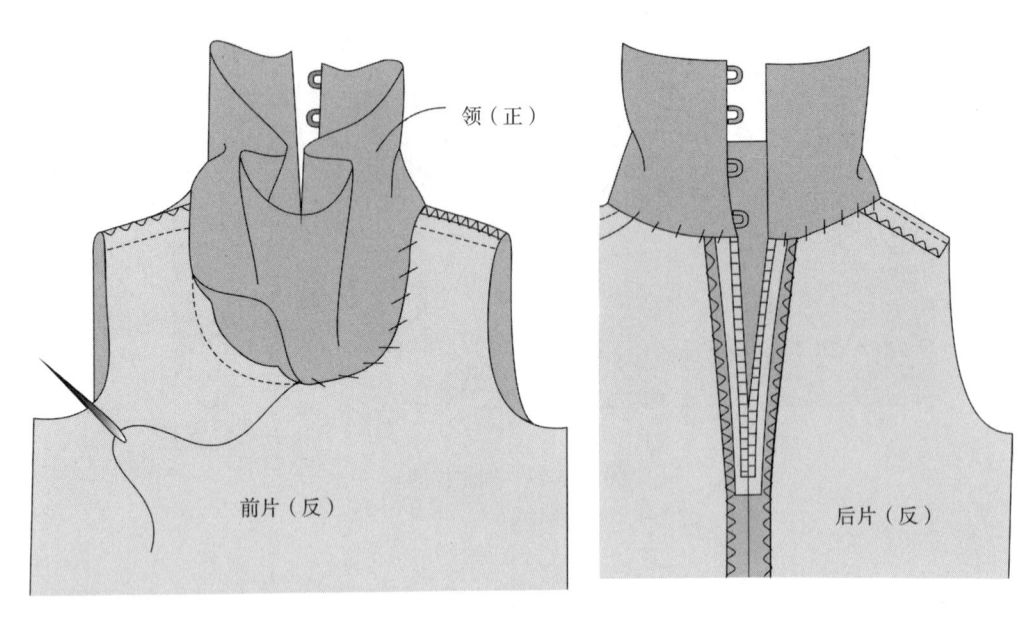

图 1-2-17　固定领底边

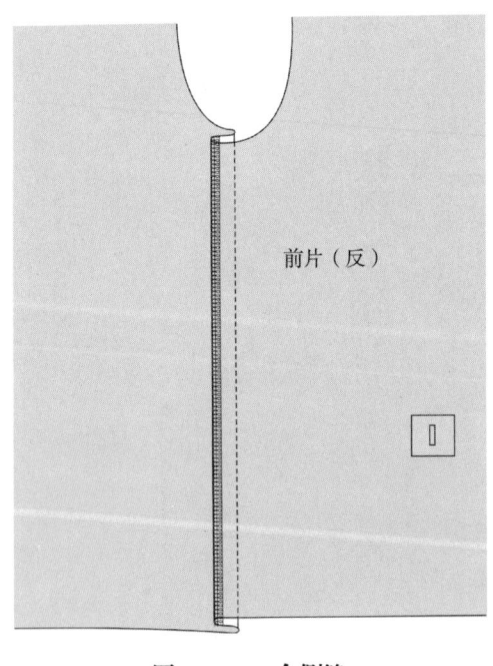

图 1-2-18　合侧缝

17. 如图1-2-18所示，将前、后侧缝正面相对叠合、缉缝，然后将两个缝头包缝在一起。

18. 如图1-2-19所示，扣烫腰带挡布。

19. 将挡布缲缝到衣片内侧的腰带位。

20. 如图1-2-20所示，在距离袖侧缝净缝线8~10cm处起针，在袖山净线外侧0.2cm及0.5cm处拱针。

21. 扣烫袖口折边0.8cm，然后再扣烫1.2cm。

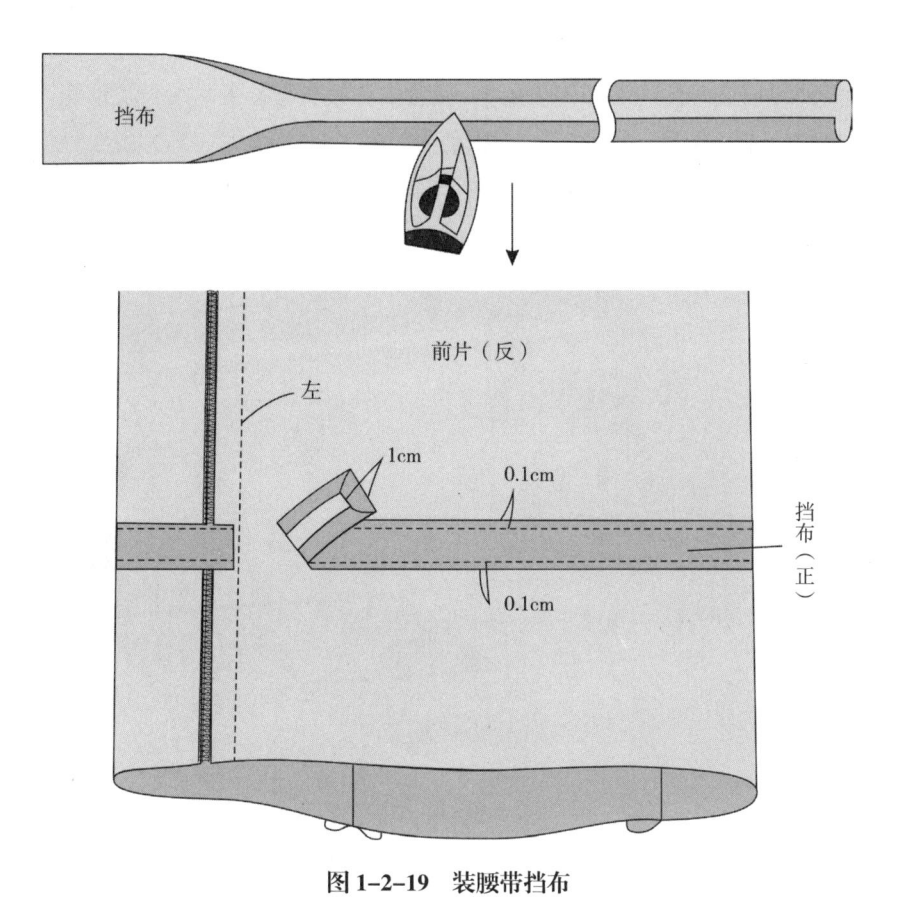

图 1-2-19　装腰带挡布

图 1-2-20　袖山拱针及扣烫袖口折边

22. 如图1-2-21所示，缝合袖侧缝，并将两片一起包缝。

23. 缉缝袖口折边。

24. 如图1-2-22所示，抽袖山粗缝线，使袖山弧线长与袖窿弧线长度相等，用熨烫整理袖山归缩量，若归缩量一次性不能整理得很均匀，可以分几次抽拉粗缝线，一边做袖山形状，一边用熨斗的头部轻轻将皱纹烫去，使袖山自然形成立体效果。

图1-2-21　合侧缝，缉袖口

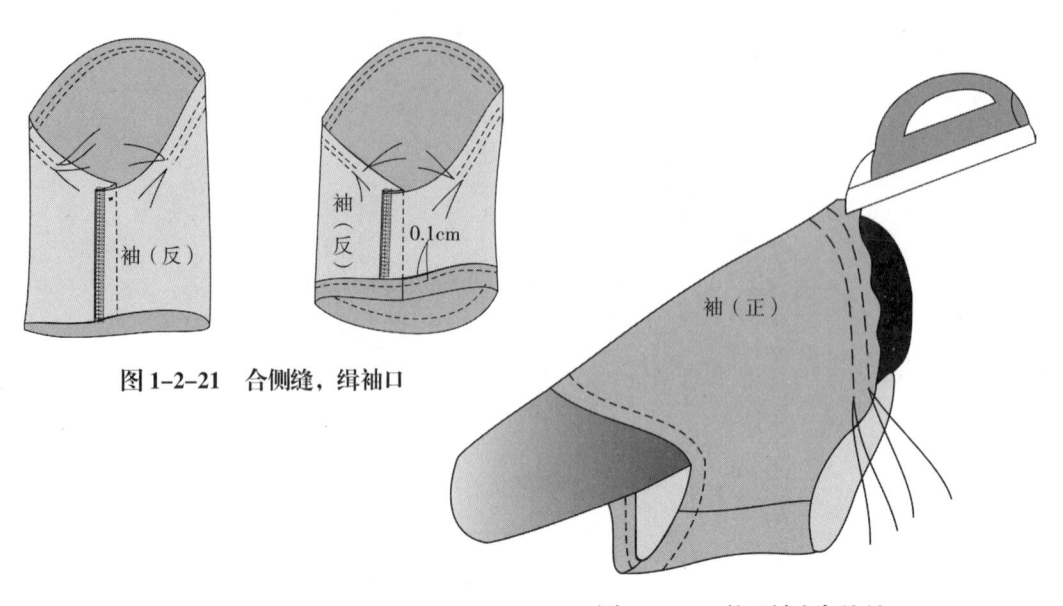

图1-2-22　整理袖山归缩量

25. 如图1-2-23所示，将袖山与袖窿弧线对位，为使袖子和衣片不错位，需进行粗缝固定，起针处要回针，粗缝完成后将其翻到正面，检查袖子扭偏的情况、装袖线和归缩等状态。

26. 在粗缝线外侧从袖侧在袖底缝处开始缉缝，距离侧缝线6~7cm处缉缝两道线。

27. 将袖窿和袖山缝头一起进行包缝。

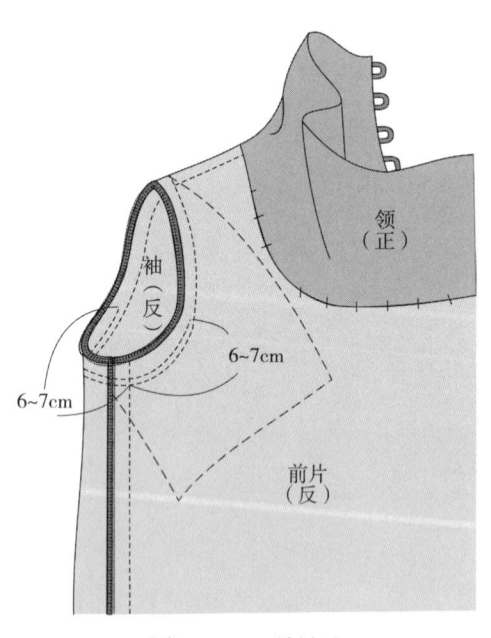

图1-2-23　绱袖子

28. 如图1-2-24所示，熨烫整理，钉扣。
29. 如图1-2-25所示，扣烫腰带，然后缉缝。
30. 如图1-2-26所示，将腰带从前片一个腰带口穿进，从另一个口穿出。

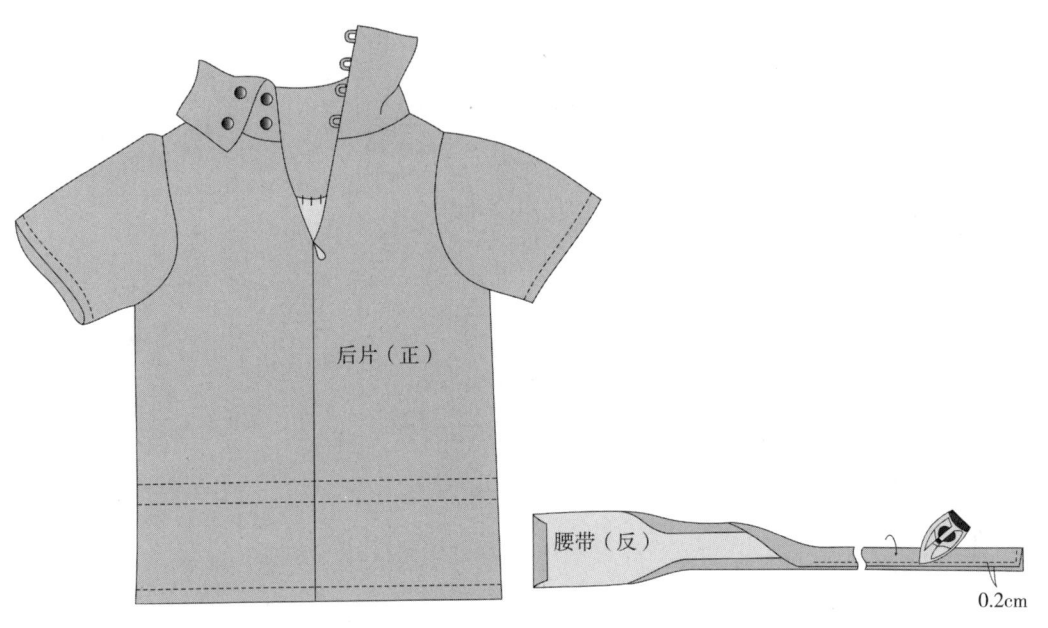

图 1-2-24　整理与钉扣

图 1-2-25　做腰带

图 1-2-26　穿腰带

第三节　方领短袖衫一

一、款式说明

如图1-3-1所示，该款为宽松式短袖衫，方形领口，领口加贴边做装饰。前片打折裥起装饰作用的同时也使整件服装较为宽松；袖子为插肩袖，适合夏季穿着；可以选用薄型针织或梭织面料。

二、结构图

制图说明：如图1-3-2所示，裁剪时将袖中线对齐，前、后袖片按一片裁剪。前片抽褶量7.5cm，也可

图1-3-1　款式图

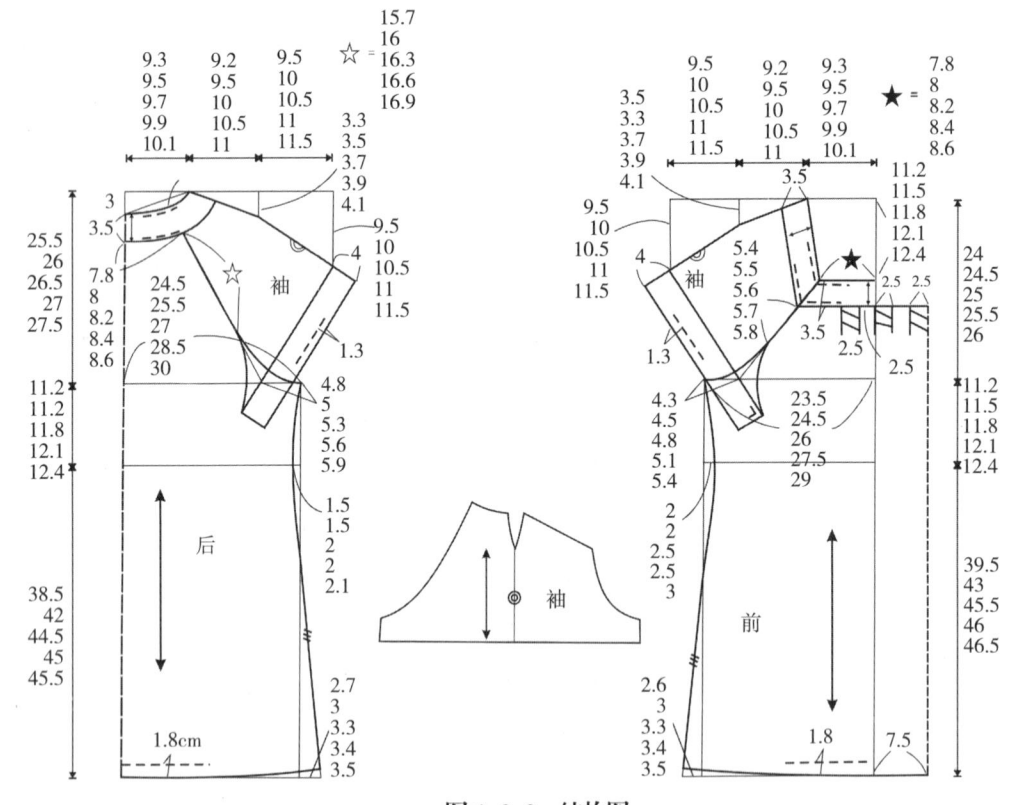

图1-3-2　结构图

以根据面料的情况和自己的喜好增加或减少；前、后领窝弧线与前、后中线在相交处要垂直；衣片前后侧缝长度要相等，将前后侧缝拼合，画顺前后衣片底边线。

三、缝头加放

缝头加放说明：如图1-3-3所示，领口弧线部分缝头加放在1cm，袖口和衣身折边可控制在2.5~3cm，其他部位的缝头一般在1~1.5cm。

四、缝制方法

1. 如图1-3-4所示，包缝前后衣片侧缝，用熨斗按前片的褶裥位压烫，裥倒向前中心线，粗缝固定裥位。

2. 如图1-3-5所示，包缝袖片的袖底缝，缝合肩袖省，并将其扣烫倒向后袖。

3. 如图1-3-6所示，将袖片分别与前、后衣片缉缝。

4. 将两缝头包缝在一起。

5. 熨烫缝道，将缝头倒向衣身方向。

6. 如图1-3-7所示，将前、后侧缝正面相对叠合，缉缝，分烫侧缝。

7. 如图1-3-8所示，先扣烫袖口折边1cm，然后再扣烫1.5cm。

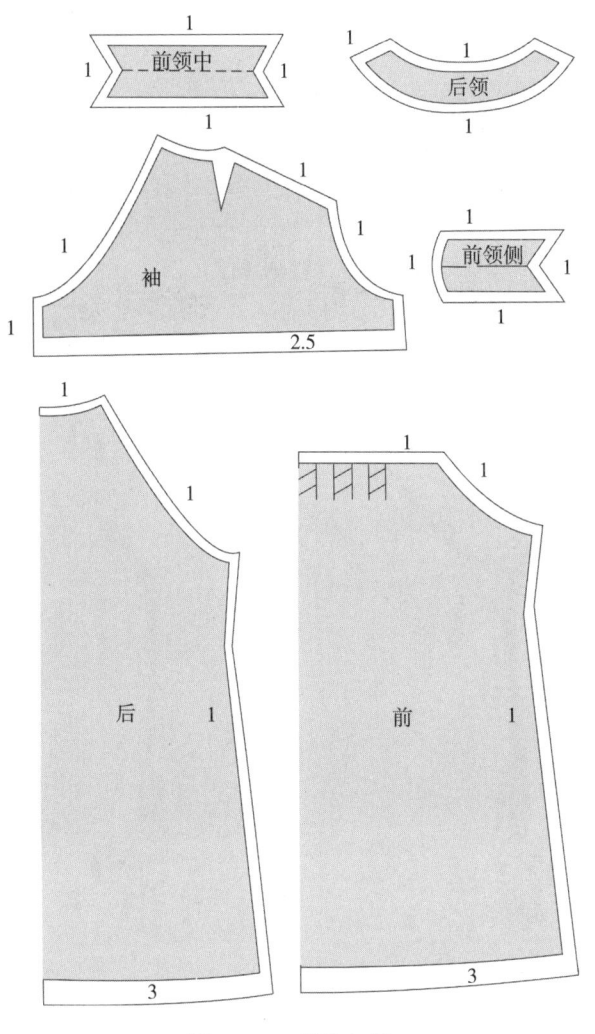

图1-3-3　缝头加放

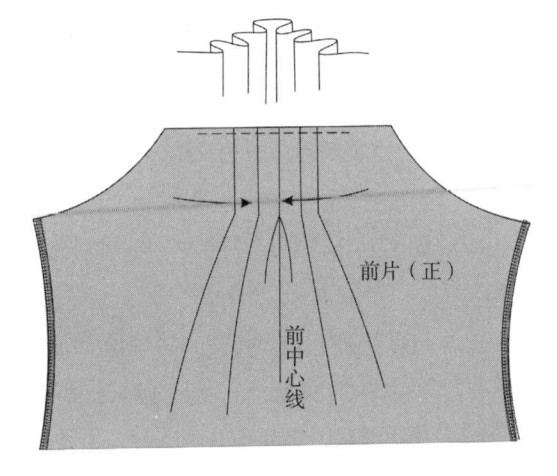

图1-3-4　压烫前片折裥

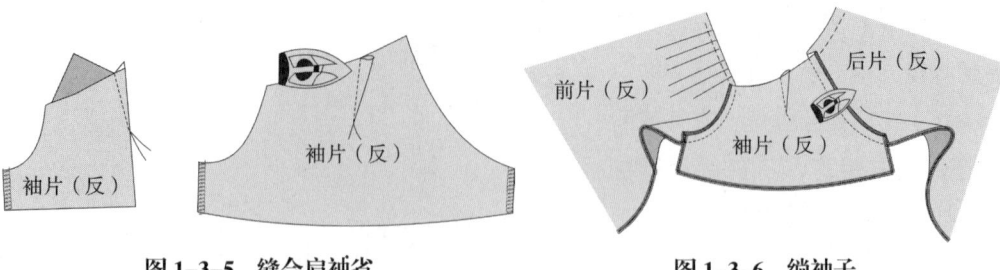

图 1-3-5　缝合肩袖省　　　　　　　　图 1-3-6　绱袖子

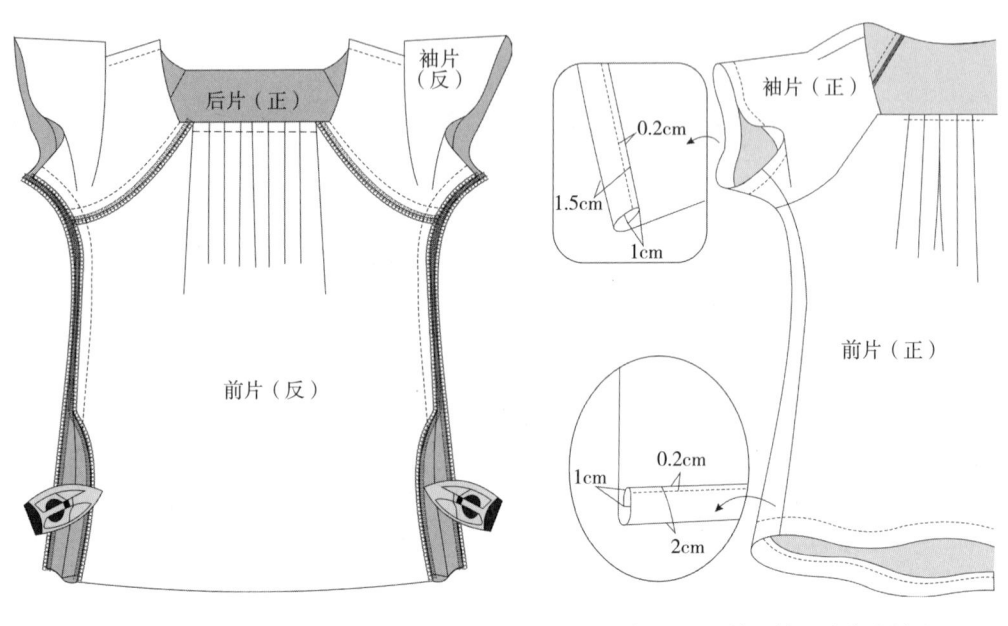

图 1-3-7　缝合侧缝　　　　　　　　图 1-3-8　处理袖口及底边折边

8. 先扣烫衣身底边折边1cm，然后再扣烫2cm。

9. 缉缝袖口及衣身底边折边。

10. 如图1-3-9所示，将左、右前领贴边分别与前中领贴边缝合，拐角处打剪口，分烫缝头。

11. 将贴边翻到正面扣烫，将拐角处缝头多出部分剪去。

12. 如图1-3-10所示，将后领贴边面与里正面相对叠合，缉缝，打剪口。

13. 扣烫缝头，将其翻转到正面，熨烫平整。

14. 如图1-3-11所示，缝合领口贴边的肩缝，分烫。

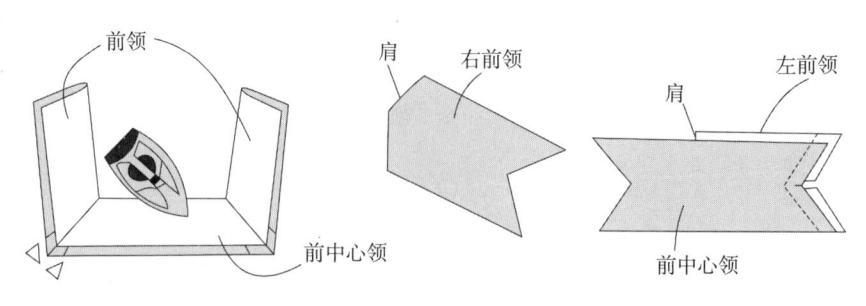

图 1-3-9　做前领口贴边

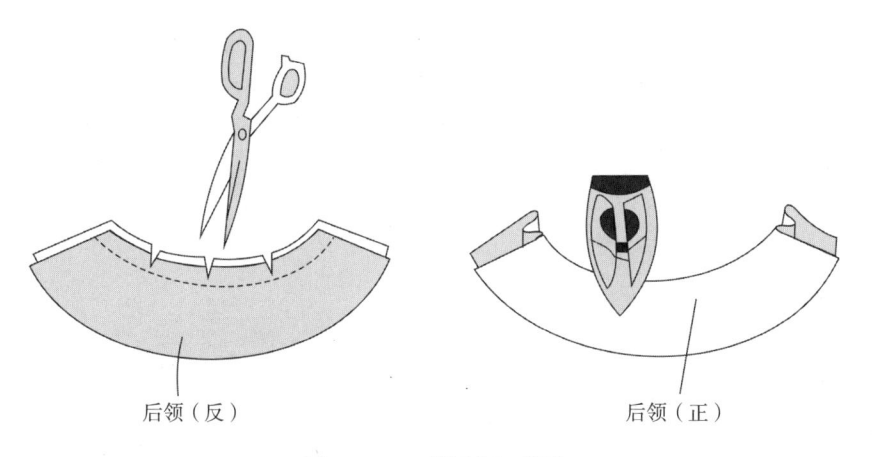

图 1-3-10　做后领口贴边

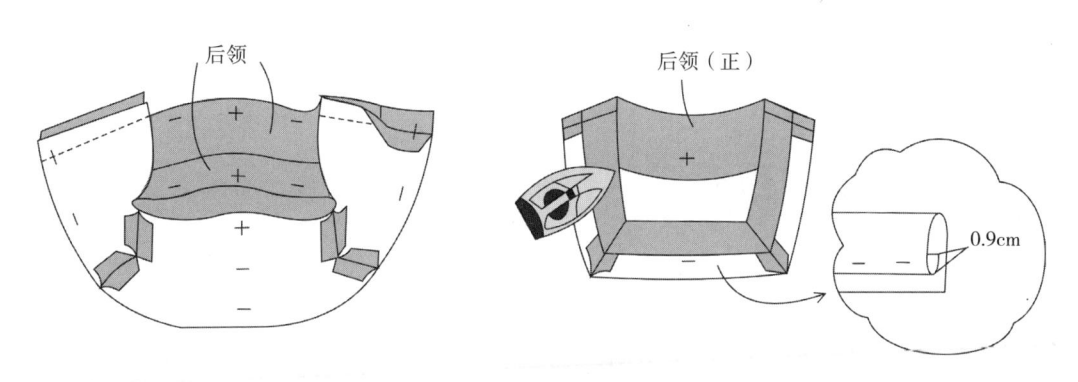

图 1-3-11　处理领口贴边

15. 熨烫整理领口贴边,并扣烫贴边里0.9cm折边,留0.1cm的量,便于缉缝明线装饰线时压住领里贴边。

16. 如图1-3-12所示,将缝制好的领口贴边与衣身领口线正面相对叠合,用大头针固定,然后缉缝。

第一章　短袖衫　23

17. 如图1-3-13所示，将领口贴边里翻转到反面，整理，在领口贴边外缉缝明线装饰线，同时固定领口贴边里。

18. 如图1-3-14所示，熨烫整理，去除粗缝线。

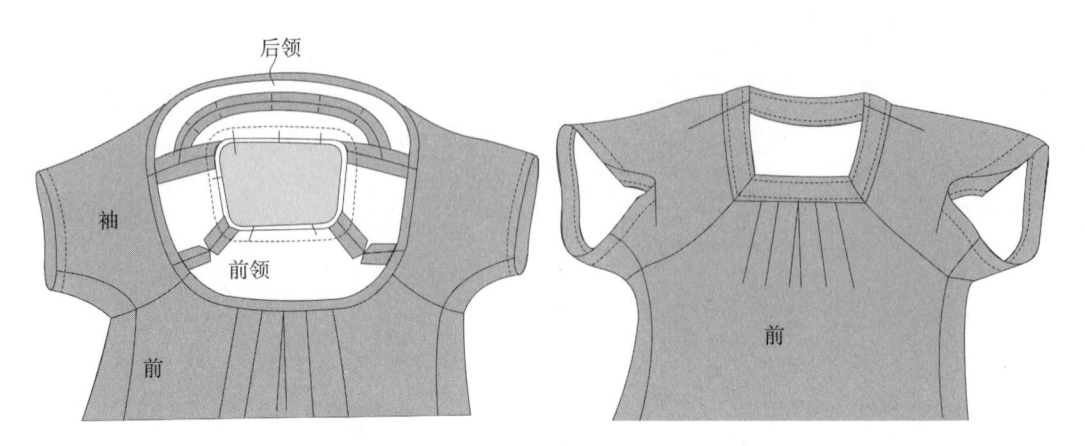

图 1-3-12　绱领口贴边　　　　　图 1-3-13　缉缝明线装饰线

图 1-3-14　熨烫整理

第四节　方领短袖衫二

一、款式说明

如图1-4-1所示，该款为宽松式短袖衫，方形领口。前片做立体造型起装饰作用的同时，也使整件服装较为宽松；袖子为一片袖，适合夏季穿着；可以选用薄型针织或梭织面料。

二、结构图

制图说明：如图1-4-2所示，前、后领窝弧线与前、后中线垂直；衣片前后侧缝长度要相等，将前、后侧缝拼合，画顺前、后衣片底边线。

图1-4-1　款式图

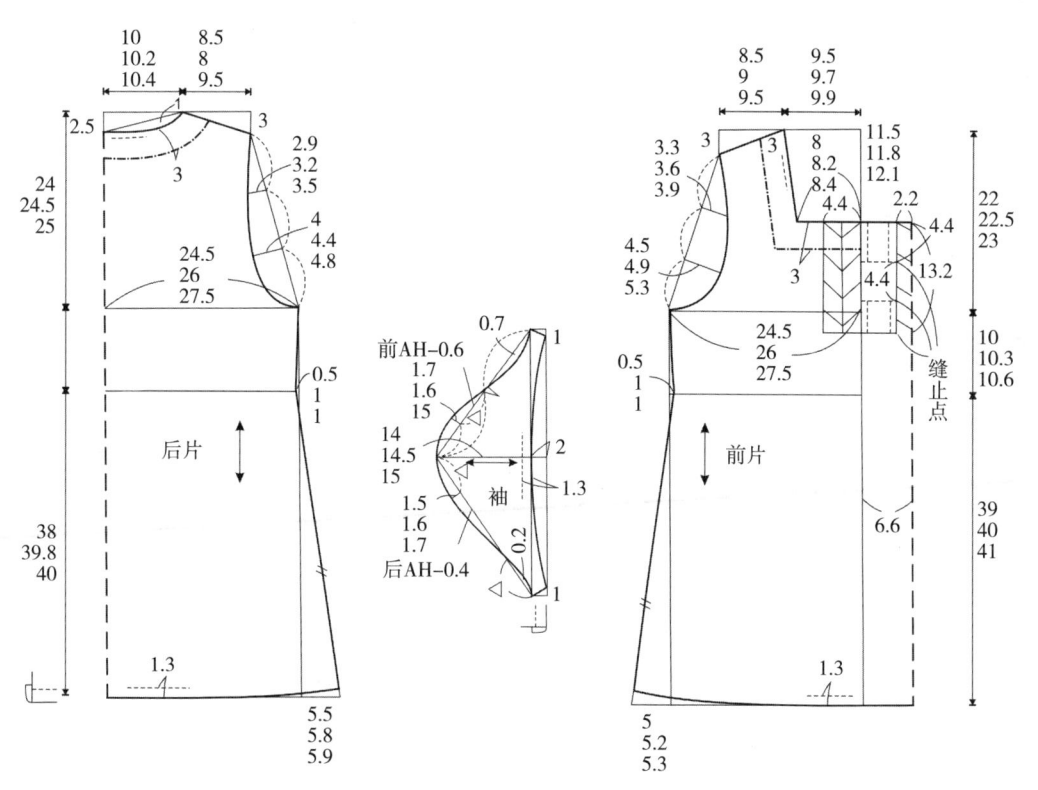

图1-4-2　结构图

三、缝头加放

缝头加放说明：如图1-4-3所示，领口弧线部分缝头加放在1cm，袖口和衣身折边为1.5cm，其他部位的缝头为1cm。

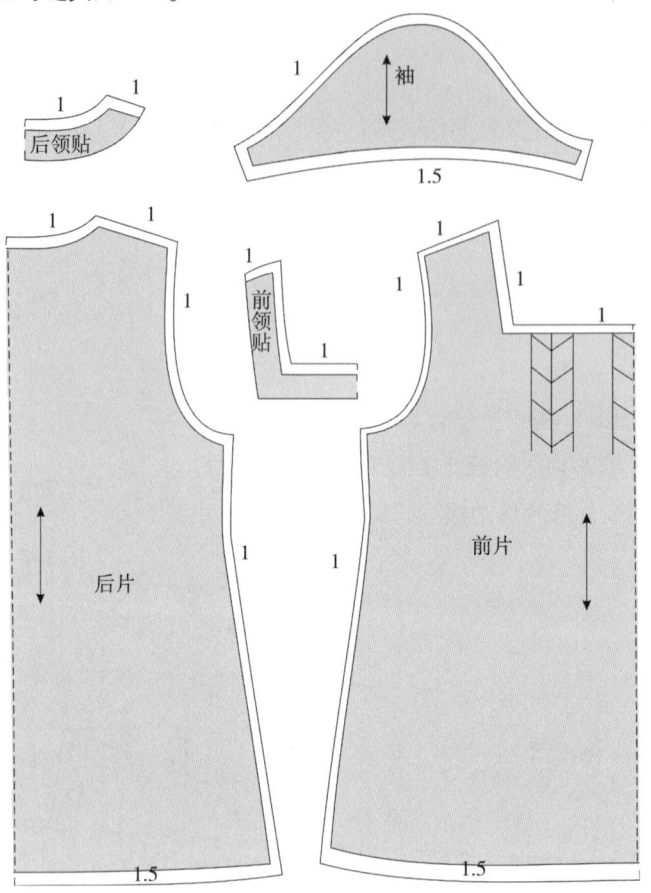

图1-4-3　缝头加放

四、缝制方法

1. 如图1-4-4所示，用熨斗或黏合机将前、后领口贴边粘上黏合衬。

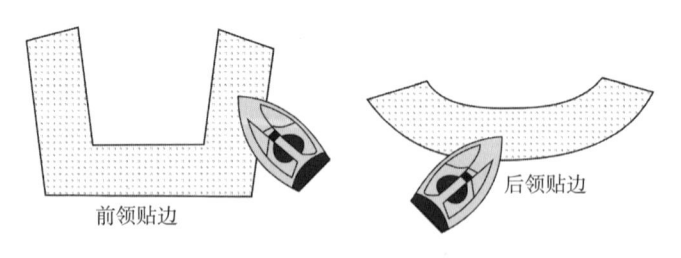

图1-4-4　前、后领口贴边贴黏合衬

2. 如图1-4-5所示，前、后领贴边分别进行包缝。将前、后衣片底边和袖口底边分别进行包缝后再按净缝线扣烫。

3. 如图1-4-6所示，用熨斗烫出褶裥的外侧折痕。

4. 如图1-4-7所示，在外侧折痕一侧缉明线，缉缝时注意调整线迹，线迹不能抽缩。缝完折裥后，用熨斗进行熨烫整理，注意不要拔开折裥。

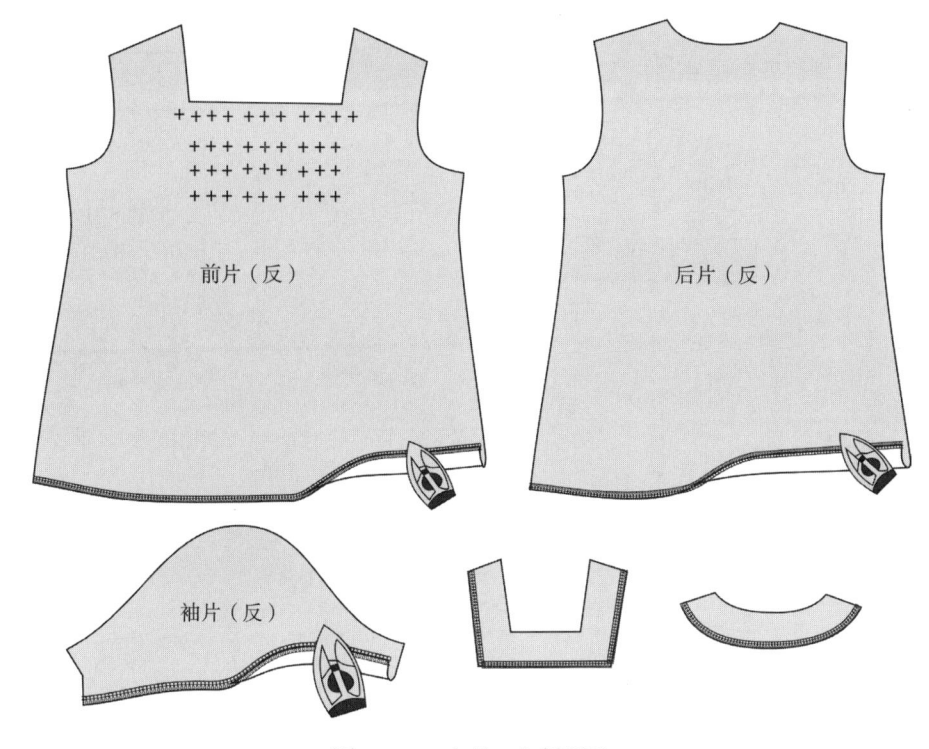

图 1-4-5　包缝、扣烫折边

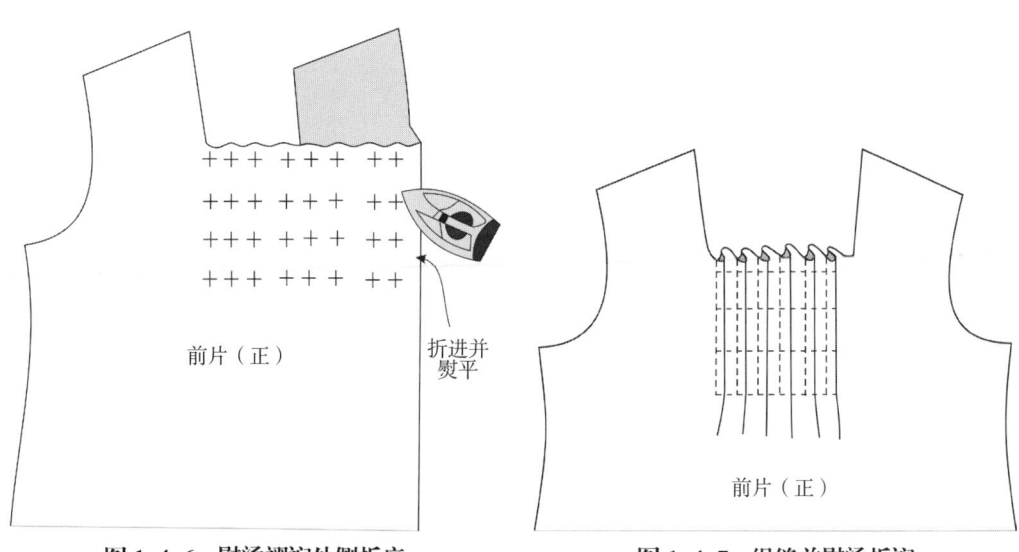

图 1-4-6　熨烫褶裥外侧折痕

图 1-4-7　缉缝并熨烫折裥

第一章　短袖衫　27

5. 如图1-4-8所示，将折裥对折熨烫。

6. 如图1-4-9所示，将折痕分别按相对和相反方向折倒，然后进行压缝。

7. 前片处理效果如图1-4-10所示。

8. 如图1-4-11所示，将前、后衣片肩缝正面相对叠合，缝合左、右肩缝，然后将前、后片肩线缝头合在一起进行包缝。

9. 如图1-4-12所示，将前领圈与后领圈贴边正面相对叠合缝合肩线，然后将缝头修剪成0.5cm，熨烫并劈缝。

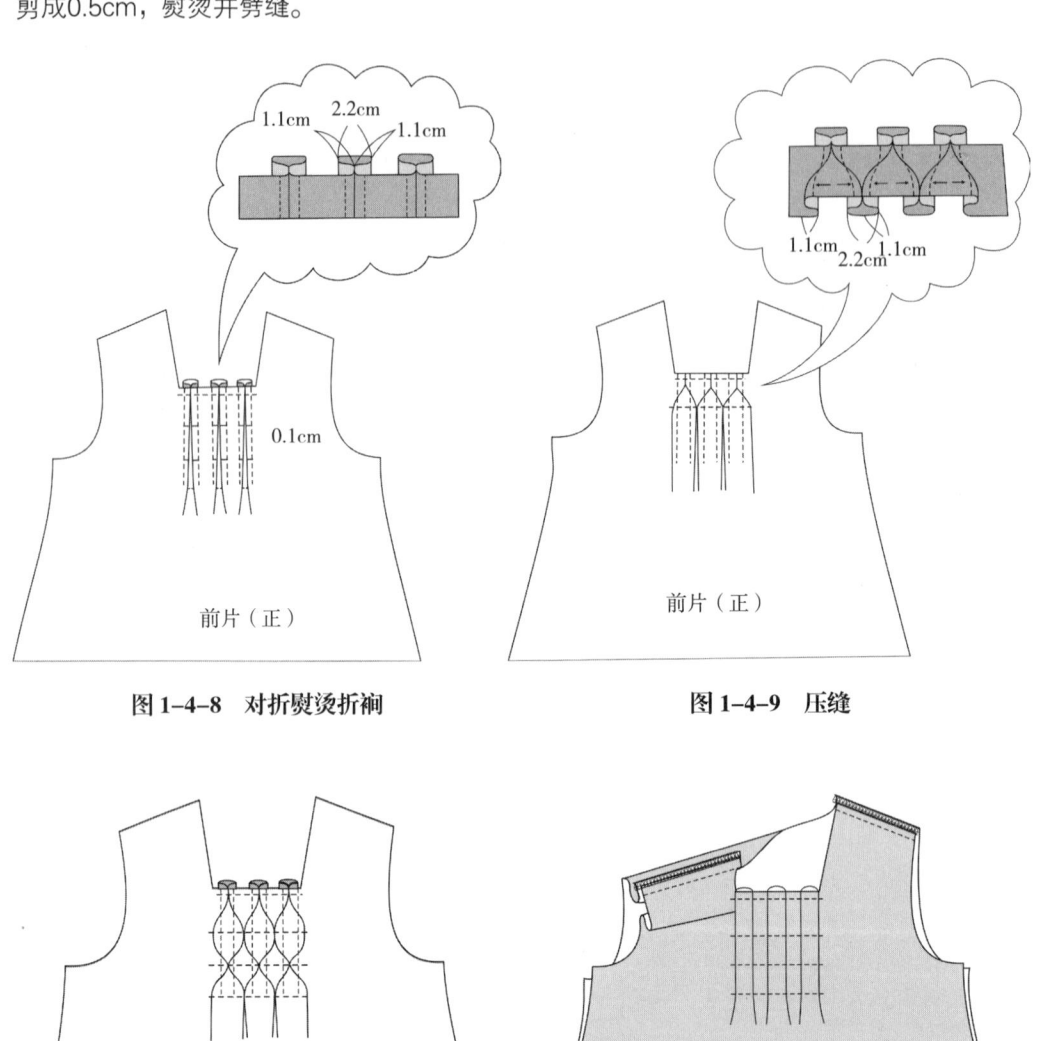

图 1-4-8　对折熨烫折裥　　　　　图 1-4-9　压缝

图 1-4-10　处理效果　　　　　图 1-4-11　缝合肩缝

10. 如图1-4-13所示，将衣片与领圈贴边相对叠合，衣片的净线外0.1cm处于贴边的净线往里0.1cm处对合，并粗缝固定。在粗缝线的外侧车缝。然后将缝头剪至0.4~0.5cm，后领窝弧线打剪口，在弧度较大的部位可将剪口打密一些，前领口拐角处打剪口。

11. 如图1-4-14所示，烫平缝道线，将贴边翻到正面，离开缝道0.1cm折进后熨烫定型，在正面缉0.2cm的明线。将领口贴边与肩缝缝头用三角针固定。

12. 如图1-4-15所示，将袖山弧线与衣片袖窿弧线正面相对叠合并粗缝固定，粗缝完成后将其翻到正面，检查袖子扭偏的情况和装袖线的状态。然后在粗缝线外侧，从袖侧在袖底缝处开始缉缝。将袖山、袖窿缝头一起进行包缝。将装袖线缝道熨烫平服，缝头自然倒向衣身。

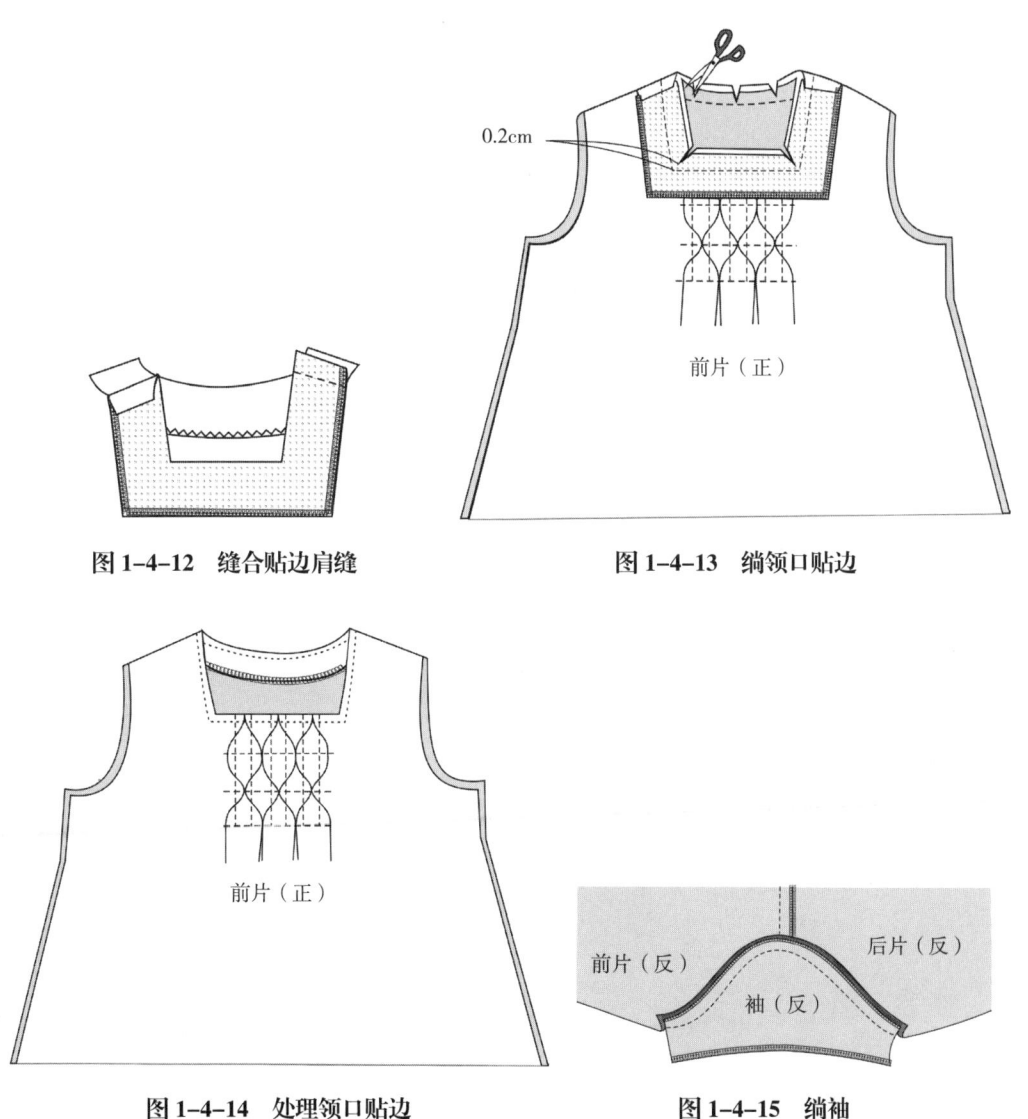

图 1-4-12　缝合贴边肩缝

图 1-4-13　缉领口贴边

图 1-4-14　处理领口贴边

图 1-4-15　缉袖

第一章　短袖衫

13. 如图1-4-16所示，将前后侧缝正面相对叠合缉缝，然后包缝、熨烫侧缝，并将缝头折向后衣片。

14. 如图1-4-17所示，将袖口底边贴边按净线进行折转，然后缉一道明线。

15. 如图1-4-18所示，将前、后底边贴边在净缝处折转，然后缉一道明线。

16. 拆掉粗缝线，熨烫整理。

图1-4-16　合侧缝　　　　　　　图1-4-17　缉缝袖口折边

图1-4-18　缉缝底边折边

第二章
长袖衬衫

第一节 单立领衬衫

一、款式说明

如图2-1-1所示，该款为宽松式长袖衫，后开口立领，前片领口部位抽褶，抽褶起装饰作用的同时也使整件服装更为立体；腰部通过腰带束腰；袖子为一片敞口袖，适合夏季穿着；可以选用薄型针织或梭织面料。

图 2-1-1 款式图

二、结构图

制图说明：如图2-1-2，图2-1-3所示，前、后领窝弧线与前、后中线在相交处要垂直；将前腋下省道转移到领口，作为领口的抽缩量的一部分。在转移前腋下省道

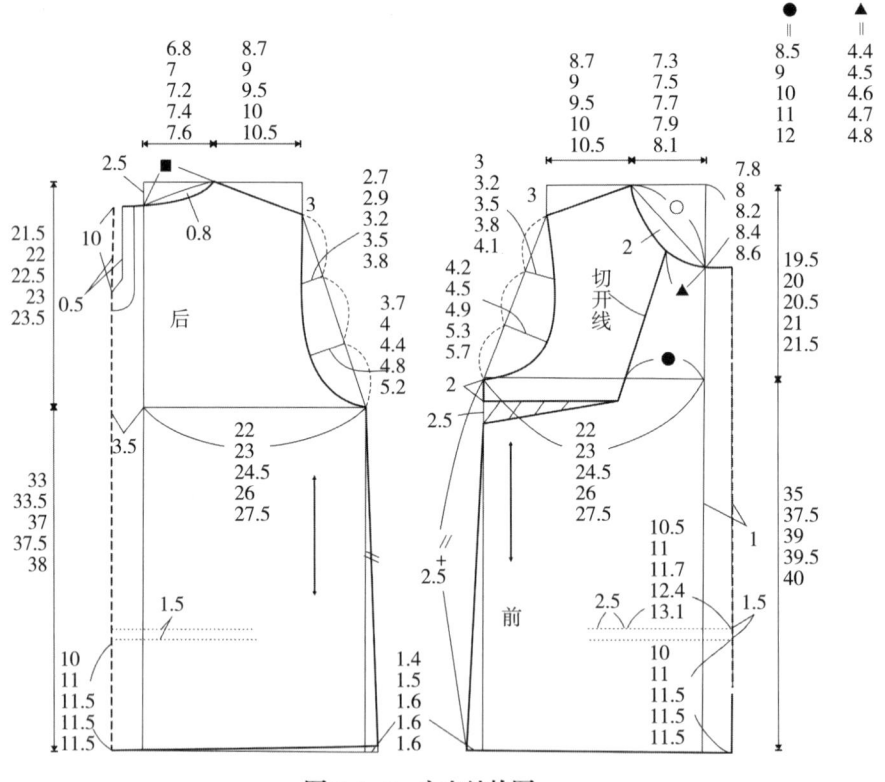

图 2-1-2 衣身结构图

后，衣片前后侧缝长度要相等，将前、后侧缝拼合，画顺前、后衣片底边线。前后肩缝拼合后，检查领窝弧线和袖窿弧线是否圆顺，如果不圆顺，则需要调整领窝弧线和袖窿弧线直至圆顺。

三、缝头加放

缝头加放说明：如图2-1-4所示，领口弧线部分缝头加放在1cm，袖口和衣身折边为1.5cm，其他部位的缝头一般在1~1.5cm之间。

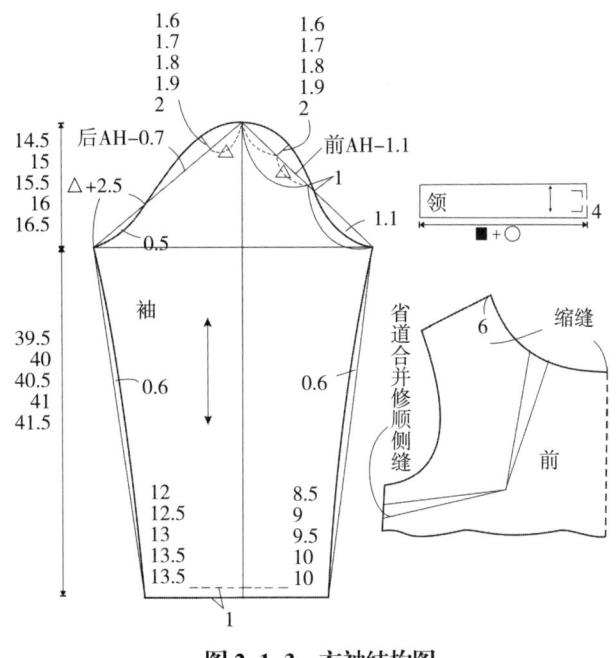

图 2-1-3　衣袖结构图

四、缝制方法

1. 如图2-1-5所示，除袖窿和袖山外，将衣片、袖片进行包缝。
2. 开后领口衩：在后开衩贴边的反面粘上黏合衬，然后进行包缝。将后片与后开衩

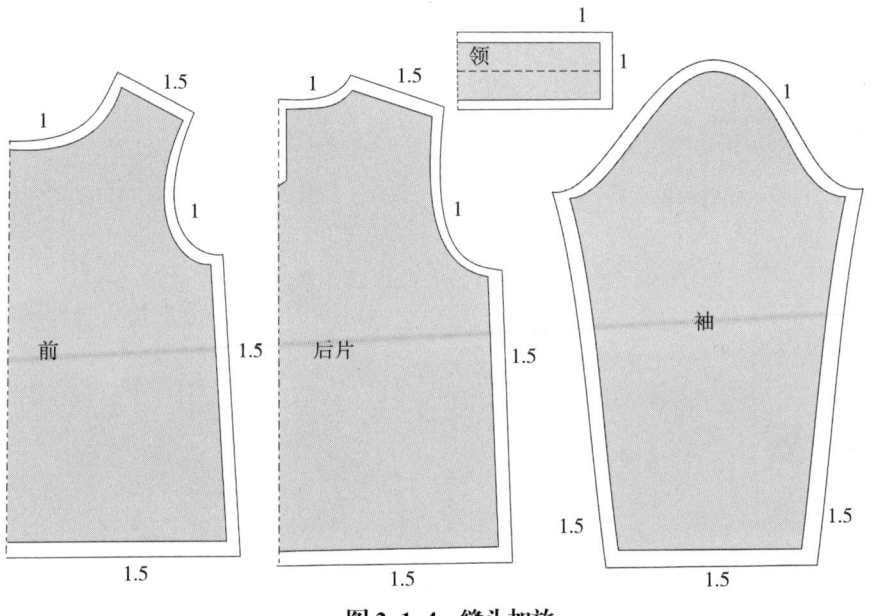

图 2-1-4　缝头加放

贴边正面相对，开衩部位留出0.5cm的缝头缉缝，将开衩位剪开，为便于翻转，在下端打树杈型剪口。

3. 将贴边翻到衣片的反面，调整里外容量，保证止口不反吐，在后衣片开口处的正面缉明线固定后开衩贴边。

4. 如图2-1-6所示，在前领口净线外侧0.2及0.5cm处拱针，抽缝线，使前领口展开的量全部抽回，领口大不变。整理细褶，使褶量分布均匀，然后熨烫缝头，固定细褶。

5. 如图2-1-7所示，在左前片穿带部位贴上加固布，并做锁眼缝。

6. 如图2-1-8所示，将前、后衣片正面相对，缝合左、右肩缝，并分烫。

7. 如图2-1-9所示，将领面正面相对，将两端缝合，然后翻转到正面，并熨烫。

8. 如图2-1-10所示，领面叠放在衣片的正面，领里朝上，将领面和衣片装领线进行粗缝固定，然后缝合。

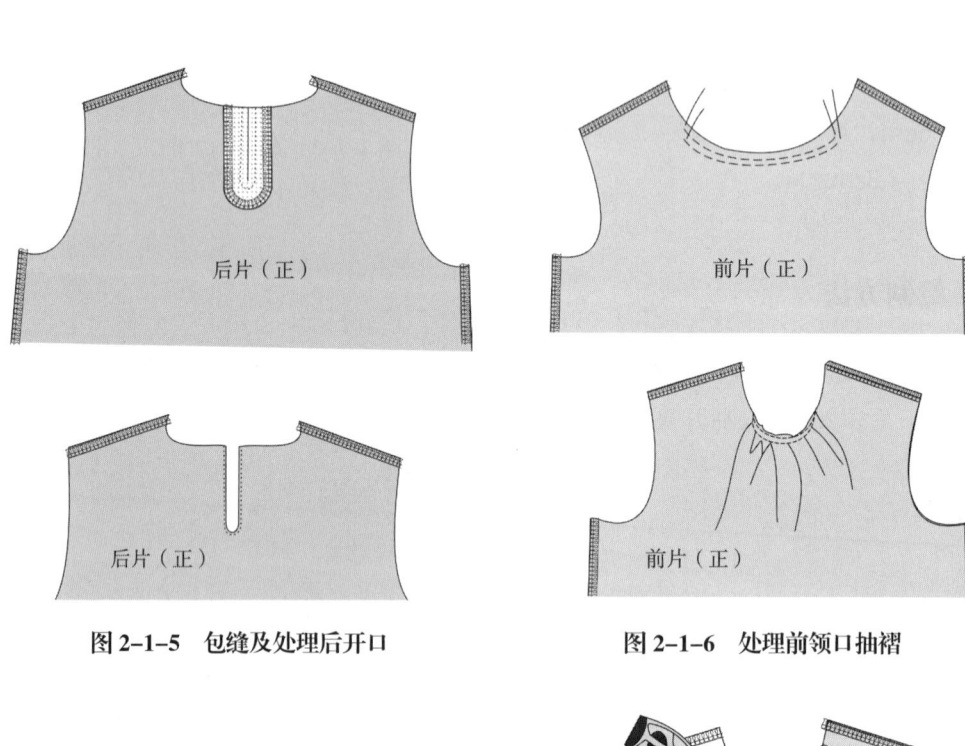

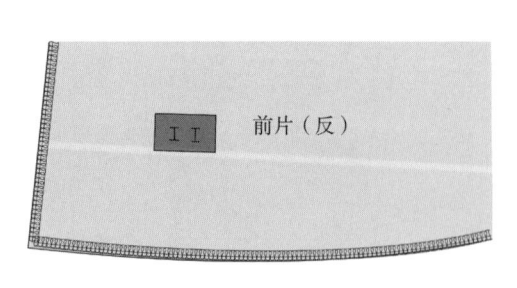

图 2-1-5　包缝及处理后开口

图 2-1-6　处理前领口抽褶

图 2-1-7　处理穿带部位

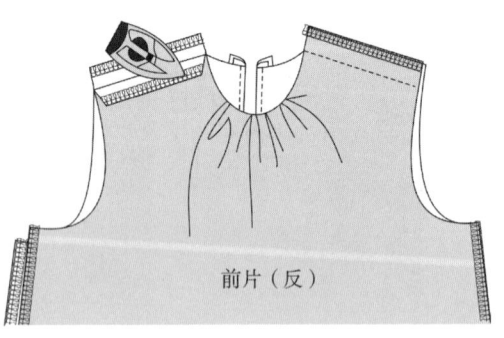

图 2-1-8　缝合肩缝

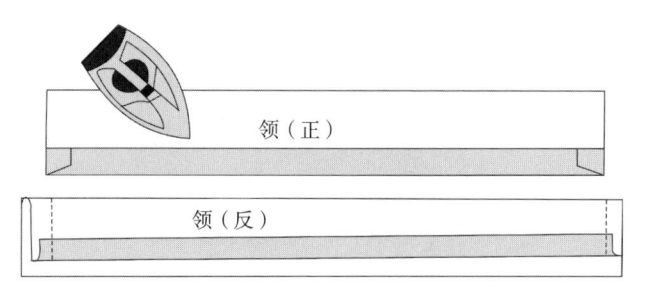

图 2-1-9　做领子

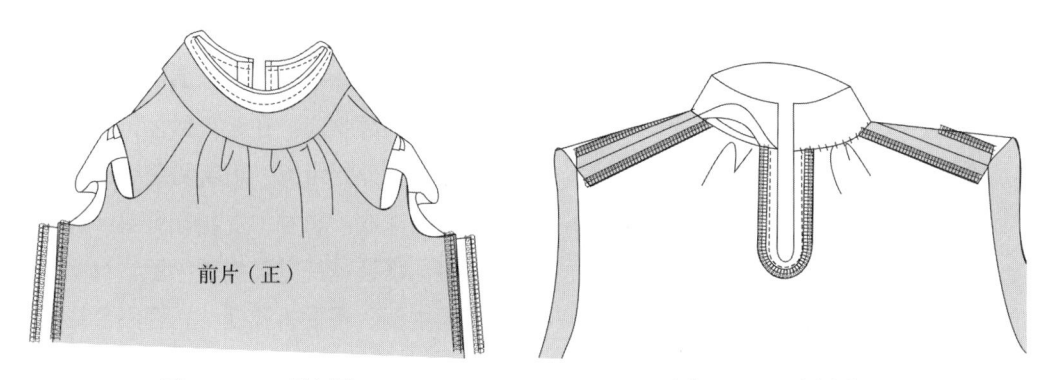

图 2-1-10　绱领子

图 2-1-11　固定领里

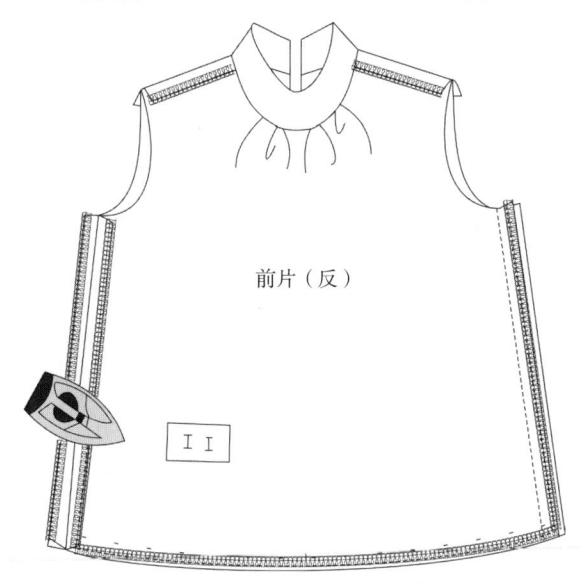

图 2-1-12　合侧缝

9. 如图2-1-11所示，领里在装领线位置折进，领里抹平理顺后，叠合在缝道上，然后用手针进行绷缝，注意线松紧适宜，线迹不要露出正面。

10. 如图2-1-12所示，将衣片前、后正面朝里叠合，缝合侧缝，为了使底边的缝头沿净线折上时不出现松弛，底边部位的侧缝稍稍往里缝制，然后熨斗劈开缝头。

11. 如图2-1-13所示，缝合袖底缝并分烫，按净线折烫袖口折边，然后缉缝。如果面料较厚，可将袖底缝和袖口重合部分缝头进行修剪，面料较薄的情况下可以不修剪。

12. 如图2-1-14所示，将袖山与袖窿弧线对位，为使袖子和衣片不错位，进行粗缝固定，起针处要回针，粗缝完成后将其翻到正面，检查袖子扭偏的情况、装袖线和归缩等状态。在粗缝线外侧从袖侧在袖底缝处开始缉缝，距离侧缝线6~8cm处缉缝两道线。将袖山、袖窿缝头一起进行包缝。将装袖线缝道熨烫平服，缝头自然倒向袖侧，不要折烫缝头，否则会影响袖山胖势。

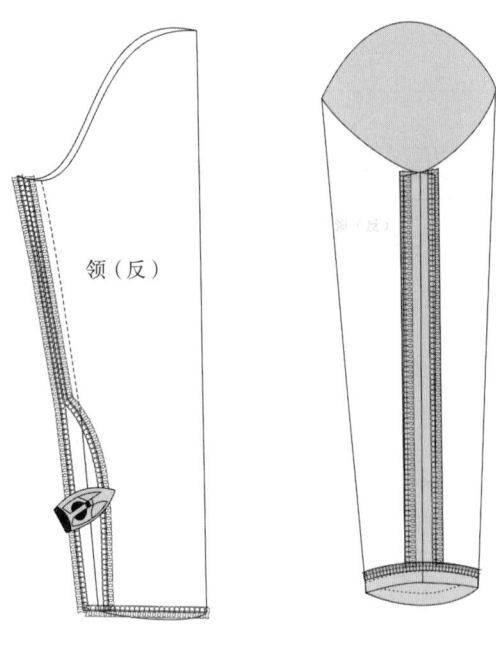

图2-1-13 做袖子

13. 如图2-1-15所示，做腰带挡布，将挡布扣烫折边，使其宽度为1.9cm，然后将腰带挡布缝到衣片上。

14. 如图2-1-16所示，扣烫下摆折边，然后进行缉缝。做腰带，穿腰带；在后领处，用线拉扣襻，钉扣子。

15. 拆除粗缝缝线，最后整理熨烫。

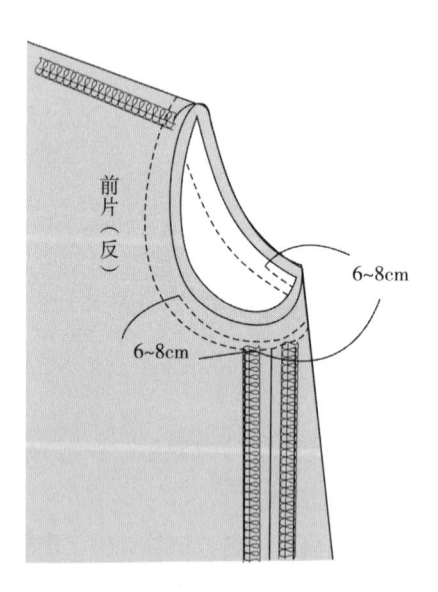

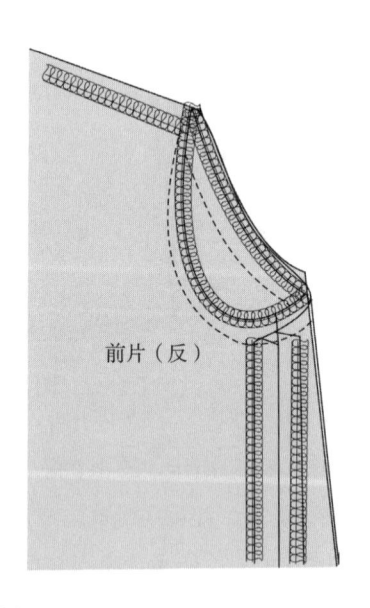

图2-1-14 绱袖子

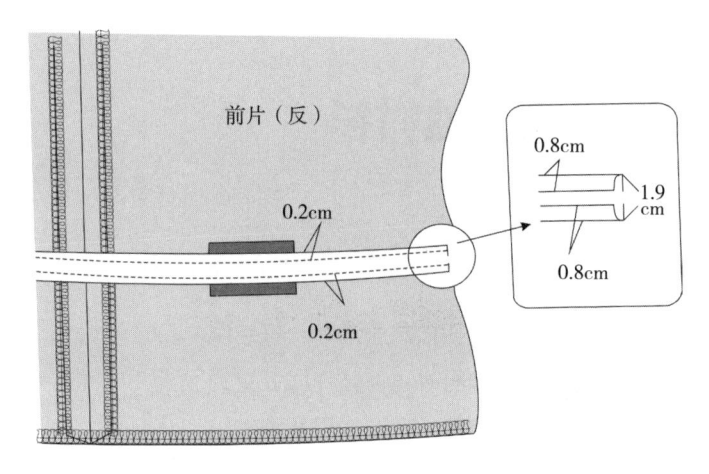

图 2-1-15 装腰带挡布

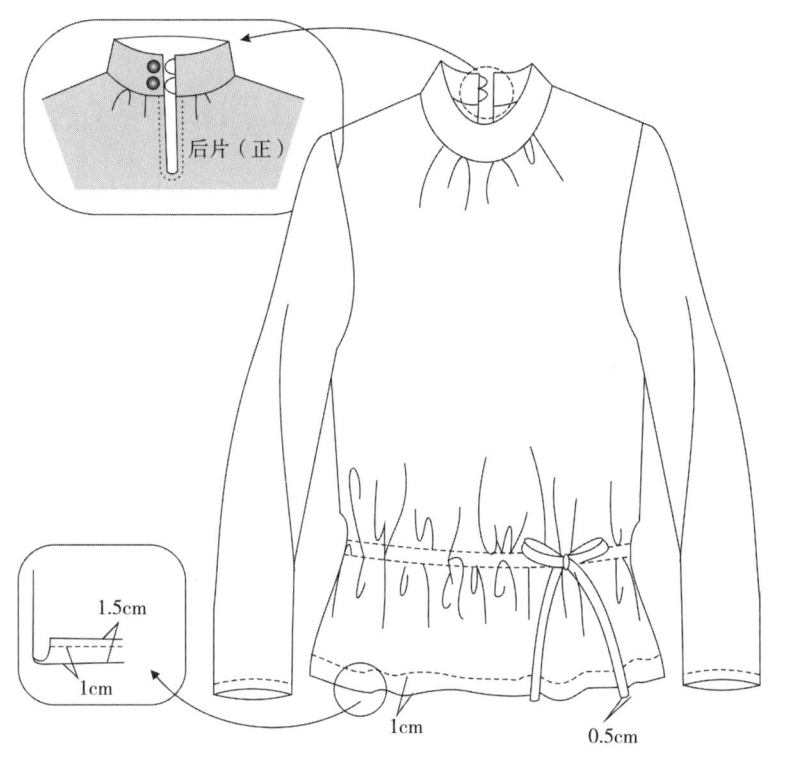

图 2-1-16 缝底边、钉扣子

第二章 长袖衬衫 37

第二节　飘带领长袖衬衫

一、款式说明

如图2-2-1所示，该款蝙蝠袖宽松式长袖衫，打结飘带领，前后衣片抽褶起装饰作用的同时也使整件服装更为立体；前后片有育克，适合夏季穿着；可以选用薄型针织或梭织面料。

图 2-2-1　款式图

二、结构图

制图说明：如图2-2-2和图2-2-3所示，裁剪时将肩缝对齐，检查前后领窝弧线是否

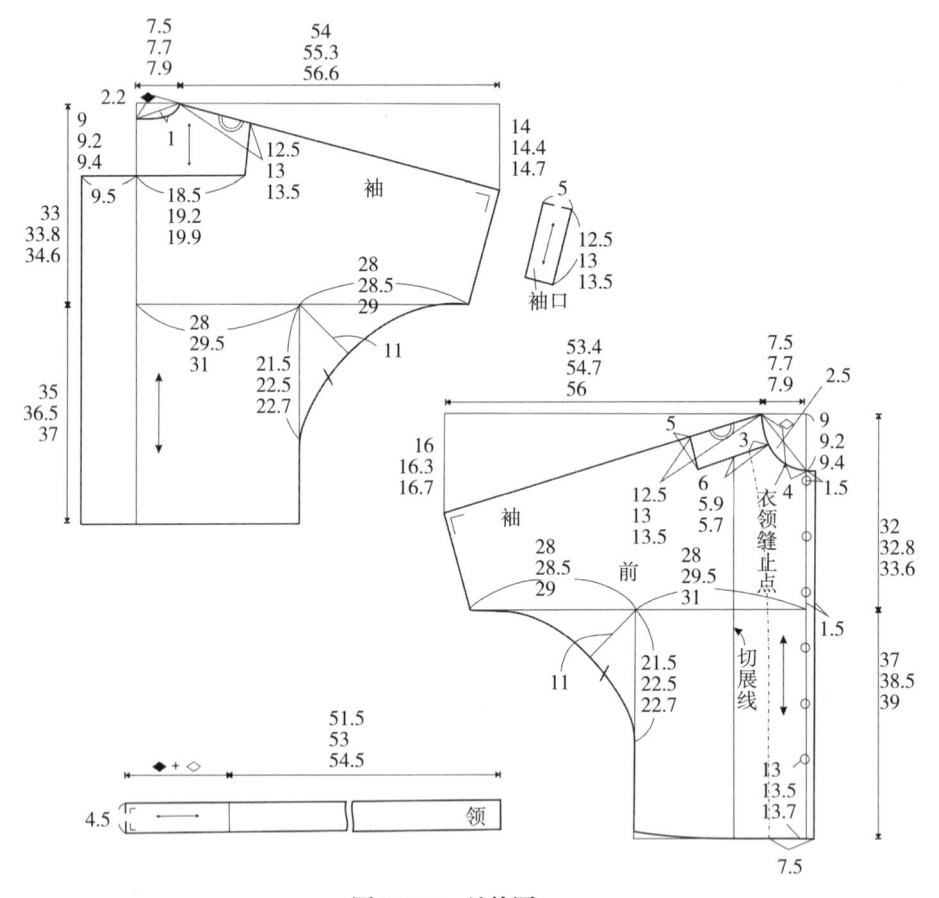

图 2-2-2　结构图

圆顺，前、后育克对接的按一片裁剪。衣片前后侧缝长度要相等，将前后侧缝拼合，画顺前后衣片底边线。前片切展量可以根据自己的喜好进行增减。

三、缝头加放

缝头加放说明：领口弧线部分缝头加放1cm，衣身折边为2.5cm，其他部位的缝头一般在1~1.5cm之间，缝头加放如图2-2-4所示。

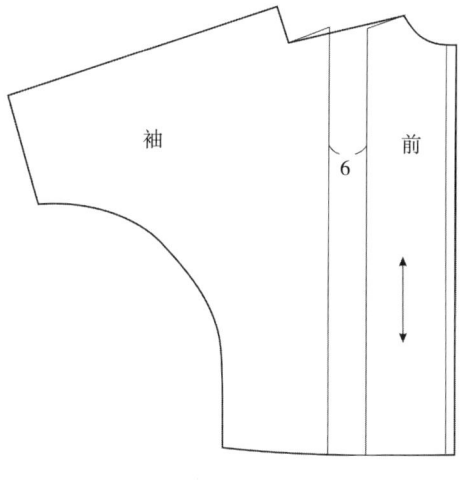

图2-2-3　前片展开图

四、缝制方法

1. 将前后片的袖底线用熨斗略拔伸。
2. 包缝衣片的肩线、袖底线、侧缝线和背中线。
3. 如图2-2-5所示，左、右后片正面相对叠合，缝合背中线。
4. 将前、后肩线正面相对叠合，缉缝，并进行分烫。
5. 如图2-2-6所示，分别在前后衣片上边沿线处，在净线外侧0.2cm及0.5cm处拱针，抽拉缝线，调整褶的大小和分布，使其与对应的育克线的长度相等。
6. 如图2-2-7所示，将育克正面与衣身正面相对叠合，对准各部位，然后将育克与衣身缝合，再将两缝头一起包缝，熨烫缝道并将缝头倒向育克方向。
7. 如图2-2-8所示，将衣片及育克翻至正面，进行熨烫使其平整，然后在育克上缉缝明线。
8. 如图2-2-9所示，将挂面与前片正面相对叠合，衣片净线外侧0.1cm与挂面净线内侧0.1cm处叠合，用大头针或手针粗缝固定，驳角处与衣角处衣身略松，然后从装领止点起缝至下摆，在驳角处与衣角处吃衣身。
9. 将挂面进行翻转，挂面退进0.1cm，调整里外容量，止口不反吐，熨烫平整，在前衣片的正面缉明线。
10. 用手针将挂面上端与肩缝固定。
11. 如图2-2-10所示，做领带，留下装领线位置不缝合，缝合其他部位，剪去三角。
12. 如图2-2-11所示，将领带翻转至正面，扣烫装领线和领带部分。
13. 如图2-2-12所示，将领面叠放在衣片领口的正面，领里朝上，将领面和衣片装领

图 2-2-4 缝头加放

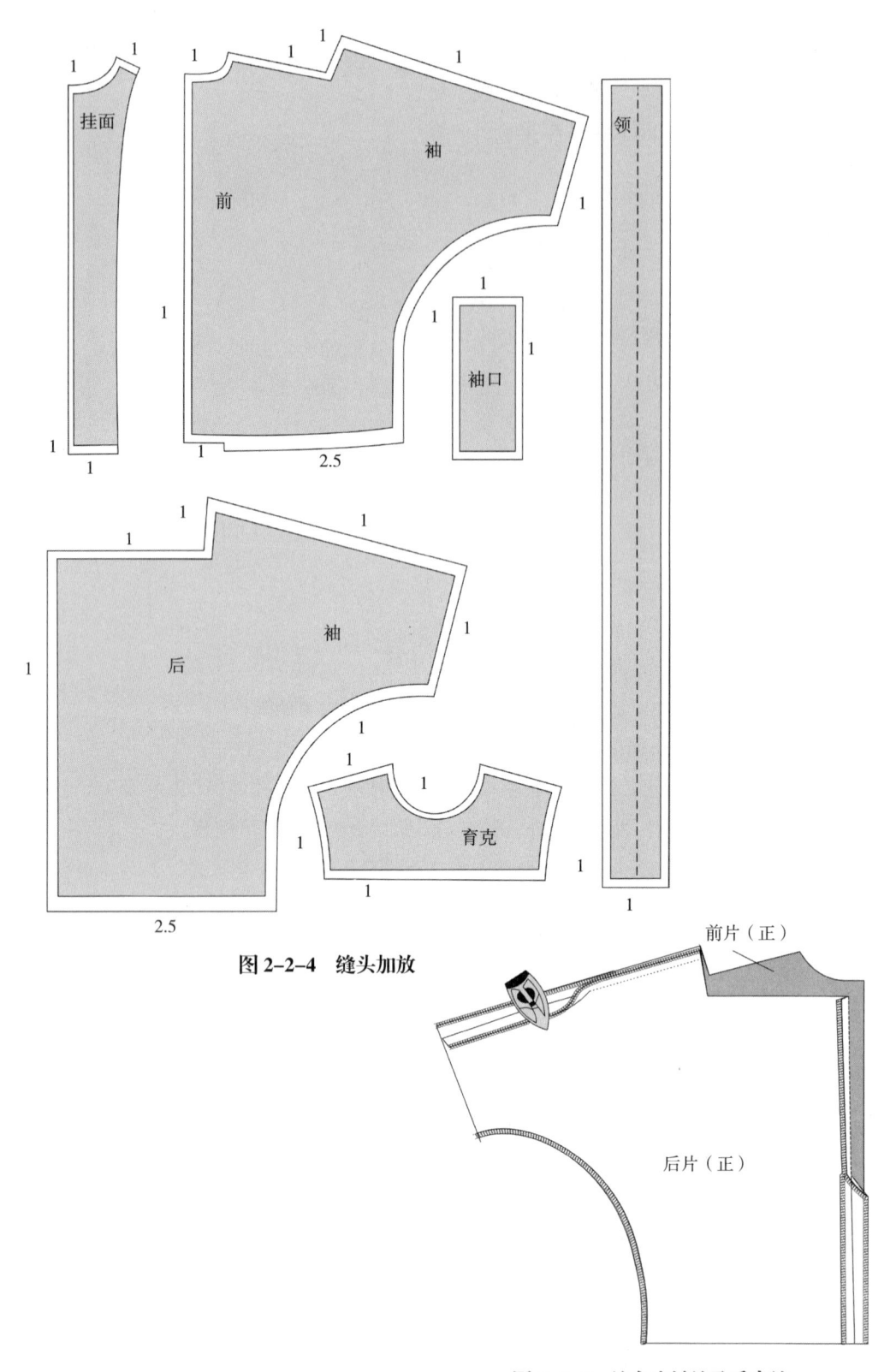

图 2-2-5 缝合肩袖缝及后中缝

图 2-2-6 抽缩前、后衣片衣褶

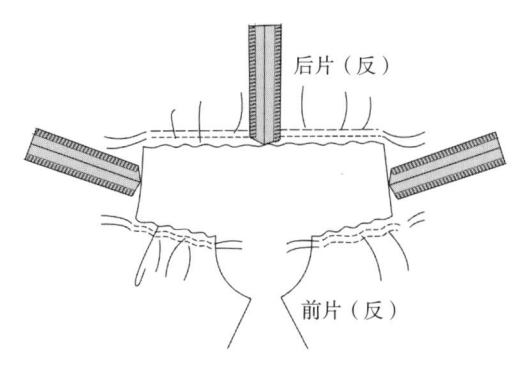

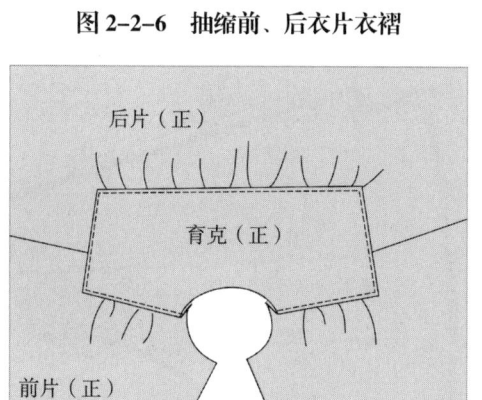

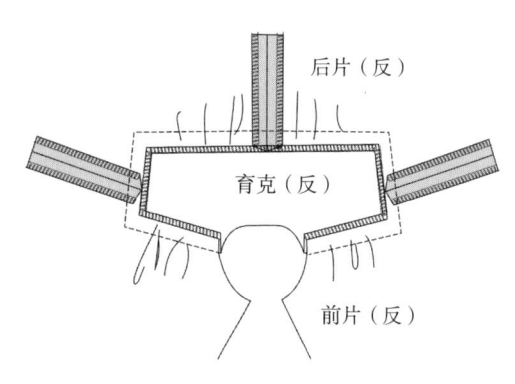

图 2-2-7 绱育克

图 2-2-8 绲育克明线

线进行粗缝固定或者用大头针固定，然后缝合。

14. 如图2-2-13所示，将装领缝头打剪口并倒向衣领。领里缝头在装领线位置折进，领里抹平理顺后，叠合在缝道上进行缲缝，注意线松紧适宜，线迹不要露出正面。

15. 如图2-2-14所示，前、后衣片正面相对叠合，缝合袖底缝和侧缝，并分烫。

16. 扣烫底边并缲缝底边。如果面料较厚，可将侧缝和底边折边重合部分缝头进行修剪，从而减少底边的厚度；面料较薄的可以不修剪。

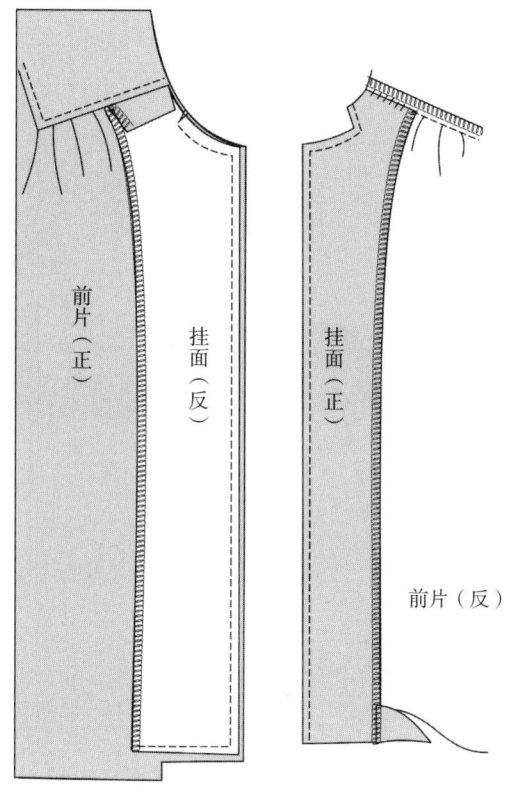

图 2-2-9 处理挂面

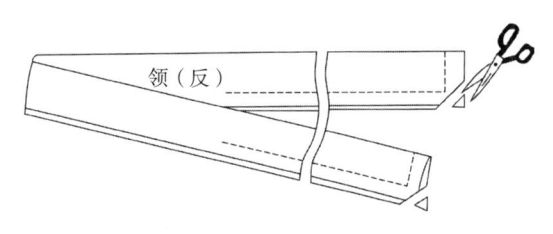

图 2-2-10 做领带

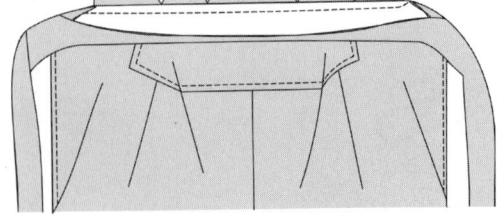

图 2-2-11　扣烫装领线

图 2-2-12　绱领子

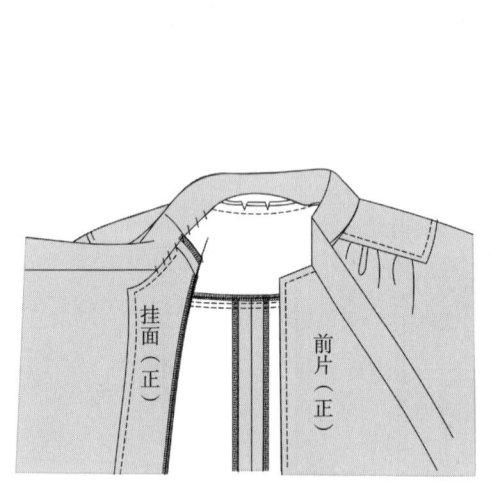

图 2-2-13　固定领里

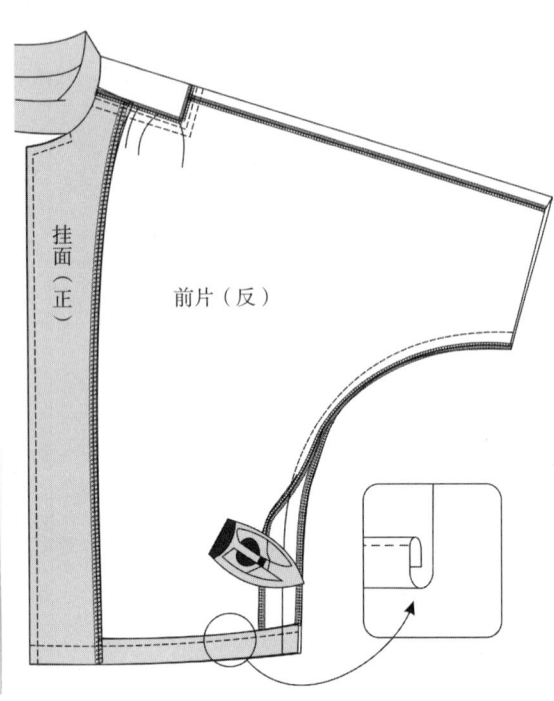

图 2-2-14　缝合袖底缝和侧缝，缲底边

17. 如图2-2-15所示，将克夫正面相对叠合车缝，用熨斗熨烫并劈缝，然后将缝头修剪至0.5cm。

18. 将克夫里按净线折进扣烫。

19. 如图2-2-16所示，分别在袖口净线外侧0.2cm及0.5cm处拱针，抽拉缝线，调整褶的大小和分布，使其与袖口大小相等。

20. 如图2-2-17所示，将袖子和袖口正面相对叠合缉缝，缝头修剪至0.5~0.7cm并倒向袖口一侧。

21. 如图 2-2-18 所示，按照完成线扣折袖头，将袖口里的缝头缲缝固定，为了便于缝制，将袖口面翻到内侧，然后缉袖口明线。

22. 拆掉粗缝缝线，整理熨烫。

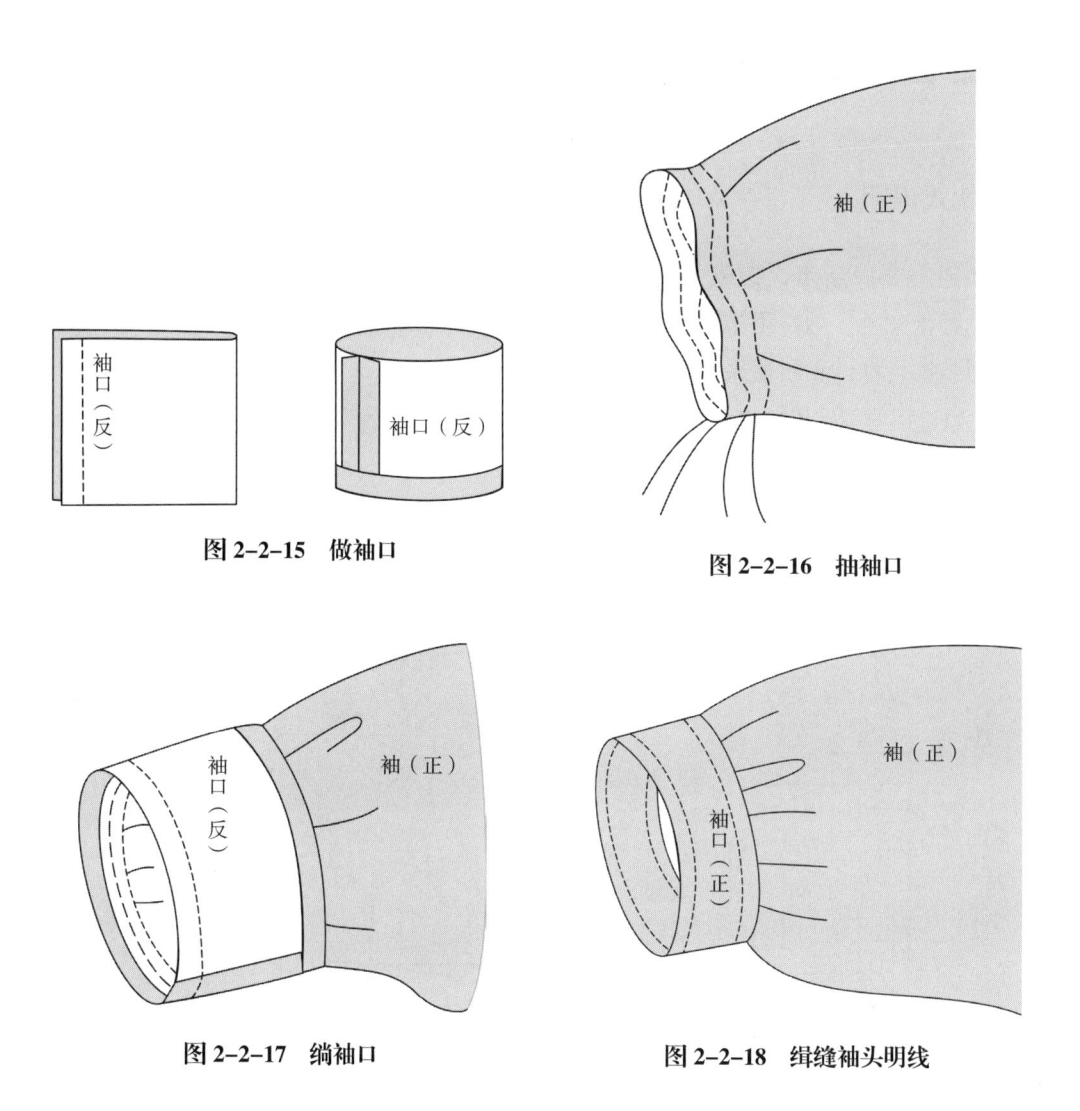

图 2-2-15　做袖口

图 2-2-16　抽袖口

图 2-2-17　绱袖口

图 2-2-18　缉缝袖头明线

第三节　荷叶领长袖衬衫

一、款式说明

如图2-3-1所示，该款为合体式长袖衫，腰部通过腰带束腰；袖口用松紧带抽缩；领口用荷叶边作为装饰，袖口和衣摆采用窄折边，适合夏季穿着；可以选用薄型针织或梭织面料。

图 2-3-1　款式图

二、结构图

制图说明：如图2-3-2和图2-3-3所示，将腋

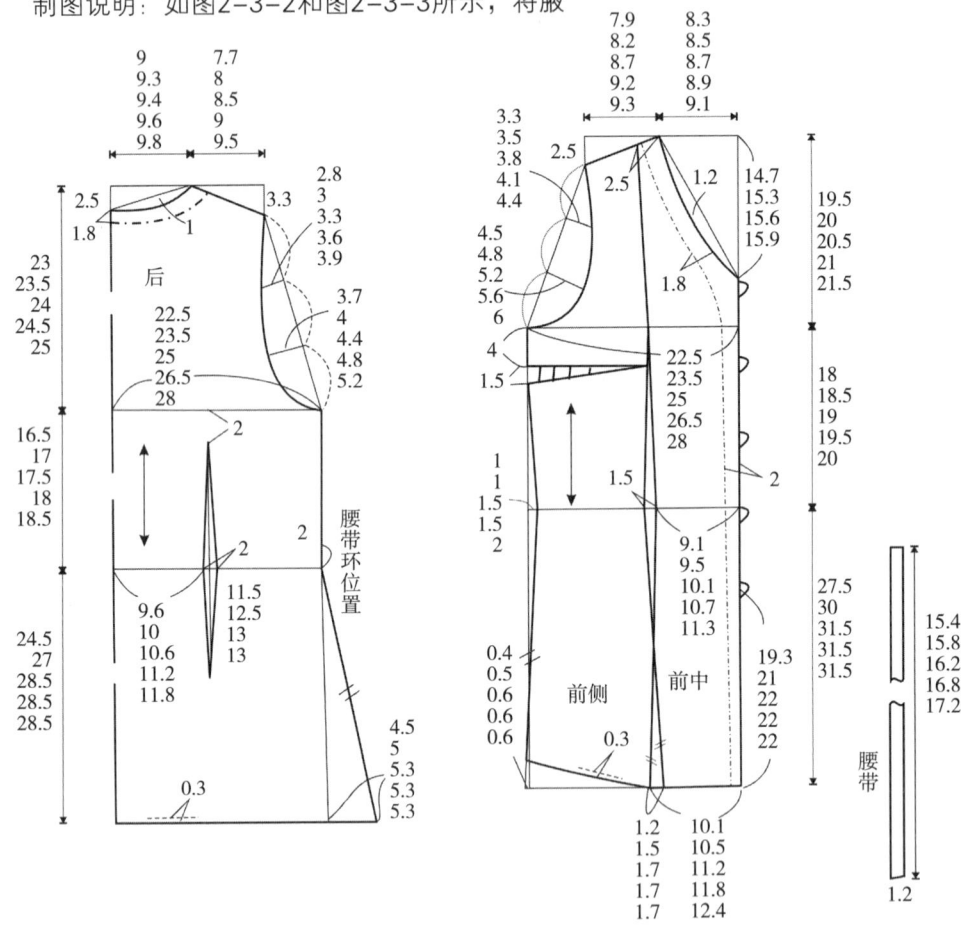

图 2-3-2　衣身结构图

下省转移到前片分割缝，前后肩缝拼合，检查领窝弧线和袖窿弧线是否圆顺，如果不圆顺，则需要调整领窝弧线和袖窿弧线直至圆顺。衣片前后侧缝长度要相等，将前后侧缝拼合，画顺前后衣片底边线。领口荷叶边依次展开，画顺弧线，前领口和前门襟的荷叶边对接到一起，裁成一整片。

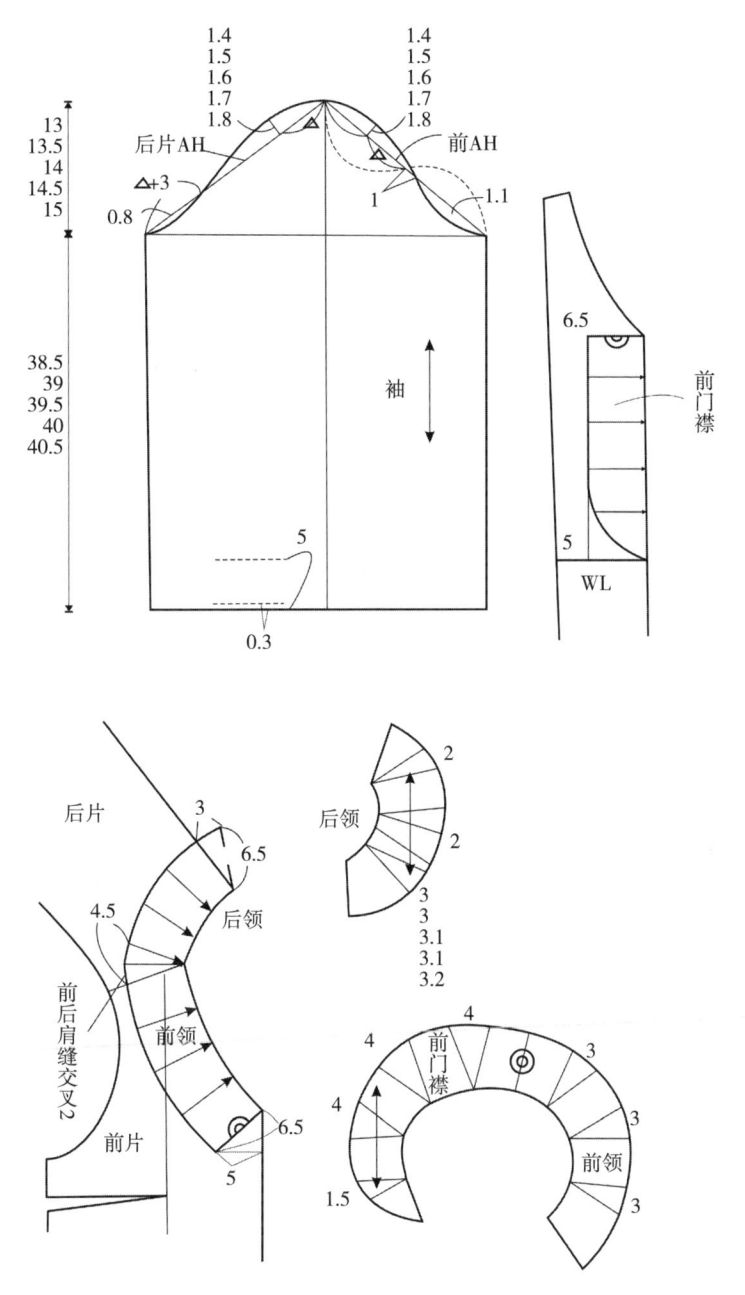

图 2-3-3 袖子等结构图

三、缝头加放

缝头加放说明：领口弧线部分缝头加放在0.8~1cm，袖口和衣身折边为1cm，其他部位的缝头一般在1~1.5cm之间，如图2-3-4所示。

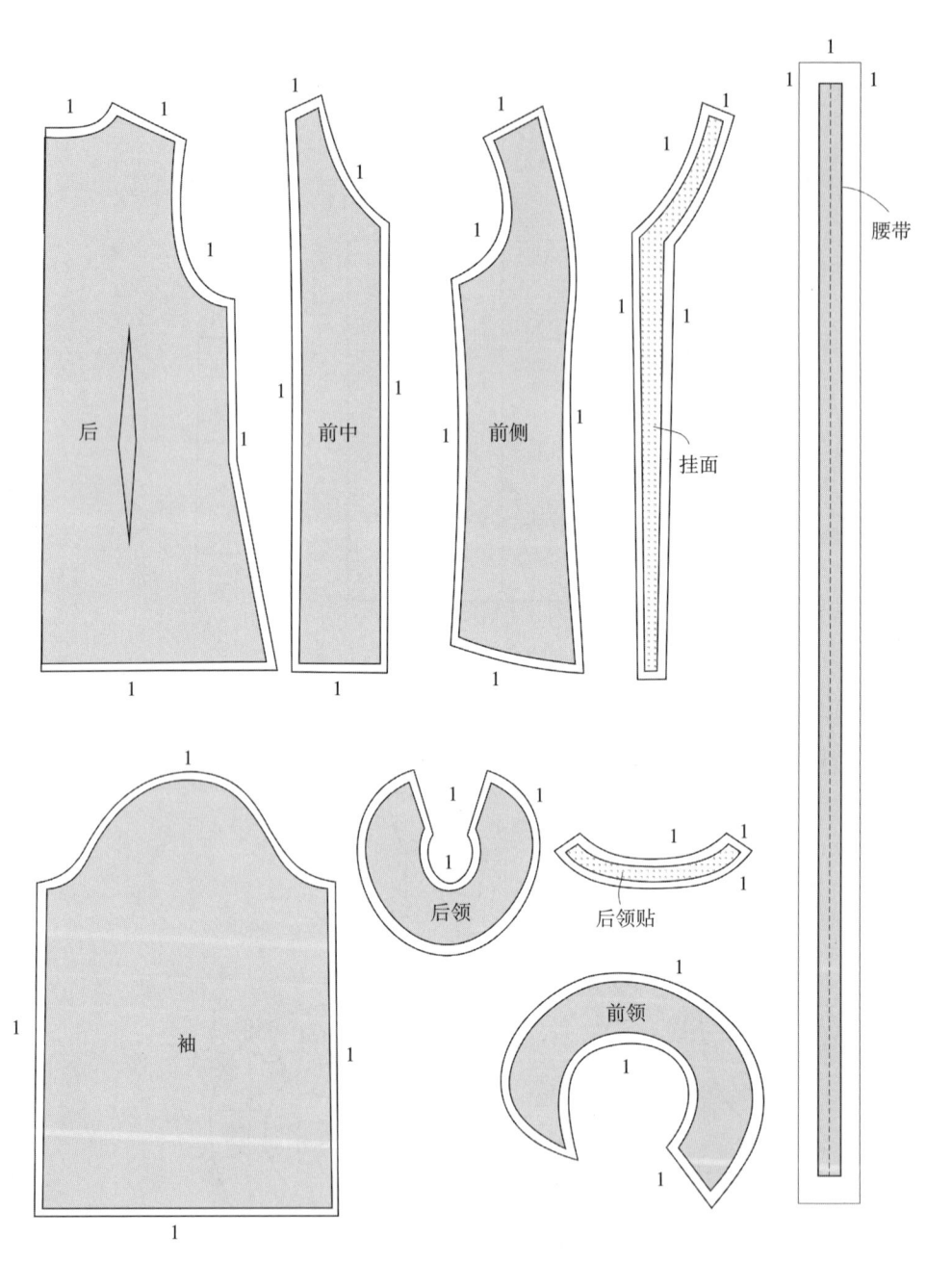

图 2-3-4 缝头加放

四、缝制方法

1. 如图2-3-5所示，挂面和后领贴黏合衬，将外边沿进行包缝，然后扣烫折边。
2. 如图2-3-6所示，缝合后片省，省道要顺直。熨烫省道，倒向中心侧。
3. 如图2-3-7所示，将前中片与前侧片正面对合叠放，缝合，然后将两缝头一起进行包缝，熨烫缝道线，将缝头倒向前中片。

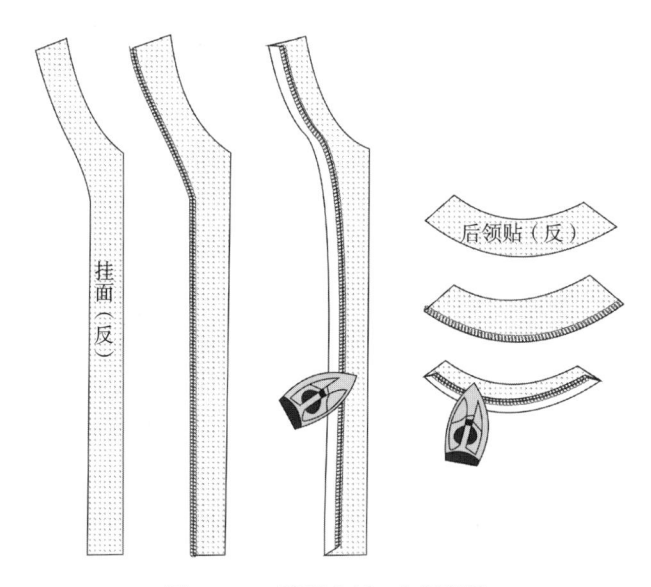

图2-3-5　贴黏合衬、扣烫折边

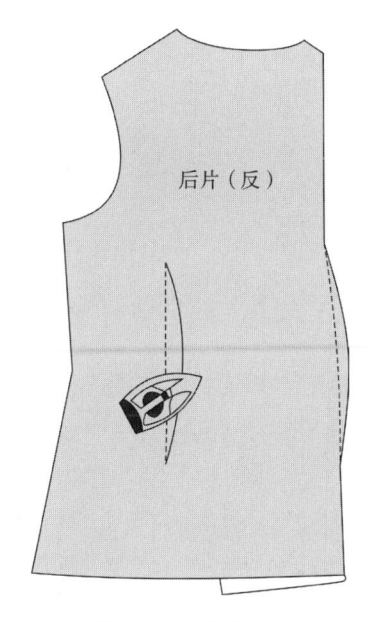

图2-3-6　缉后省缝

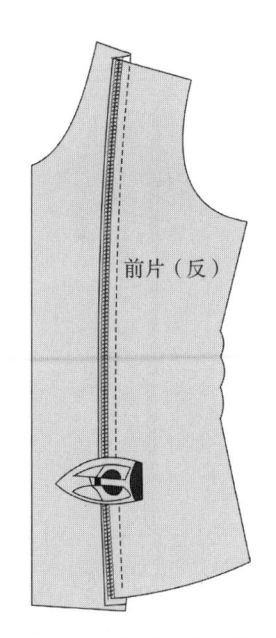

图2-3-7　缝合前中片与前侧片

4. 如图2-3-8所示，将前后肩缝正面叠合，缝合左右肩缝，然后包缝。

5. 如图2-3-9所示，将前领荷叶边与后领荷叶边肩缝正面相对叠合并缝合肩线，将缝头进行包缝，将外围线先用拱针缝略抽缩整理，然后扣折外围线，并缉缝一道明线。

6. 如图2-3-10所示，将挂面与后领圈贴边正面相对叠合并缝合肩线，将缝头修成0.5cm，熨烫并劈缝。扣烫外围线，并缉缝一道明线。

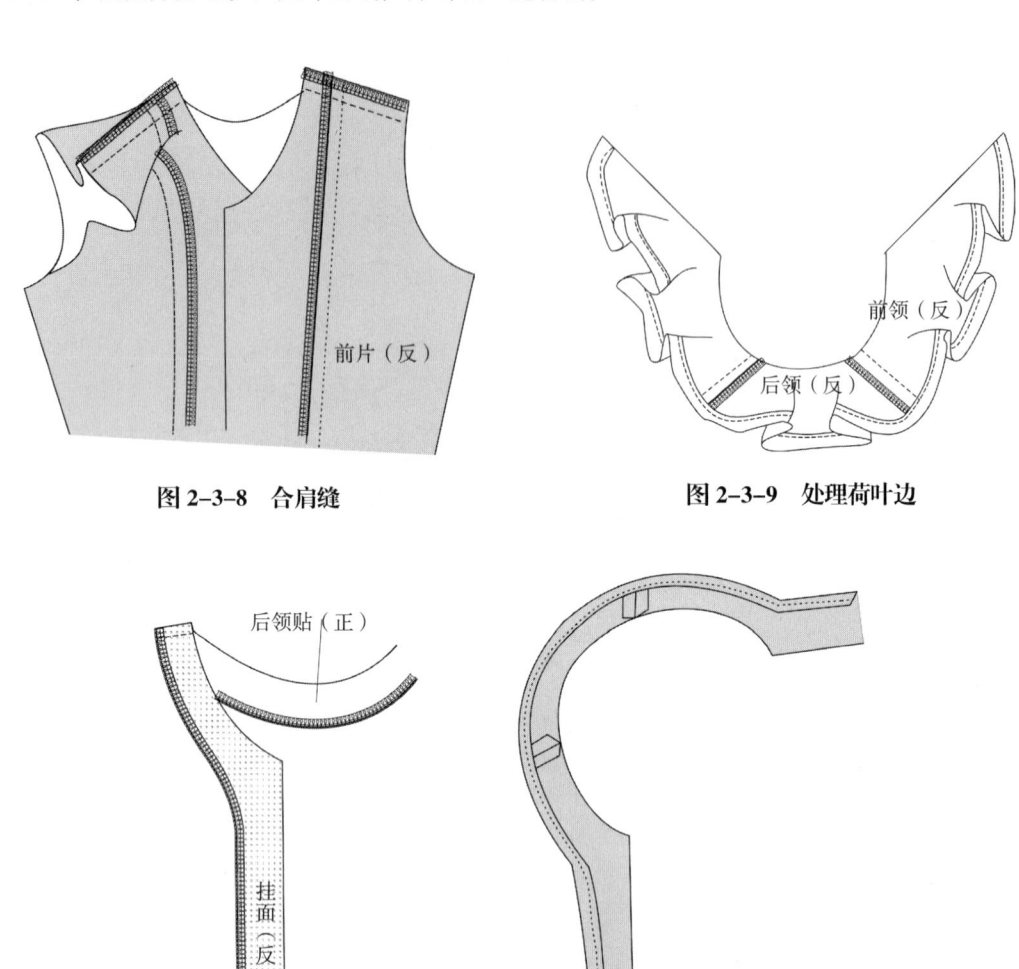

图 2-3-8　合肩缝

图 2-3-9　处理荷叶边

图 2-3-10　处理挂面与后领贴边

7. 如图2-3-11所示，将荷叶边的反面与衣片正面相对叠合并粗缝固定，同时固定扣襻。

8. 如图2-3-12所示，将衣领圈贴边和挂面正面与衣片和荷叶边的正面相对叠合，衣片的净线外0.1cm处与贴边的净线往里0.1cm处对合，然后粗缝固定。在粗缝线的外侧车缝。然后将缝头剪至0.4~0.5cm，领窝弧线打剪口，在弧度较大的部位可将剪口打密一些。

9. 如图2-3-13所示，烫平缝道线，将挂面与贴边翻到正面，离开缝道0.1cm折进后熨烫定型，在后衣片贴边内侧用三角针将其与肩缝缝头固定。

10. 如图2-3-14所示，将前后侧缝正面相对叠合缉缝，然后包缝侧缝。

11. 将前后底边贴边分别折转0.5cm，然后再在净缝处折转，最后缉一道明线。

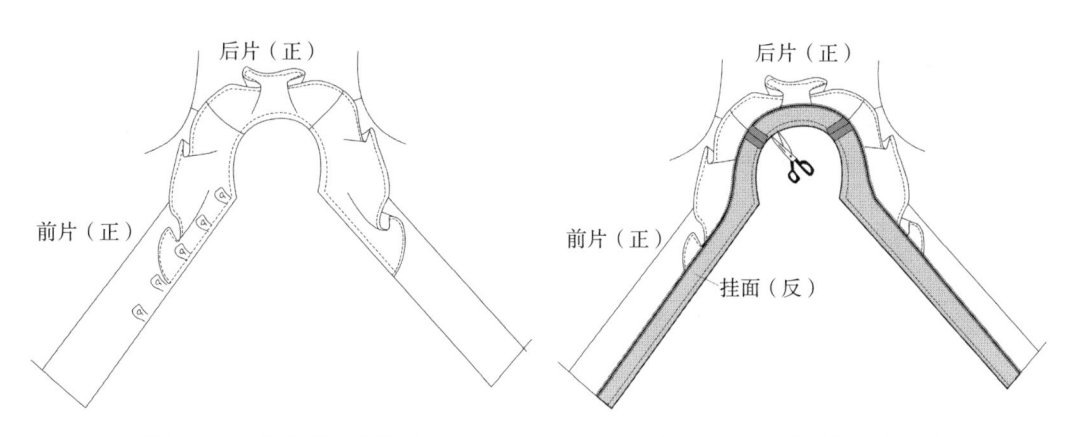

图 2-3-11　粗缝固定荷叶边

图 2-3-12　挂面与衣身缝合

图 2-3-13　固定后领贴边

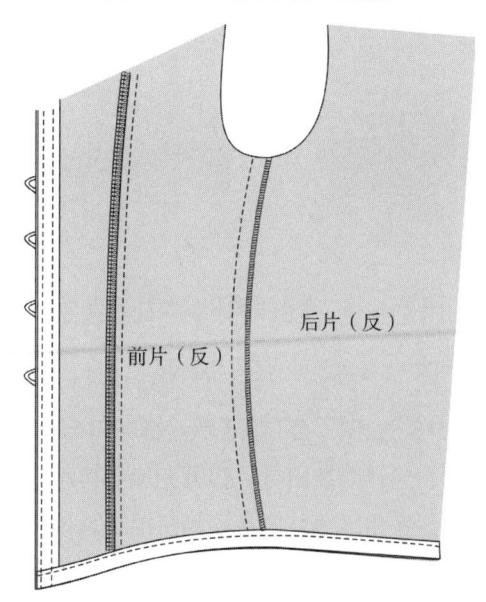

图 2-3-14　合侧缝，缉底边折边

12. 如图2-3-15所示，从袖底侧向上8~10cm处开始至另一侧8~10cm处止，在袖山净线外侧0.2cm及0.5cm处拱针，抽缝线。

13. 在袖口抽缩处，缉缝细松紧带，抽袖口。

14. 如图2-3-16所示，将袖片正面朝里叠合，缝合袖底缝，为了使袖口处缝头沿净线折上时不出现松弛，稍稍往里缝制。按净线折烫袖口折边，然后缉缝袖口。

15. 如图2-3-17所示，熨烫整理袖山归缩量，归缩量一次性不能整理得很均匀的话，可以分几次抽拉粗缝线，一边做袖山形状一边用熨斗的头部轻轻将皱纹烫去。

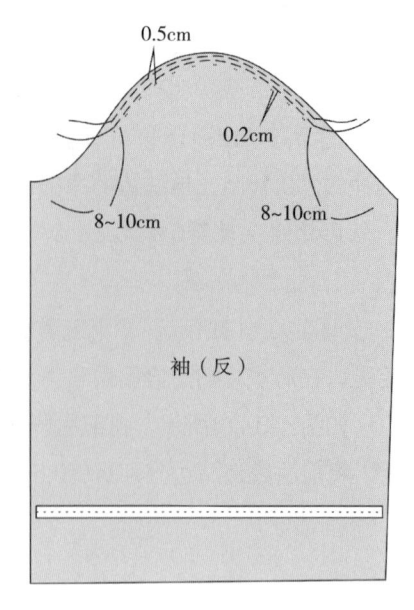

图 2-3-15 处理袖山与袖口

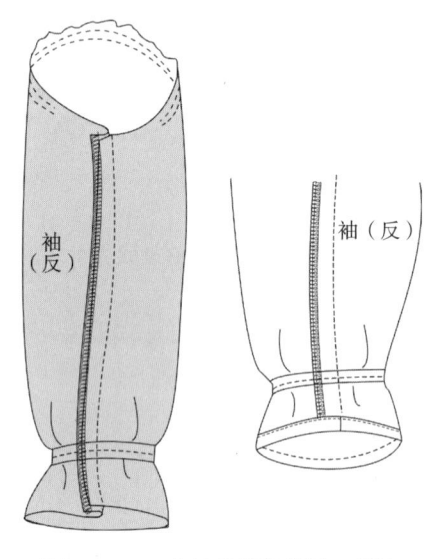

图 2-3-16 合袖底缝和做袖口折边

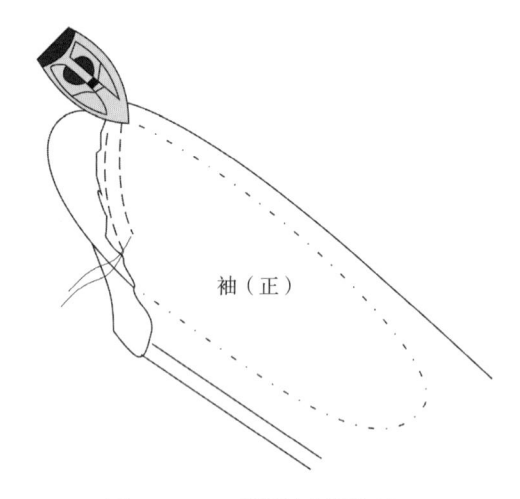

图 2-3-17 整理袖山归缩量

16. 如图2-3-18所示，将袖山与袖窿弧线对位，为使袖子和衣片不错位，进行粗缝固定，起针时要回针，粗缝完成后将其翻到正面，检查袖子扭偏的情况、装袖线和归缩等状态。在粗缝线外侧从袖侧在袖底缝处开始缉缝，距离侧缝线左右两侧6~8cm处缉缝两道线。将袖山袖窿缝头一起进行包缝。将装袖线缝道熨烫平服，缝头自然倒向袖侧，不要折烫缝头，否则会影响袖山胖瘦和美观。

17. 如图2-3-19所示，做腰带，在侧缝腰部拉线襻，钉扣子。
18. 拆除粗缝线迹，熨烫整理。

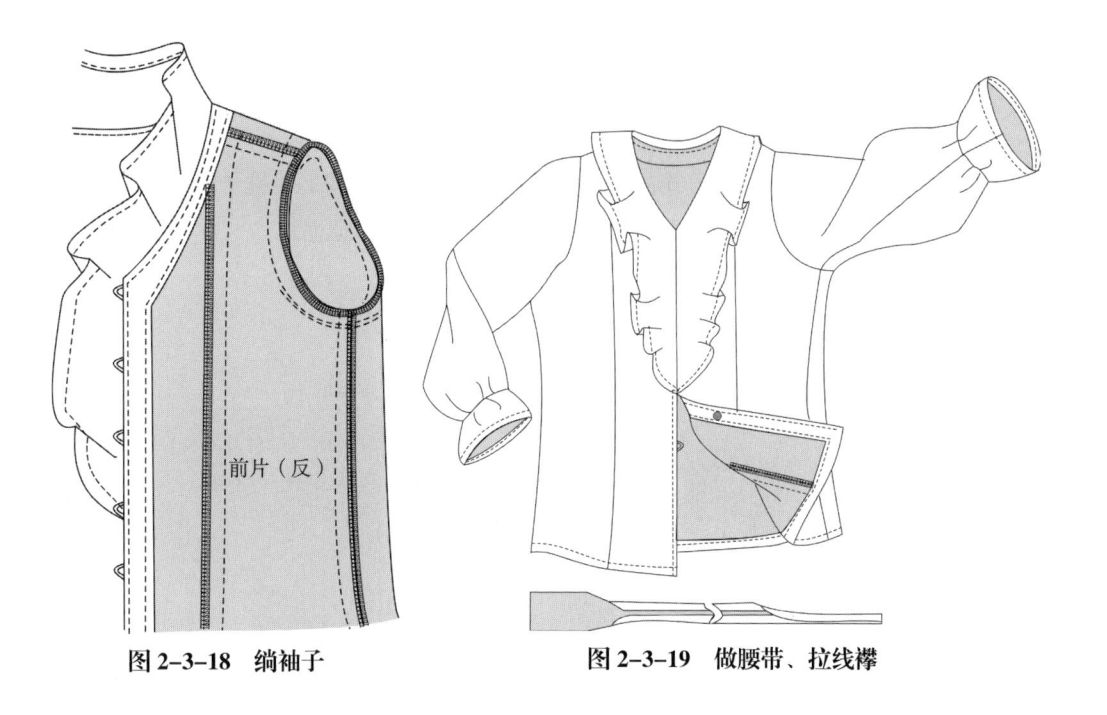

图 2-3-18　绱袖子

图 2-3-19　做腰带、拉线襻

第四节　仿男式衬衫领长袖衬衫一

一、款式说明

如图2-4-1所示，该款为男式衬衫领衬衫，也可以通过袖襻调整袖子的长度，侧缝开衩，前门襟外翻，前片缉缝细明褶装饰。可以选用薄型或中厚型面料。

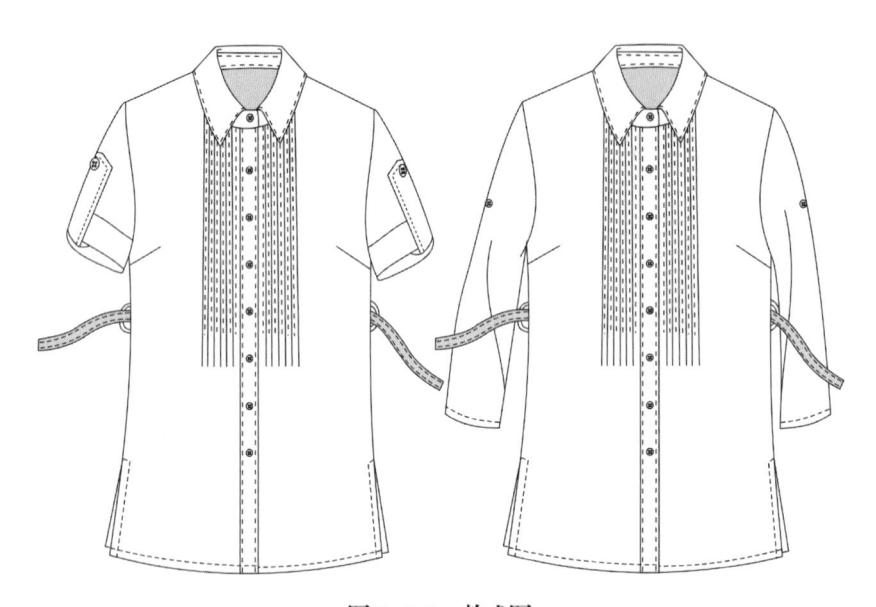

图 2-4-1　款式图

二、结构图

制图说明：如图2-4-2和图2-4-3所示，合并前腋下省道后，衣片前、后侧缝长度要相等。前、后肩缝拼合后，检查领窝弧线和袖窿弧线是否圆顺，如果不圆顺，则需要调整领窝弧线和袖窿弧线直至圆顺。前片先粗裁，在处理完前片褶裥后再用样板裁剪，这样能保证尺寸稳定。

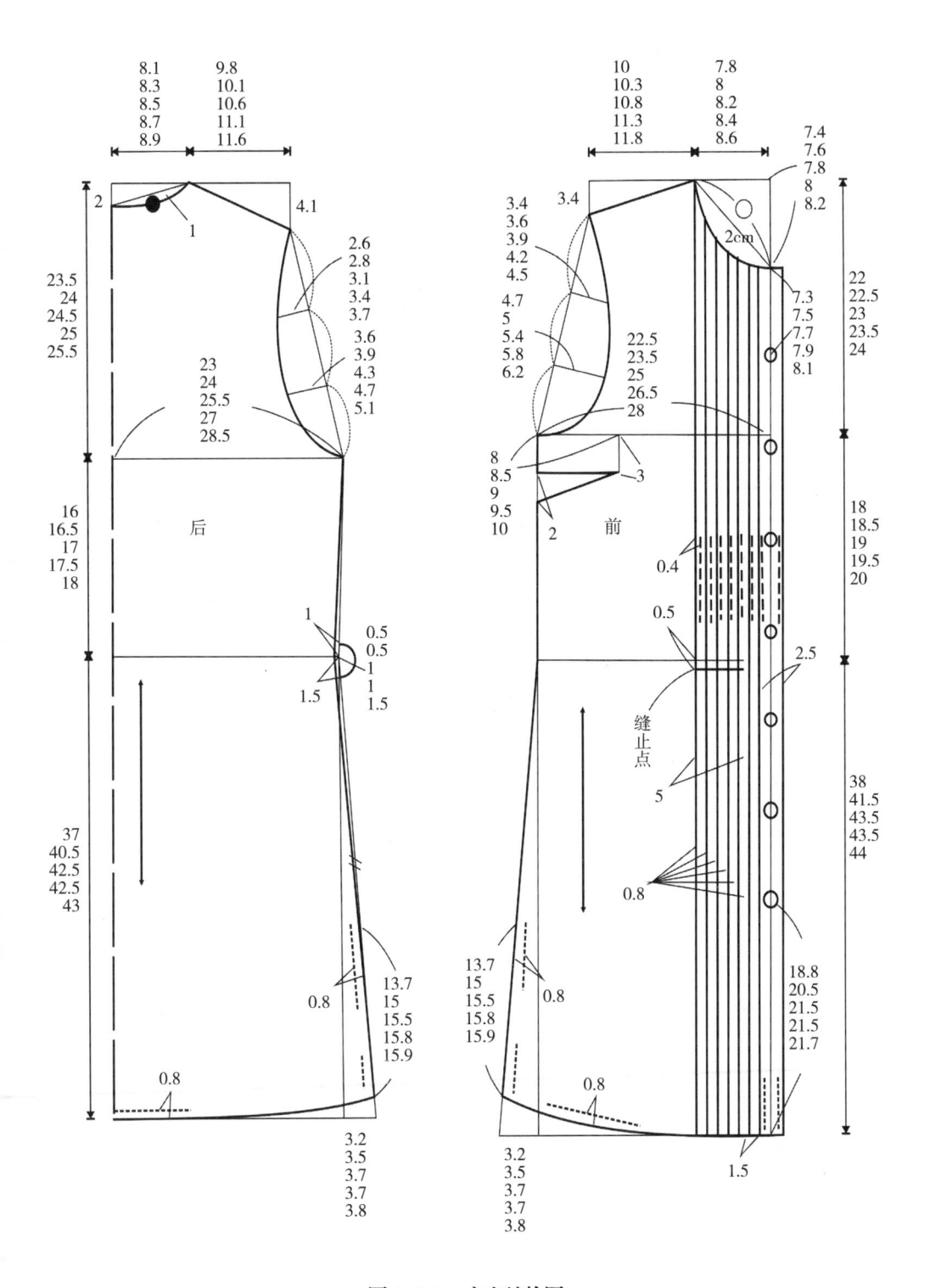

图 2-4-2 衣身结构图

第二章 长袖衬衫

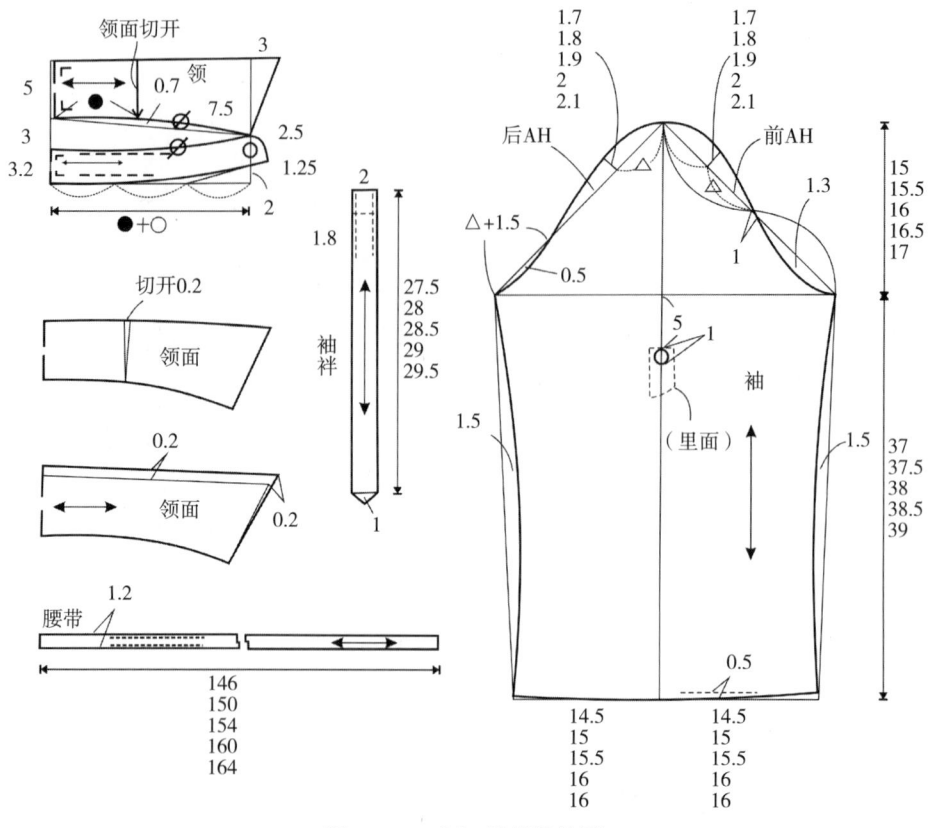

图 2-4-3　领、袖等结构图

三、缝头加放

缝头加放说明：领口弧线部分缝头加放在0.8~1cm，袖口和衣身折边分别为1.2cm和1.5cm，其他部位的缝头在1~1.5cm之间，随着面料厚度的增加缝头的大小在增加，反之减小。缝头加放如图2-4-4所示。

四、缝制方法

1. 用熨斗或黏合机将黏合衬布分别黏到挂面、领面与领里上。
2. 如图2-4-5所示，用熨斗烫出折裥的外侧折痕，在外侧折痕一侧缉明线，缉缝时注意调整线迹，线迹不能抽缩。缝完折裥后，用熨斗进行整理，注意不要拔开折裥，然后用纸样修剪前衣片，包缝肩线和侧缝（具体缝制方法参见《部件缝制》）。
3. 如图2-4-6所示，缝合腋下省。
4. 熨烫省道，将其倒向上侧。

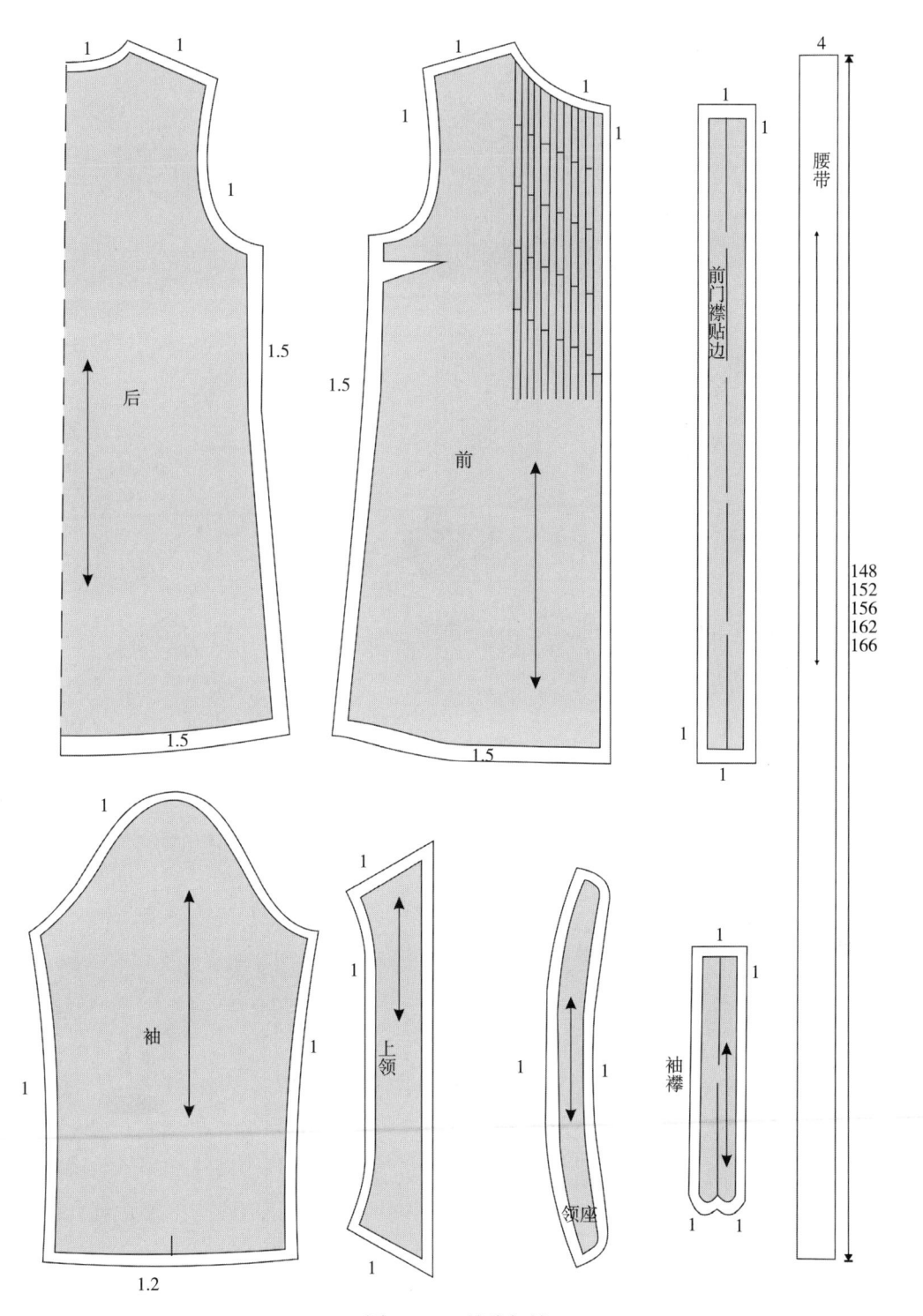

图 2-4-4 缝头加放

图 2-4-5 折裥处理

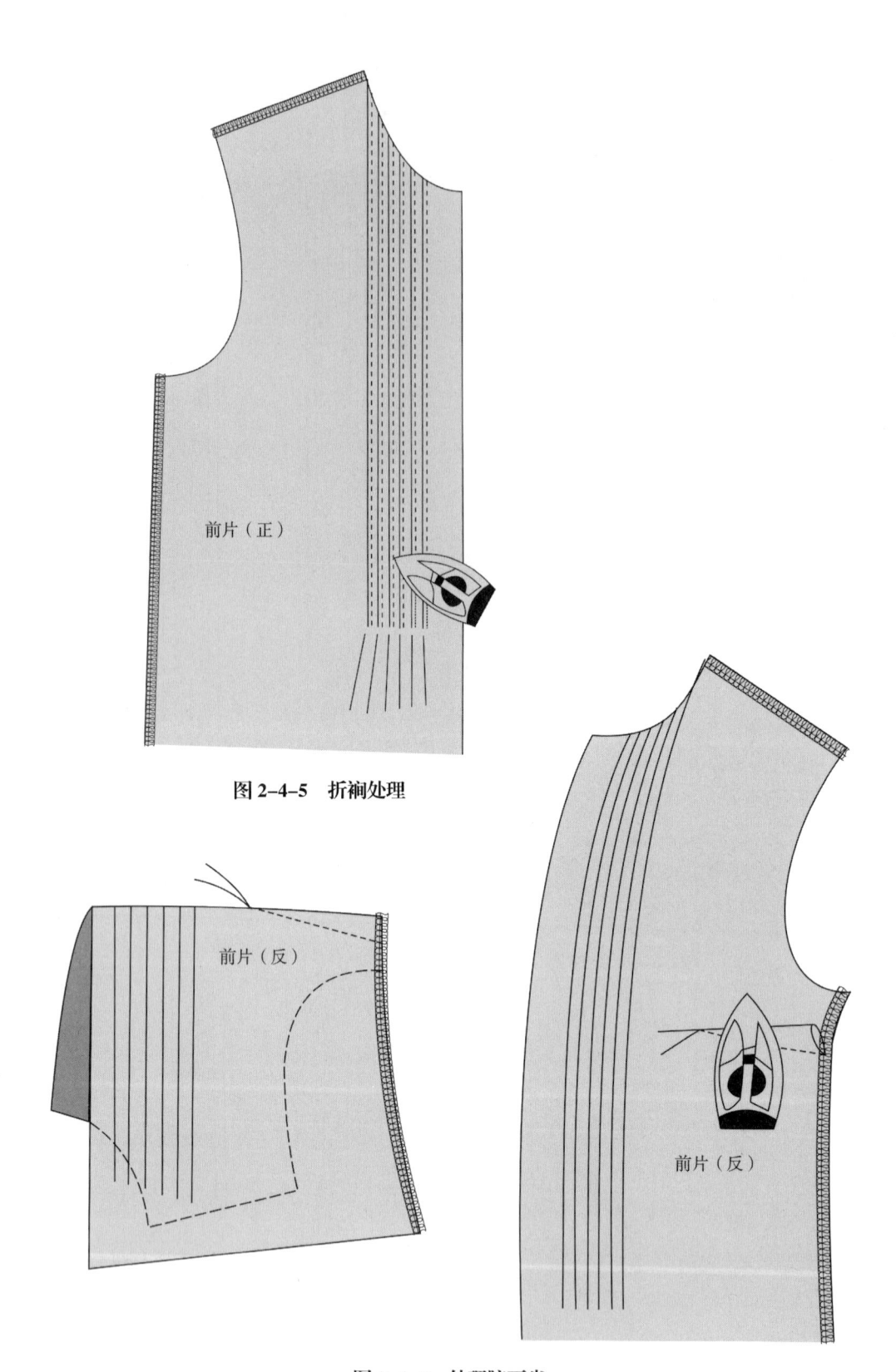

图 2-4-6 处理腋下省

5. 如图2-4-7所示，将前、后底边贴边分别折转0.5cm，然后再在净缝处折转，最后缉一道明线。

6. 如图2-4-8所示，衣片和门襟贴边正面相对叠合，衣片净线与门襟贴边净线外侧0.1cm（作为座势）处叠合，用大头针或手针粗缝固定，缉缝。

7. 将门襟贴边面在净线处折进，形成座势。

8. 将门襟贴边里的缝头在净线处折进。

9. 将门襟贴边沿叠门止口线正面朝里对折，缝合下摆净线。

10. 将贴门襟翻至正面并进行熨烫，在正面缉缝两道0.6cm宽的明线。

11. 如图2-4-9所示，将前后肩缝正面叠合，缝合左右肩缝，并分烫。

12. 将前后侧缝正面叠合，进行缝合，缝至开衩止点，并分烫。

13. 从开衩止点以下用熨斗沿净线扣烫折转，然后缉缝。

14. 如图2-4-10所示，将上领面、里正面相对叠合，领面净线外侧0.1cm与领里净线内侧0.1cm处叠合，用大头针或手针粗缝固定，领角处领面略松，然后在粗缝线外侧缉缝，领角处吃领面。

15. 将缝头修剪至0.8cm，距离缝线0.2cm剪去领角。

16. 将领子翻到正面，领里退进0.1cm，在领里一侧进行熨烫。

17. 在领子外围线上从正面缉缝0.6cm宽的明线。

18. 如图2-4-11所示，将上领面正面叠放在领座面正面上，折进领座里的装领缝头，并正面相对叠放在上领上，将4片缉缝在一起，将缝头修剪成0.5cm宽，并打剪口。

19. 将领座翻至正面熨烫整形，注意不要形成座势。

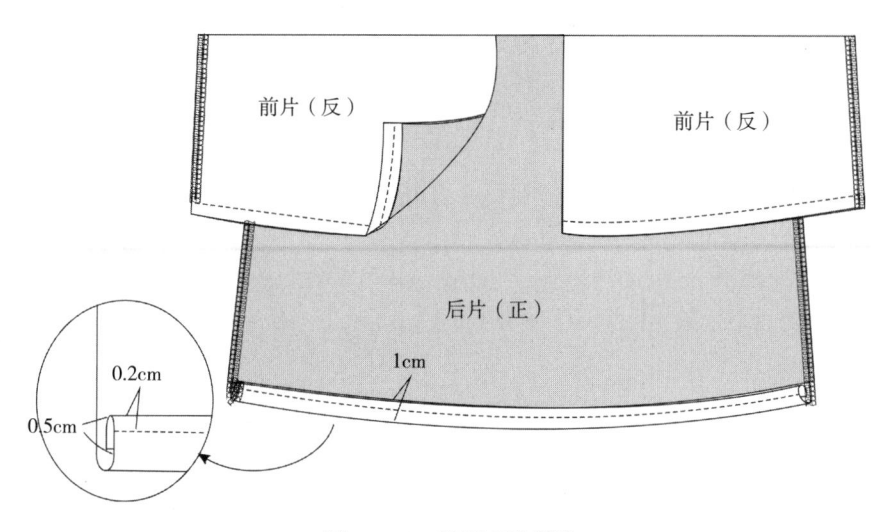

图 2-4-7　处理底边折边

前片（正）　　　前片（正）

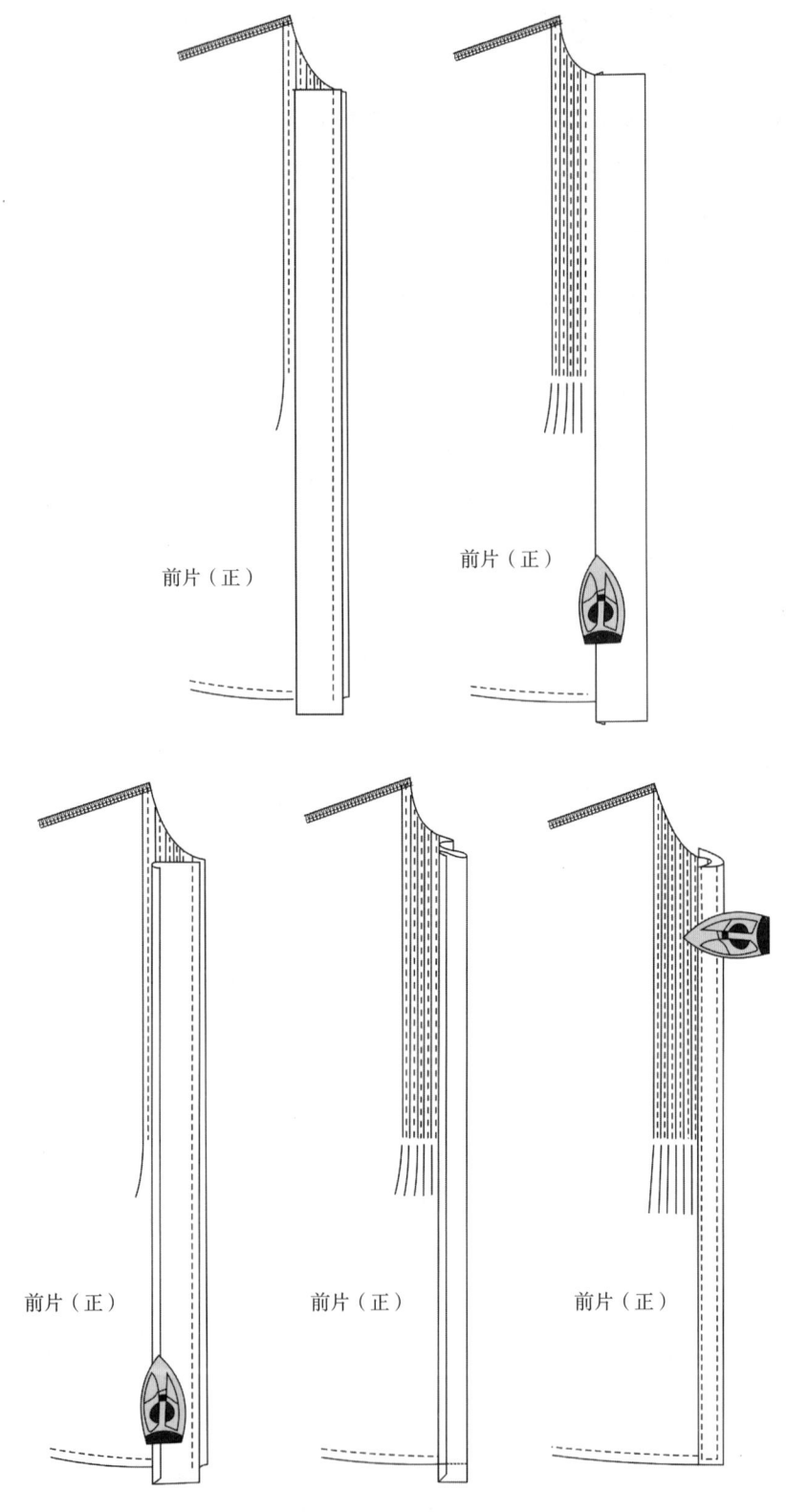

前片（正）　　　前片（正）　　　前片（正）

图 2-4-8　做门襟贴边

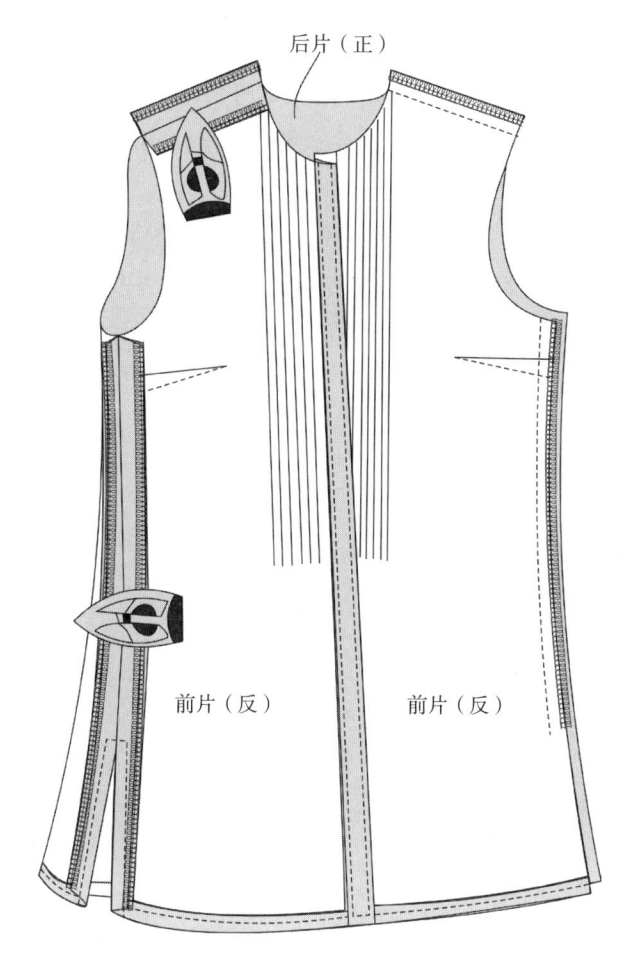

图 2-4-9 缝合肩缝和侧缝

图 2-4-10 做上领

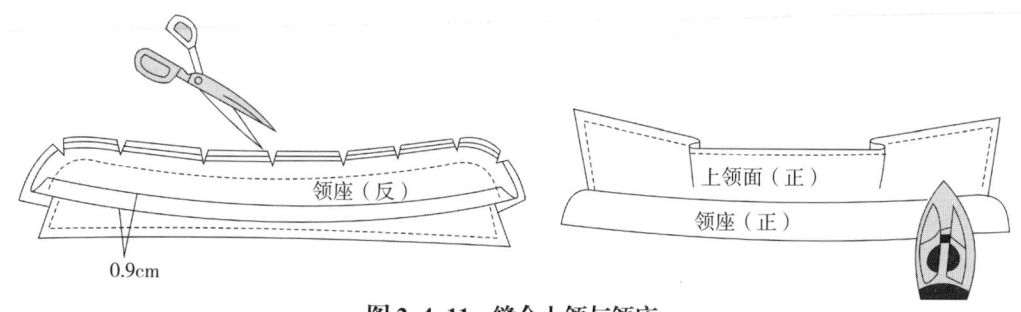

图 2-4-11 缝合上领与领座

第二章 长袖衬衫 59

20. 如图2-4-12所示，装领，将领座和衣片正面相对叠合，缉缝。

21. 缉缝后将装领缝头修剪至0.5cm，并在衣身领口线打剪口。

22. 如图2-4-13所示，将领座里叠合放置在装领线缝道线上，缉缝，在领座外围线上从正面压缉缝一周。

23. 如图2-4-14所示，缝合袖襻，将袖带面布正面叠合，进行缝合。

24. 修剪缝头至0.5cm，将袖襻翻转至正面，用熨斗熨烫平整，然后缉缝明线，锁眼。

25. 如图2-4-15所示，将袖襻固定到袖片里侧相对应的位置。

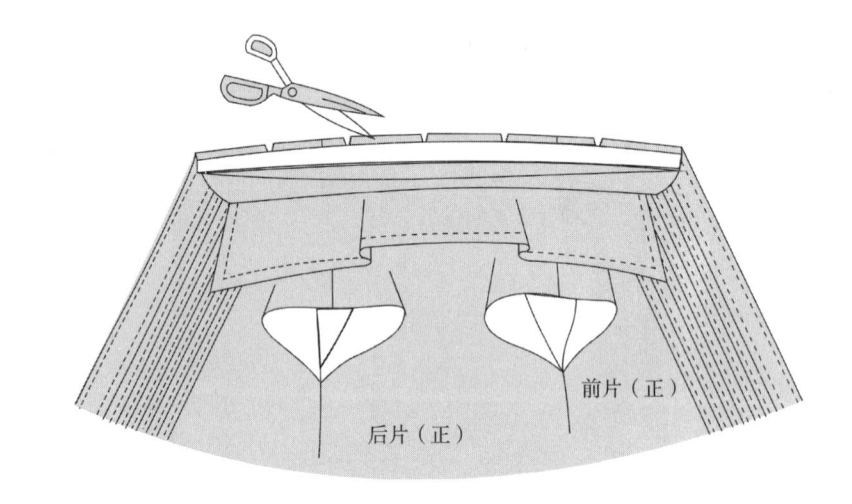

图 2-4-12　绱领

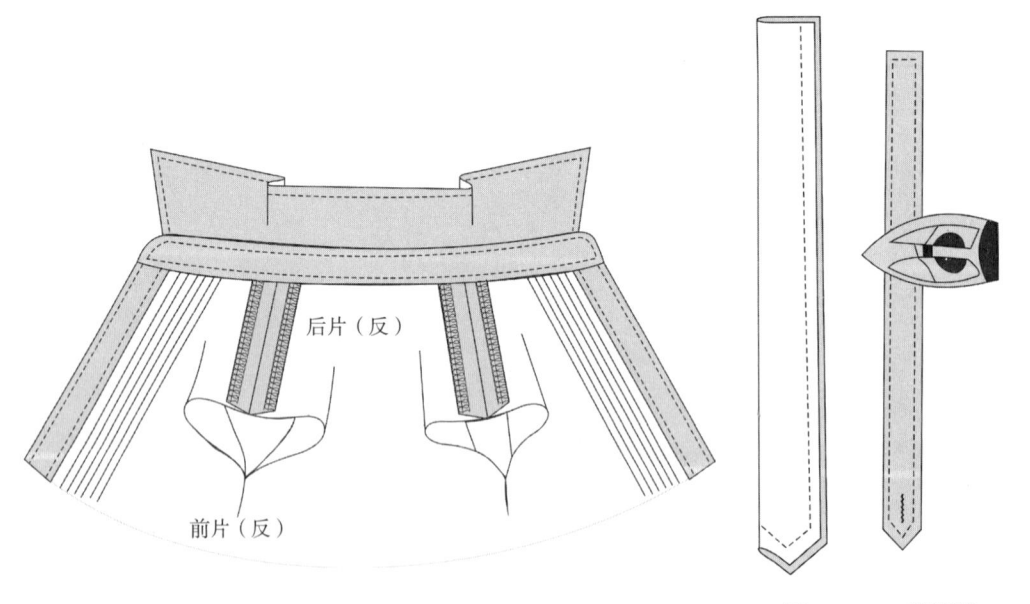

图 2-4-13　缉领座明线

图 2-4-14　做袖襻

26. 从袖底侧向上8~10cm处开始至另一侧8~10cm处止，在袖山净线外侧0.2cm及0.5cm处拱针。

27. 如图2-4-16所示，将袖片正面朝里叠合，缝合袖底缝，为了使袖口处缝头沿净线折上时不出现松弛，稍稍往里缝制，然后熨斗劈开缝头。

28. 按净线折烫袖口折边，然后缉缝。如果面料较厚，可将袖底缝和袖口重合部分缝头进行修剪，面料较薄的情况下可以不修剪。

29. 如图2-4-17所示，用熨烫整理袖山归缩量，归缩量一次性不能整理得很均匀的话，可以分几次抽拉粗缝线，一边做袖山形状一边用熨斗的头部轻轻将皱纹烫去，使其与袖窿弧线对应的部位长度相等。

30. 如图2-4-18所示，将袖山与袖窿弧线对位，为使袖子和衣片不错位，先进行粗缝固定，起针处要回针。

31. 粗缝完成后将其翻到正面，检查袖子扭偏的情况、装袖线和归缩等状态。

32. 在粗缝线外侧从袖底缝处开始缉缝，距离侧缝线左右各6~8cm处缉缝两道线。

33. 将袖山袖窿缝头一起包缝。

34. 将装袖线缝道熨烫平服，缝头自然倒向袖侧，不要折烫缝头，否则会影响袖山胖势。

35. 如图2-4-19所示，做腰带，扣烫腰带的折边。

36. 将腰带反面相对叠合，缉缝腰带明线。

37. 如图2-4-20所示，在侧缝腰部拉线襻，穿腰带，锁眼钉扣。

38. 拆掉粗缝缝线，熨烫整理。

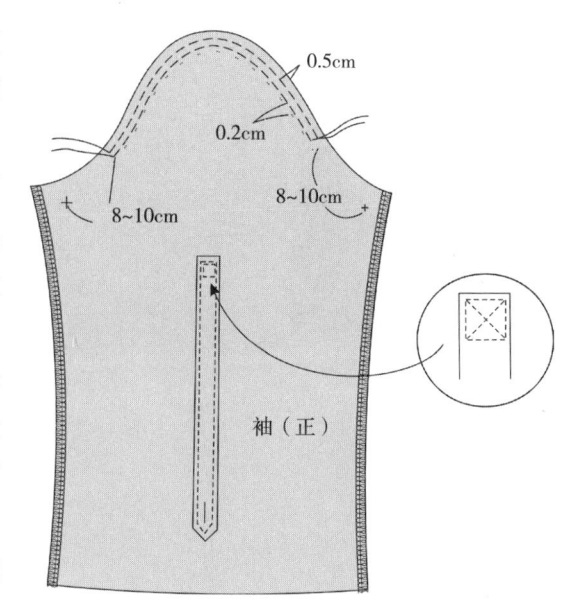

图 2-4-15 装袖襻、处理袖山

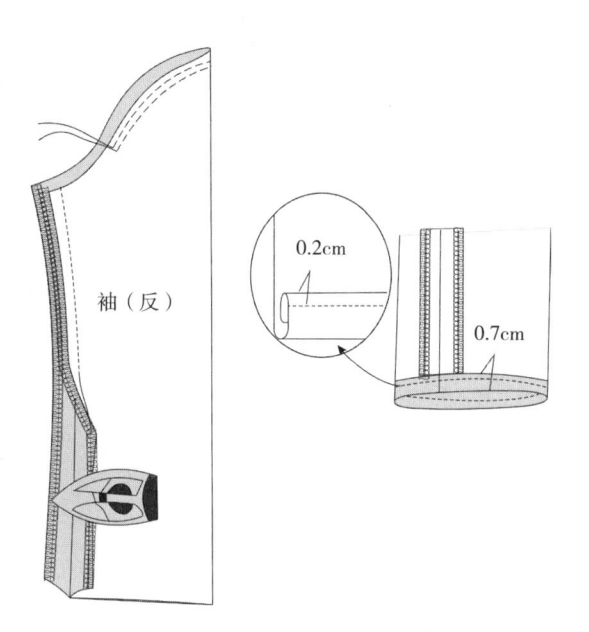

图 2-4-16 合袖缝、缉袖口折边

图 2-4-17 处理袖山

图 2-4-18 绱袖子

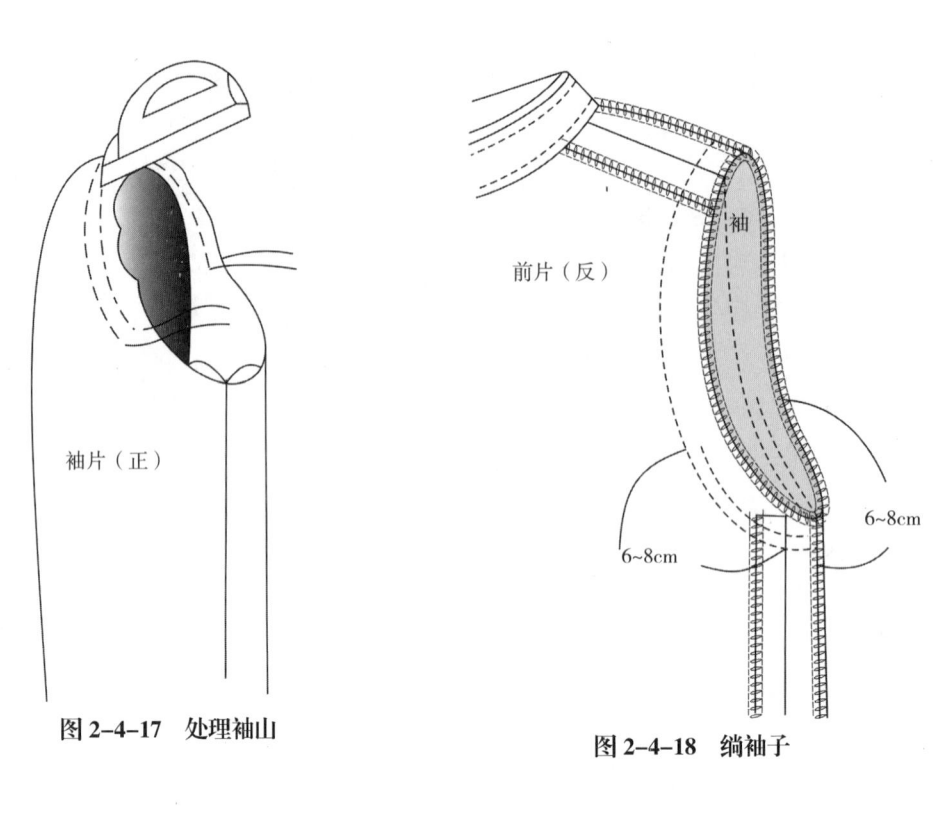

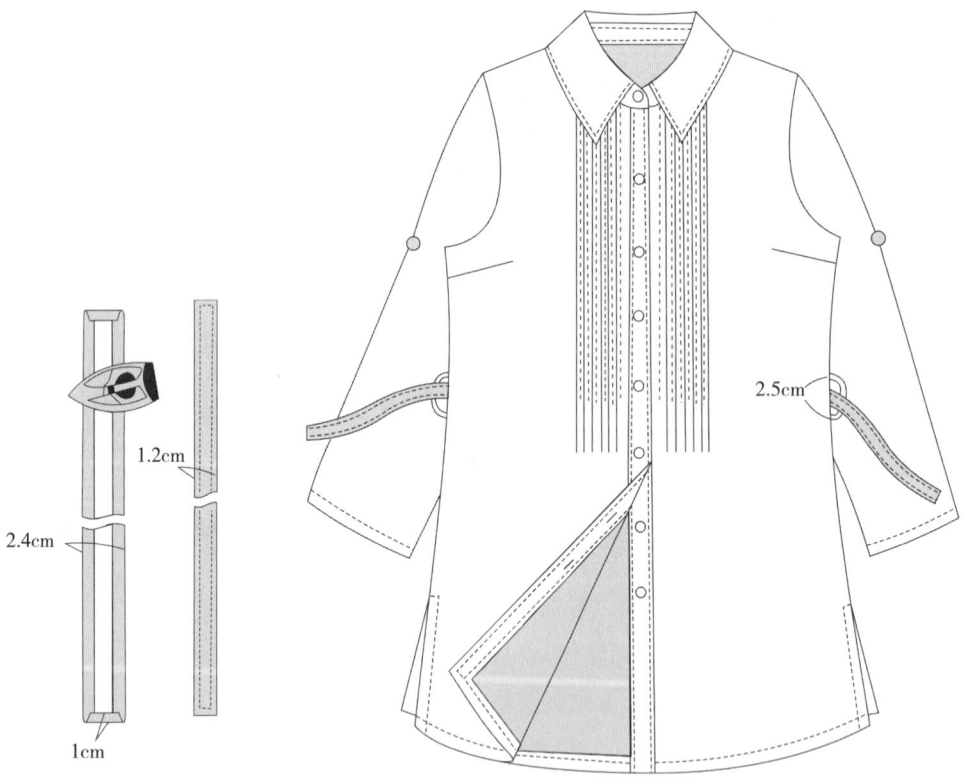

图 2-4-19 做腰带

图 2-4-20 拉线襻、穿腰带

第五节　仿男式衬衫领长袖衬衫二

一、款式说明

如图2-5-1所示，该款为仿男式衬衫领套头长袖衬衫，也可以通过袖襻使其可作为短袖穿着，后片加育克，前片配领巾。可以选用薄型或中厚型的面料。

图 2-5-1　款式图

二、结构图

制图说明：如图2-5-2和图2-5-3所示，合并前腋下省道后，衣片前后侧缝长度要相等。拼合前后侧缝，修顺底边线；前后肩缝拼合后，检查领窝弧线和袖窿弧线是否圆顺，如果不圆顺，则需要调整领窝弧线和袖窿弧线直至圆顺。

图 2-5-2 衣身结构图

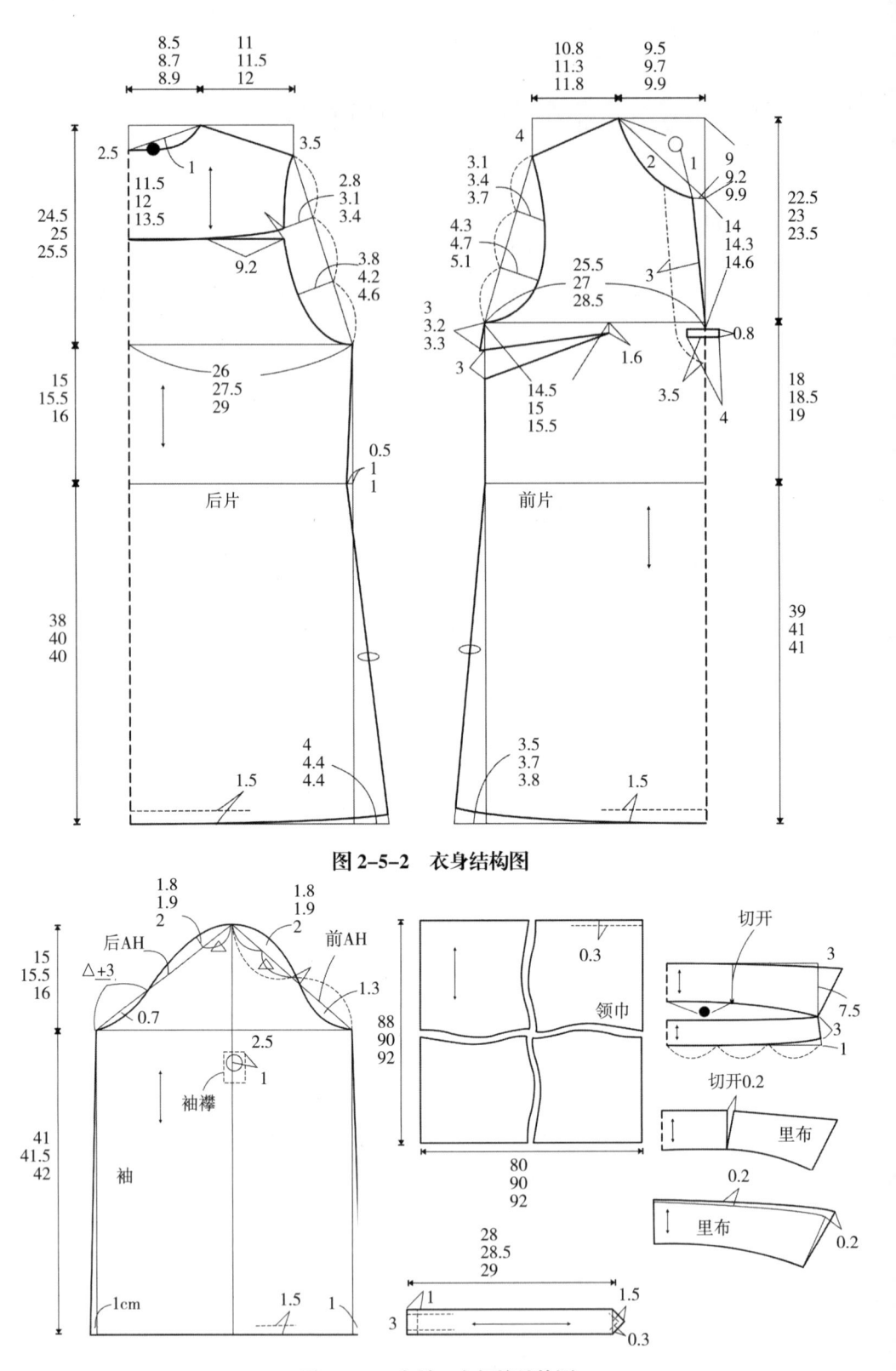

图 2-5-3 衣袖、衣领等结构图

三、缝头加放

缝头加放说明：领口弧线、袖窿弧线部分缝头加放在0.8~1cm，袖口和衣身折边为2.5cm，其他部位的缝头一般在1~1.5cm之间，缝头加放如图2-5-4所示。

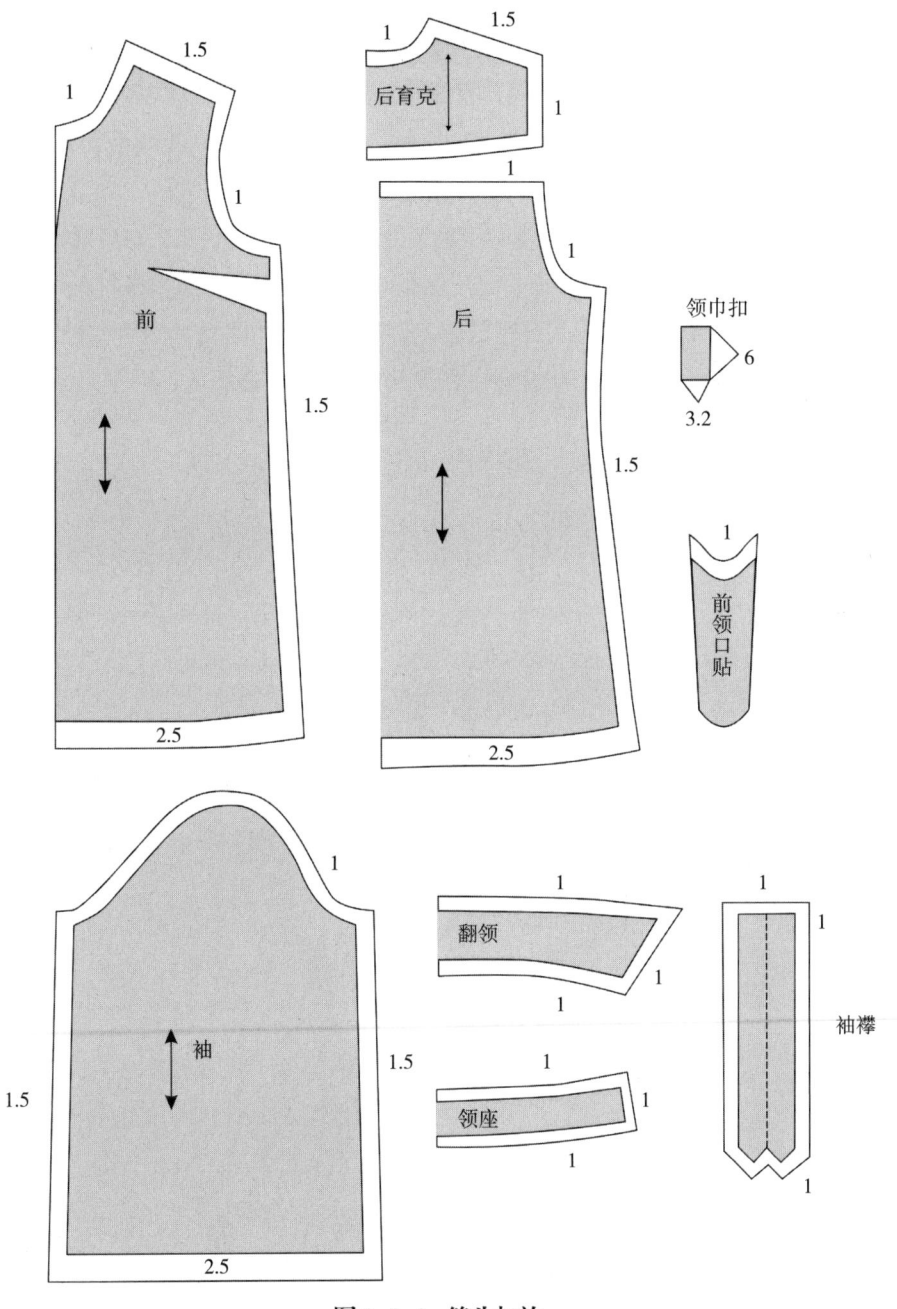

图 2-5-4　缝头加放

四、缝制方法

1. 如图2-5-5所示,将后片育克与后片正面相对叠合缝合并包缝,用熨斗烫平缝道线。

2. 如图2-5-6所示,将育克翻转到正面,缉明线。

3. 如图2-5-7所示,缝合腋下省,熨烫省道,倒向上侧。

4. 如图2-5-8所示,开前口衩,在前领口贴边的反面粘上黏合衬,然后进行包缝。将前片与贴边正面相对,开衩位缉缝,将开衩位剪开,剪至缝线根部大约3根纱。

5. 如图2-5-9所示,将贴边翻到衣片的反面,调整里外容量,止口不反吐,在前衣片的正面缉明线。

6. 如图2-5-10所示,将前、后衣片在肩缝处正面叠合,缝合左、右肩缝,并分烫。

7. 如图2-5-11所示,将上领面、里正面相对叠合,领面净线外侧0.1cm与领里净线内侧0.1cm处叠合,用大头针或手针粗缝固定,领角处领面略松,然后在粗缝线外侧缉缝,领角处吃领面。将缝头修剪至0.8cm,距离缝线0.2cm剪去领角。

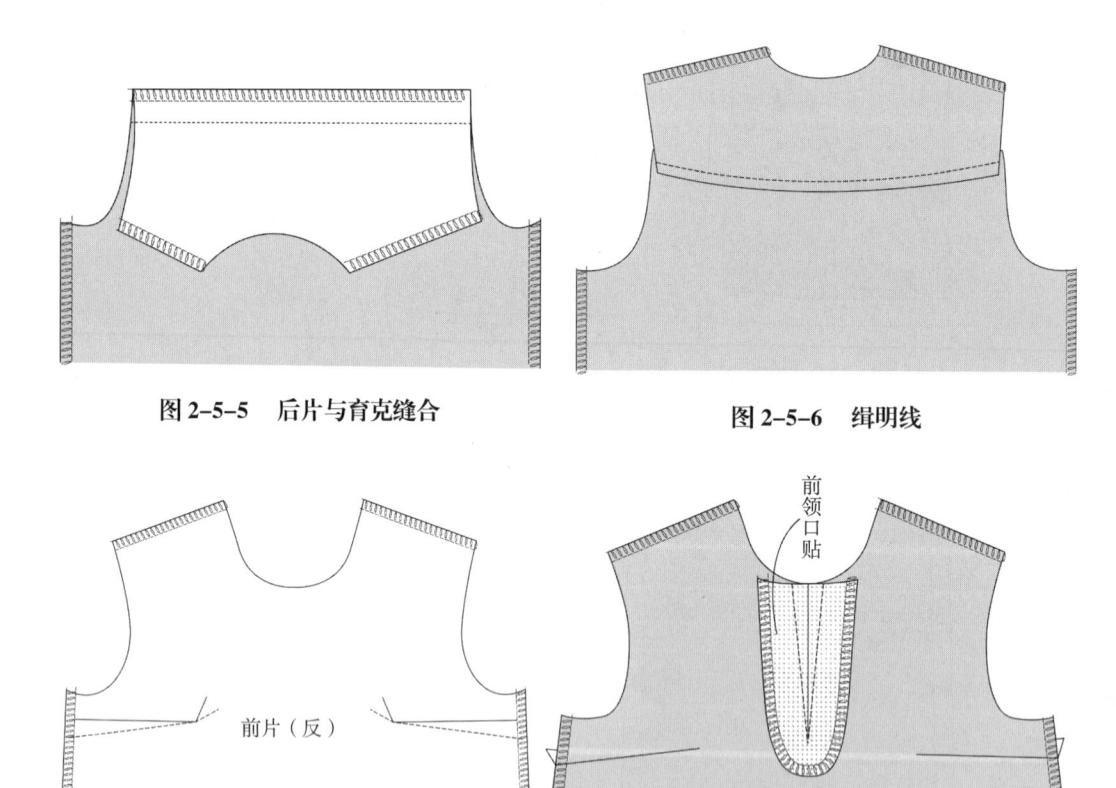

图 2-5-5　后片与育克缝合

图 2-5-6　缉明线

图 2-5-7　缝腋下省

图 2-5-8　做前开口

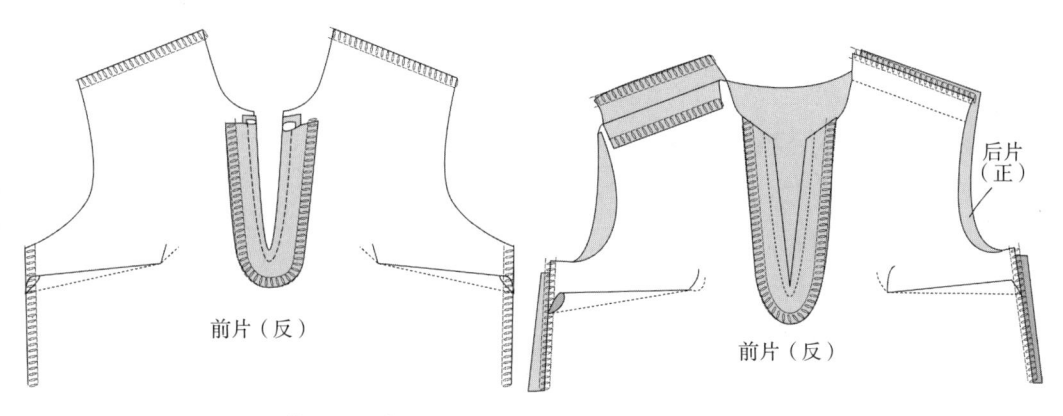

图 2-5-9　缉前开口明线

图 2-5-10　缝合肩缝

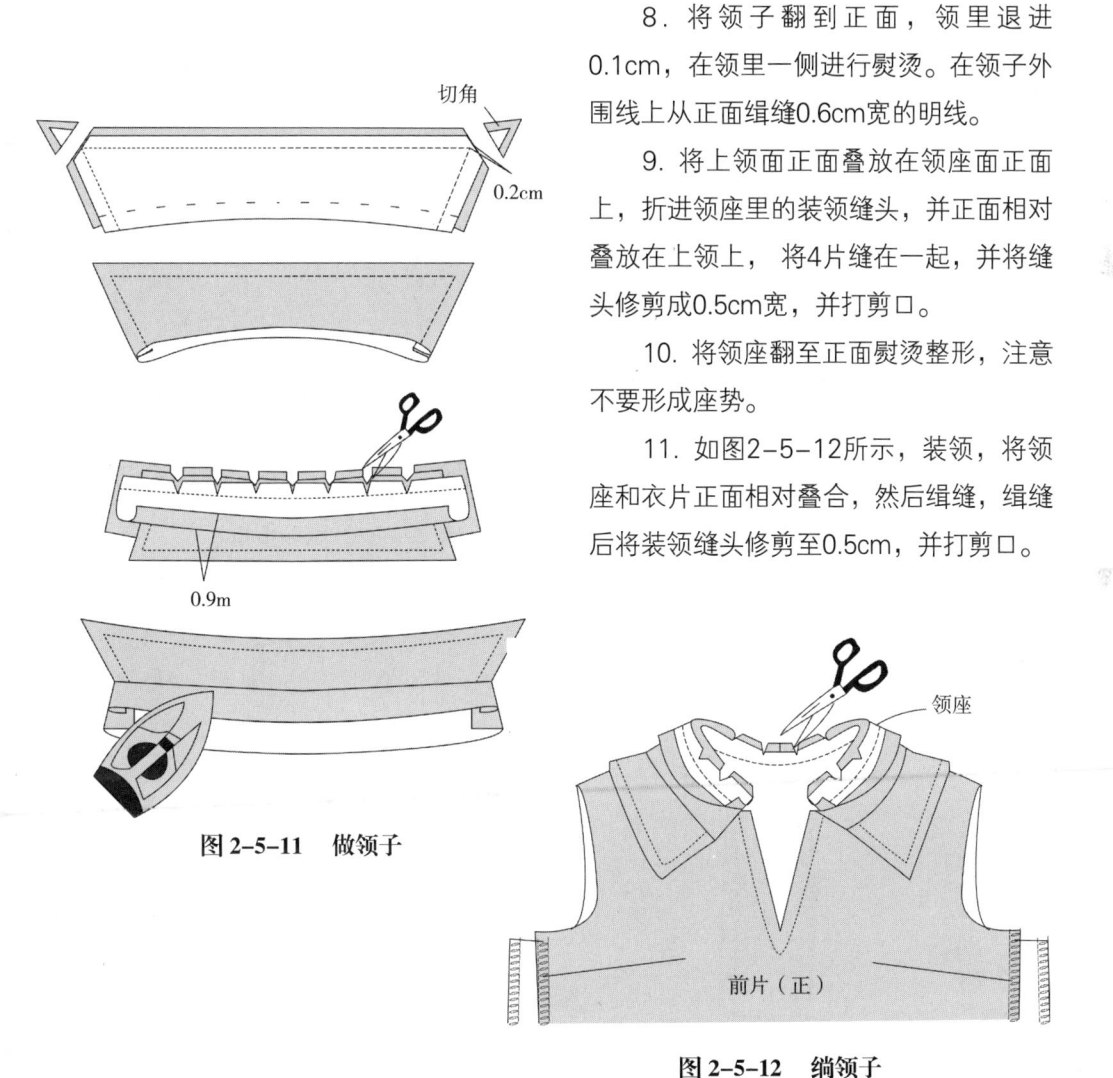

8. 将领子翻到正面，领里退进0.1cm，在领里一侧进行熨烫。在领子外围线上从正面缉缝0.6cm宽的明线。

9. 将上领面正面叠放在领座面正面上，折进领座里的装领缝头，并正面相对叠放在上领上，将4片缝在一起，并将缝头修剪成0.5cm宽，并打剪口。

10. 将领座翻至正面熨烫整形，注意不要形成座势。

11. 如图2-5-12所示，装领，将领座和衣片正面相对叠合，然后缉缝，缉缝后将装领缝头修剪至0.5cm，并打剪口。

图 2-5-11　做领子

图 2-5-12　绱领子

第二章　长袖衬衫　67

12. 如图2-5-13所示，将领座里叠合放置在装领线缝道线上，并进行缉缝，在领座外围线上从正面压缉缝一周。

13. 如图2-5-14所示，做领巾扣，扣烫折边，对折后缉缝。

14. 装领巾扣，如图2-5-15所示。

15. 如图2-5-16所示，将前后衣片侧缝正面叠合，进行缝合，并分烫。

16. 如图2-5-17所示，做袖襻，将袖襻正面相对叠合，缉缝，然后翻至正面，熨烫平整，缉明线。

17. 将袖襻缝到袖片上，如图2-5-18所示。

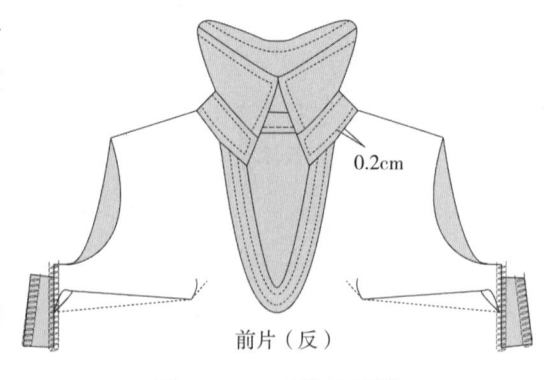

图 2-5-13　压领底明线

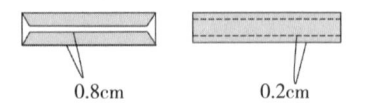

图 2-5-14　做领巾扣

图 2-5-15　装领巾扣

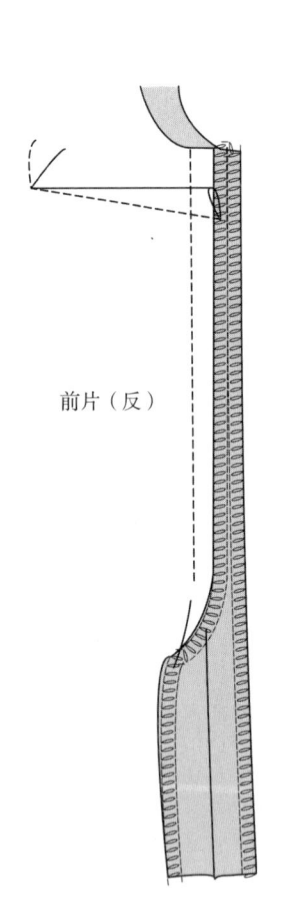

图 2-5-16　缝合侧缝

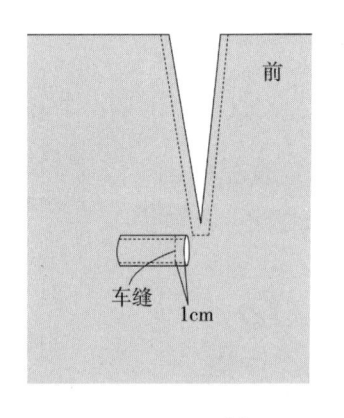

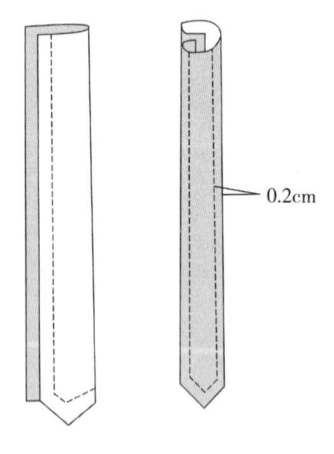

图 2-5-17　做袖襻

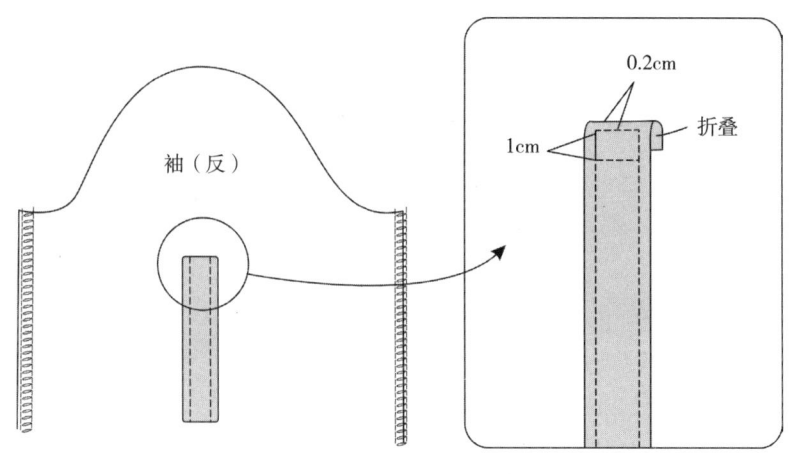

图 2-5-18 装袖襻

18. 如图2-5-19所示,从袖底侧向上8~10cm处开始至另一侧8~10cm处止,在袖山净线外侧0.2cm及0.5cm处拱针。

19. 如图2-5-20所示,将袖片正面朝里叠合,缝合袖底缝,为了使袖口处缝头沿净线折上时不出现松弛,稍稍往里缝制,然后熨斗劈开缝头。

20. 如图2-5-21所示,按净线折烫袖口折边,然后缉缝。如果面料较厚,可将袖底缝和袖口重合部分缝头进行修剪,面料较薄的情况下可以不修剪。

21. 如图2-5-22所示,熨烫整理袖山归缩量,如果归缩量一次性不能整理得很均匀的话,可以分几次抽拉粗缝线,一边做袖山形状一边用熨斗的头部轻轻将皱纹烫去,使其与袖窿弧线对应的部位长度相等。

22. 装袖子方法参见90页。

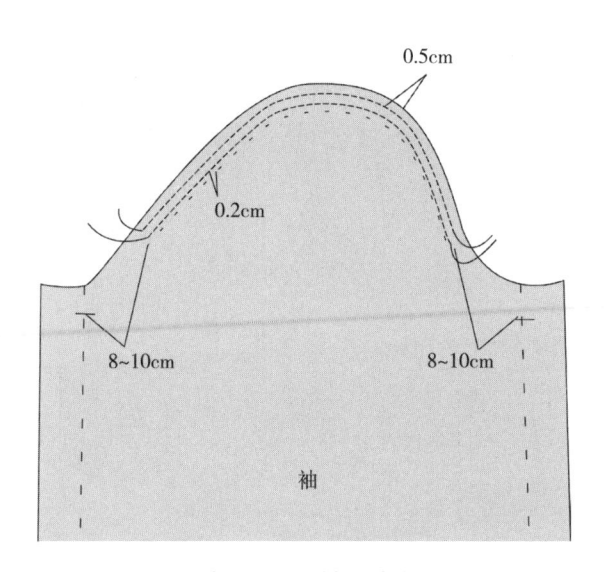

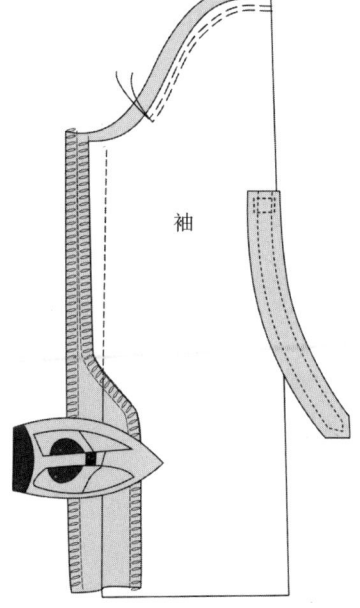

图 2-5-19 袖山拱针　　　图 2-5-20 缝合袖底缝

23. 如图2-5-23所示，缝领巾，扣烫领巾的折边，然后缉线。

24. 如图2-5-24所示，扣烫下摆折边，然后进行缉缝，钉袖扣。

25. 拆掉粗缝缝线，熨烫整理。

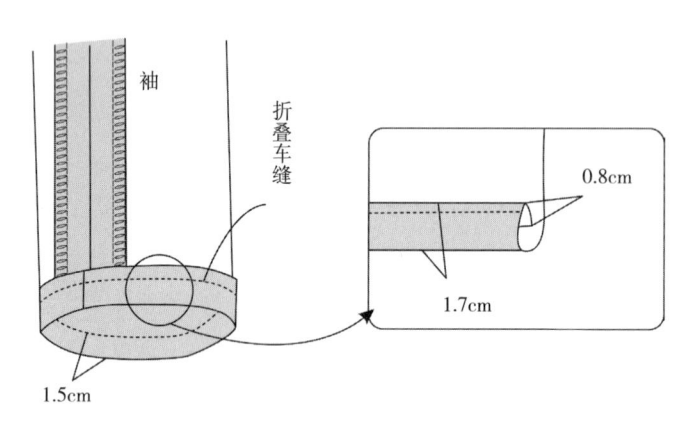

图 2-5-21　缉缝袖口

图 2-5-22　处理袖山

图 2-5-23　做领巾

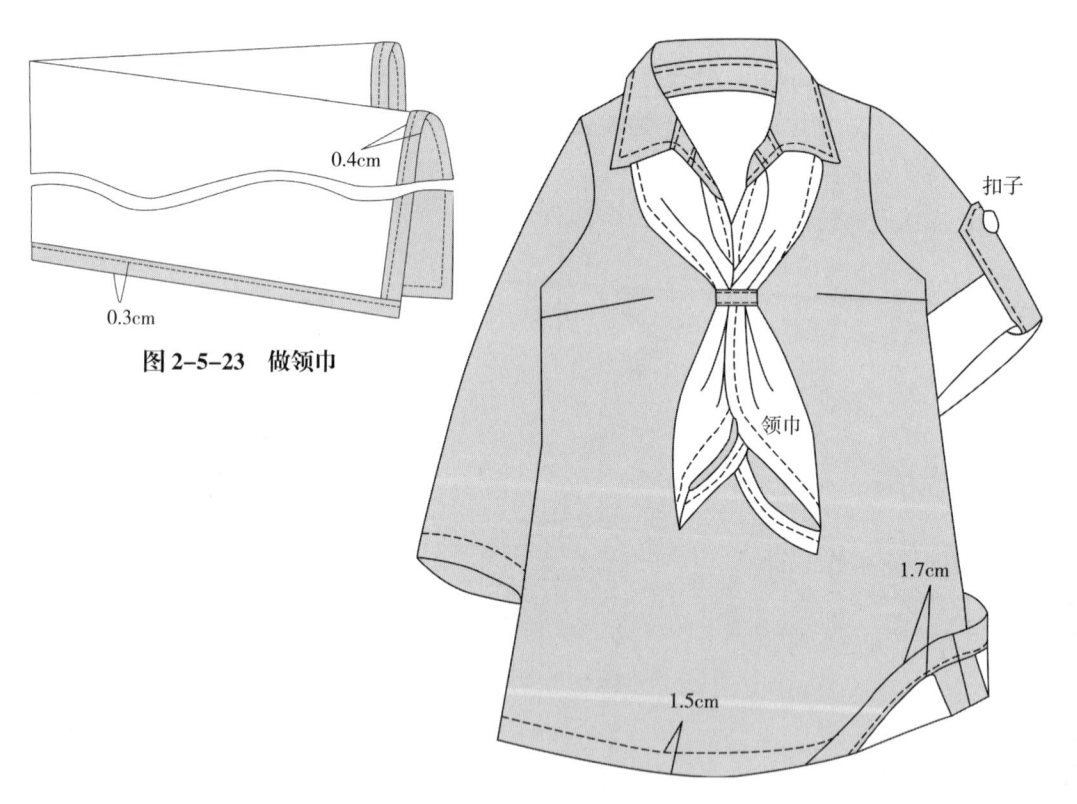

图 2-5-24　处理底边、钉袖扣

第三章
马甲与斗篷

第一节　V字领口马甲

一、款式说明

如图3-1-1所示，该款为直筒型V字领带里子长款马甲，可以选用薄型或中厚型面料。

二、结构图

制图说明：如图3-1-2所示，合并前腋下省道后，衣片前后侧缝长度要相等。拼合前后侧缝，修顺底边线；前后肩缝拼

图 3-1-1　款式图

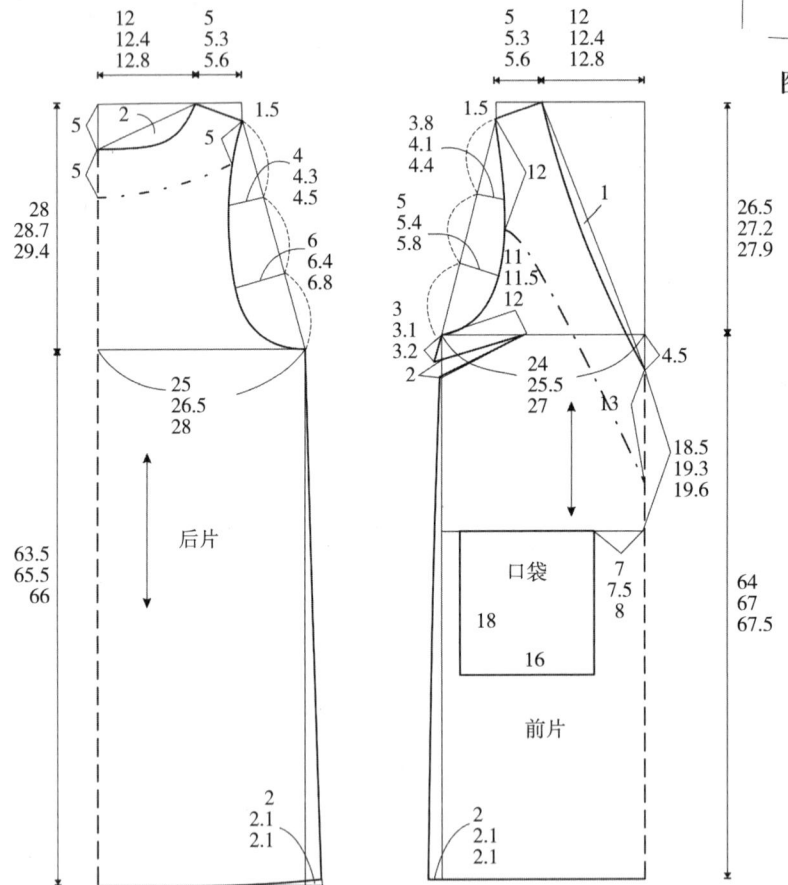

图 3-1-2　结构图

合后，检查领窝弧线和袖窿弧线是否圆顺，如果不圆顺，则需要调整领窝弧线和袖窿弧线直至圆顺。

三、缝头加放

（一）面料缝头加放

缝头加放说明：如图3-1-3所示，领口弧线和袖窿弧线部分缝头加放在0.8~1cm，衣身折边为4cm，袋口折边为5cm，其他部位的缝头为1~1.5cm。

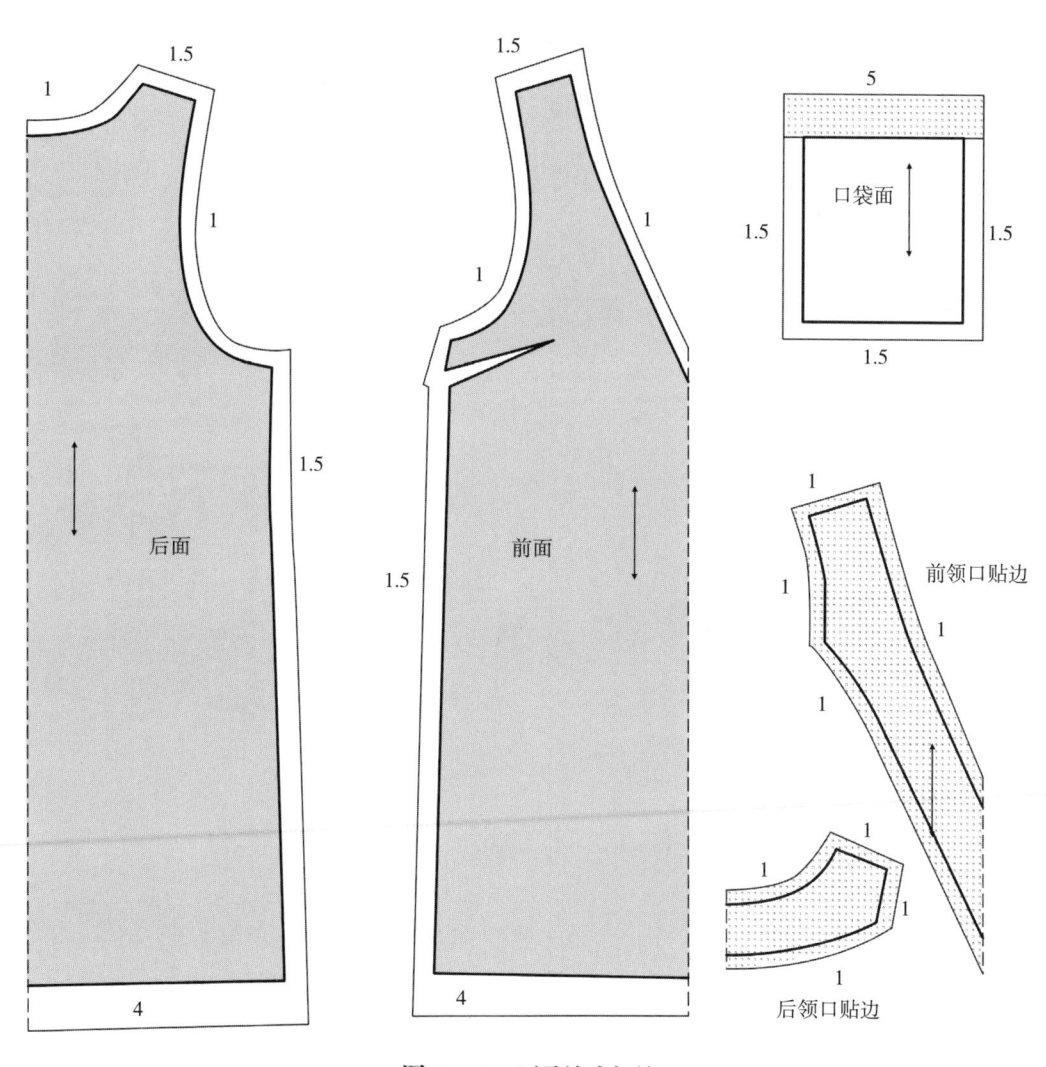

图3-1-3 面子缝头加放

（二）里料缝头加放

如图3-1-4所示，领口弧线和袖窿弧线部分缝头加放在0.8~1cm，衣身底边不需要再加缝头，侧缝缝头为2cm，袋口折边退进3cm，其他三周缝头为1.5cm。

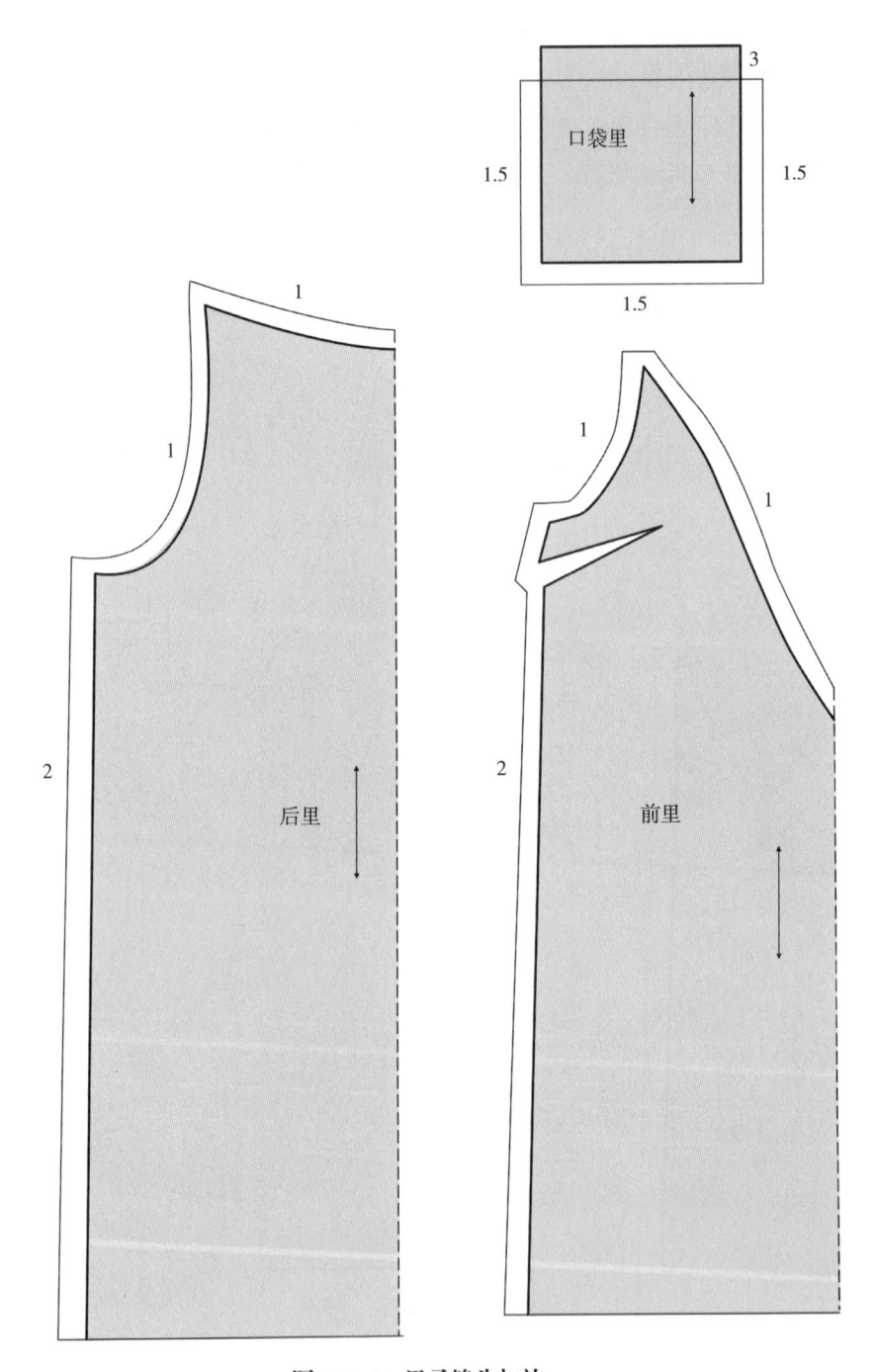

图3-1-4　里子缝头加放

四、缝制方法

1. 如图3-1-5所示，做口袋。袋口的里子贴黏合衬，袋面与袋里缝合，中间留空8~10cm不缝合，翻袋子用。

2. 对正袋布面与里，缉缝其他三周。

3. 将袋布翻到正面，熨烫，里子比面子退进0.1cm，将留口用手针缲缝封口。

4. 将袋子与前片用大头针或粗缝固定，在袋口两端的衣片的反面可以贴上加固布，然后缉明线。

5. 如图3-1-6所示，缝合面子的腋下省道，熨烫平整，缝头倒向上侧。

6. 如图3-1-7所示，包缝前后衣片侧缝和底边，然后将前后衣片正面相对叠合，缝合侧缝，并分烫缝头。

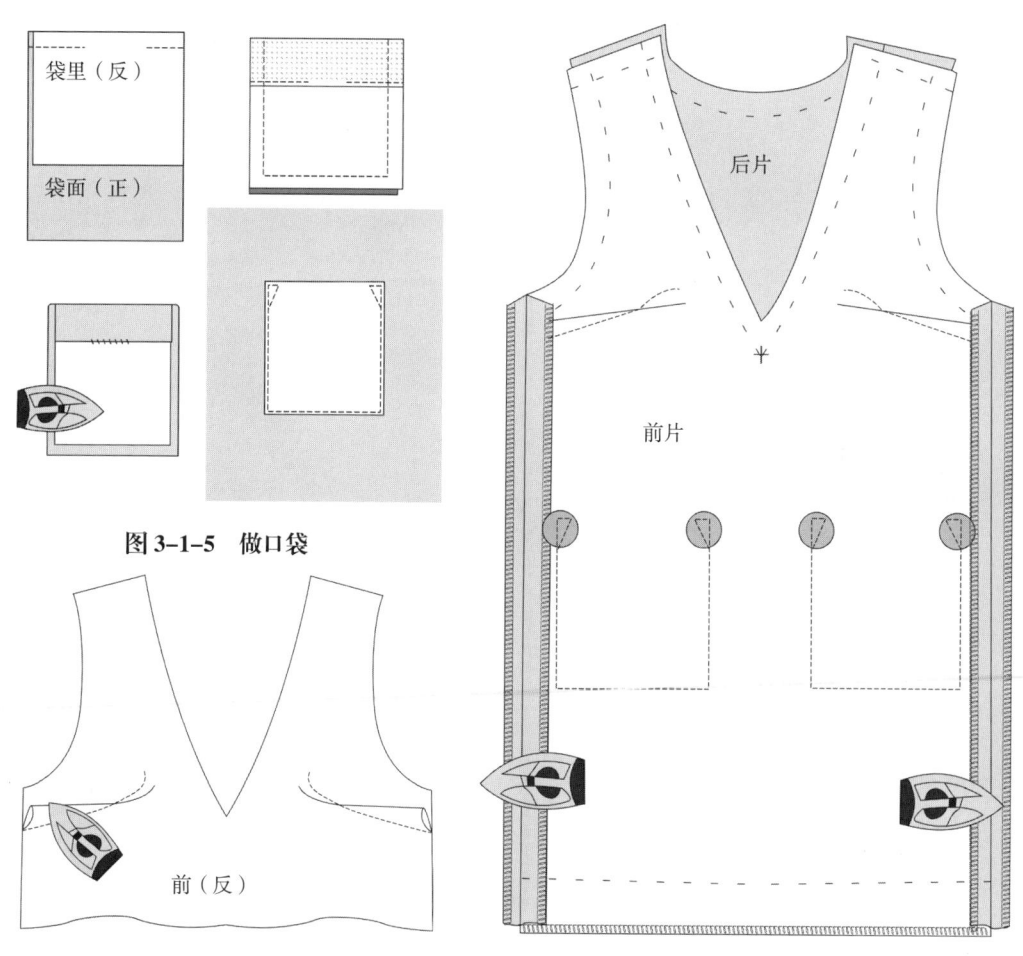

图3-1-5 做口袋

图3-1-6 缝面子省道

图3-1-7 缝合面子侧缝

7. 如图3-1-8所示，缝合里子的腋下省道，熨烫平整，倒向下侧。

8. 前领口贴边与前里子缝合，前中尖角位距离缝线0.3cm打剪口，将缝头倒向里布一侧。

9. 如图3-1-9所示，缝合后领口贴边与后里子，缝头倒向里布一侧。

10. 缝合里子侧缝，然后将两缝头一起包缝，缝头倒向后片。

11. 扣烫底边折边并缉缝。

12. 如图3-1-10所示，衣面领口线、袖窿线净线外侧0.1cm分别与衣里领口线、袖窿线净线内侧0.1cm处叠合，用大头针或手针粗缝固定，然后在距离肩缝净缝2~3cm，将面与里的领口线、袖窿线缉缝到一起。

13. 如图3-1-11所示，熨烫领口和袖窿线，里子退进0.1cm，不要反吐。

14. 如图3-1-12所示，缝合面子肩缝，分烫缝头。

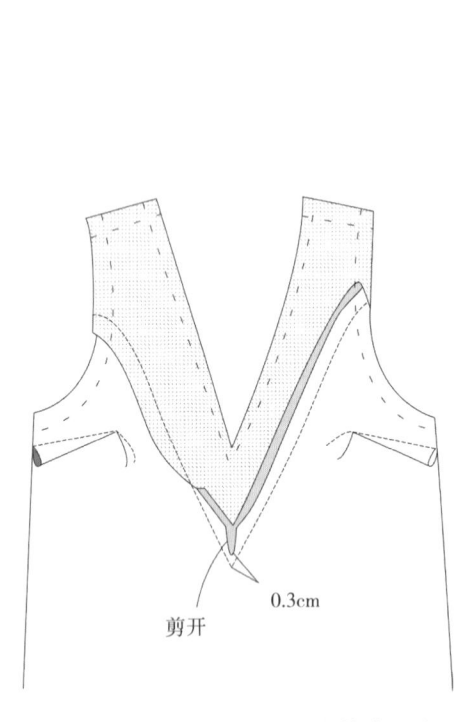

图 3-1-8　缝合前领口贴边和前片里子

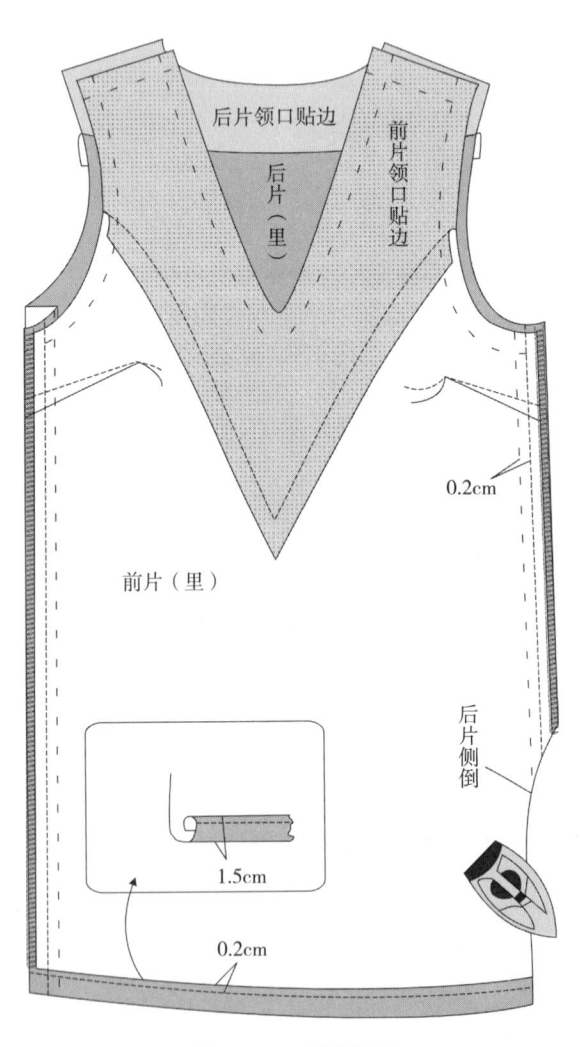

图 3-1-9　处理里子

15. 用手针将里子肩缝以及袖窿和领口未缝合部位缲缝闭合。

16. 如图3-1-13所示，掀开衣里，在距离腋下5~6cm处开始将里子侧缝缝头与面子侧缝缝头固定，直至距离里子底边18~20cm处。

17. 如图3-1-14所示，缉领口和袖窿装饰明线，缲缝固定底边。

18. 衣摆侧缝拉线襻连接面与里。

19. 拆掉粗缝缝线，熨烫整理。

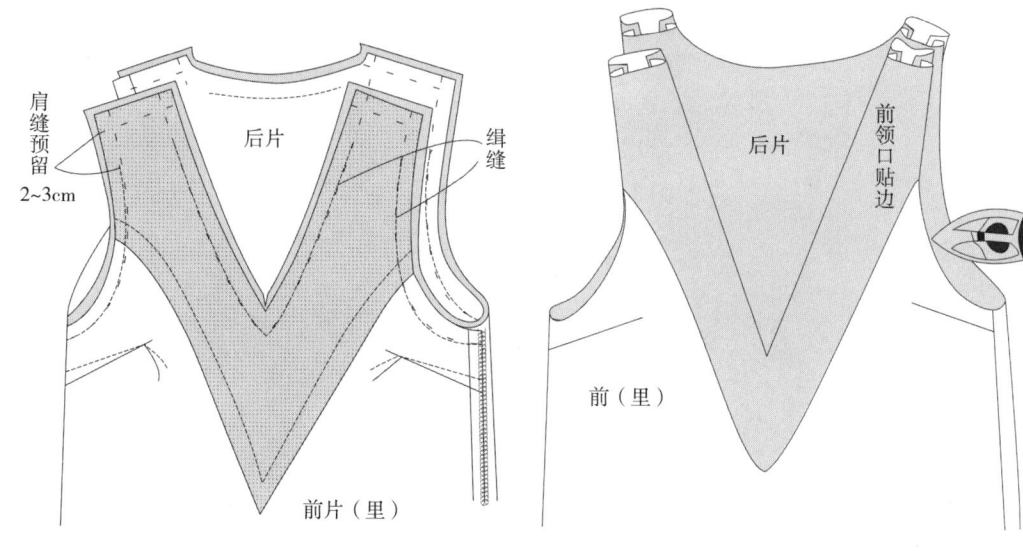

图 3-1-10　缝合面与里

图 3-1-11　熨烫领口和袖窿线

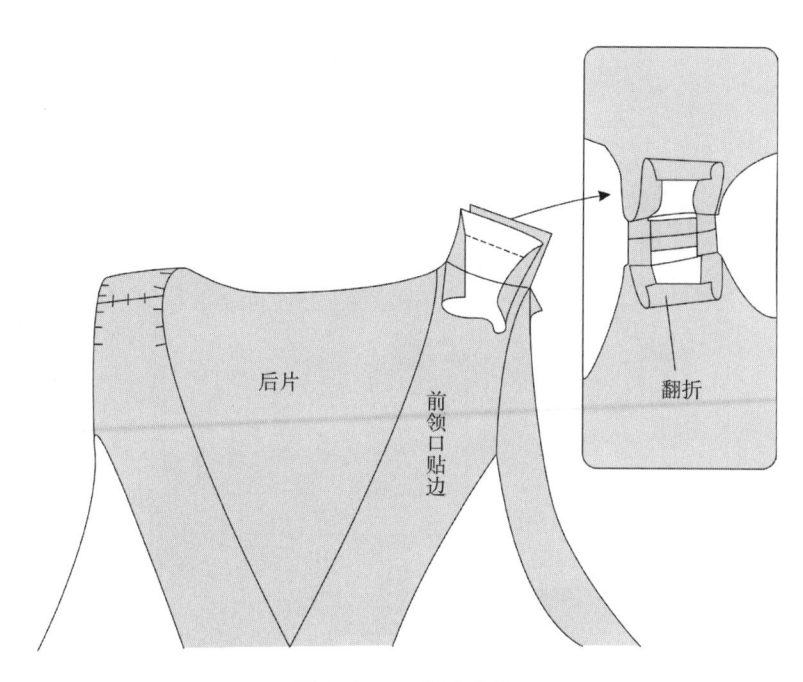

图 3-1-12　缝合肩缝

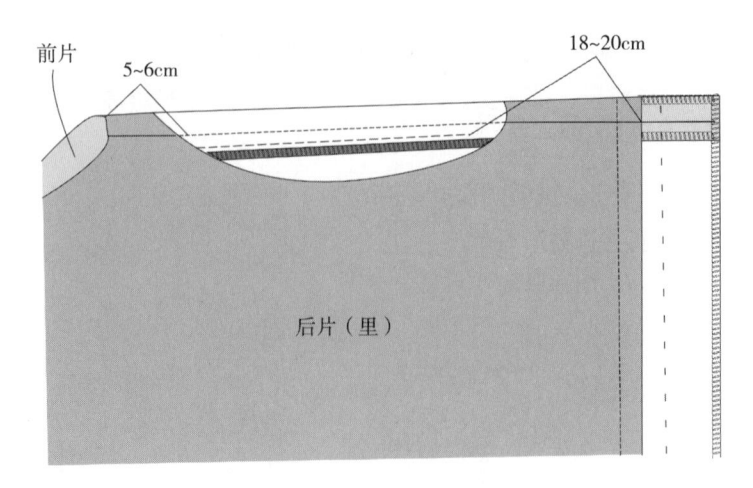

图 3-1-13 固定侧缝缝头

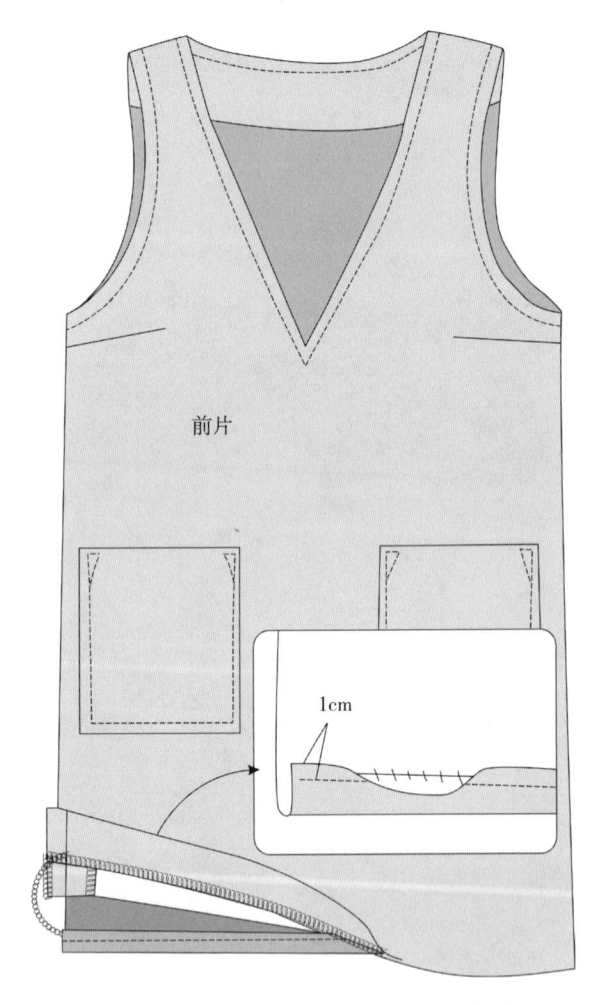

图 3-1-14 缉领口和袖窿明线、处理底边

第二节　连立领马甲

一、款式说明

如图3-2-1所示，该款连立领半里马甲，后背装隐形拉链，侧开衩。领圈和袖窿贴边连裁。可以选用薄型或中厚型面料。

二、结构图

制图说明：如图3-2-2所示，合并前腋下省道后，衣片前后侧缝长度要相等，侧缝要顺直。拼合前后侧缝，修顺底边线；前后肩缝拼合后，检查领窝弧线和袖窿弧线是否圆顺，如果不圆顺需要调整领窝弧线和袖窿弧线直至圆顺。

图3-2-1　款式图

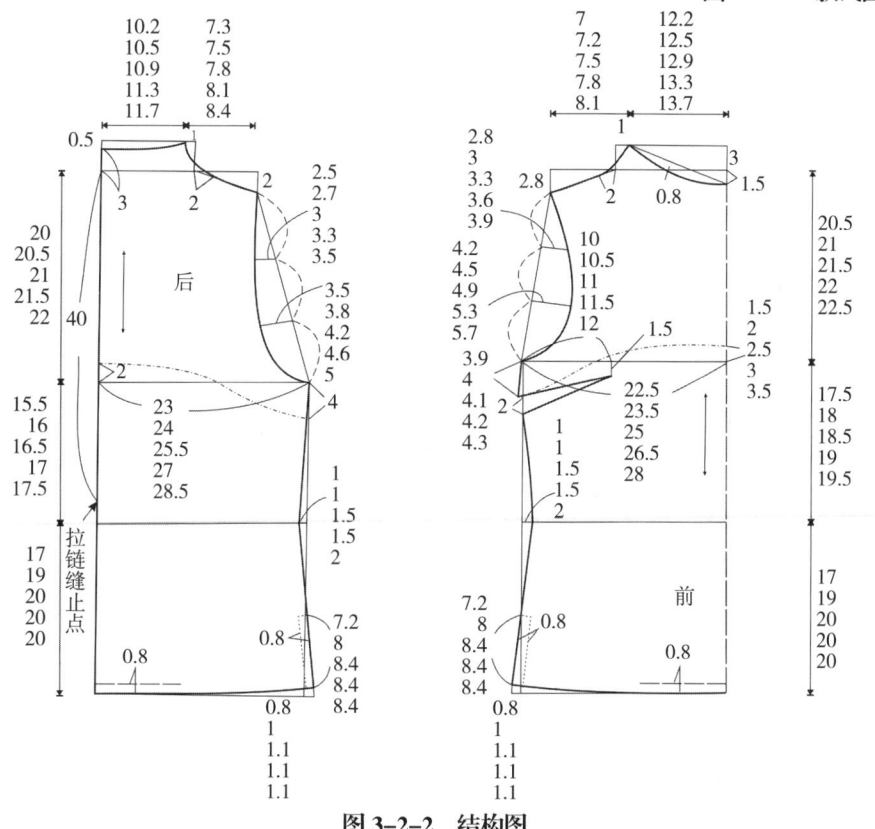

图3-2-2　结构图

第三章　马甲与斗篷

三、缝头加放

缝头加放说明：如图3-2-3所示，领口弧线和袖窿弧线部分缝头加放在0.8~1cm，衣身折边为2cm，其他部位的缝头为1~1.5cm，前后领圈和袖窿贴边下边沿不加缝头。

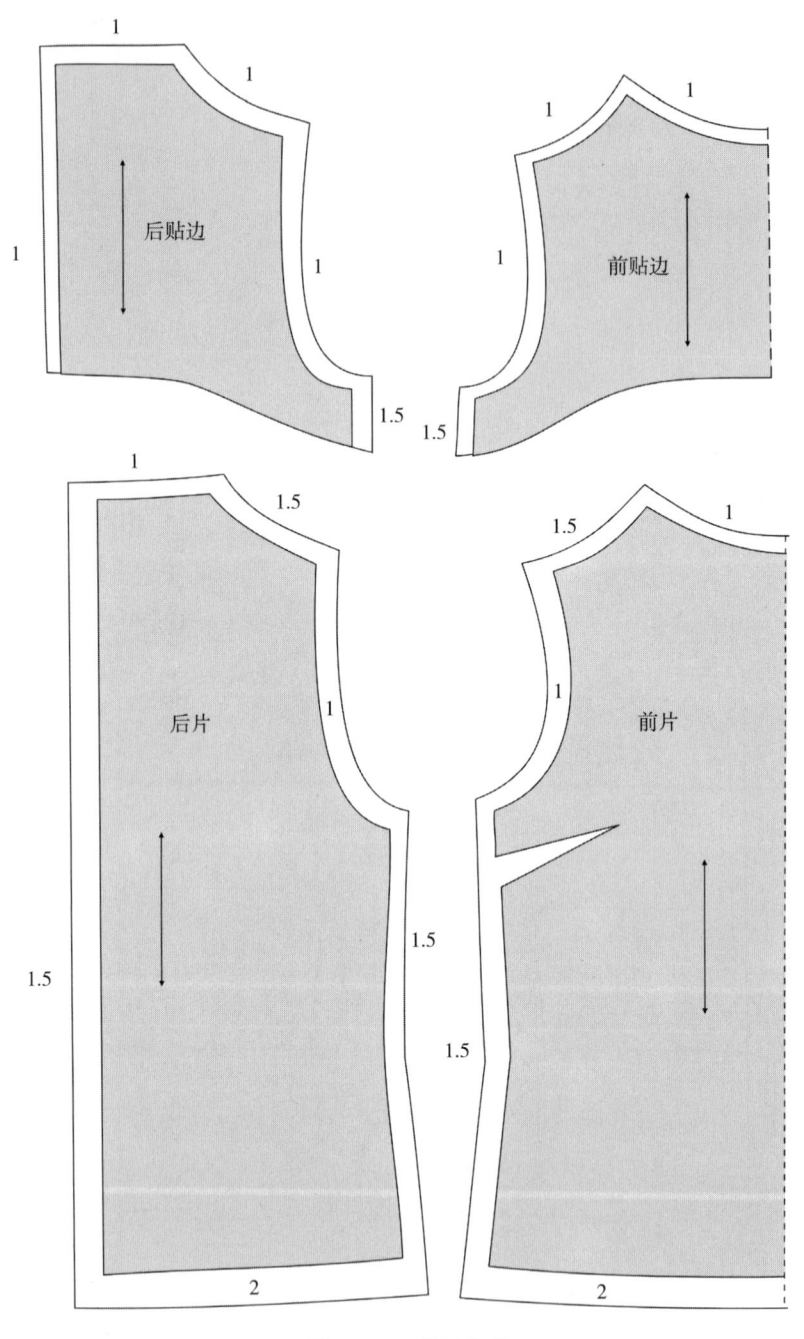

图 3-2-3 缝头加放

四、缝制方法

1. 如图3-2-4所示，包缝前、后衣片侧缝，缝合腋下省，熨烫平整，缝头倒向上侧。

2. 如图3-2-5所示，前后衣片正面相对，缝合肩缝，打剪口，分烫缝头。

3. 如图3-2-6所示，包缝前、后贴边下边沿，然后正面相对，合肩缝，打剪口，分烫缝头。

4. 如图3-2-7所示，衣面领口线、袖窿线净线外侧0.1cm与衣里领口线、袖窿线净线内侧0.1cm处叠合，用大头针或手针粗缝固定，然后缝合袖窿弧线和领口线。为便于装隐形拉链，领口线缝至距离后中约5~6cm处。

5. 袖窿弧线和领口线打剪口，将缝头扣倒。

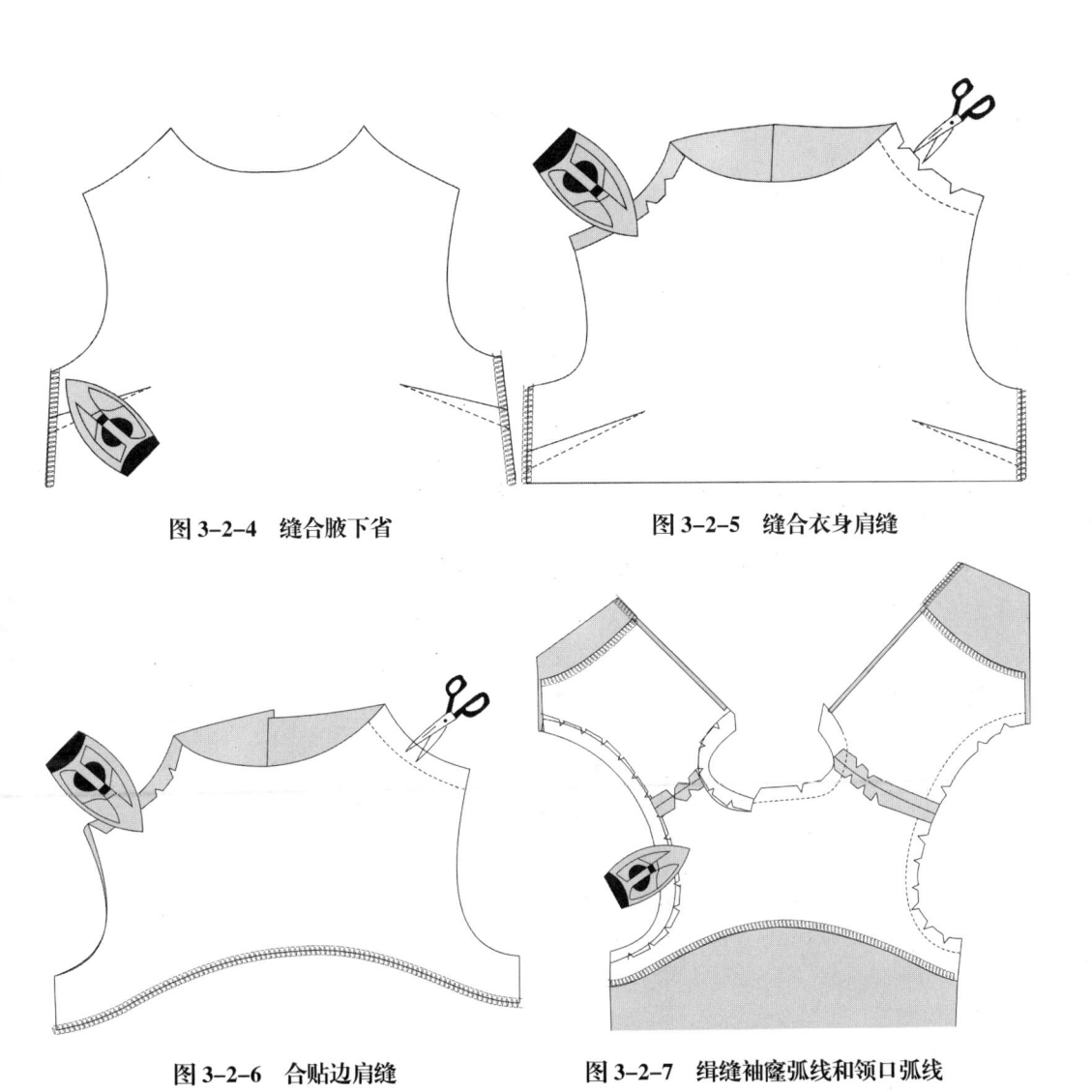

图3-2-4 缝合腋下省　　图3-2-5 缝合衣身肩缝

图3-2-6 合贴边肩缝　　图3-2-7 缉缝袖窿弧线和领口弧线

6. 如图3-2-8所示，将衣片翻转到正面，熨烫袖窿弧线和领口弧线，贴边退进约0.1cm，不反吐。

7. 如图3-2-9所示，将左右后衣片正面相对，由底边向上缝合，缝合至装拉链止点，打回车，分烫缝头。

8. 装隐形拉链，装法参见第16页。

9. 如图3-2-10所示，将后领口贴边与后衣片对位对好，连同隐形拉链缉缝事先留下的5~6cm。

10. 如图3-2-11所示，将后领口贴边理顺，将缝头折进，用手针将后领口贴边缲缝到拉链基布上。

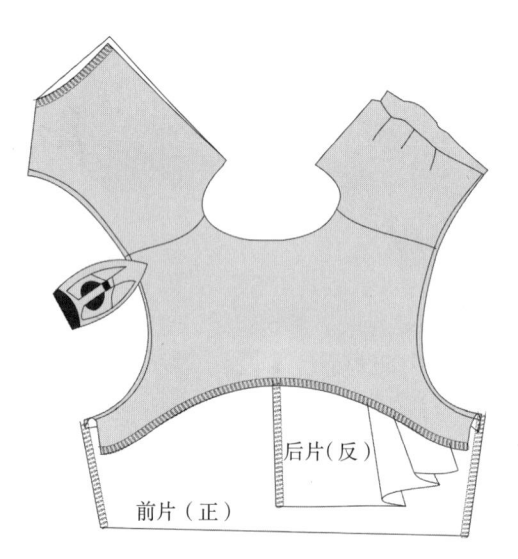

图 3-2-8　熨烫袖窿弧线和领口弧线

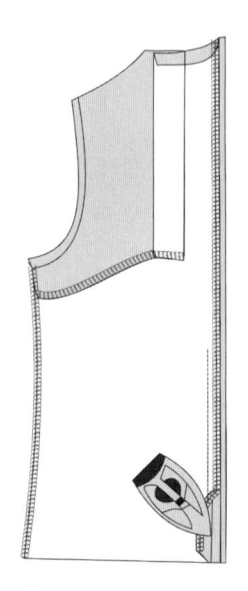

图 3-2-9　缝合后背缝

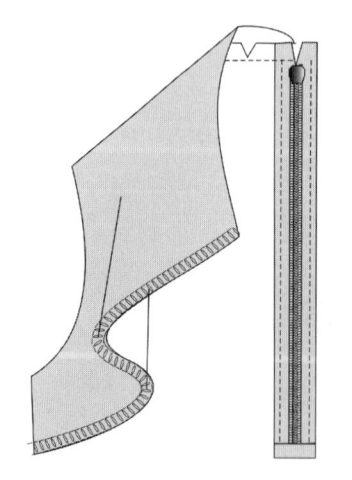

图 3-2-10　缉缝后领口

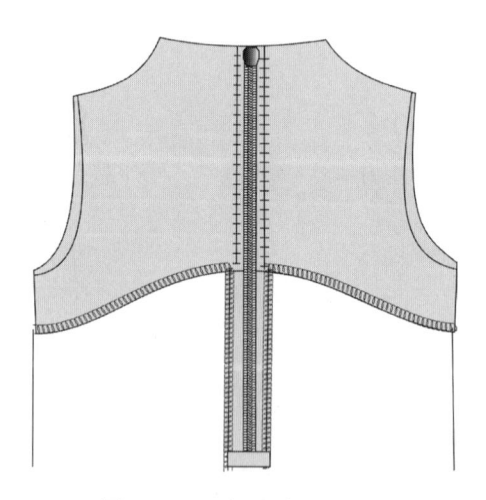

图 3-2-11　缲缝后领口贴边

11. 如图3-2-12所示，将前后衣片侧缝正面相对叠合，缉缝至下摆开衩处。

12. 如图3-2-13所示，分烫侧缝缝头，将贴边与衣身侧缝缝头用手针固定，缉缝侧开衩。

13. 如图3-2-14所示，先烫底边折边1cm，再按净线扣烫，然后缉缝明线。

14. 拆掉粗缝缝线，熨烫整理。

图 3-2-12　缝合侧缝

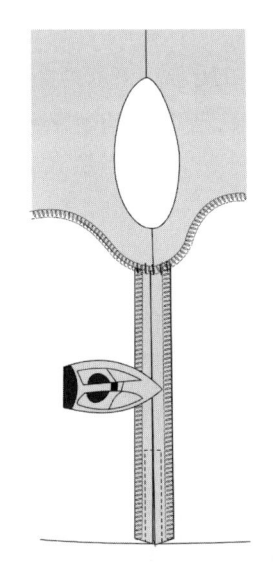

图 3-2-13　缉缝侧开衩

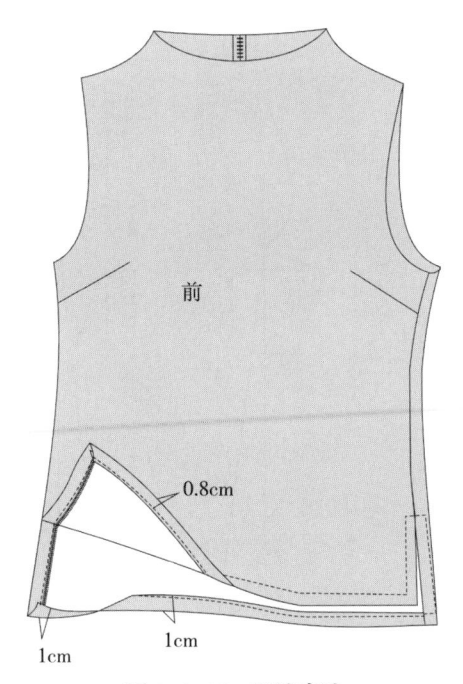

图 3-2-14　缉缝底边

第三节　卷领马甲

一、款式说明

如图3-3-1所示，该款为翻卷领套头收腰马甲，适合春、秋季节穿着，面料选用中厚型或者薄型均可。

二、结构图

制图说明：如图3-3-2所示，拼合前后侧缝，修顺底边线；前后肩缝拼合后，检查领窝弧线和袖窿弧线是否圆顺，如果不圆顺，则需要调整领窝弧线和袖窿弧线直至圆顺。

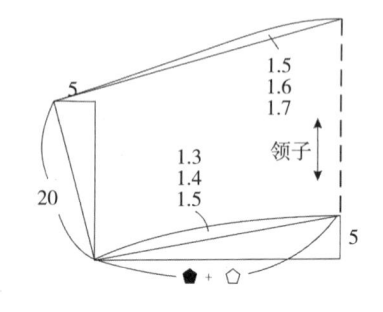

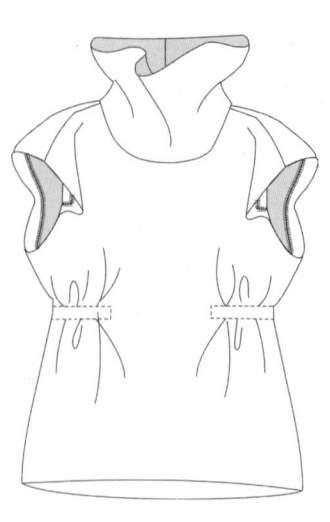

图 3-3-1　款式图

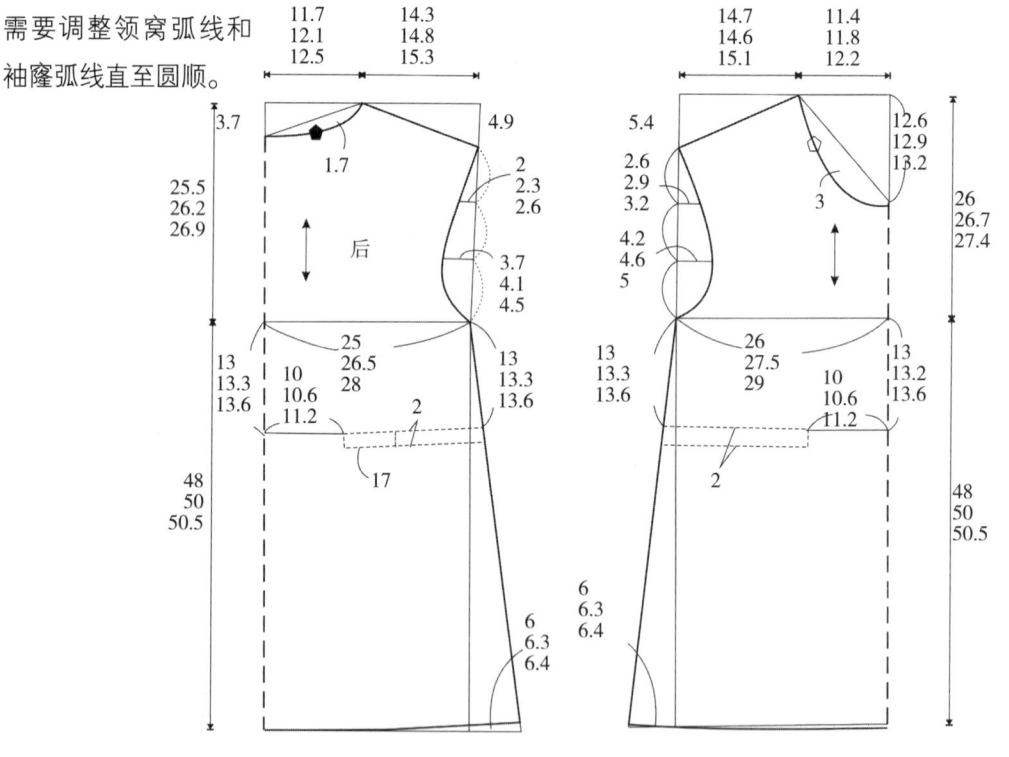

图 3-3-2　结构图

三、缝头加放

缝头加放说明：领口弧线和领子部分缝头加放在0.8~1cm，衣身折边为4cm，其他部位的缝头一般在1~1.5cm之间，随着面料厚度的增加缝头的大小在增加，反之减小。缝头加放如图3-3-3所示。

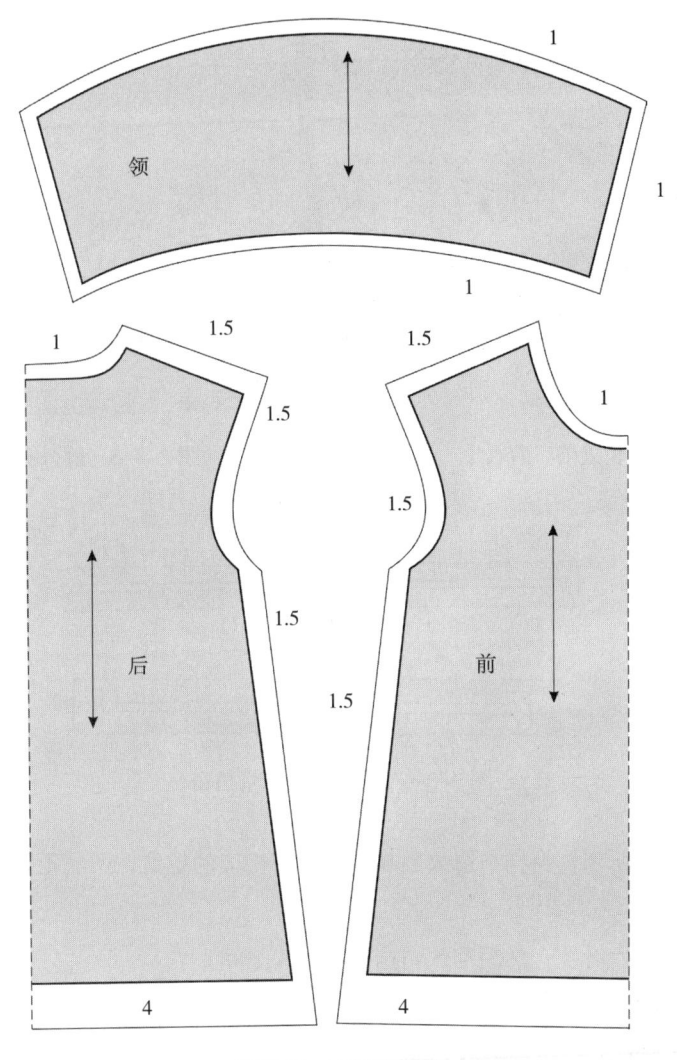

图 3-3-3 缝头加放

四、缝制方法

1. 如图3-3-4所示，包缝前、后衣片，领口线不包缝。
2. 如图3-3-5所示，将前、后片正面相对叠合，缉缝侧缝并分烫。
3. 如图3-3-6所示，做腰部松紧带挡布，扣烫缝头。

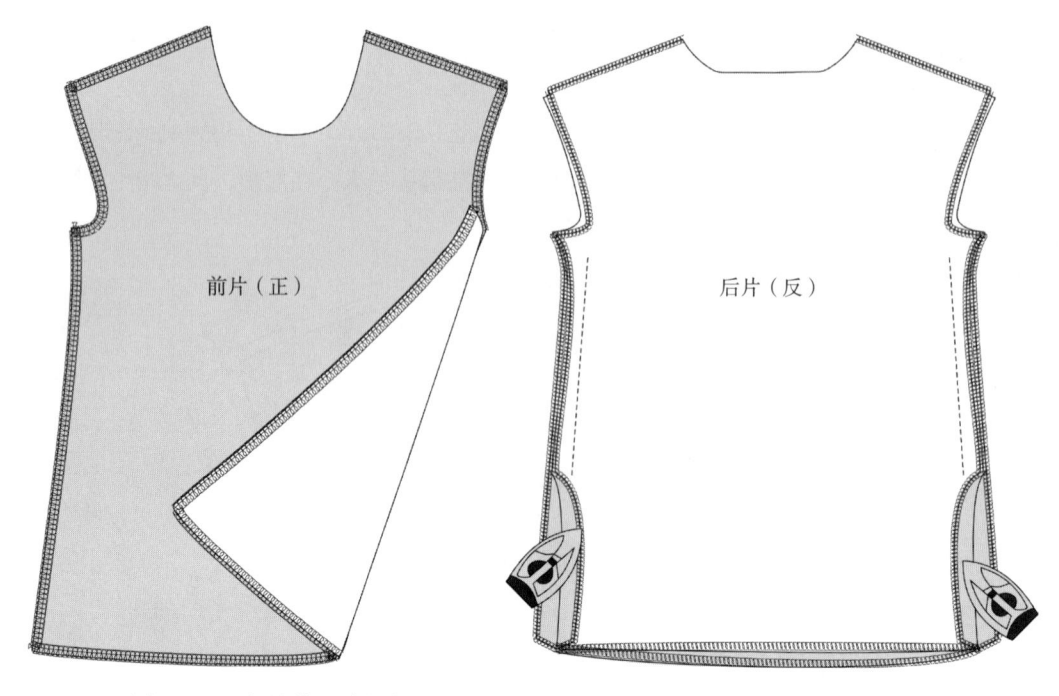

图 3-3-4 包缝前、后衣片　　　　图 3-3-5 缝合侧缝

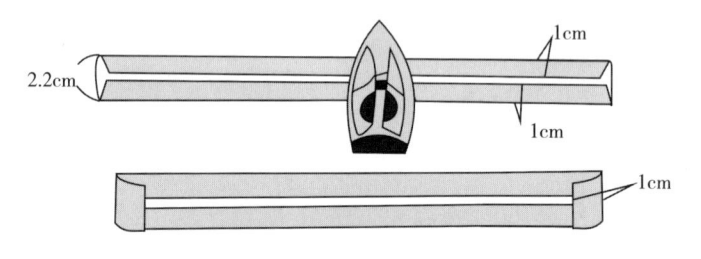

图 3-3-6 做腰部松紧带挡布

4. 如图3-3-7所示，将挡布缉缝到衣片的腰部相应的位置，两端不要缝死，留口穿松紧带。

5. 将松紧带穿入针孔，然后穿入到挡布与衣片之间。

6. 如图3-3-8所示，调整松紧带的长度，将挡布两端与衣片缉缝，固定松紧带。

7. 如图3-3-9所示，将前后衣片肩缝正面相对叠合，缉缝并分烫。

8. 如图3-3-10所示，缝合领面与领里后中缝。

9. 将领面与领里正面相对，缉缝。

10. 如图3-3-11所示，将领子翻到正面，熨烫平整。

11. 如图3-3-12所示，将领子与领窝弧线正面相对，缉缝，然后将3层缝头一起包缝。

12. 如图3-3-13所示，扣烫袖口和底摆折边，用手针缲缝固定。

13. 熨烫整理。

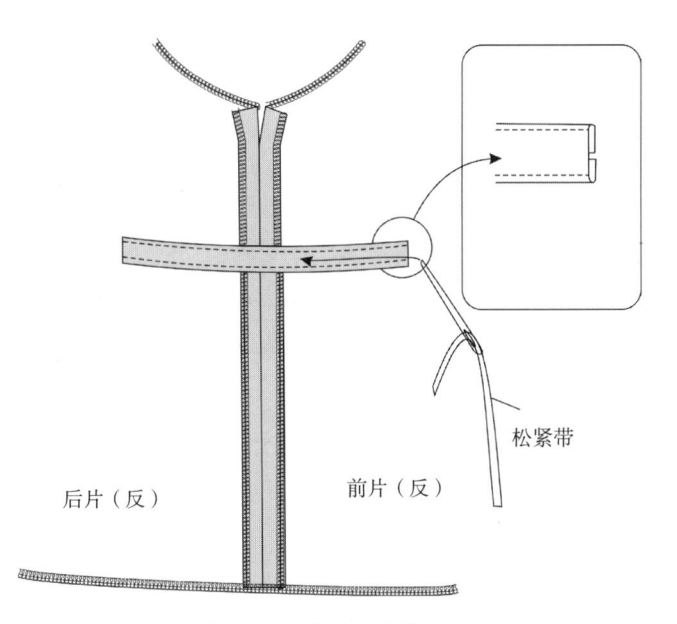

图 3-3-7　绷缝松紧带挡布

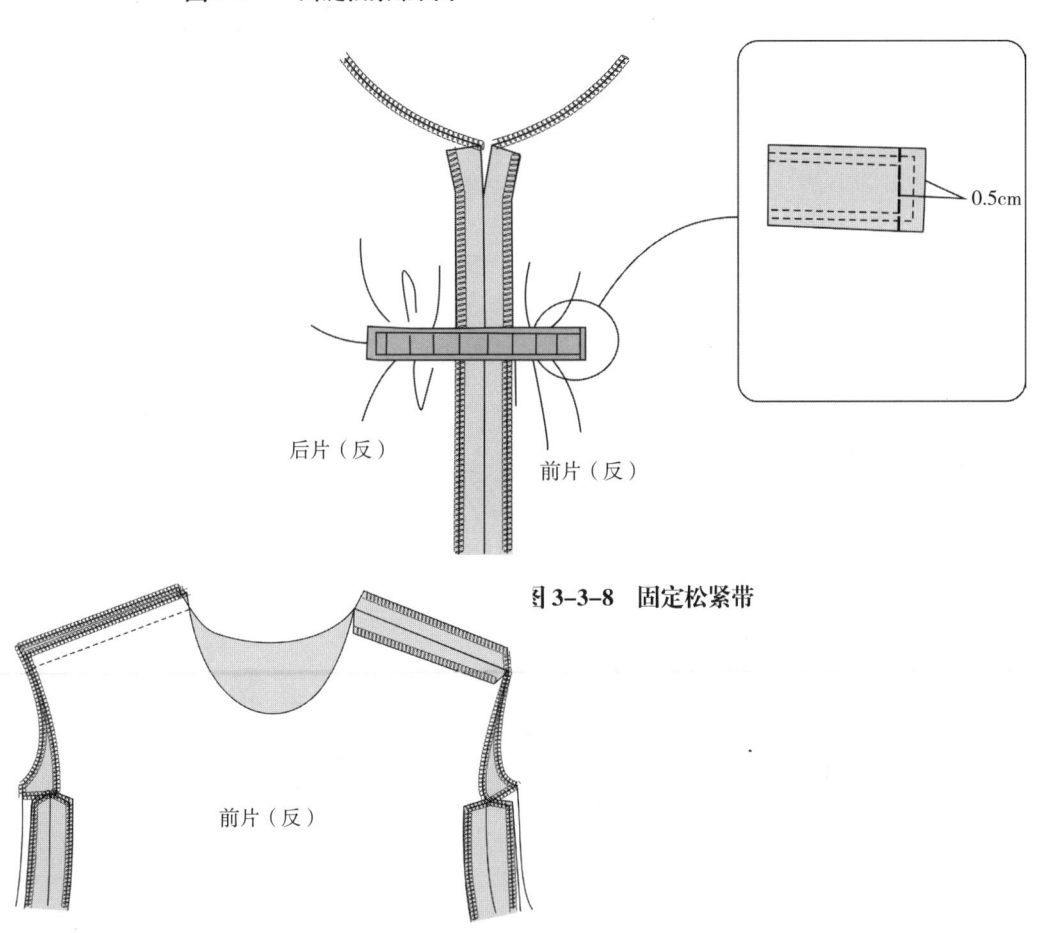

图 3-3-8　固定松紧带

0.5cm

松紧带

后片（反）　前片（反）

图 3-3-9　缝合肩缝

前片（反）

第三章　马甲与斗篷

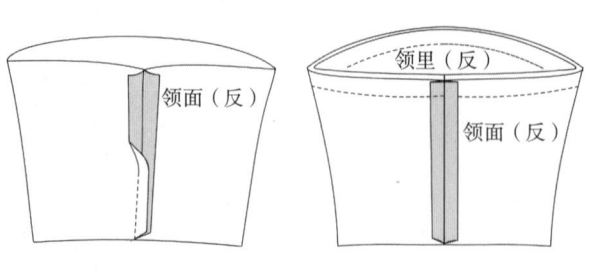

图 3-3-10 做领子

图 3-3-11 熨烫衣领

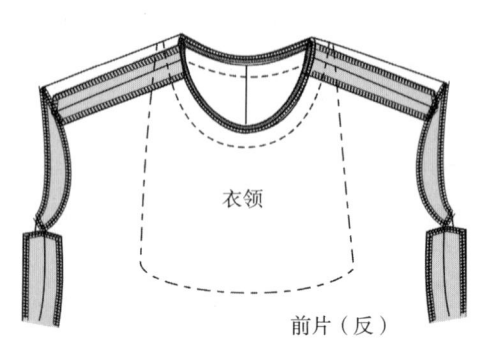

图 3-3-12 绱领子

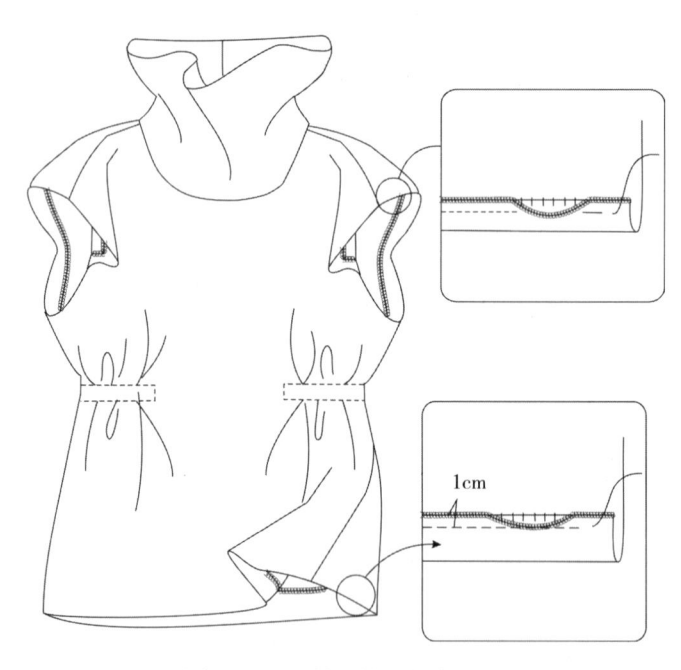

图 3-3-13 处理袖口和底摆折边

第四节 大翻领马甲

一、款式说明

如图3-4-1所示,该款合体大翻领马甲,斜襟一粒扣。可以选用薄型或中厚型面料。

二、结构图

制图说明:如图3-4-2所示,合并前腋下省道后,衣片前后侧缝长度要相等,侧缝要顺直。拼合前后侧缝,修顺底边线;前后肩缝拼合后,检查领窝弧线和袖窿弧线是否圆顺,如果不圆顺,则需要调整领窝弧线和袖窿弧线直至圆顺。

图 3-4-1 款式图

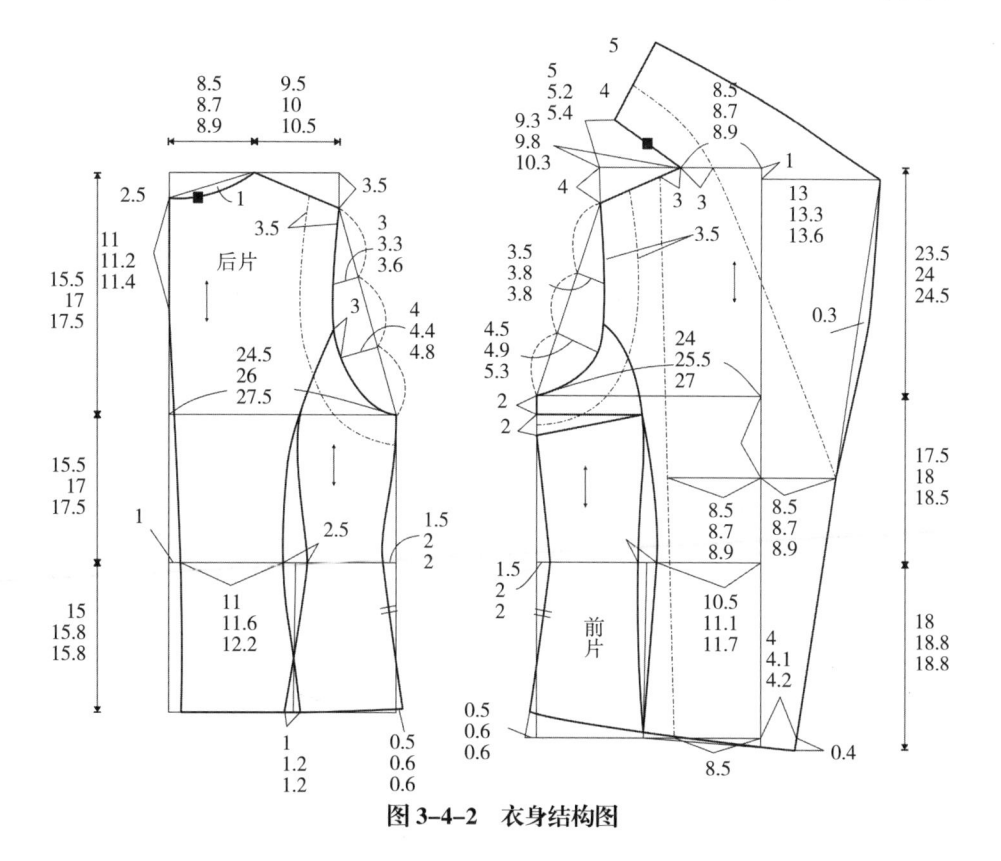

图 3-4-2 衣身结构图

如图3-4-3所示，由于面料有厚度，在驳折线和领翻折线处，挂面连同领子部分增加0.3cm的余量，防止领里反吐，领子外口线也增加0.3cm的余量和展开量。这些量的大小与面料的厚度有关，厚度增加，量增加；反之减小。

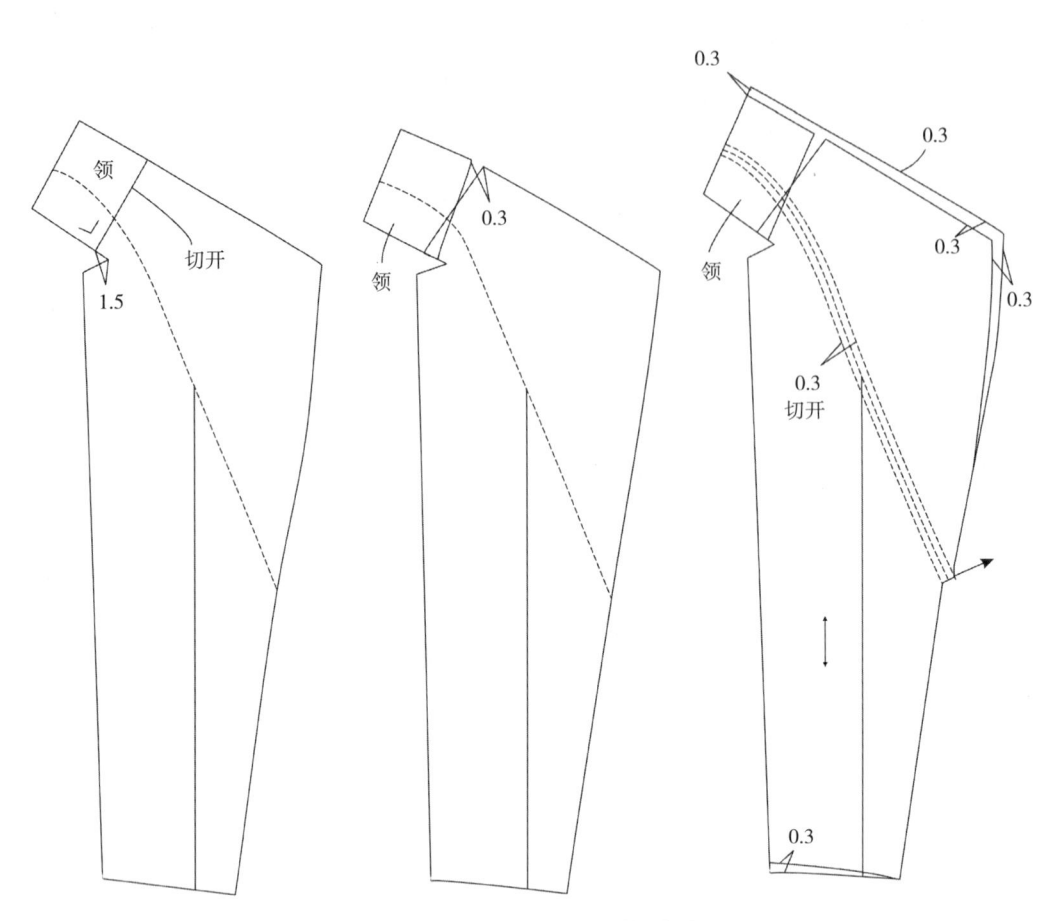

图3-4-3　翻折线余量增加方法

三、缝头加放

（一）面料缝头加放

缝头加放说明：如图3-4-4所示，领口弧线、袖窿弧线和袖窿贴边部分缝头加放在0.8~1cm，衣身折边为4cm，其他部位的缝头为1~1.5cm。

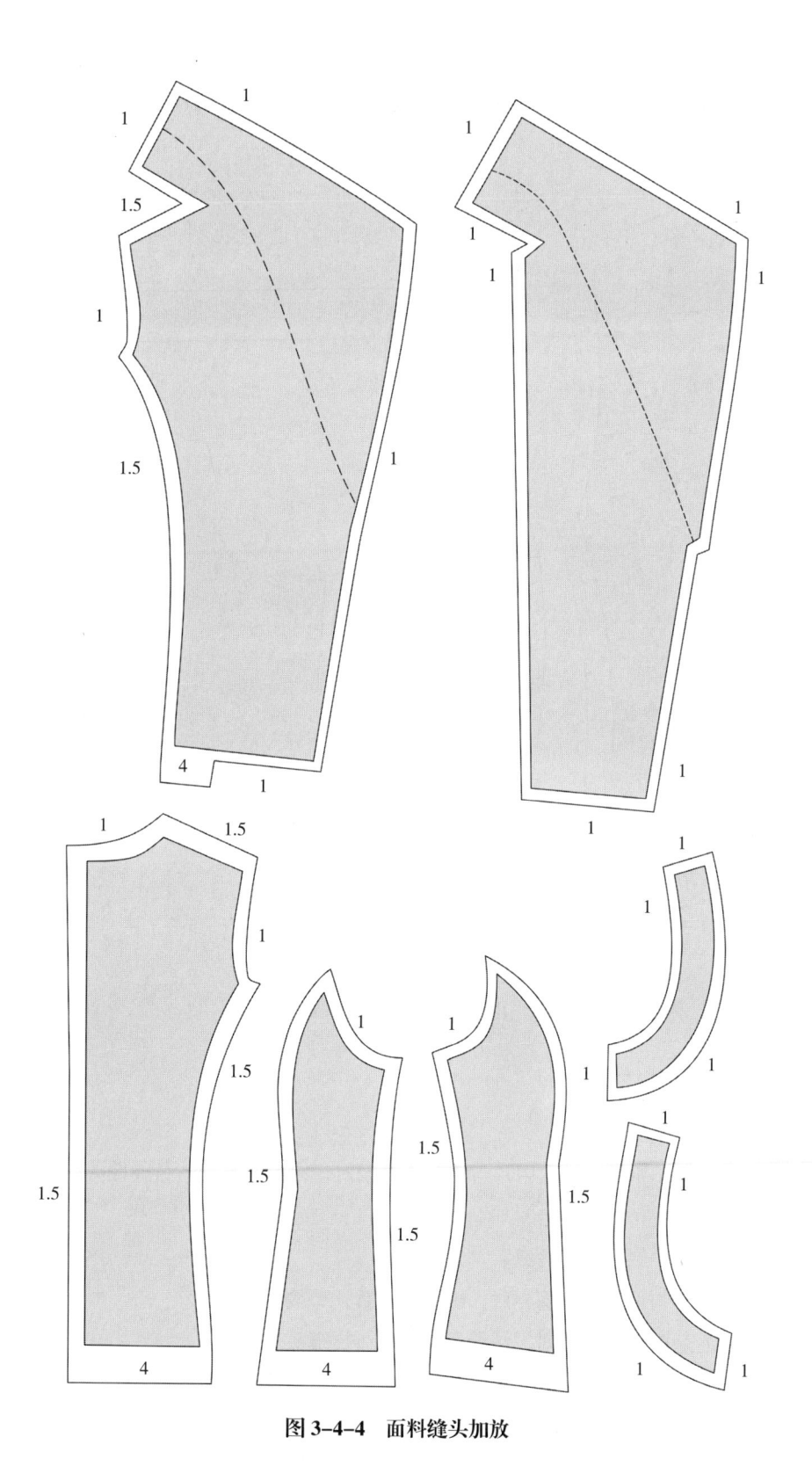

图 3-4-4　面料缝头加放

（二）里料缝头加放

如图3-4-5所示，领口弧线和袖窿弧线部分缝头加放1cm，其他部位的缝头为2cm，衣身底边不加缝头。

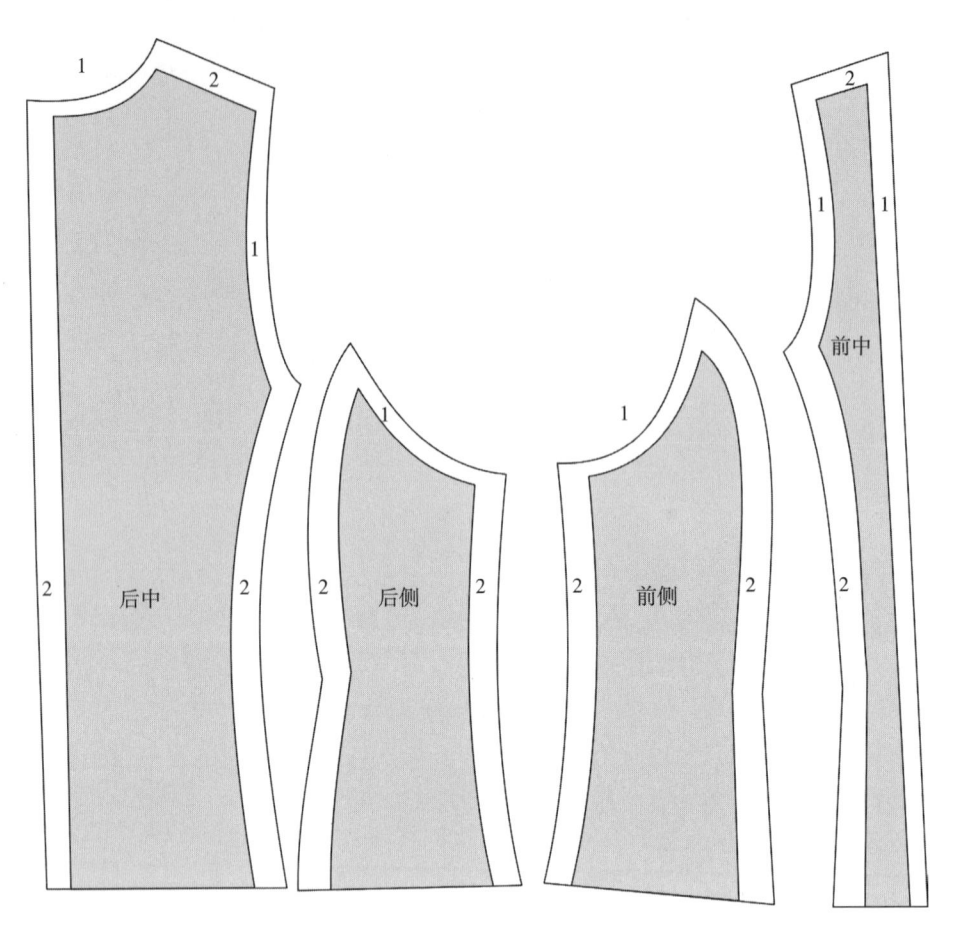

图 3-4-5　里料缝头加放

四、缝制方法

1. 如图3-4-6所示，将前中片与侧片正面相对，缉缝刀背缝，分烫缝头。
2. 领与肩线拐角处贴黏合衬加固。
3. 缝合后领中线，并分烫缝头。
4. 将后中片与后侧片正面相对，缉缝刀背缝，分烫缝头。
5. 将左右后中片正面相对，缉缝后背缝，分烫缝头。
6. 如图3-4-7所示，将前后肩缝正面叠合，缉缝肩缝，距离缝线0.2cm打剪口。
7. 如图3-4-8所示，领子与衣身缝合。

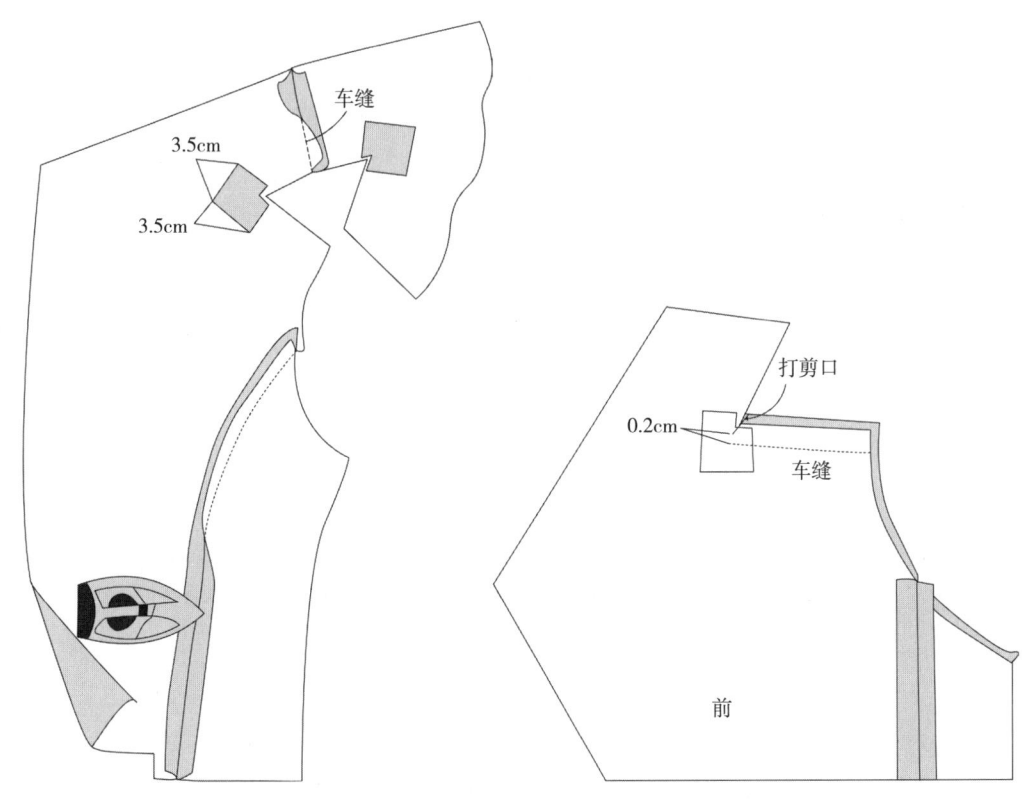

图 3-4-6 缝合前片和领子

图 3-4-7 缝合肩缝

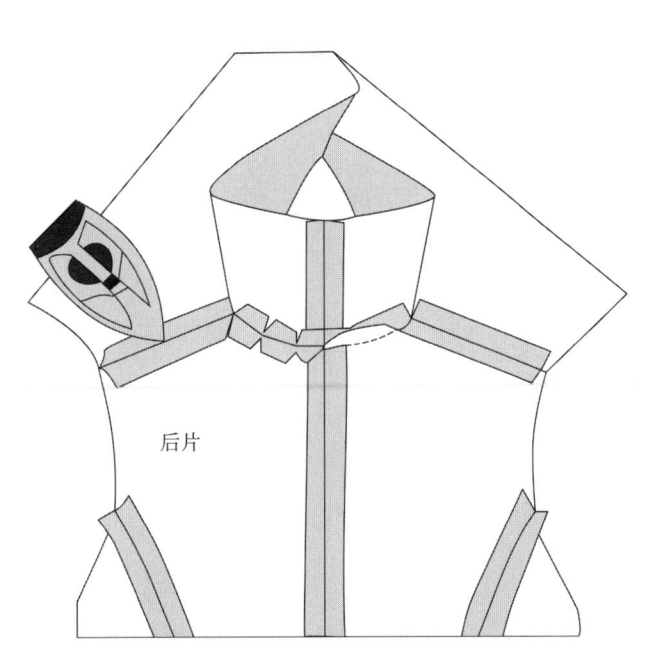

图 3-4-8 分烫肩缝和后领缝头

第三章 马甲与斗篷 93

8. 分烫肩缝和后领缝头。

9. 如图3-4-9所示，缝合挂面与前衣里，缝至距底边净缝5cm处，缝头倒向侧边。

10. 前侧片衣里与前中片衣里在净线外0.2cm处缝合，缝头倒向侧边。

11. 袖窿贴边与里子袖窿缝合，缝头倒向里子。

12. 缝合后领中线，并分烫。

13. 缝合里子后片背中缝和刀背缝及后袖窿贴边。

14. 如图3-4-10所示，缝合里子肩缝。

15. 里子后领窝弧线与领子缝合。

16. 分烫贴边肩缝。

17. 将扣襻与挂面固定，固定线迹在净缝线外侧。

18. 前身和挂面正面相对，为保证翻折止点以上衣身不反吐，以下挂面不反吐，在翻折止点以上，挂面的净线外侧0.1~0.2cm和大身的净线内侧0.1~0.2cm叠合，用大头针固定，在翻折止点以下，大身的净线外侧0.1~0.2cm和挂面净线内侧的0.1~0.2cm叠合，用大头针固定，也可以手针粗缝固定，然后进行缉缝。

19. 将里子和面子袖窿弧线相对叠合，面子袖窿弧线净线外侧0.1~0.2cm与里子袖窿弧线净线内侧0.1~0.2cm处叠合，用大头针或手针粗缝固定，然后缉缝。

20. 将缝头修剪层次，然后距离缝线0.3cm，去掉领角和下摆角。

21. 在袖窿弧线上打剪口。

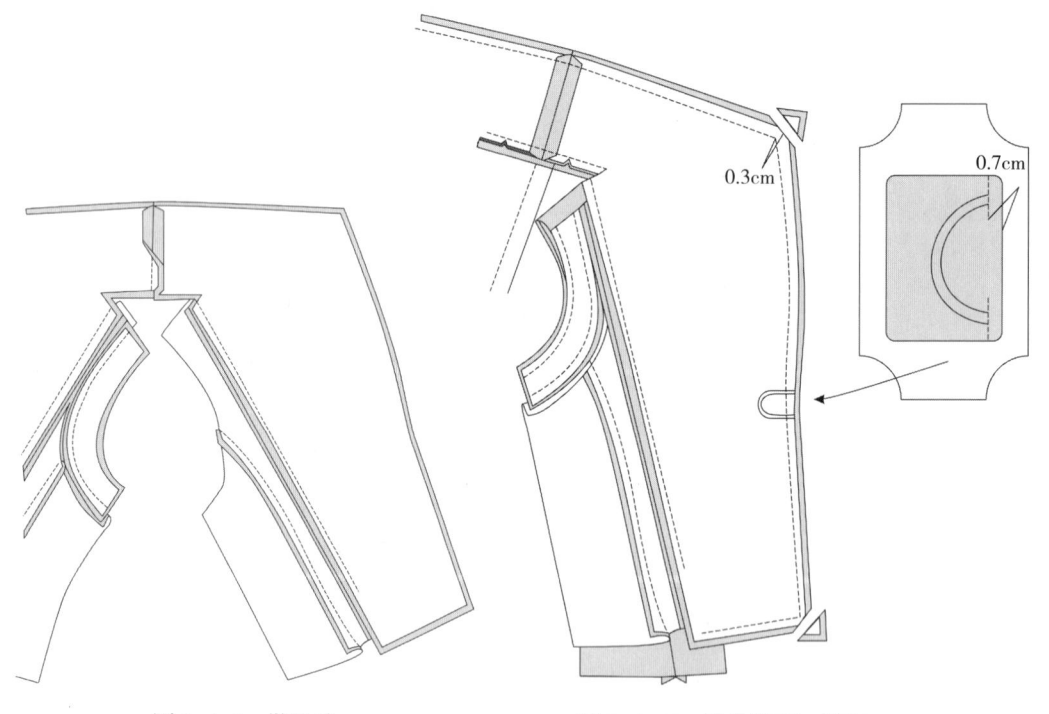

图3-4-9 做里子　　　　　图3-4-10 缝合挂面、袖窿

22. 如图3-4-11所示,将衣片翻转到正面,熨烫衣领与门襟止口及袖窿弧线,注意里外匀,不要反吐。

23. 掀开里子,将领里与领面的缝头用手针固定到一起。

24. 如图3-4-12所示,缝合面与里侧缝,里子侧缝在净线外0.2cm处绱缝。

图 3-4-11 熨烫整理

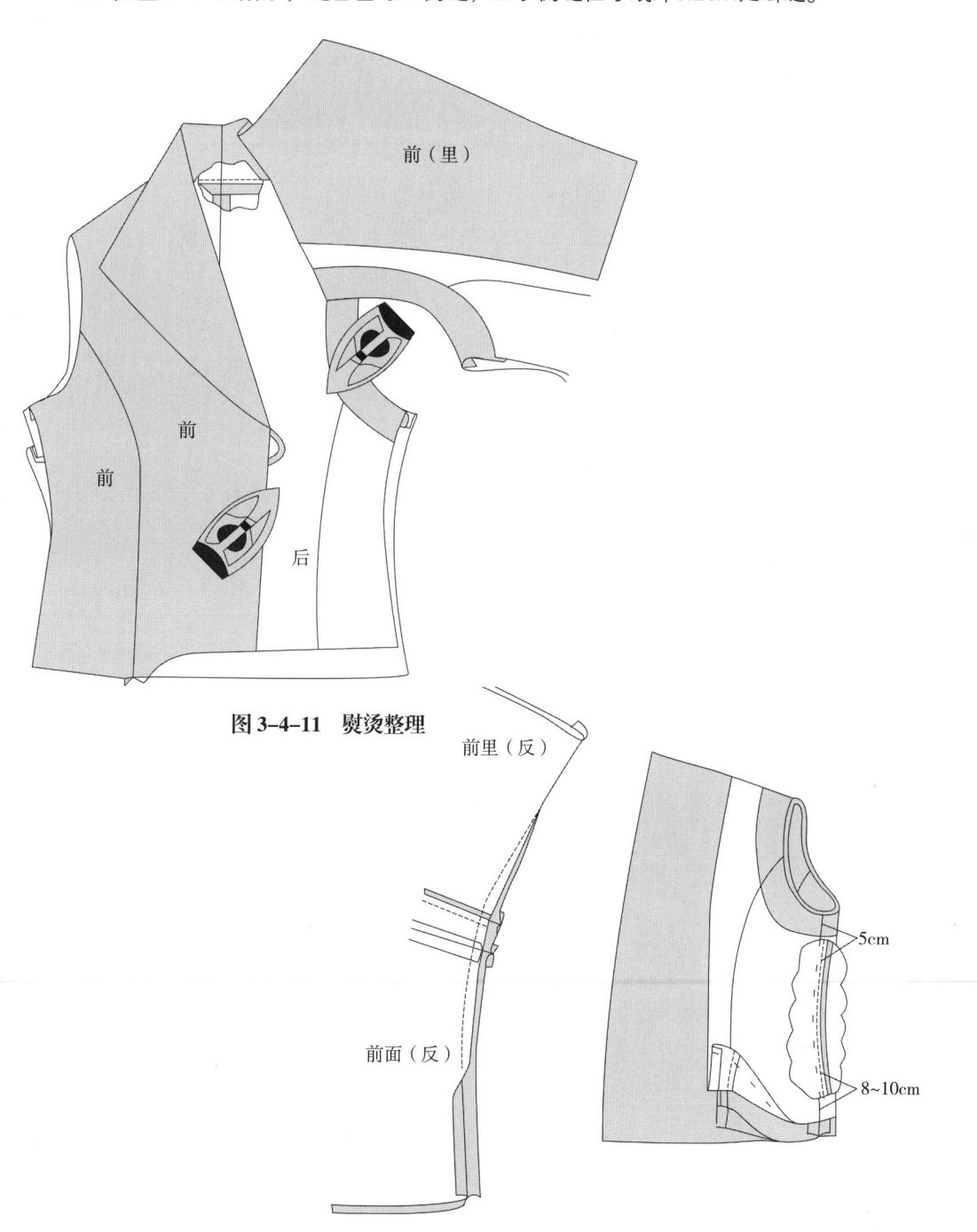

图 3-4-12 缝合侧缝并固定

第三章 马甲与斗篷

25. 掀开衣里，在距离腋下5cm处开始将里子侧缝缝头与面子侧缝缝头固定，直至距离里子底边8~10cm处。

26. 如图3-4-13所示，扣烫面与里折边，将里子折边与面子固定。

27. 如图3-4-14所示，缉缝门襟、下摆及领子装饰线。

28. 钉扣，拆掉粗缝缝线，熨烫整理。

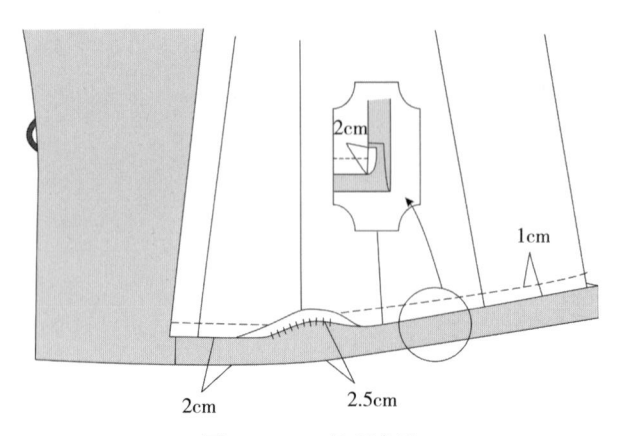

图 3-4-13　处理底边

图 3-4-14　缉装饰线

第五节 立领斗篷

一、款式说明

如图3-5-1所示，该款为立领斗篷，适合秋冬季穿着，面料可以选用中厚毛料或者薄型呢料，里布可选择羽纱、美丽绸等。

图 3-5-1　款式图

二、结构图

制图说明：裁剪时将袖中线对齐，前、后袖片按一片裁剪，如图 3-5-2所示。挂面处理是将前片和前、后袖片部分对接，裁成一片。由于领面与领里分别处于里外层，为确保领面与里缝合后的窝势，如图3-5-3所示在领里的后领大处切开，将切开的两部分重合0.2cm，然后将领上口线和下口线弧线修顺。

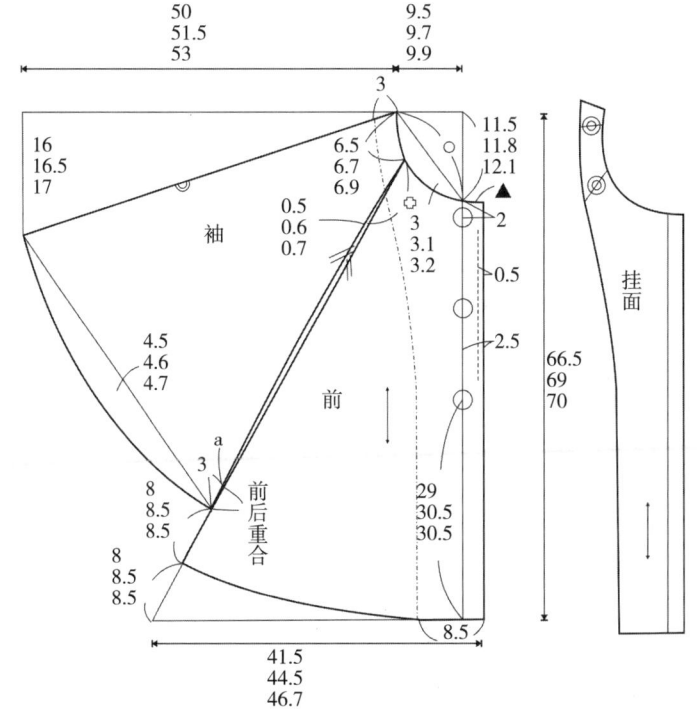

图 3-5-2　前片结构图

图 3-5-3 后片及衣领结构图

三、缝头加放

（一）面料缝头加放

缝头加放说明：领口弧线部分缝头加放在0.8~1cm，袖口和衣身折边可控制在3~5cm，其他部位的缝头一般在1~1.5cm之间，随着面料厚度的增加缝头的大小可增加，反之减小。面料缝头加放如图3-5-4所示。

图 3-5-4 面料缝头加放

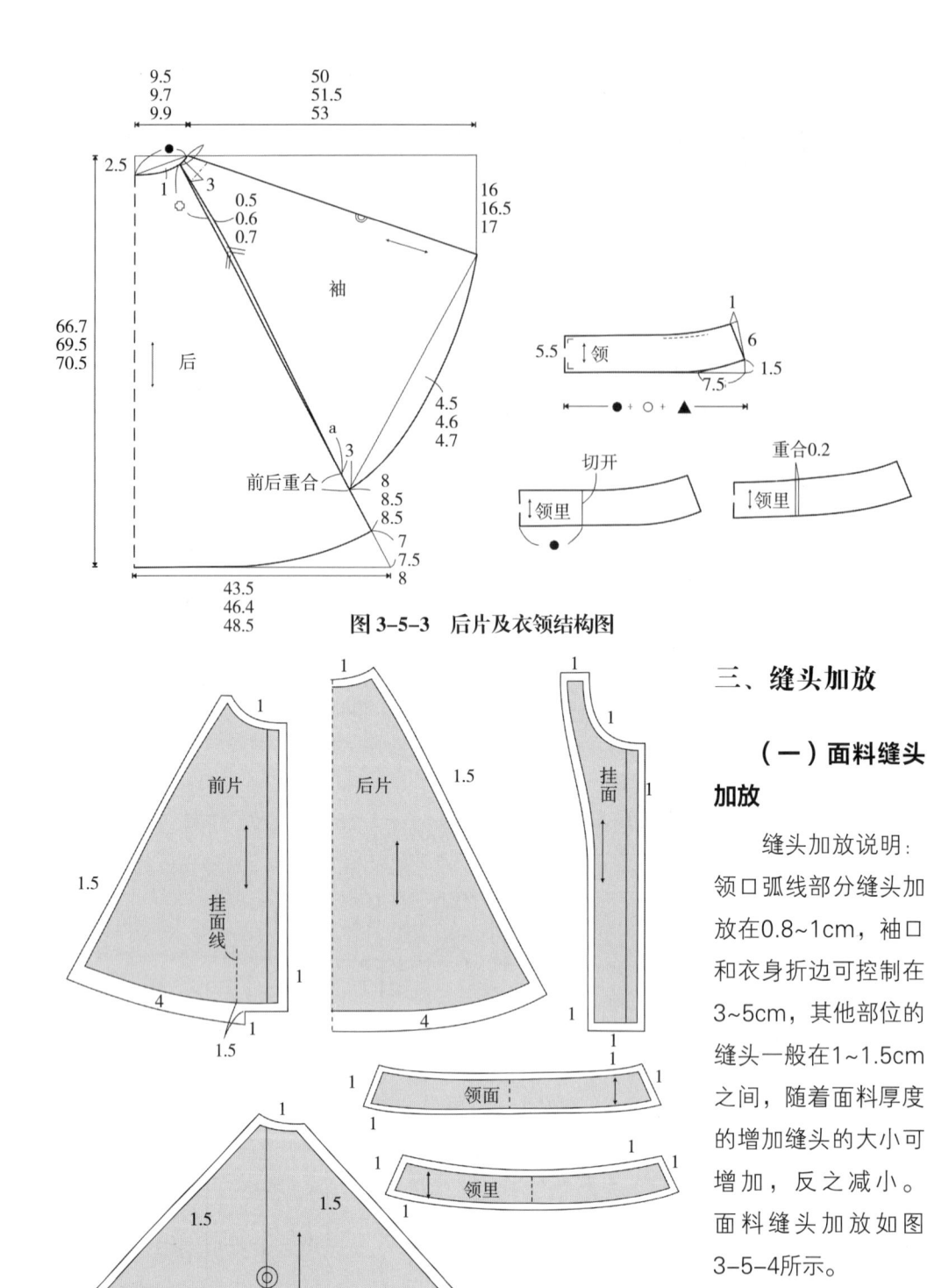

（二）里料缝头加放

里料缝头加放如图3-5-5所示。

图 3-5-6 黏合衬布缝头加放　　　　图 3-5-5 里料缝头加放

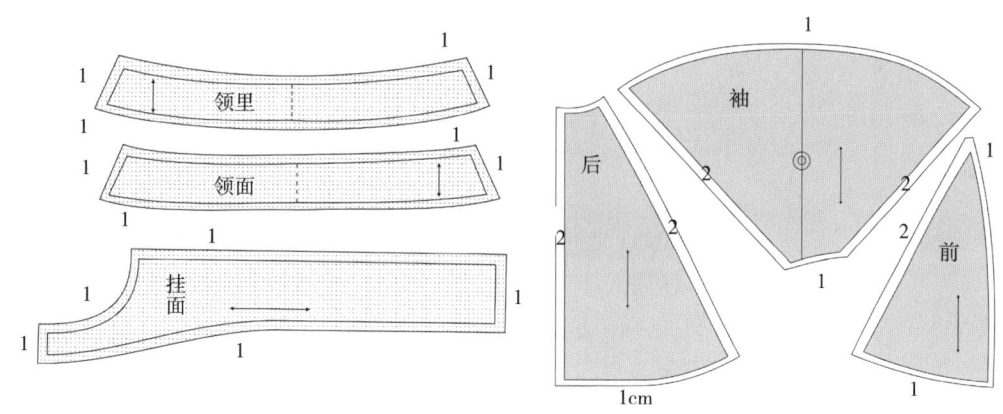

（三）黏合衬布缝头加放

黏合衬布缝头加放如图 3-5-6 所示。

四、缝制方法

1. 用熨斗或黏合机将黏合衬布分别粘到挂面、领面与领里上。
2. 如图 3-5-7 所示，扣烫袖口折边，在距离裁边 1cm 处用手针绷缝固定袖口贴边，然后在内侧 0.5cm 处将折边与袖身缲缝。
3. 将面料的前衣身、后衣身的侧缝正面分别与袖缝正面相对，按净缝缝合，注意起止部位打回车。

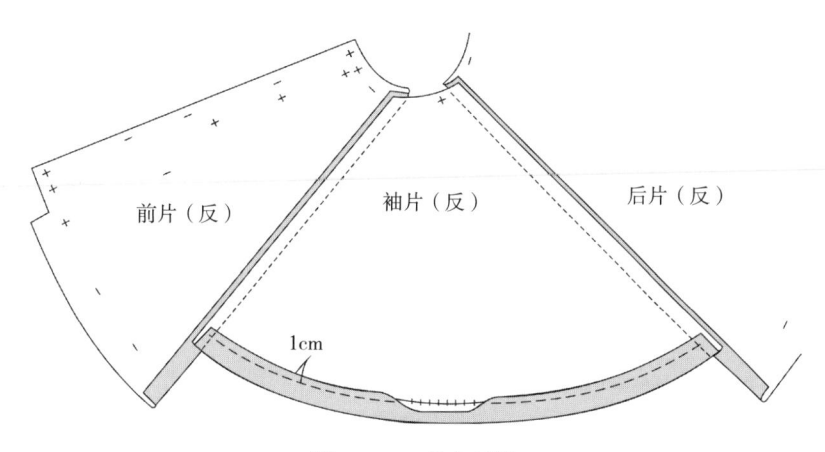

图 3-5-7 缝合袖缝

第三章　马甲与斗篷　99

4. 如图3-5-8所示，将前后侧缝正面相对，注意袖口位对齐，从底边缉缝至袖口处。

5. 如图3-5-9所示，分烫前后片侧缝和前片与袖片缝合缝。

6. 缝合衣里的后背缝

如图3-5-10所示，里子后中线从底边线至距离后领中心4cm处，离开净线1cm处进行缝合；后领中心向下4cm这一段离净线0.2cm缉缝。以确保人体在运动时，后背有一定的余量，增加人体运动的舒适性，同时也防止里布被拉破。

7. 如图3-5-11所示，缝合衣里前片与袖片，将衣里前片与衣袖前面正面相对，距离净线0.2cm处进行缉缝，在距离底边线3cm沿净线进行缉缝，缝头倒向前衣片。

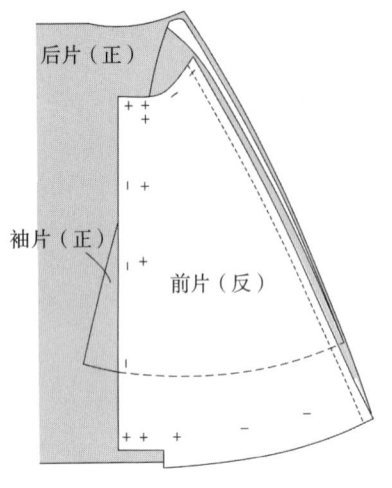

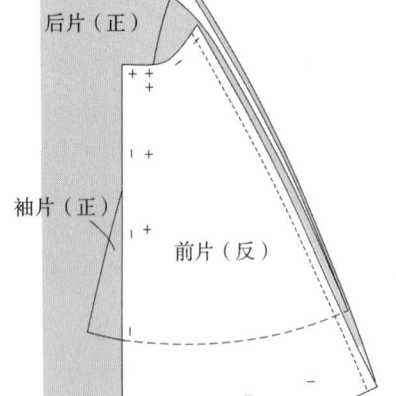

图3-5-8 合侧缝

图3-5-9 分烫袖缝

图3-5-10 缝合里子后中缝

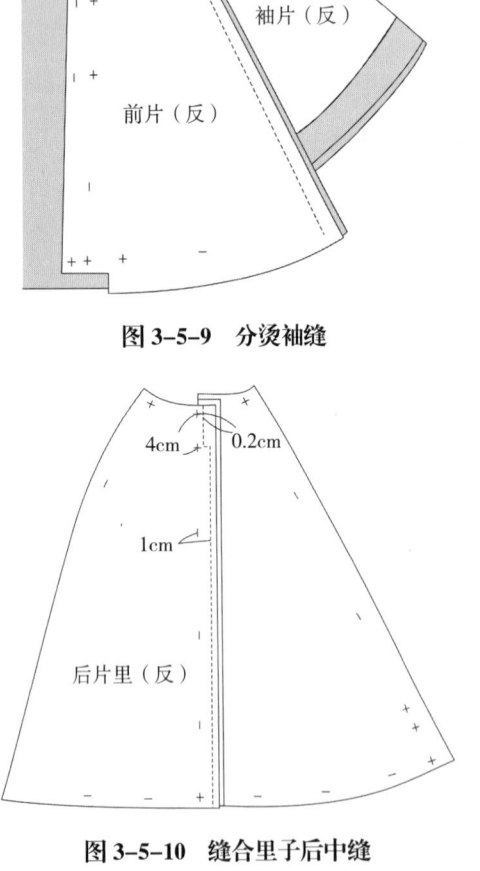

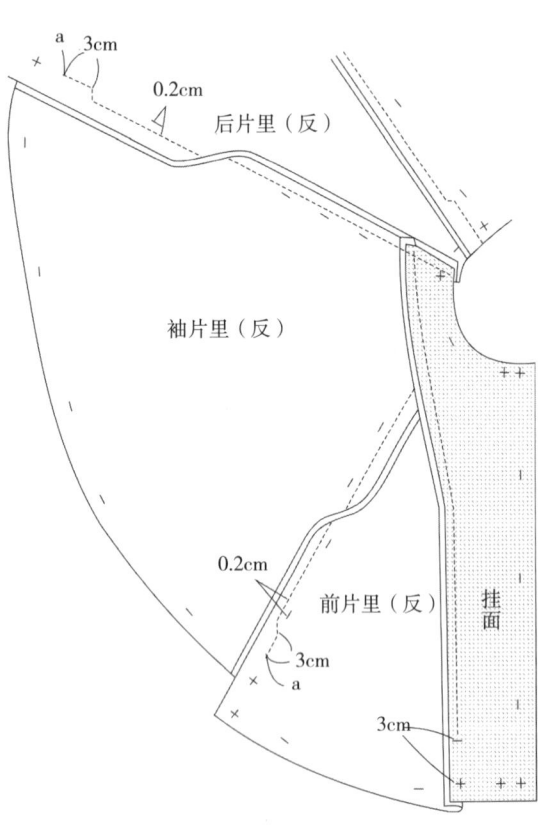

图3-5-11 做里子

8. 缝合衣里前片、袖子与挂面，将衣里前片和袖子与挂面正面相对，距离净线0.2cm处进行缉缝，缉缝至距离底摆净边线3cm处。

9. 缝合衣里后片与袖片，将衣里后片与衣袖里正面相对，距离净线0.2cm进行缉缝，在距离底边线3cm处起沿净缝线进行缉缝，将缝头倒向后衣片。

10. 如图3-5-12所示，缝合衣里前后侧缝，缝至距袖口线大约1.5~2cm处。

11. 如图3-5-13所示，将衣里的前后侧缝进行分烫。

12. 缝合衣领面与衣身面。如图3-5-14所示，将领下口线与衣身领窝弧线正面相对，将领口的缝份绷缝在一起，然后缉缝。为使缝头部位分烫后平服，在缝头上剪口，剪口距离缉缝线0.3cm左右，不要离得太近，防止脱缝。

13. 如图3-5-15所示，用熨斗分烫缝头。

14. 如图3-5-16所示，缝合衣领里与衣身里。将领下口线与衣身领窝弧线正面相对，将领口的缝头绷缝在一起缉缝。然后打剪口，分烫缝头。

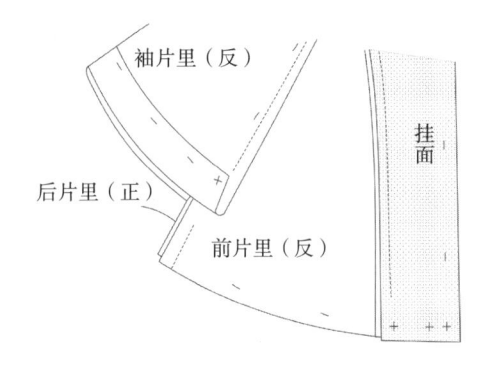

图 3-5-12　缝合里子侧缝

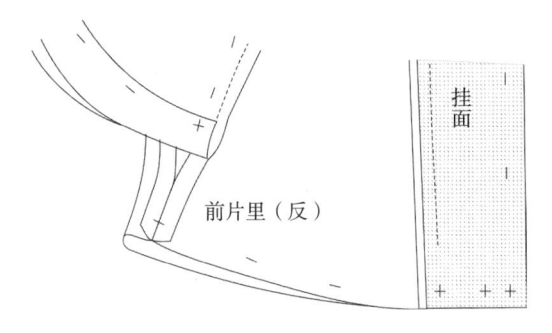

图 3-5-13　分烫里子侧缝

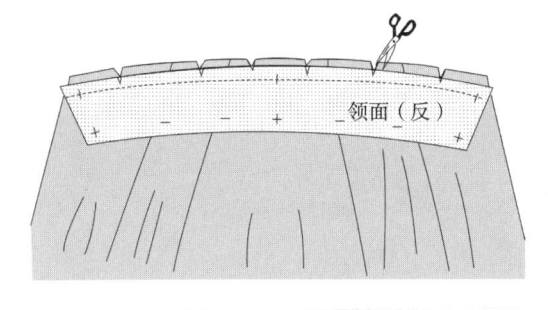

图 3-5-14　绱领面

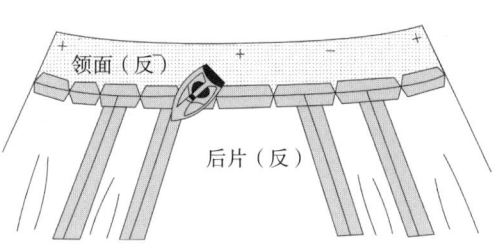

图 3-5-15　熨烫缝头

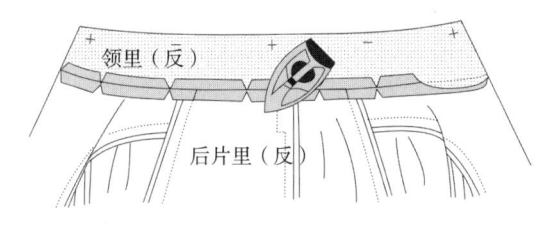

图 3-5-16　分烫装领缝头

15. 如图 3-5-17所示，将前片面与挂面正面相对叠合，衣片净线外侧0.1~0.2cm与挂面净线内侧0.1~0.2cm处叠合，用大头针或手针粗缝固定，领角处和衣角处衣身略松，然后在粗缝线外侧缉缝，领角与衣角处吃领面。

16. 为使领角和衣角平整，距离缝线0.2cm处，按45°斜角剪掉领角和衣角多余的部分。为使止口和领上口线平整，将缝头进行修剪，使挂面和领里缝头小于衣面与领面缝头0.3cm，将缝头倒向衣里方向进行扣烫。

17. 将衣里进行翻转，再将止口线熨烫平整，注意挂面和领里不要反吐。

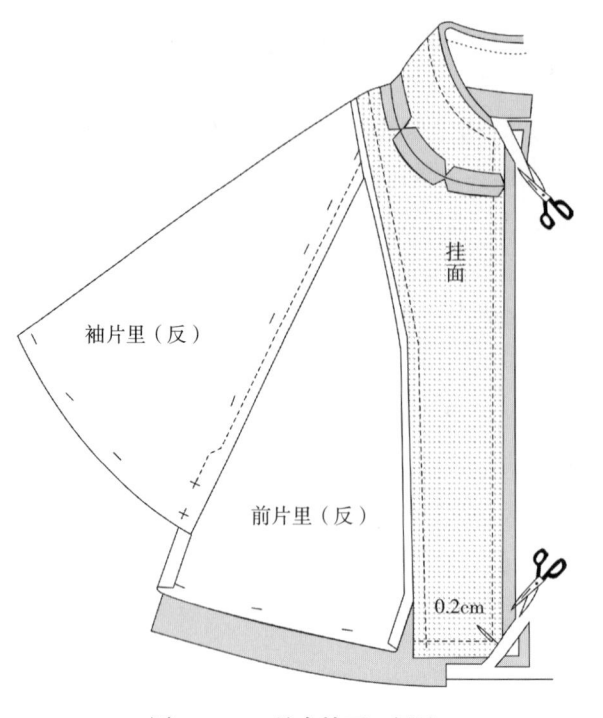

图 3-5-17 缝合挂面、领子

18. 如图 3-5-18所示，距离止口线0.6cm压明线。线迹顺直，与止口线平行。

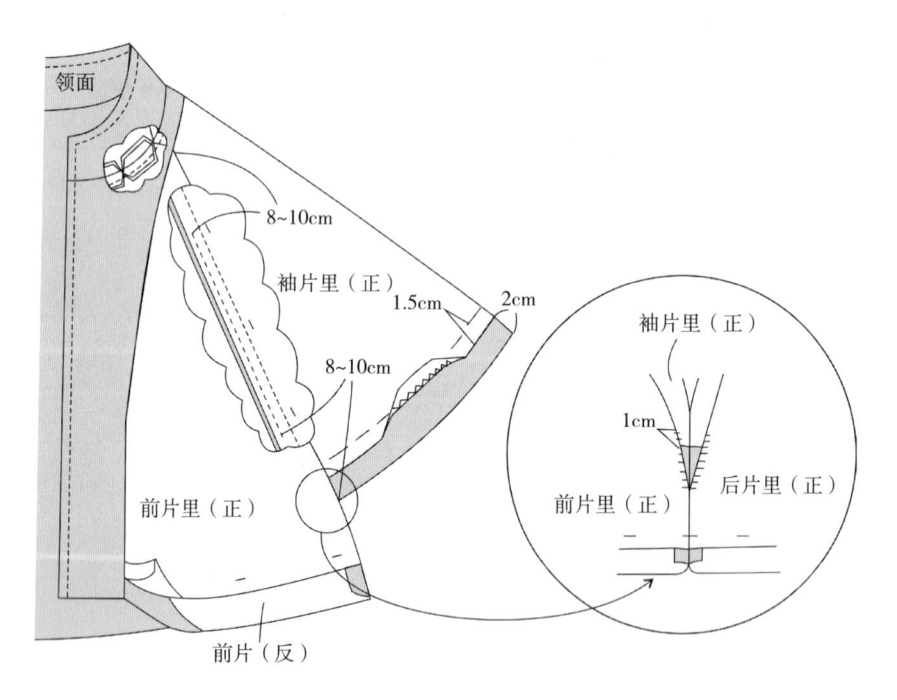

图 3-5-18 固定侧缝和处理袖口

19. 衣里翻开，将领里与领面缝头对齐，用手针在距离衣领装领线0.2cm处将领里与领面绷缝固定。在距离挂面和袖口线8~10cm处，将袖里与袖面在前后片与袖片距离缝线0.2cm处绷缝固定。

20. 衣里理顺，将衣里的袖口与衣面的袖口绷缝固定，然后将袖里缲缝到袖面上，注意缝线不要透过袖面。

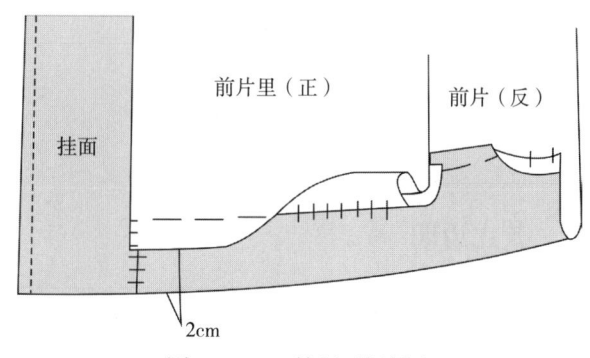

图 3-5-19 处理下摆折边

21. 如图3-5-18圆圈处所示，在袖口底部，用手针将前后片衣里与衣袖缲缝或三角针固定。

22. 如图 3-5-19所示，扣折面布底边，距边沿1cm处绷缝固定贴边，内侧0.5cm处缲缝；扣折里布底边，衣里比衣面短2cm，绷缝固定贴边，内侧缲缝在衣面上。

23. 挂面的底部与衣身的折边缲缝或三角针固定。

24. 如图3-5-20所示，锁眼钉扣。

图 3-5-20 锁眼钉扣

25. 整烫。拆除绷缝线之后进行整烫。在正面熨烫时必须使用垫布，里料达到展平折痕的程度就可以。

第六节　无领斗篷

一、款式说明

如图3-6-1所示，该款无领斗篷，适合秋冬季穿着，可以选用中厚毛料或者薄型呢料，里布可选择羽纱、美丽绸等。

二、结构图

制图说明：前后肩缝相对，修顺前后领窝弧线；拼合前领省，修顺前领窝弧线；挂面处理是将前片领省合并后将其裁成一片。拼合前后侧缝，修顺底边线，如图3-6-2和图3-6-3所示。

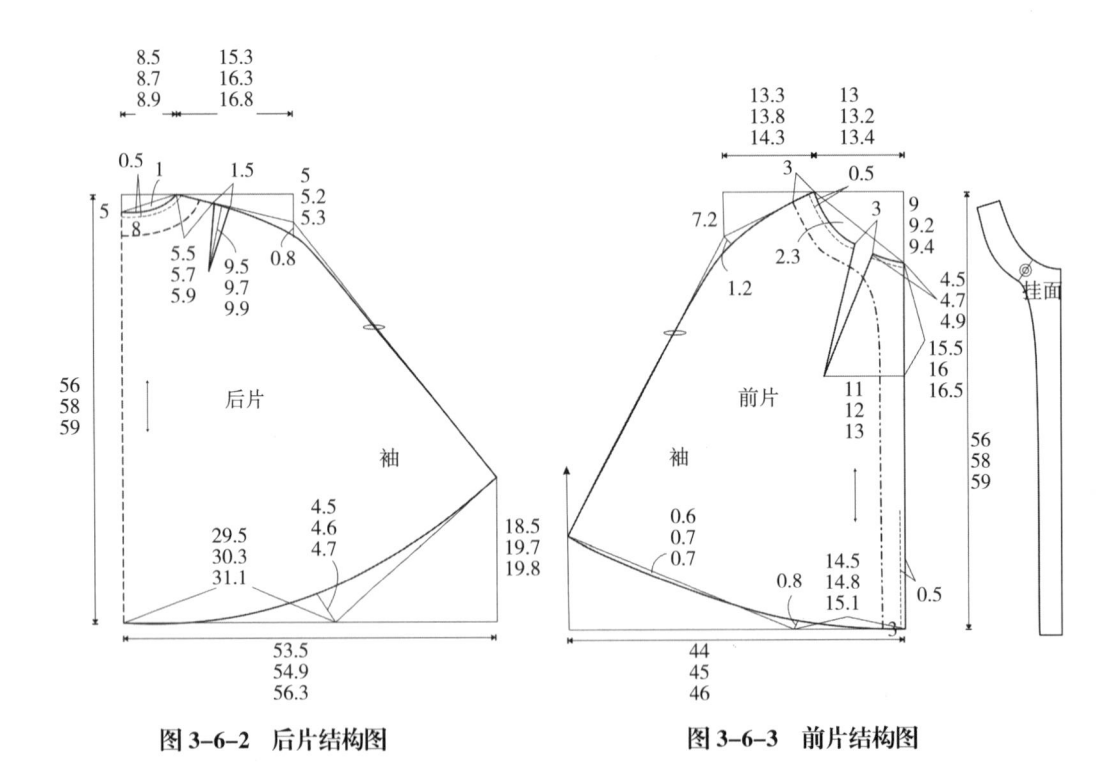

图 3-6-1　款式图

图 3-6-2　后片结构图

图 3-6-3　前片结构图

三、缝头加放

面料缝头加放如图3-6-4所示。

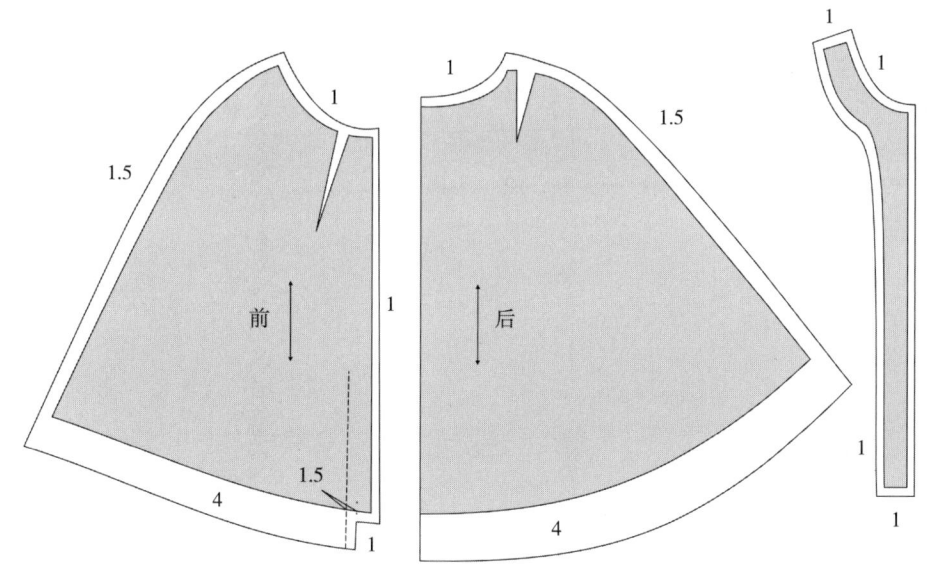

图 3-6-4　面料缝头加放

里料缝头加放如图 3-6-5所示。

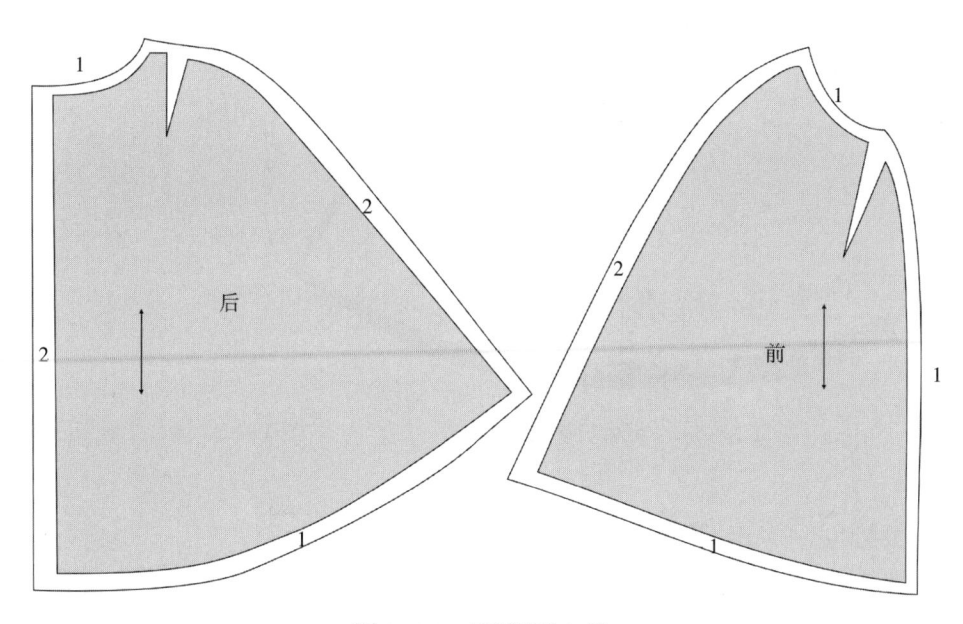

图 3-6-5　里料缝头加放

四、缝制方法

1. 如图3-6-6所示，缝合面子前后肩省。熨烫省道，缝头倒向中心侧，面料较厚的话可将省道从中间剪开分烫。
2. 如图3-6-7所示，将前后衣片正面相对叠合，缝合肩袖缝，并分烫。
3. 如图3-6-8所示，缝合挂面与后领贴边，并分烫。

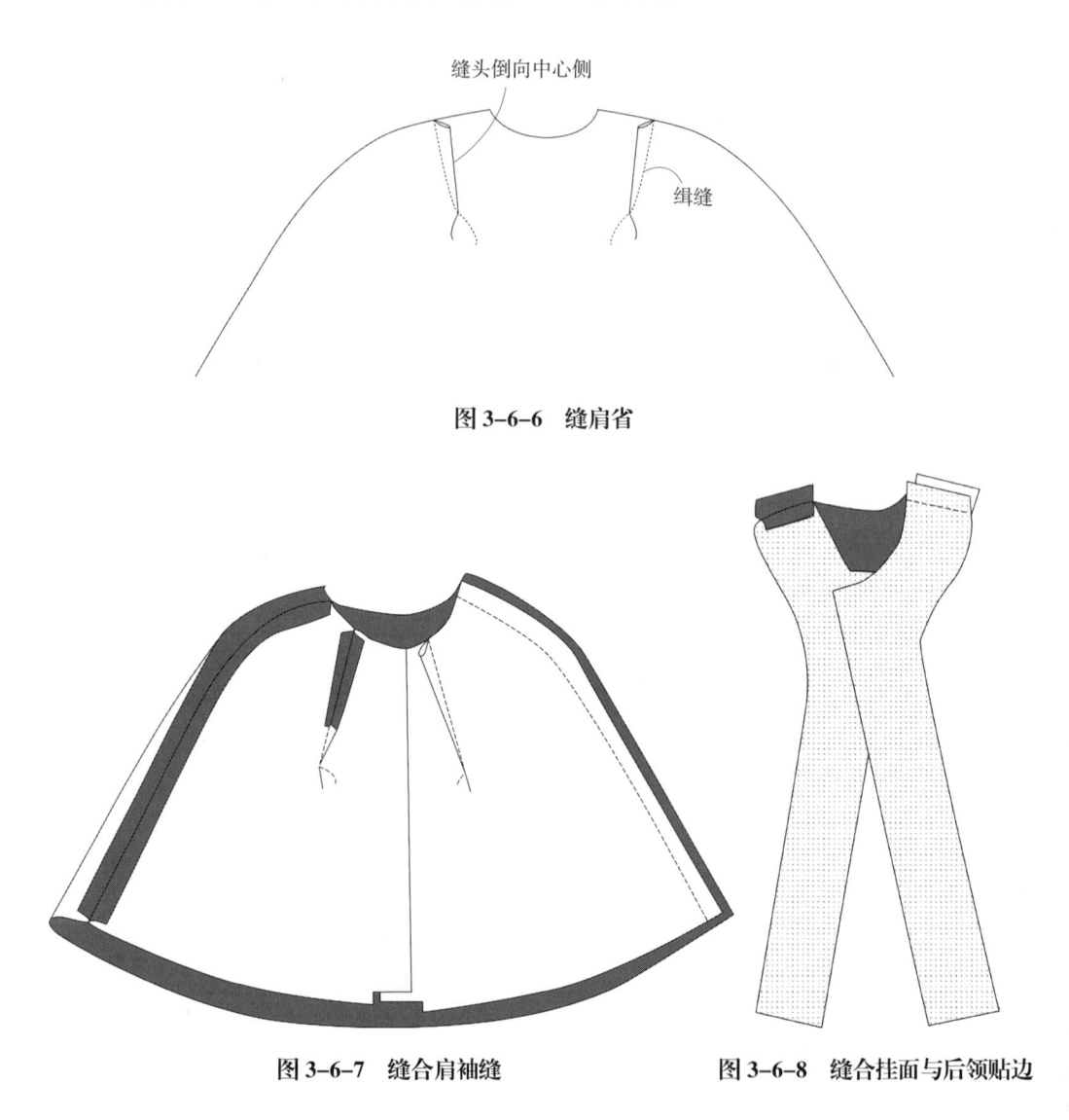

图3-6-6 缝肩省

图3-6-7 缝合肩袖缝　　　图3-6-8 缝合挂面与后领贴边

4. 如图3-6-9所示，缝合里子肩省，缝头，倒向外侧。
5. 里子后中线在底边线至距离后领中心4cm离开净线1cm处进行缝合，后领中心向下4cm离开净线0.2cm，进行缉缝。

6. 如图3-6-10所示，将前后肩袖缝正面相对缉缝，缝头倒向后片。

7. 挂面与后领贴边与衣里缝合，将衣里后领口线打剪口，前片缝头倒向衣里，后片分烫缝头。

8. 如图3-6-11所示，前片面与挂面正面相对叠合，衣片净线外侧0.2cm与挂面净线内侧0.2cm处叠合，用大头针或手针粗缝固定，领角处与衣角处衣身略松，然后缉缝。

9. 剪去领角和衣角，在领口处打剪口，也可以将缝头修剪出层次，熨烫缝头，将缝头扣向衣身。

10. 如图3-6-12所示，将衣身翻转至正面，挂面与后领贴边退进一些，用熨斗熨烫平整。

11. 掀开衣里，在距离领口线6~7cm处开始将里子侧缝缝头与面子侧缝缝头固定，直至距离里子底边12~13cm处。

12. 扣烫面子底边折边。松弛量用熨斗进行归拢处理或者用在距边0.5cm拱针抽拉缝线将其归缩，并熨烫平整。

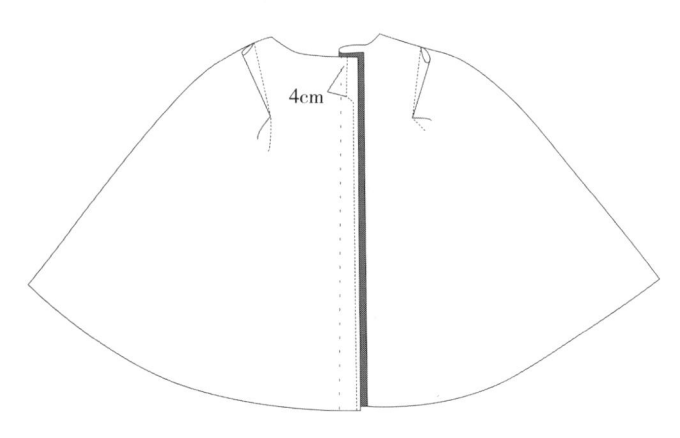

图 3-6-9 缝合里子后背缝

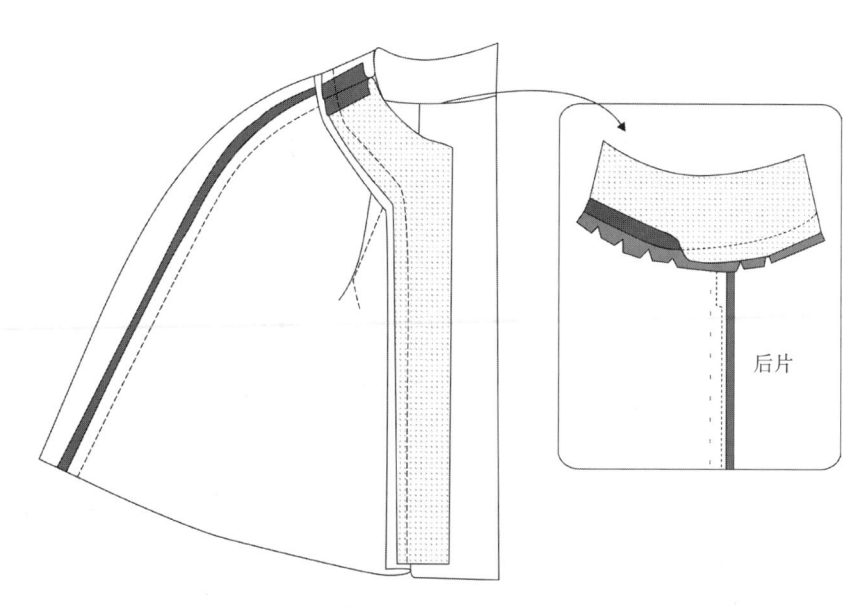

图 3-6-10 缝合里子

第三章 马甲与斗篷

图 3-6-11

切口
缉缝
剪掉

图 3-6-12

6~7cm
12~13cm
1cm
2cm
1cm

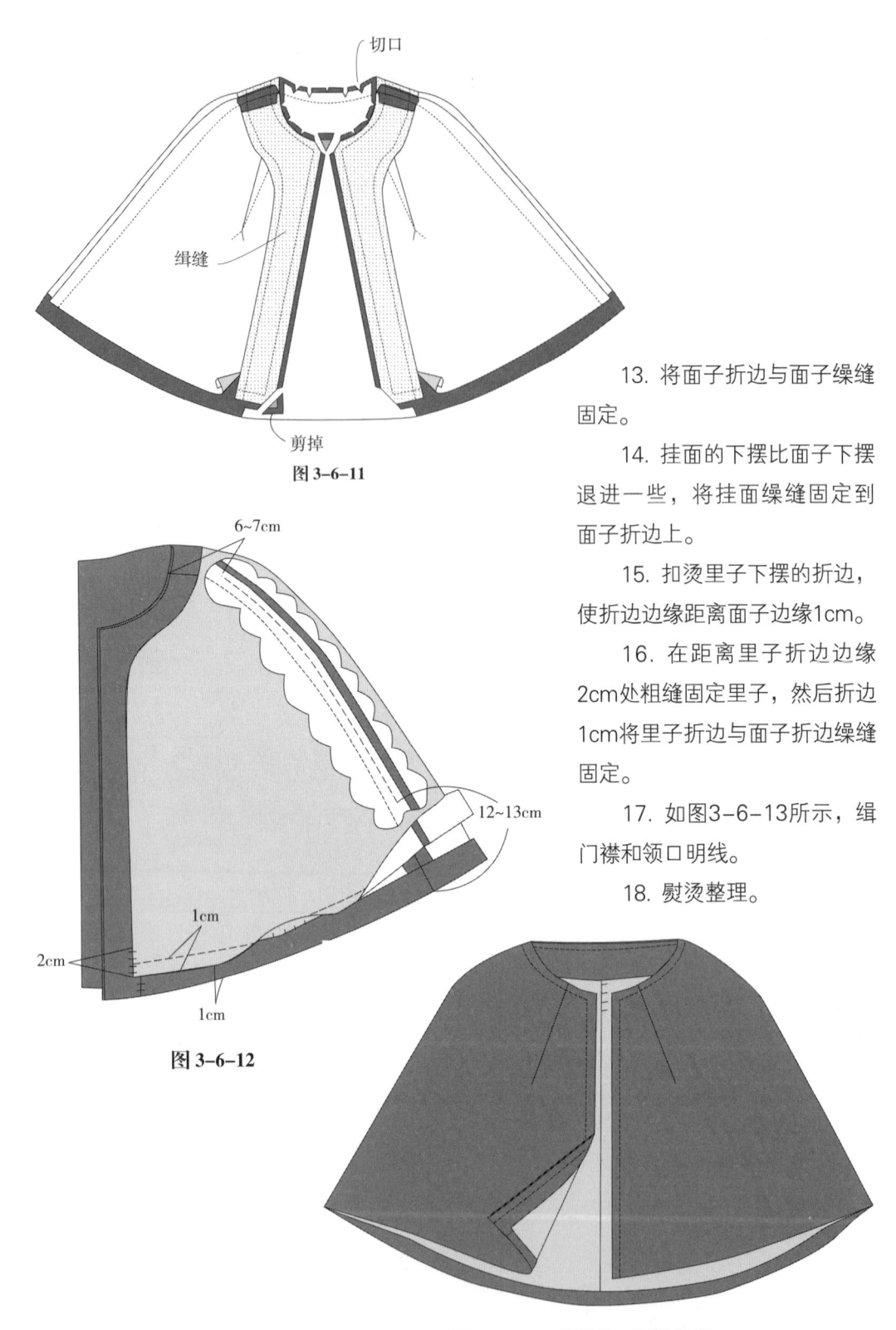

13. 将面子折边与面子缲缝固定。

14. 挂面的下摆比面子下摆退进一些,将挂面缲缝固定到面子折边上。

15. 扣烫里子下摆的折边,使折边边缘距离面子边缘1cm。

16. 在距离里子折边边缘2cm处粗缝固定里子,然后折边1cm将里子折边与面子折边缲缝固定。

17. 如图3-6-13所示,缉门襟和领口明线。

18. 熨烫整理。

图 3-6-13 缉明线、熨烫整理

第四章
短外套

第一节 翻驳领明贴袋短外套

一、款式说明

如图 4-1-1 所示，该款为翻驳领明口袋、较合体短外套，适合春秋季穿着，可以选用牛仔布或其他中厚面料。

二、结构图

制图说明：如图4-1-2所示，合并前腋下省道后，衣片前后侧缝长度要相等，侧缝要顺直。拼合前

图 4-1-1 款式图

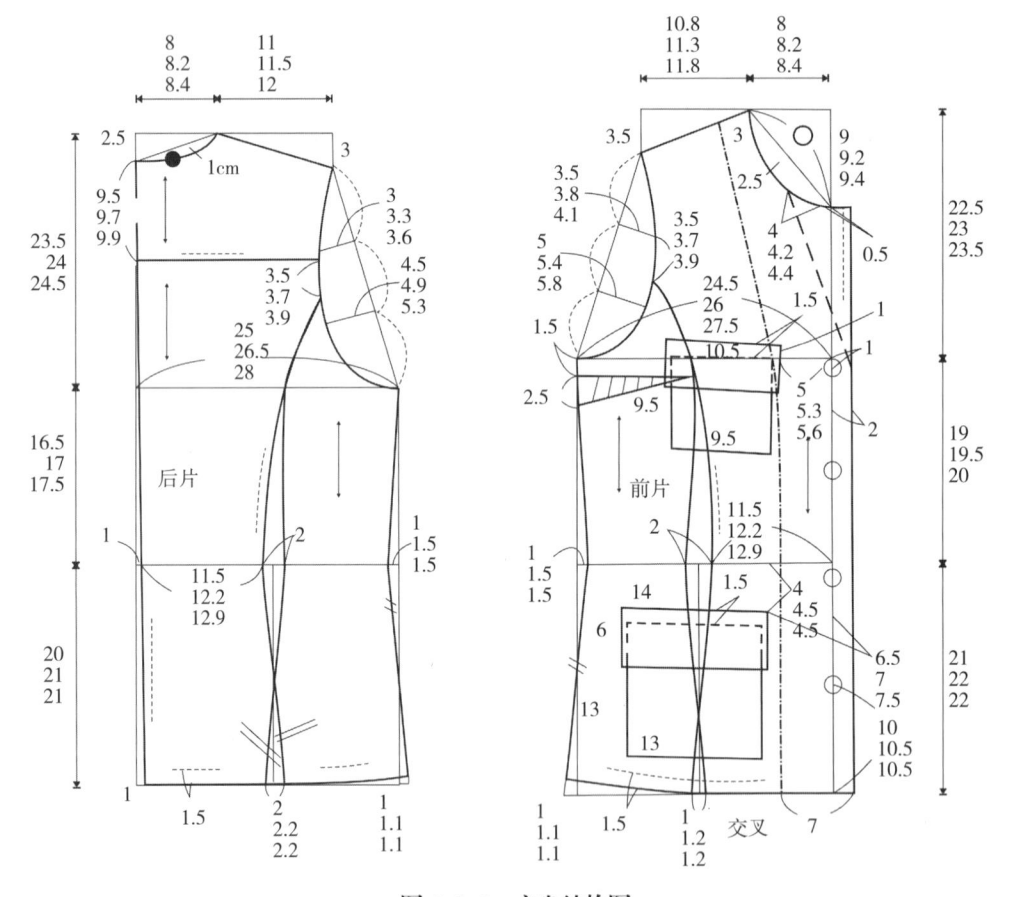

图 4-1-2 衣身结构图

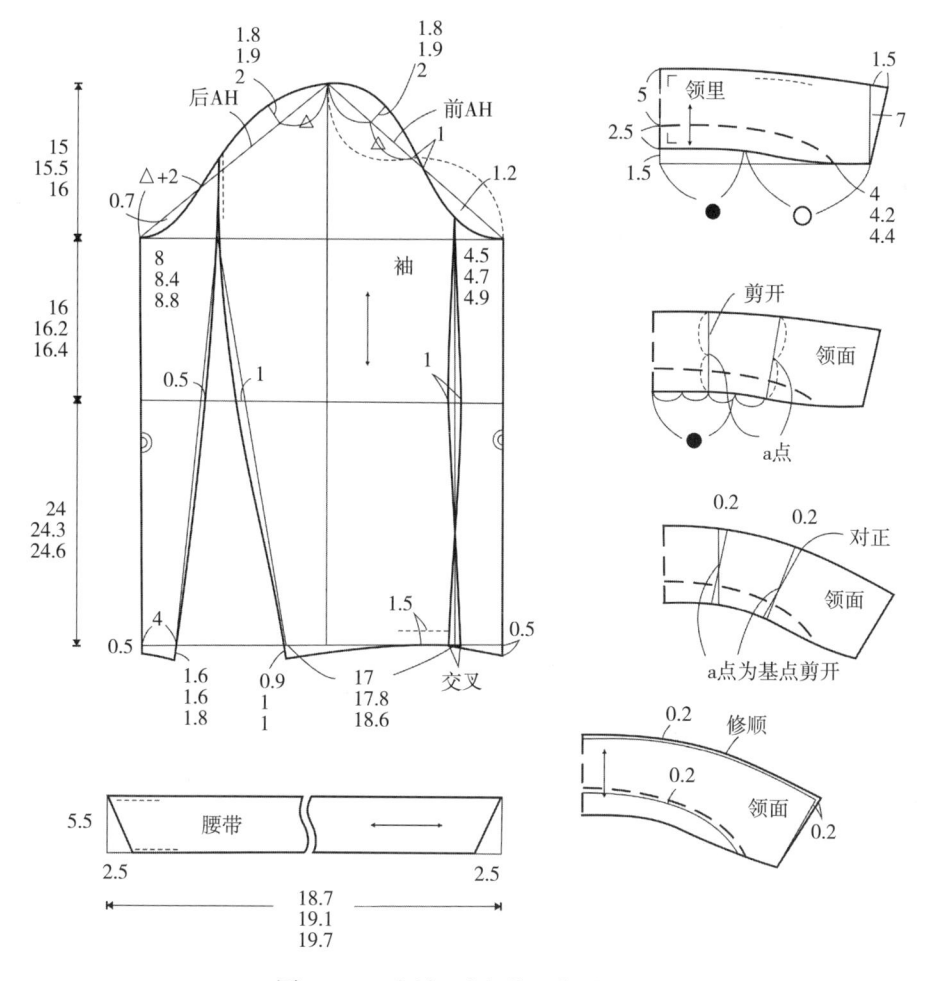

图 4-1-3 衣袖、衣领等结构图

后侧缝，前中片与前侧片以及后中片与后侧片修顺底边线；前后肩缝拼合后，检查领窝弧线和袖窿弧线是否圆顺，如果不圆顺，则需要调整领窝弧线和袖窿弧线直至圆顺。

如图4-1-3所示，为确保领面与里缝合后的窝服，在领里的后领大处切开，将切开的两部分在外领口线展开0.2cm，剪开领翻折线处，增加0.2cm的余量，防止领里反吐，领子外口线也增加0.2cm的余量。这些量的大小与面料的厚度有关，厚度增加，增加这个量；反之减小。然后将领上口线和下口线弧线修顺。

三、缝头加放

缝头加放说明：领口弧线、袖窿弧线、袖山弧线部分缝头加放在0.8~1cm，袖口和衣身折边为2.5cm，其他部位的缝头一般在1~1.5cm之间，随着面料厚度的增加缝头的大小在增加，反之减小。面料缝头加放如图4-1-4所示。

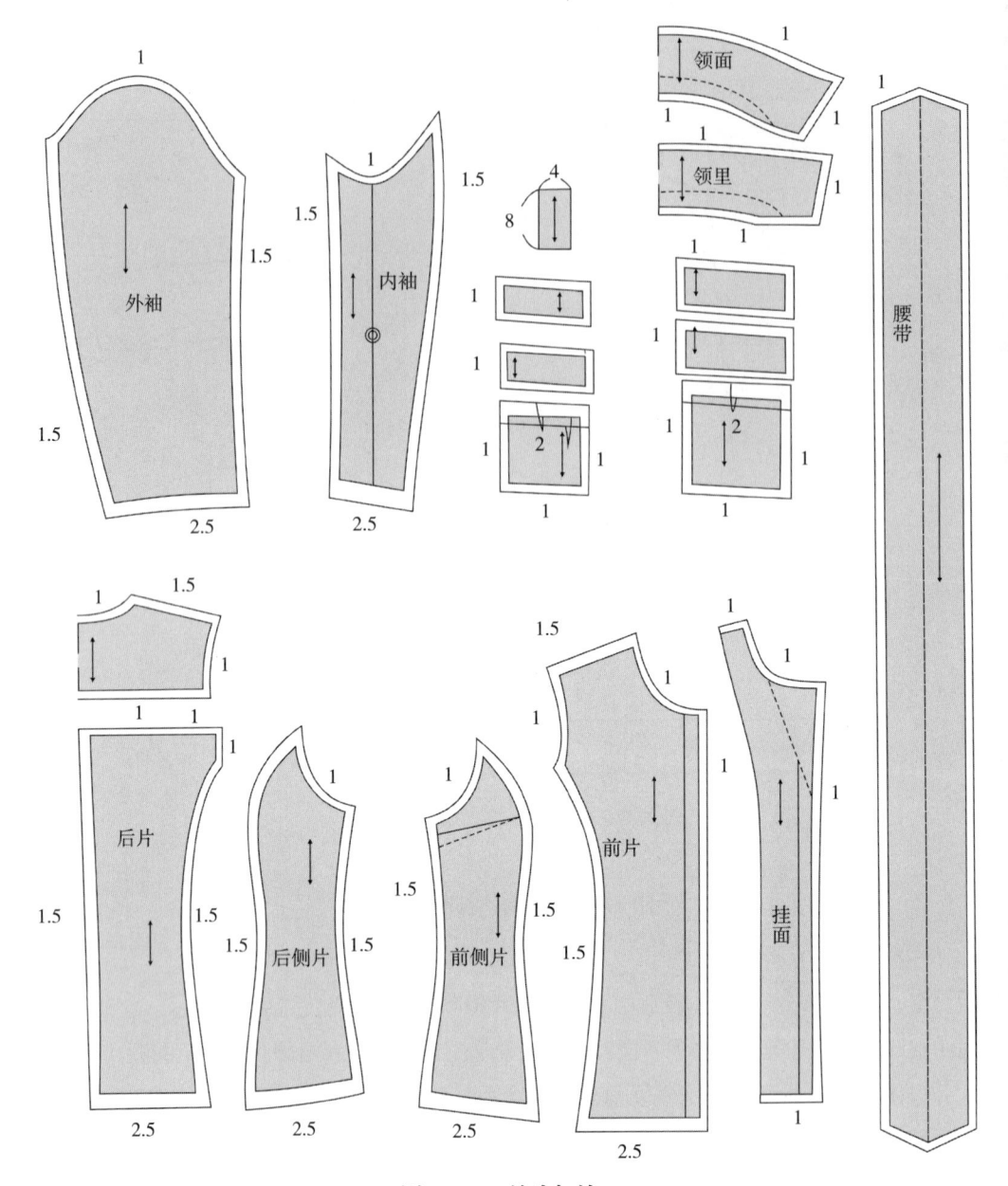

图 4-1-4　缝头加放

四、缝制方法

1. 如图4-1-5所示，用熨斗或黏合机将黏合衬布分别粘到挂面、领面与领里上。
2. 如图4-1-6所示，将前中片和前侧片正面相对叠合缉缝，将缝头倒向前中，并将两个缝头一起包缝。

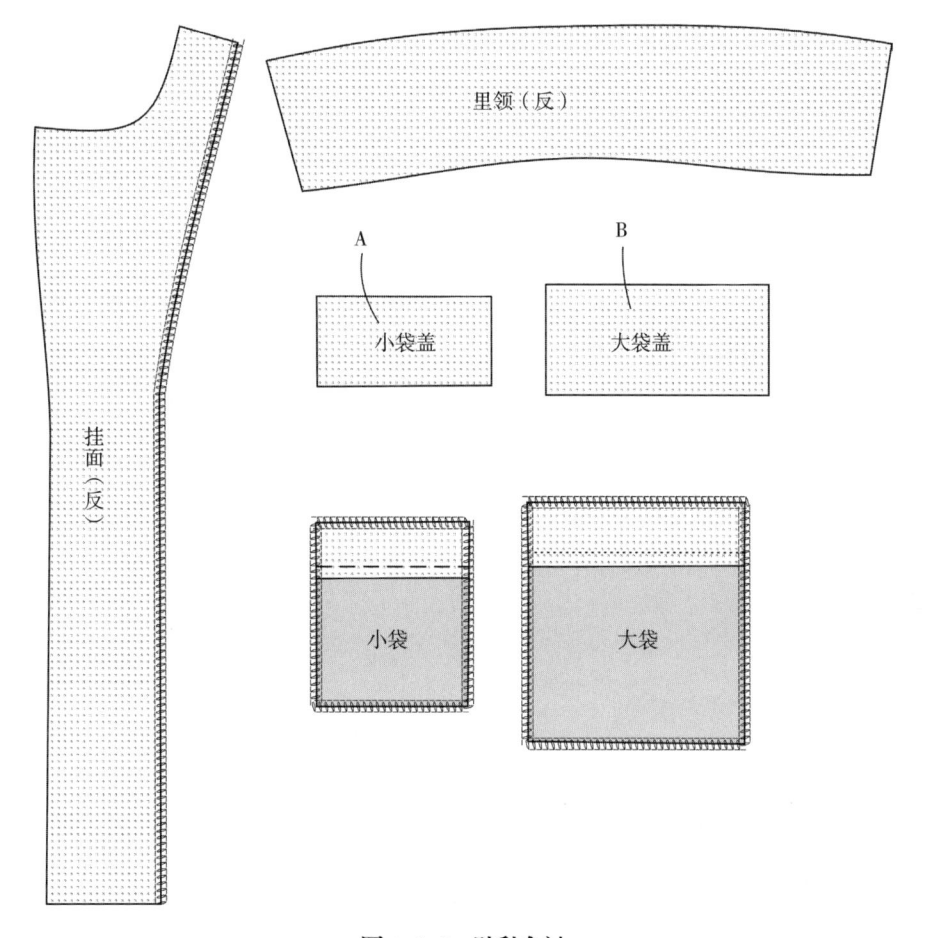

图 4-1-5　贴黏合衬

3. 如图4-1-7所示,将衣片翻转到正面,缉0.5cm的明线。

4. 如图4-1-8所示,将左右后中片正面叠合,缝合后背缝,将两片包缝到一起,并将缝头推向一边。

5. 将后侧片与后中片分别正面叠合缉缝,将两片包缝到一起,并将缝头推向中心侧。

6. 翻转到正面,缉0.5cm的明线。

7. 将后片育克与后下片正面相对叠合,缝合分割缝,将两片包缝到一起,并将缝头推向后片育克。

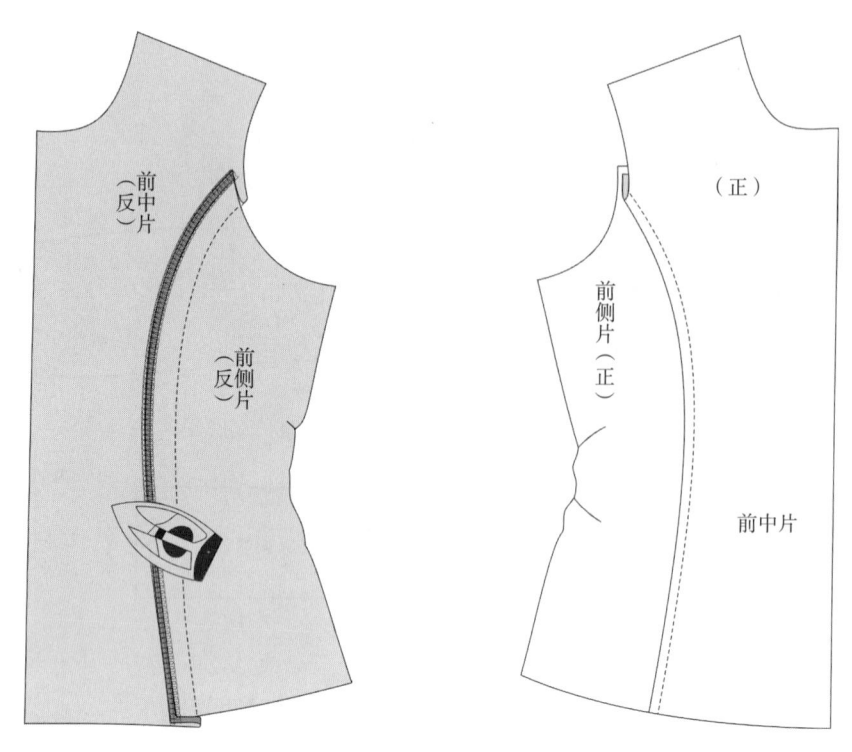

图 4-1-6 缝合前中片和侧片

图 4-1-7 缉明线

图 4-1-8 做后片

114 女装缝制工艺

8. 如图4-1-9所示，将后衣片翻转到正面，缉0.5cm的明线。

9. 如图4-1-10所示，做袋盖，把袋盖的面子和里子正面叠合，防止袋盖里反吐，将袋盖面子的净线外侧0.15cm处与袋盖里子的净线内侧0.15cm处叠合，用大头针固定，然后缉缝。

10. 外周缝头为0.5~0.9cm（厚料时，二层缝头剪成有差档）。翻至正面，使袋盖里子缩进一点，并用熨斗熨烫，在袋盖的正面离边0.2~0.3cm缉线。

11. 如图4-1-11所示，将袋口贴边向里折，用暗缲缝或缉缝将袋口贴边固定。然后将其他3边按净缝向内折倒并熨烫固定。

12. 如图4-1-12所示，在衣袋粗缝或用大头针固定到前衣片上，然后缉明线。

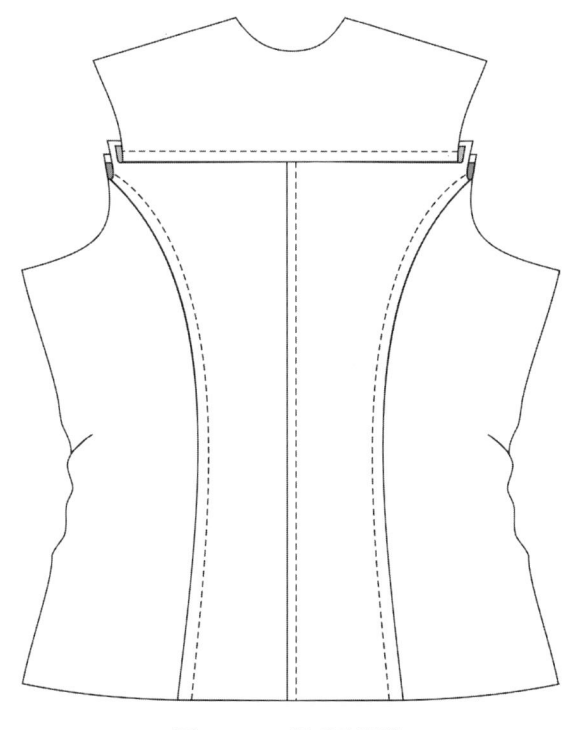

图 4-1-9 缉后片明线

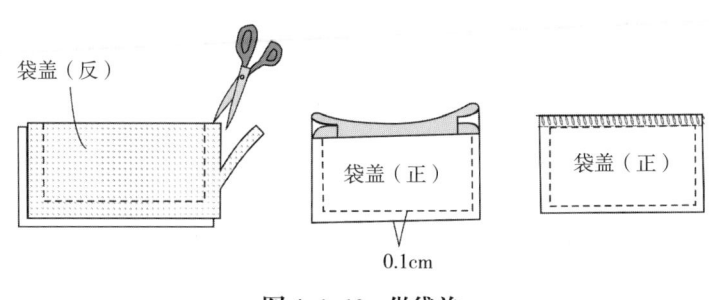

图 4-1-10 做袋盖

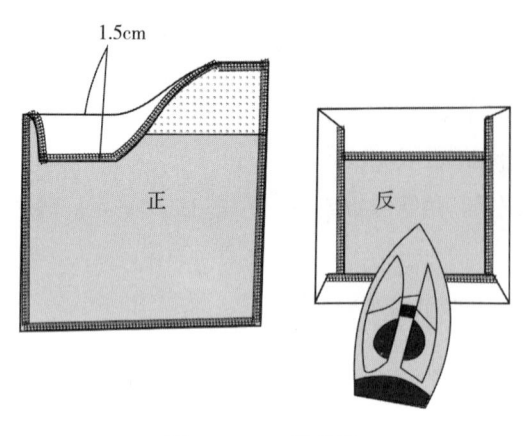

图 4-1-11 做袋子

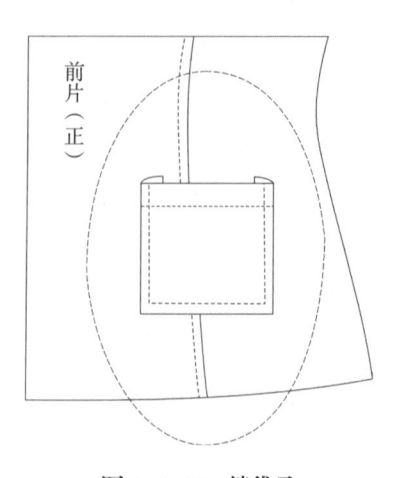

图 4-1-12 绱袋子

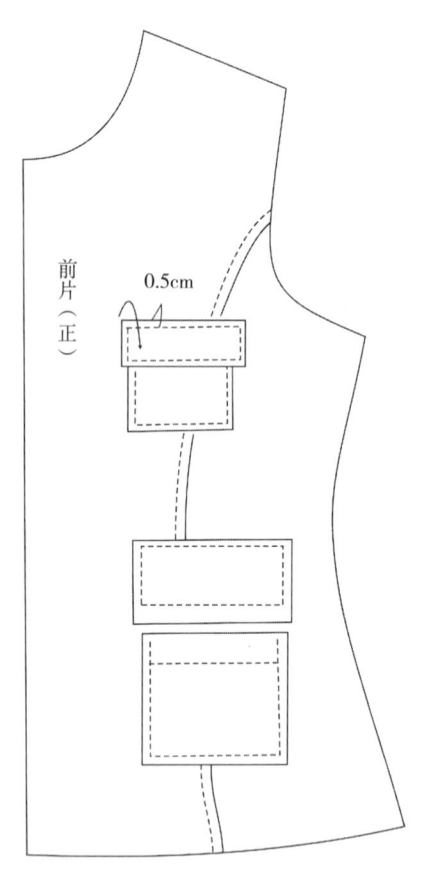

图 4-1-13 绱袋盖

13. 如图4-1-13所示，在大身袋盖位将袋盖进行缉缝，然后将缝头修剪为0.5cm。

14. 将袋盖下翻，缉0.5cm的明线。

15. 如图4-1-14所示，前片在上，后片在下，后片肩缝正面与前片肩缝正面相对叠合，车缝肩缝，吃后肩。

16. 包缝肩缝，将缝头倒向后片，熨烫平整。

17. 如图4-1-15所示，缝合衣片面子和领里，衣片面子和领里正面相对叠合，从左端装领止点开始缝合到右端装领止点，然后打剪口。

18. 如图4-1-16所示，修剪装领缝头至1cm，打剪口，分烫缝头。

19. 如图4-1-17所示，按照前述缝合衣片面子和领里的方法缝合挂面与领面。

20. 如图4-1-18所示，领面和领里正面相对叠合，为了使装领止点处不移动，按图示①~④顺序以0.1cm宽的针脚挑起布面，将线拉出后牢牢打结，将4片固定到一起。

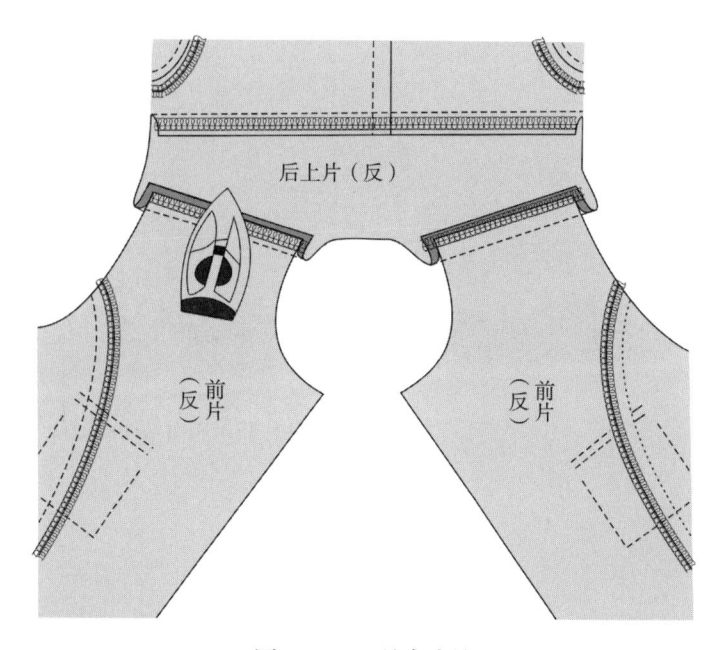

图 4-1-14 缝合肩缝

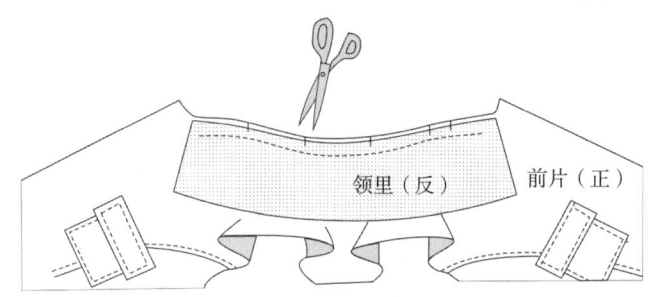

图 4-1-15 绱领里

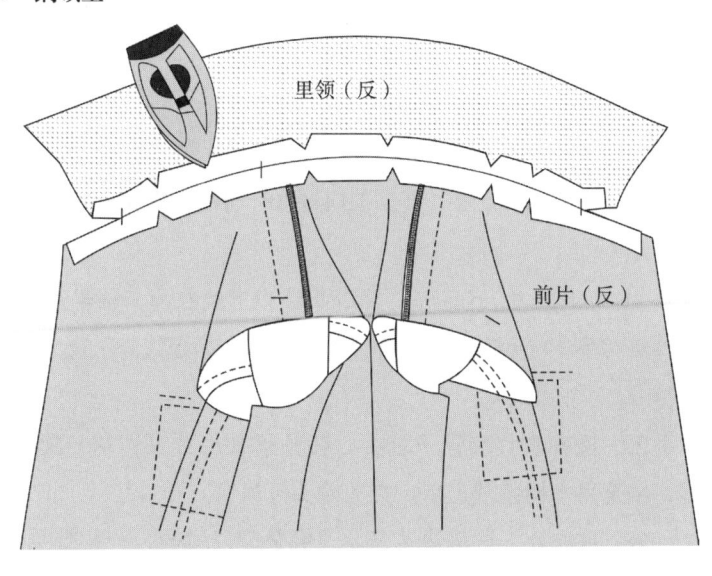

图 4-1-16 分烫缝头

第四章 短外套 117

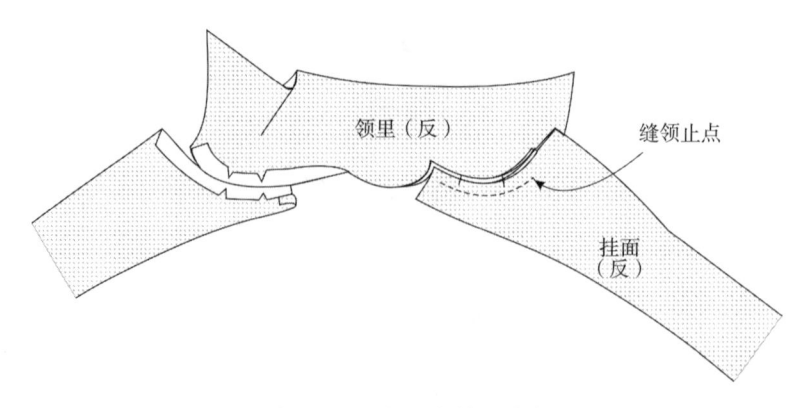

图 4-1-17 领面与挂面缝合

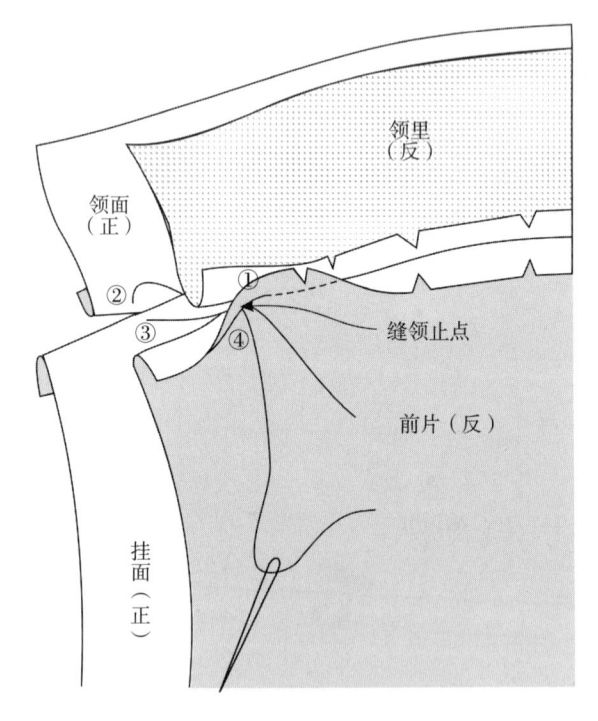

图 4-1-18 手针固定领面和领里

21. 如图4-1-19所示，将翻折线以上的衣片，领里在净缝线内0.1cm处，挂面、领里在净缝线外0.1cm叠合，翻折线以下衣片在净缝线外0.1cm，挂面在净缝线内0.1cm处叠合粗缝。

22. 掀开衣片和领子缝头，在领子外围线上，从一侧装领止点也就是四片固定的位置，缝至另一侧装领止点，修剪缝头打剪口。

23. 从衣片下摆裁边端开始，经叠门、驳领，一直缝至装领止点，在翻驳点的位置打剪口。

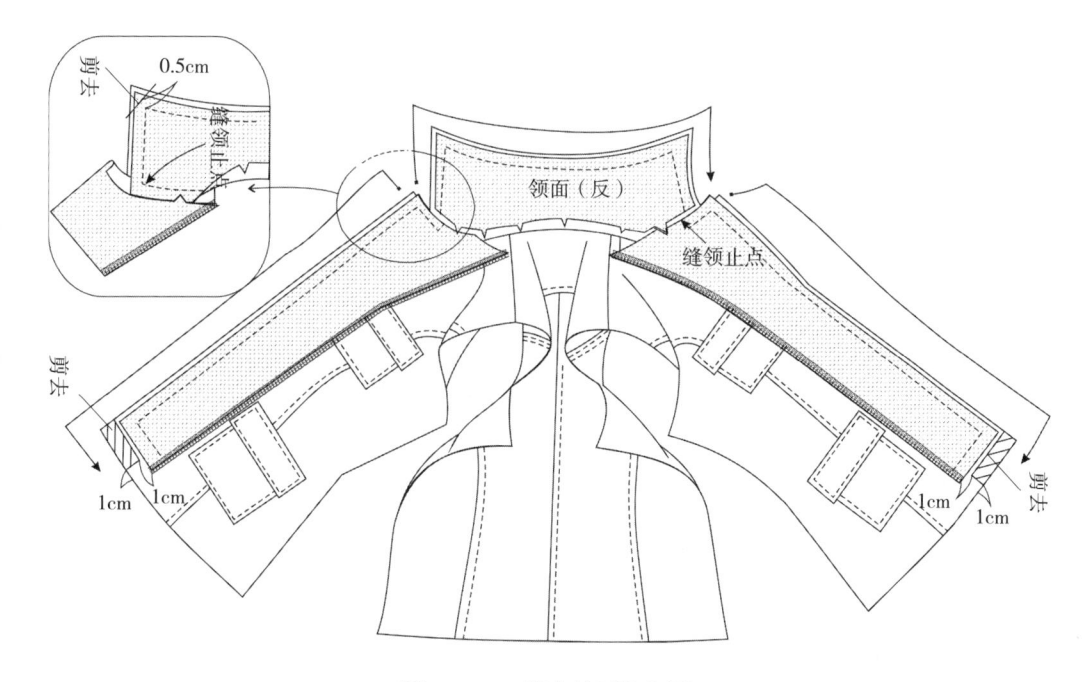

图 4-1-19 缝合挂面和衣领

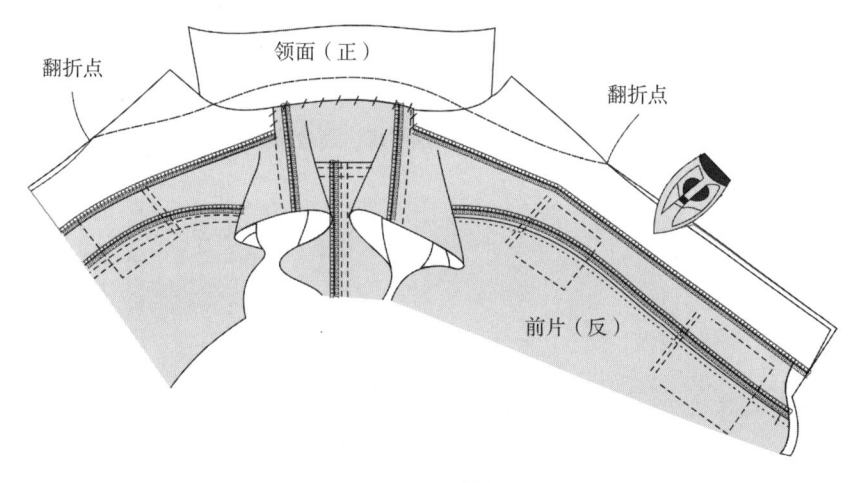

图 4-1-20 熨烫止口

24. 如图4-1-20所示,将领面挂面翻至正面,翻折点以上衣片与领里退进熨烫,翻折点以下挂面退进一点熨烫,在装领线缝道进行粗缝固定。

25. 如图4-1-21所示,距离止口0.5cm,缉明线。

26. 然后,将前后片侧缝正面相对叠合缉缝,将两片合在一起进行包缝,将缝头倒向后片。

27. 如图4-1-22所示,扣烫底边,然后缉缝底边。

第四章 短外套

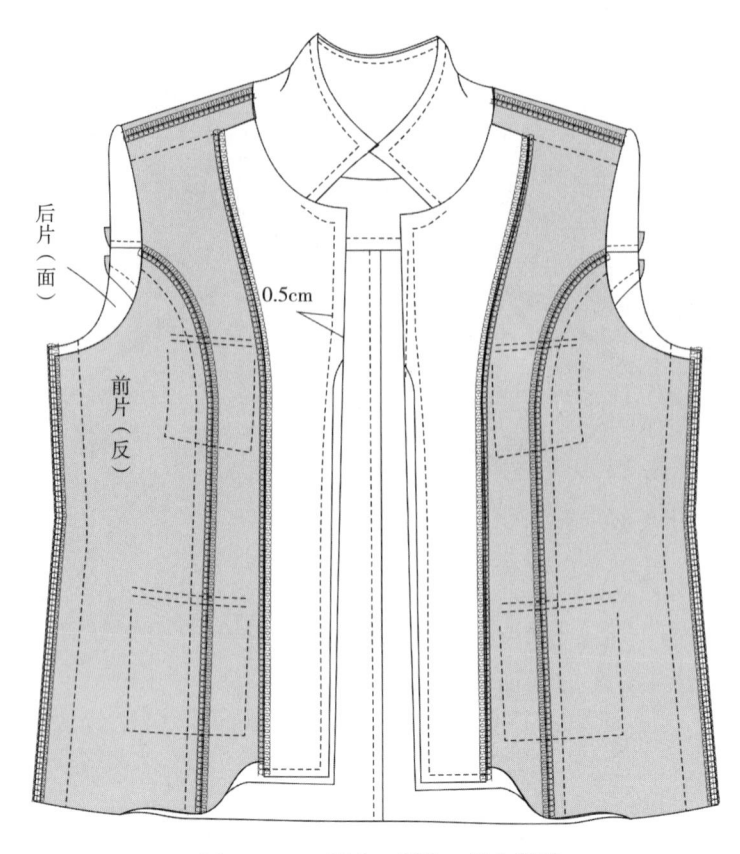

图 4-1-21　缉止口明线、缝合侧缝

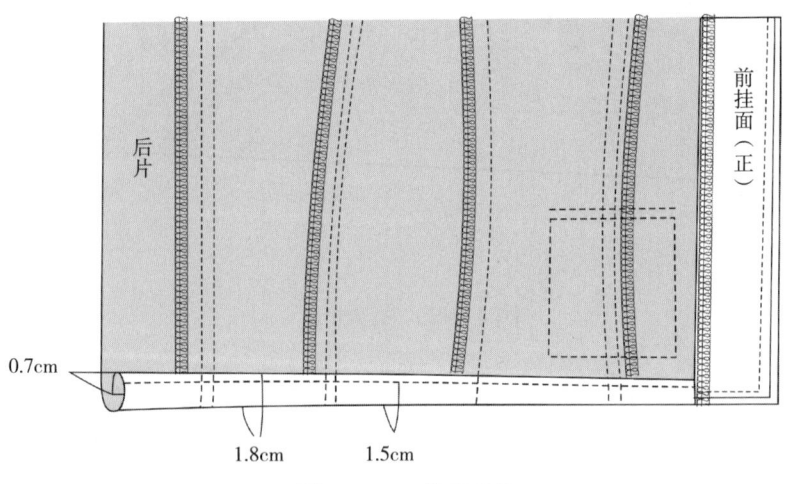

图 4-1-22　处理底边

28. 如图4-1-23所示，将大袖和小袖的外侧缝正面相对叠合缝合，并包缝，袖缝倒向大袖。将袖子翻转到正面，在0.5cm处缉明线。然后，在袖山净线外侧0.2cm及0.5cm处拱针，抽缝线。

29. 图4-1-24所示，将大袖和小袖的内侧缝正面相对叠合缝合，并包缝，袖缝倒向大袖。

30. 如图4-1-25所示，扣烫袖口折边，然后缉缝。

31. 如图4-1-26所示，熨烫整理袖山归缩量，归缩量一次性不能整理得很均匀的话，可以分几次抽拉粗缝线，一边做袖山形状一边用熨斗的头部轻轻将皱纹烫去。

32. 如图4-1-27所示，将袖山与袖窿弧线对位，为使袖子和衣片不错位，进行粗缝固定，起针处要回针，粗缝完成后将其翻到正面，检查袖子扭偏的情况、装袖线和归缩等状态。在粗缝线外侧从袖侧在袖底缝处开始缉缝，距离侧缝线6~8cm处缉缝两道线。将袖山袖窿缝头一起进行包缝。将装袖线缝道熨烫平服，缝头自然倒向袖侧，不要折烫缝头，否则会影响袖山胖势。

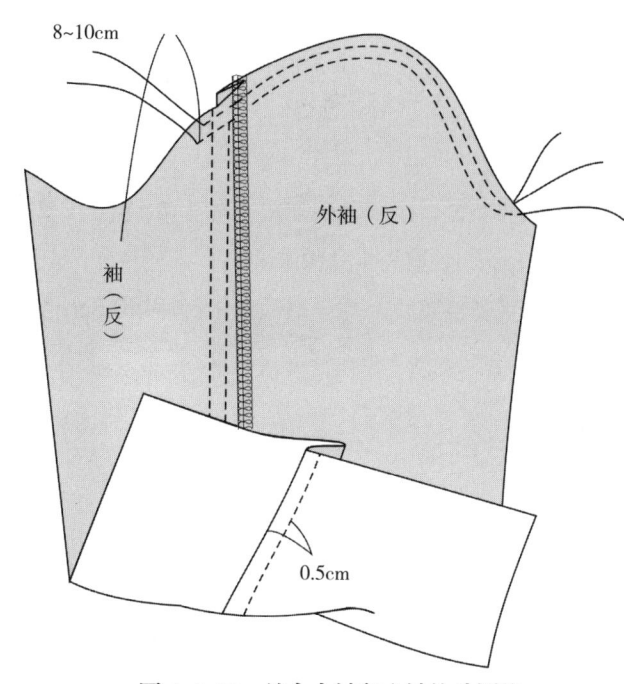

图 4-1-23 缝合大袖和小袖的外侧缝

图 4-1-24 合内袖缝

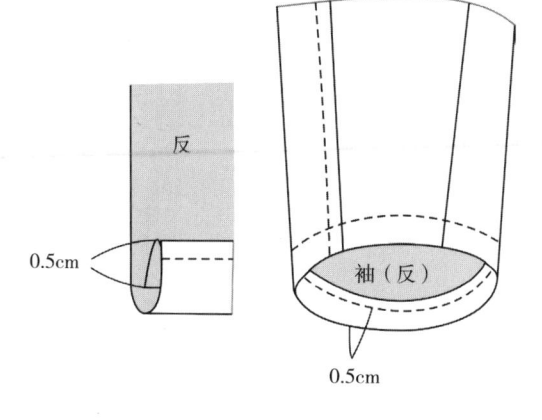

图 4-1-25 处理袖口折边

第四章 短外套 121

33. 如图4-1-28所示，把腰带襻的布料正面朝里，按净线缝制，并把缝头劈开，翻到正面，把缝道置于腰带中央，熨烫，并在两边缉明线。也可以利用布边或者两边锁边或者三折来做腰带襻。

34. 如图4-1-29所示，将腰带襻固定到侧缝。

35. 如图4-1-30所示，做腰带，留10cm的翻口，缉缝其他部位，缝头留0.8cm（厚料时使两层缝头有差档0.6~0.8cm），离缝道0.2cm处剪去尖角的缝头。

36. 将腰带翻至正面，用镊子将角拨出，用熨斗熨烫，并缲缝翻口，然后缉0.5cm的明线。

37. 如图4-1-31所示，锁眼钉扣。

38. 拆掉粗缝缝线，熨烫整理。

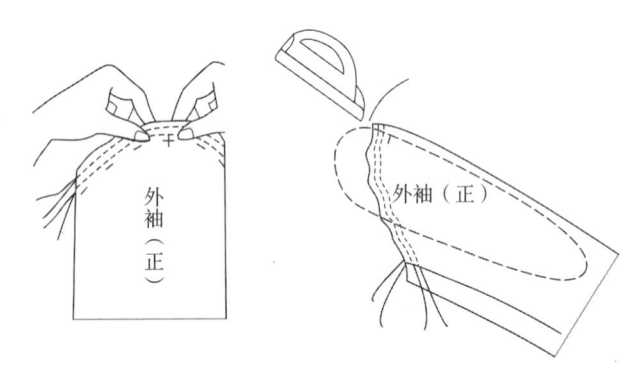

图 4-1-26　处理袖山

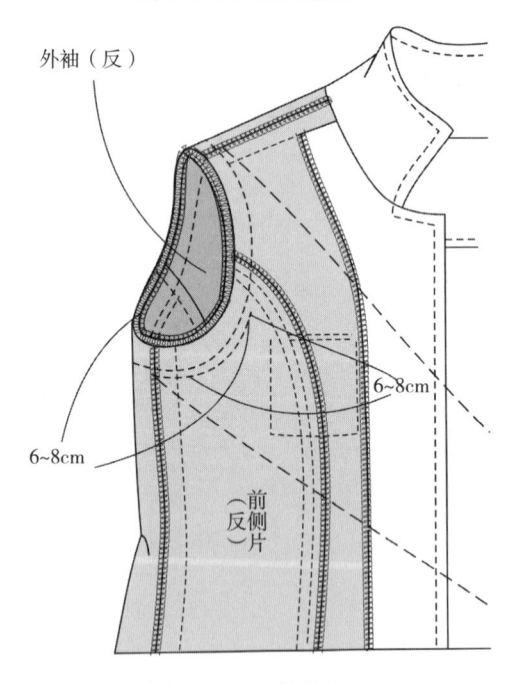

图 4-1-27　绱袖子

图 4-1-28 做腰带襻

图 4-1-29 订腰带襻

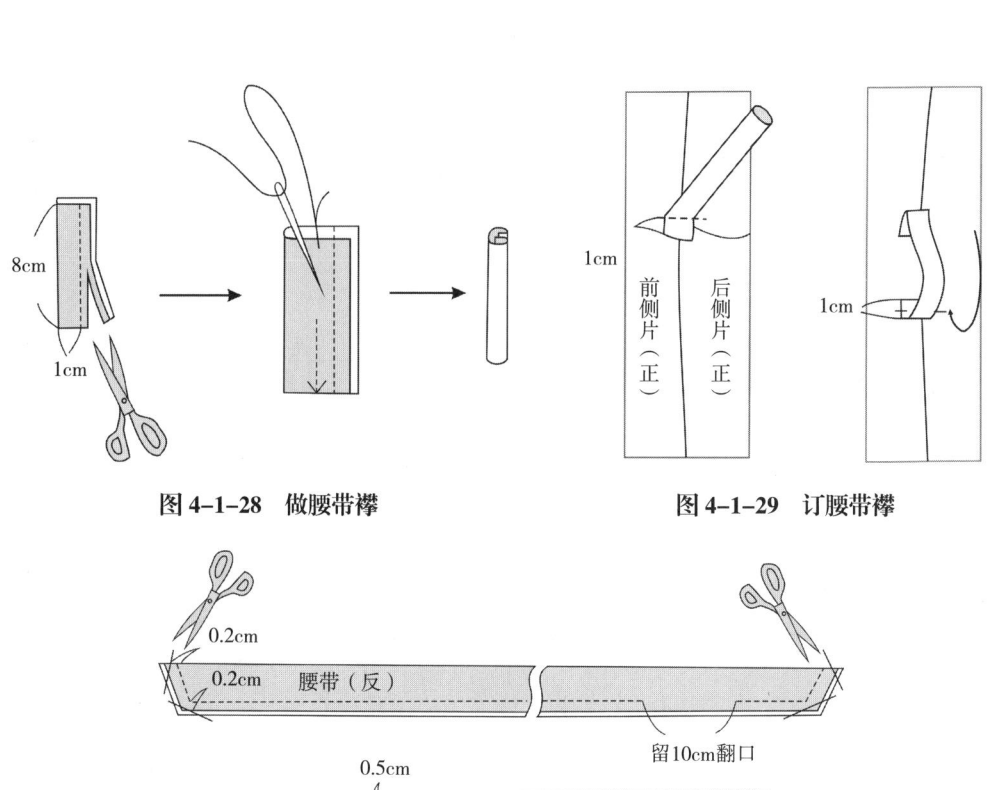

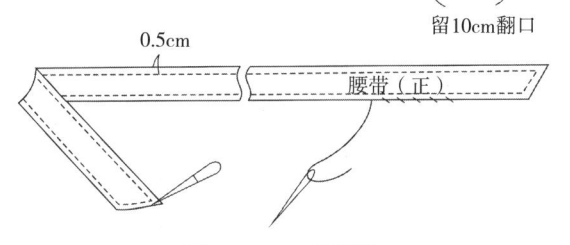

图 4-1-30 做腰带

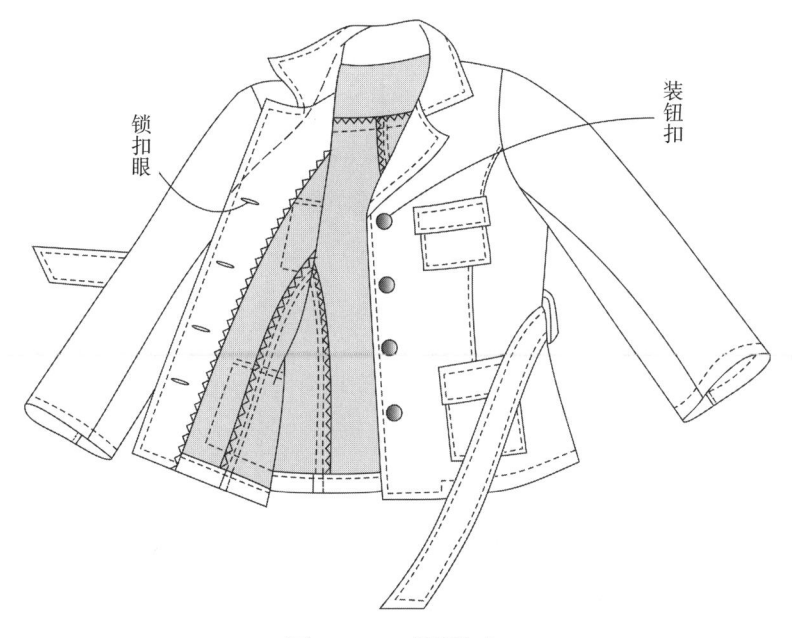

图 4-1-31 锁眼钉扣

第四章 短外套 123

第二节　平驳头七分袖外套

一、款式说明

如图 4-2-1所示，该款为七分袖翻驳领无里上衣，适合春秋季穿着，面料可以选用牛仔布或其他中厚料。

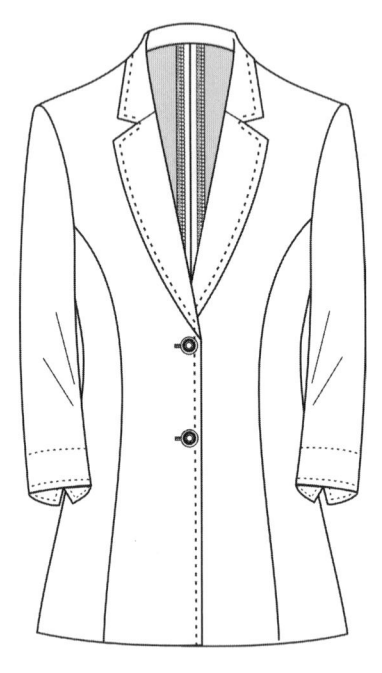

图 4-2-1　款式图

二、结构图

制图说明：如图4-2-2所示，合并前腋下省道后，衣片前后侧缝长度要相等，侧缝要顺直。拼合前后侧缝，前中片与前侧片以及后中片与后侧片修顺底边线；前后肩缝拼合后，检查领窝弧线和袖窿弧线是否圆顺，如果不圆顺，则需要调整领窝弧线和袖窿弧线直至圆顺。

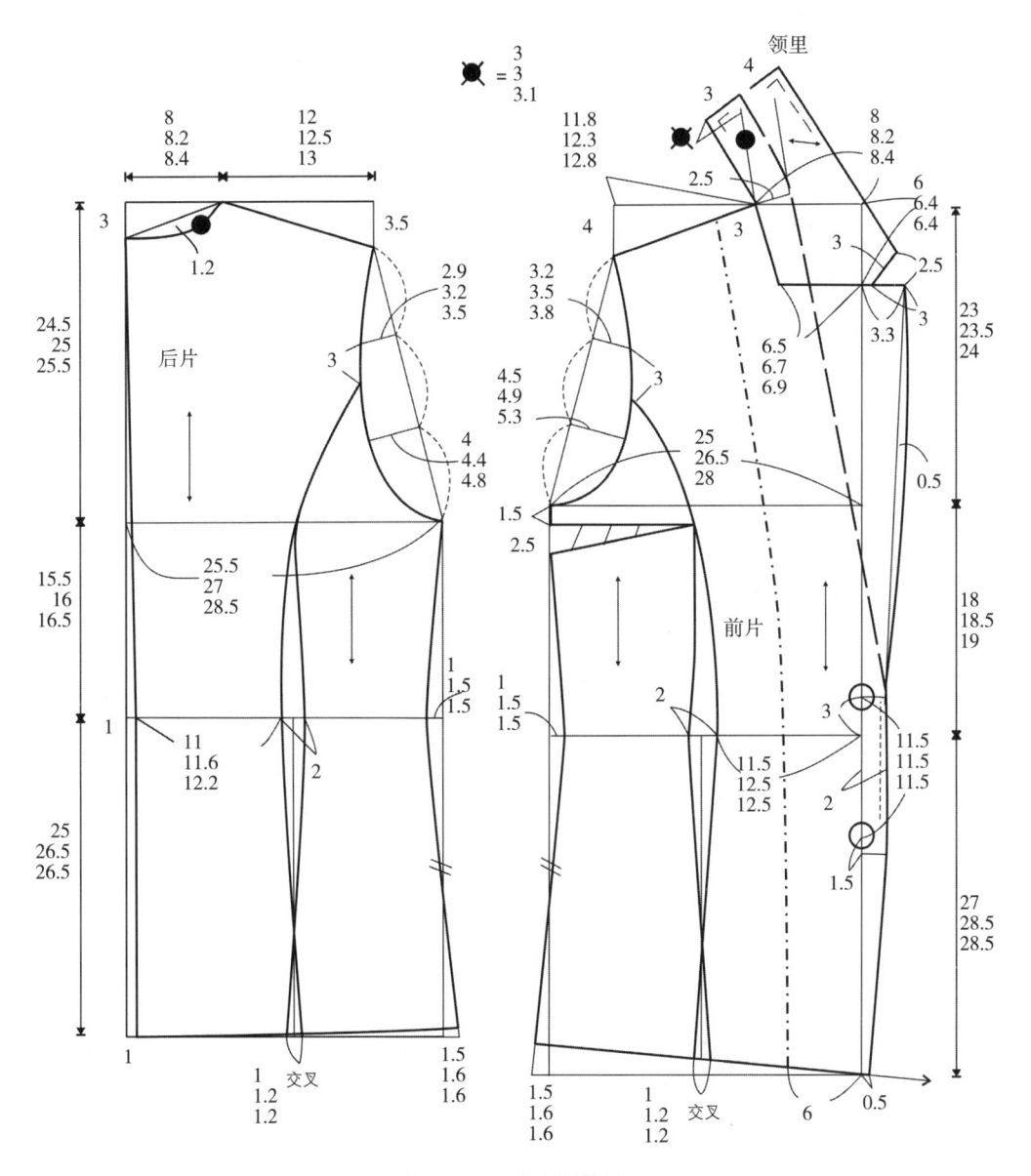

图 4-2-2　衣身结构图

制图说明：为确保领面与里缝合后的窝服，如图4-2-3所示在领里的后领大处切开，将切开的两部分在外领口线展开0.2cm，剪开领翻折线处，增加0.2cm的余量，防止领里反吐，领子外口线也增加0.2cm的余量。这些量的大小与面料的厚度有关，厚度增加，可以增加这些量；反之减小。然后将领上口线和下口线弧线修顺。小袖及袖口贴边拼合后再裁剪。

第四章　短外套

图 4-2-3 衣袖、衣领结构图

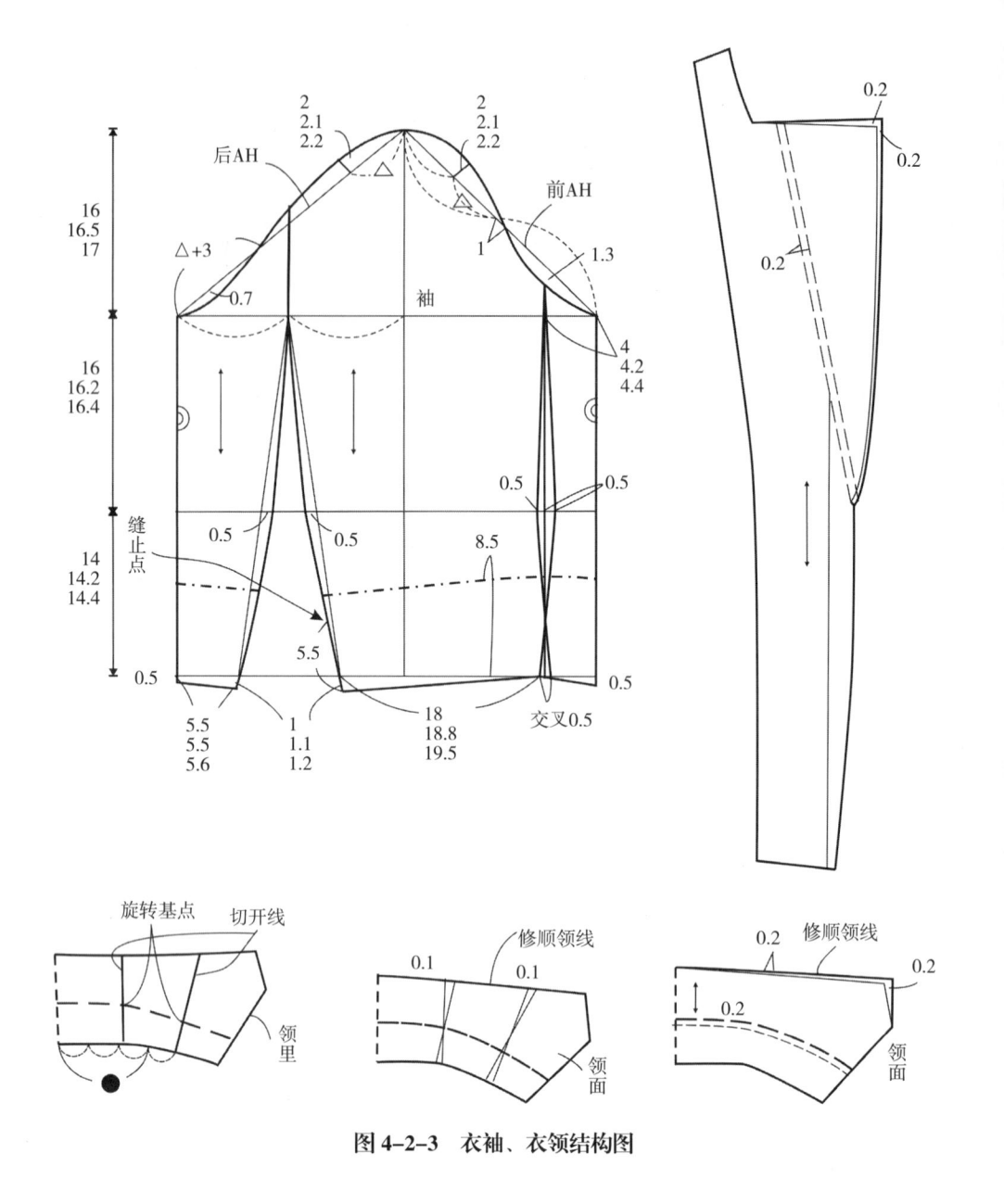

三、缝头加放

缝头加放说明：如图4-2-4所示，领口弧线、袖窿弧线、袖山弧线部分缝头加放为0.8~1cm，衣身折边为4cm，其他部位的缝头一般在1~1.5cm之间，随着面料厚度的增加缝头的大小在增加，反之减小。

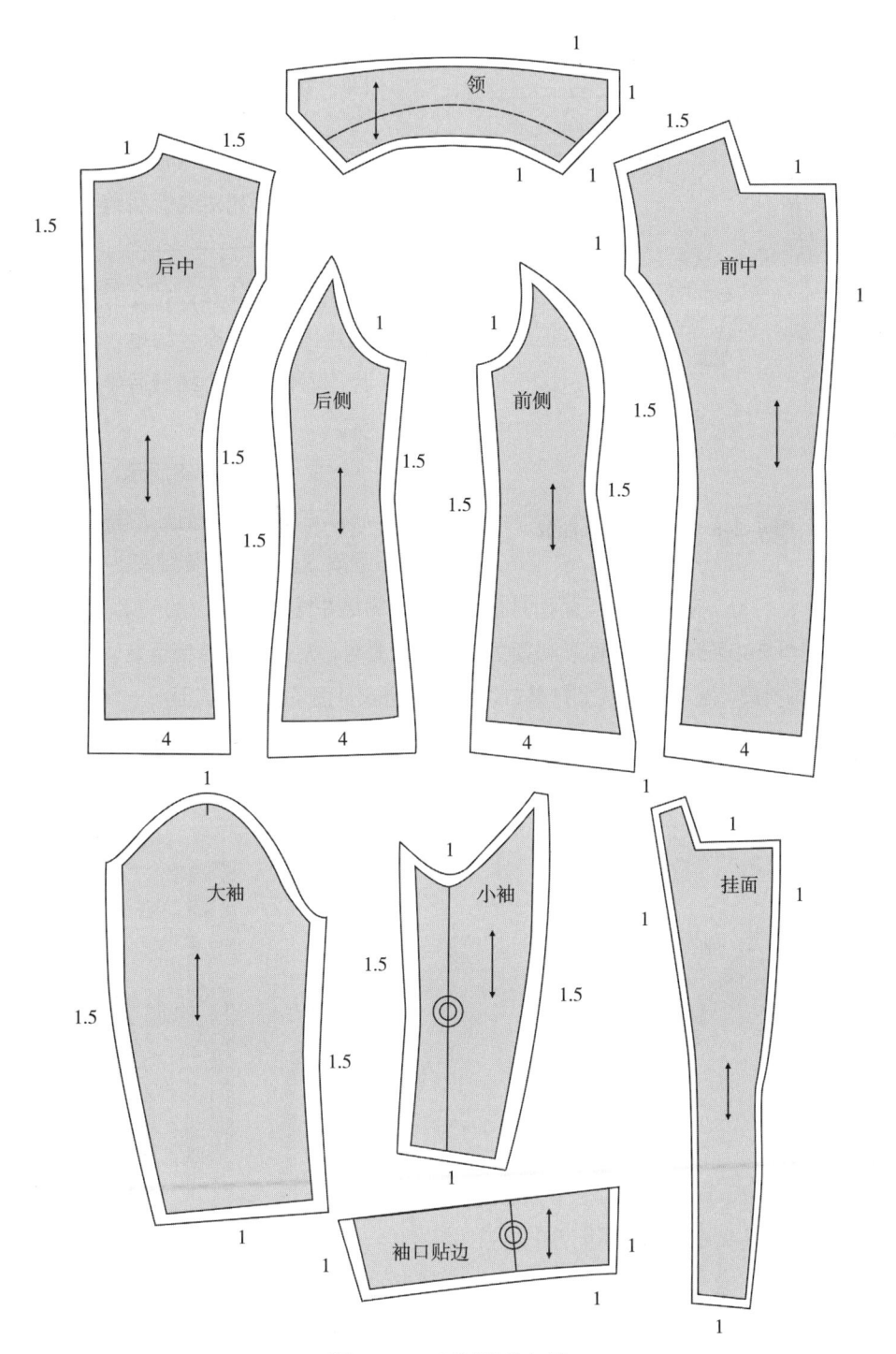

图 4-2-4　面料缝头加放

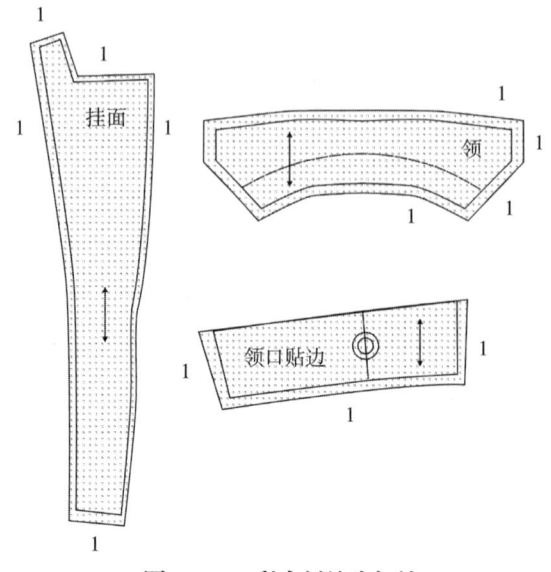

图 4-2-5 黏合衬缝头加放

黏合衬缝头加放与面料相同。

四、缝制方法

1. 如图4-2-6所示，将前中片和前侧片正面相对叠合缉缝拼接缝，并劈开缝头。

2. 如图4-2-7所示将后中片和后侧片正面相对叠合缉缝，然后左右后片正面相对叠合缉缝后中缝，劈开缝头。

3. 如图4-2-8所示，前片在上，后片在下，叠合前后肩缝、缉缝，吃后肩缝，然后劈烫缝头。

4. 后片、侧缝与前片侧缝正面相对叠合，车缝侧缝并劈烫。

5. 如图4-2-9所示，衣片面子和领里正面相对叠合，从装领止点缝至装领转角处。机针落下，压脚抬起，在衣片缝头上打剪口，继续缝合衣片面子和领里直至另一侧缝至装领转角处，再将机针落下，压脚抬起，在衣片缝头上打剪口，继续缝合衣片面子和领里直至另一侧装领止点。

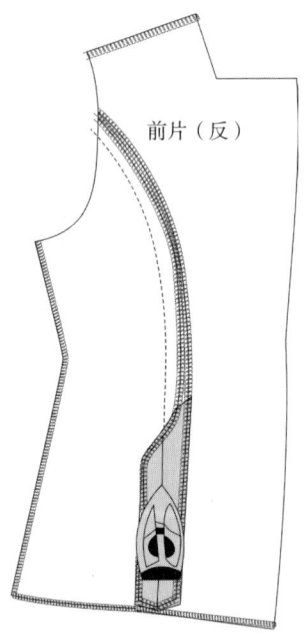

图 4-2-6 缝合前片

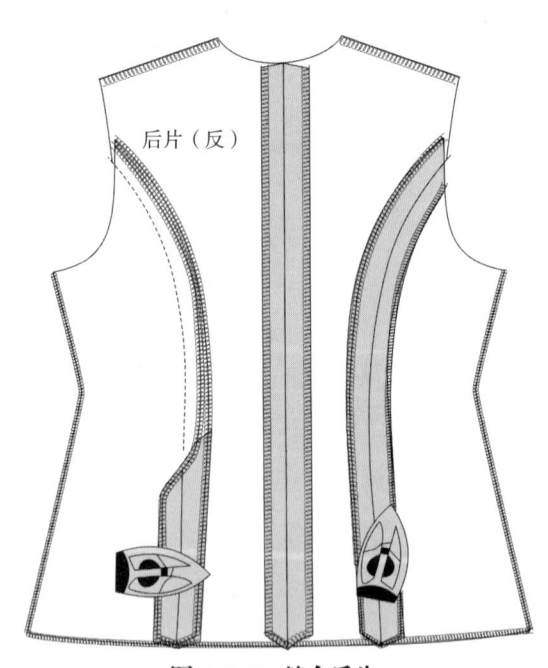

图 4-2-7 缝合后片

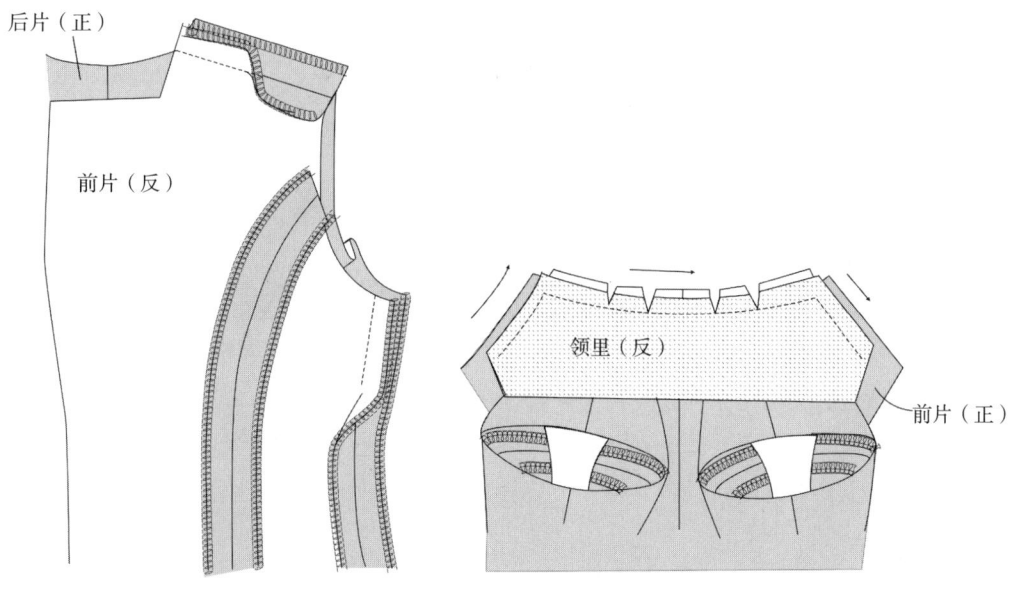

图 4-2-8 缝合肩缝和侧缝

图 4-2-9 绱领子

6. 如图4-2-10所示,修剪装领缝头至1cm,后片装领线缝头上打剪口,劈缝头。

7. 如图4-2-11所示,按照以上缝合衣片面子和领里的方法缝合挂面与领面,分烫缝头。

8. 如图4-2-12所示,领面和领里正面相对叠合,为了使装领止点处不移动,按图示①~④顺序以0.1cm宽的针脚挑起布面,将线拉出后牢牢打结,将4片固定到一起。

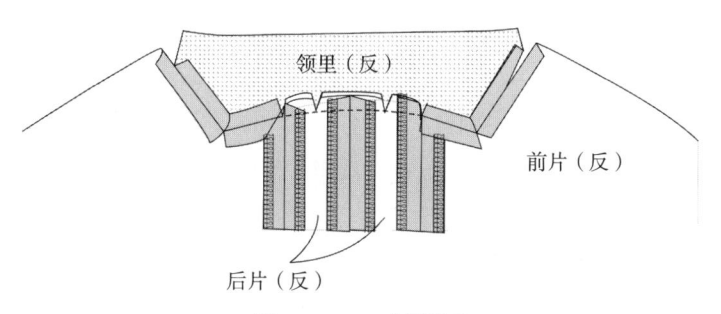

图 4-2-10 分烫缝头

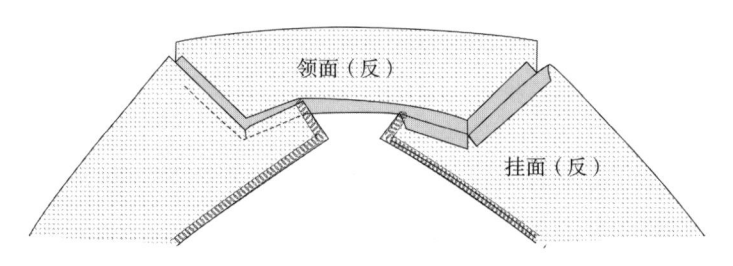

图 4-2-11 领面与挂面缝合

第四章 短外套 129

9. 将翻折线以上的衣片，领里在净缝线内0.1cm处，挂面、领里在净缝线外0.1cm叠合，翻折线以下衣片在净缝线外0.1cm，挂面在净缝线内0.1cm处叠合粗缝。

10. 如图4-2-13所示，掀开衣片和领子缝头，在领子外围线上，从一侧装领止点也就是四片固定的位置，缝至另一侧装领止点。修剪缝头打剪口。

11. 如图4-2-14所示，从衣片下摆裁边端开始，经叠门、驳领，一直缝至装领止点，在翻驳点的位置打剪口。

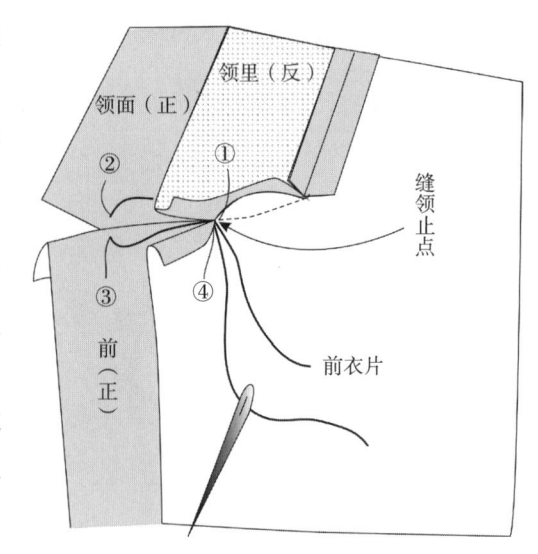

图 4-2-12 手针固定领面和领里

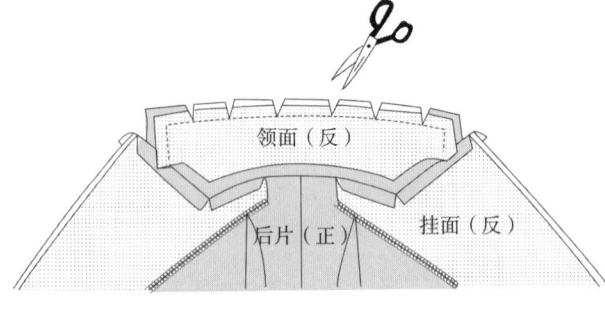

图 4-2-13 缝合领子

12. 如图4-2-15所示，将领面挂面翻至正面，翻折点以上衣片与领里退进熨烫，翻折点以下挂面退进一点熨烫，在装领线缝道附近进行粗缝固定。

13. 如图4-2-16所示，将挂面的上边沿用手针固定到肩缝缝头上，将后领面缝头用手针进行固定。

14. 如图4-2-17所示，距离止口线0.5cm缉明线，从距离驳头翻折止点5cm起在距离驳折线2cm，将挂面与前衣片固定。

15. 如图4-2-18所示，将衣片下摆距离布边0.5cm处拱针，将衣片的下摆按净缝折叠，抽拉拱针缝线，将松弛的量抽缩并熨烫整理后粗缝固定，然后缲缝固定下摆。

16. 如图4-2-19所示，将大袖和小袖的正面相对叠合，缝合内侧缝，外侧缝缝合至开衩止点。

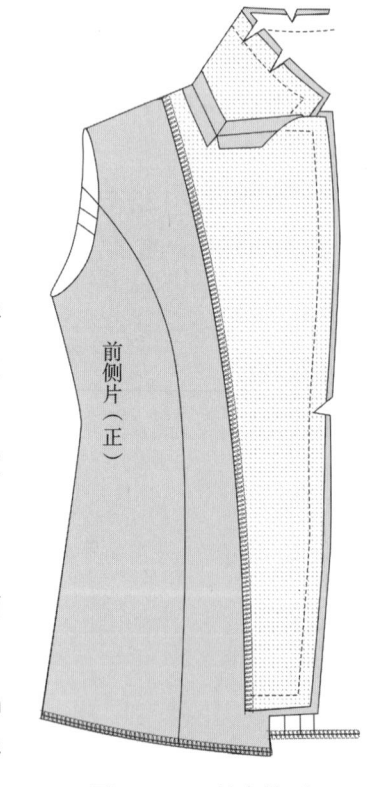

图 4-2-14 缝合挂面

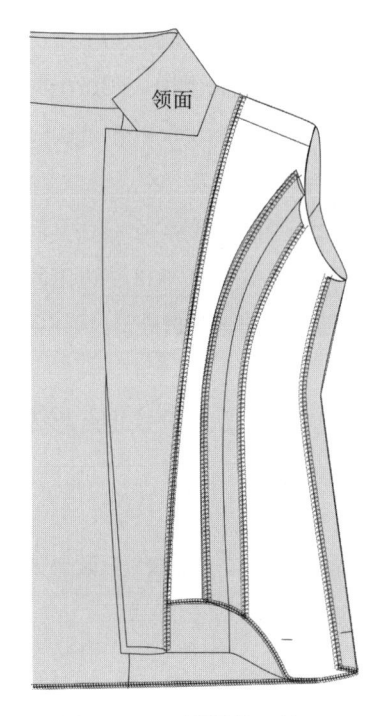

图 4-2-15　熨烫整理挂面

图 4-2-16　缲缝固定挂面和领面

图 4-2-17　缉明线

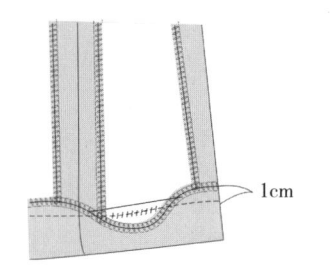

图 4-2-18　处理折边

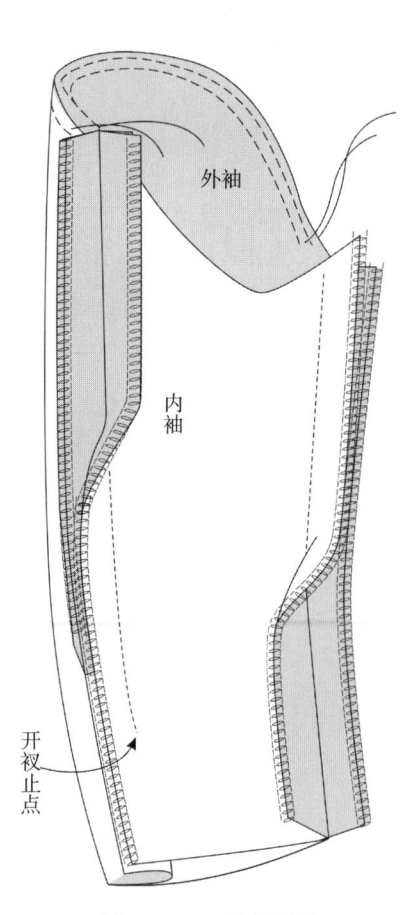

图 4-2-19　处理袖子

第四章　短外套　131

17. 从袖底侧向上8~10cm处开始至另一侧8~10cm处止，在袖山净线外侧0.2cm及0.5cm处拱针，抽缝线。

18. 如图4-2-20所示，缝合袖口贴边，将袖口贴边正面相对，缝合上端到开口处。

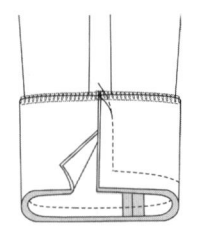

图 4-2-20　做袖口贴边一

19. 分烫缝头。

20. 如图4-2-21所示，将袖口贴边与袖子正面相对叠合，从一开衩止点起缉缝至另一开衩止点。

21. 分烫袖口贴边的缝头。

22. 如图4-2-22所示，将袖口贴边翻到内侧，在距离袖口线、袖衩线0.5cm处缉缝明线，固定袖口贴边。

23. 装袖的方法参见185页。

24. 如图4-2-23所示，锁眼钉扣，拆掉粗缝缝线，熨烫整理。

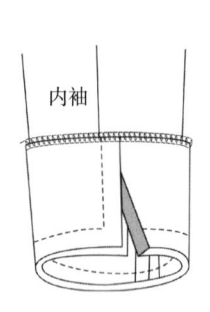

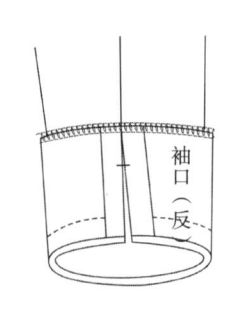

图 4-2-21　做袖口贴边二

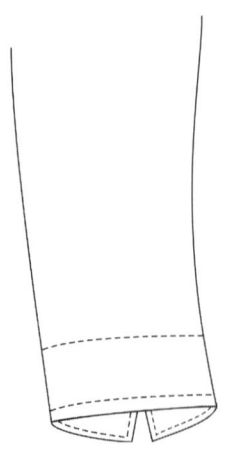

图 4-2-22　缉线

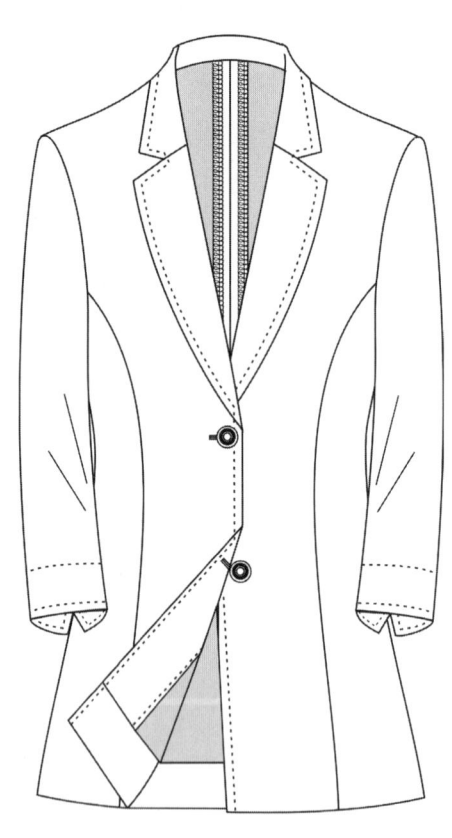

图 4-2-23　锁眼钉扣

第三节　仿男式衬衫领短外套

一、款式说明

如图 4-3-1 所示，该款为仿男式衬衫领全里上衣，适合春秋季穿着，面料可以选用牛仔布或其他中厚料。

二、结构图

制图说明：如图4-3-2和图4-3-3所示，合并前腋下省道后，衣片前后侧缝长度要相等。拼合前后侧缝、前中片与前侧片以及后中片与后侧片，修顺底边线；拼合后中片和后侧片，修顺后肩缝；前后肩缝拼合后，检查领窝弧线和袖窿弧线是否圆顺，如果不圆顺，则需要调整领窝弧线和袖窿弧线直至圆顺。

图 4-3-1　款式图

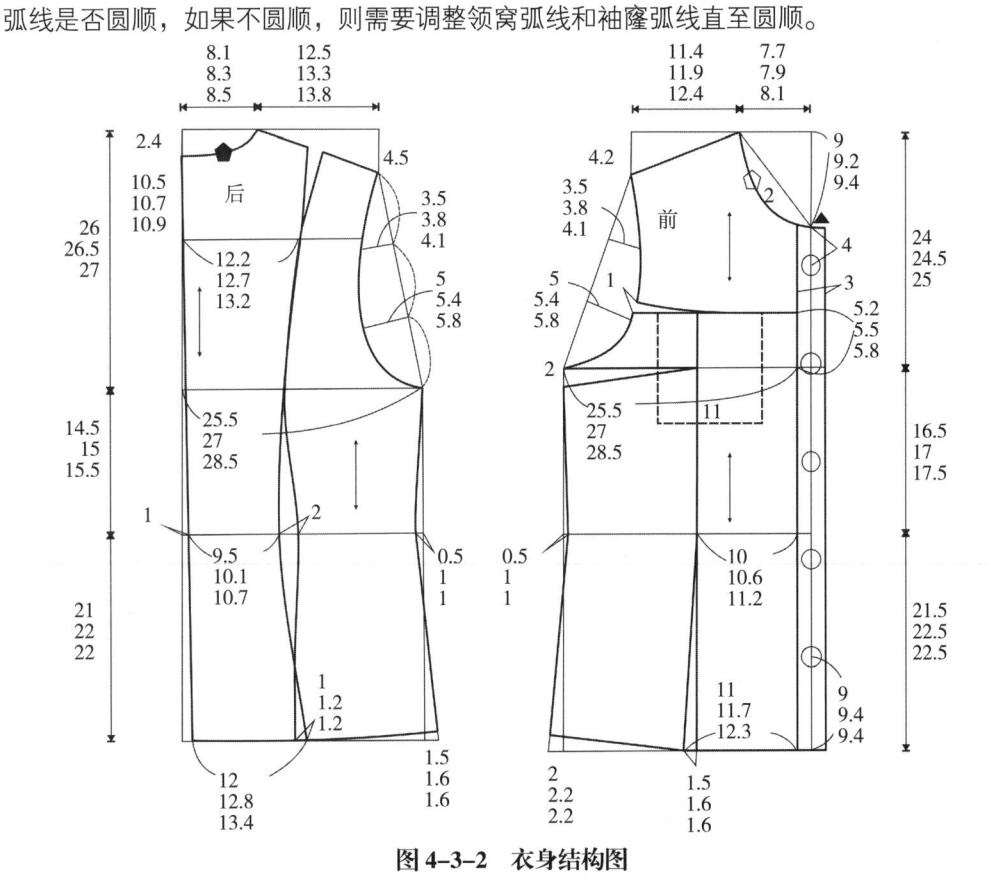

图 4-3-2　衣身结构图

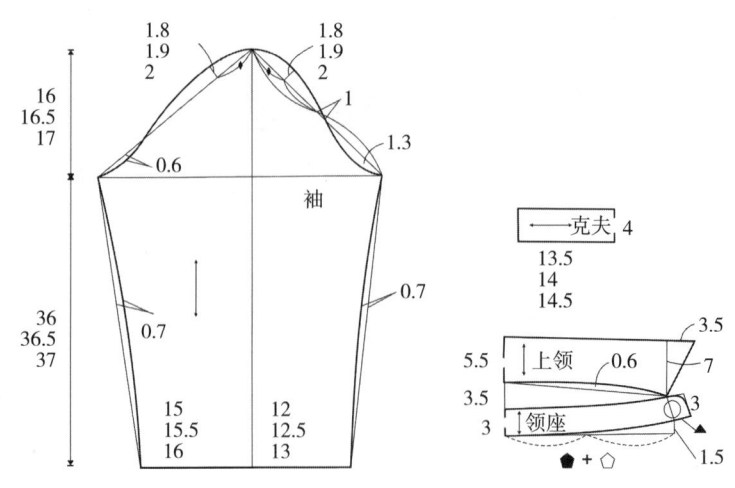

图 4-3-3 衣袖和衣领结构图

三、缝头加放

（一）面料缝头加放

缝头加放说明：如图4-3-4所示，领口弧线、袖窿弧线、袖山弧线部分缝头加放为0.8~1cm，衣身折边为4cm，其他部位的缝头一般在1~1.5cm之间。

图 4-3-4 面料缝头加放

134　女装缝制工艺

（二）里料缝头加放

里料缝头加放如图4-3-5所示。

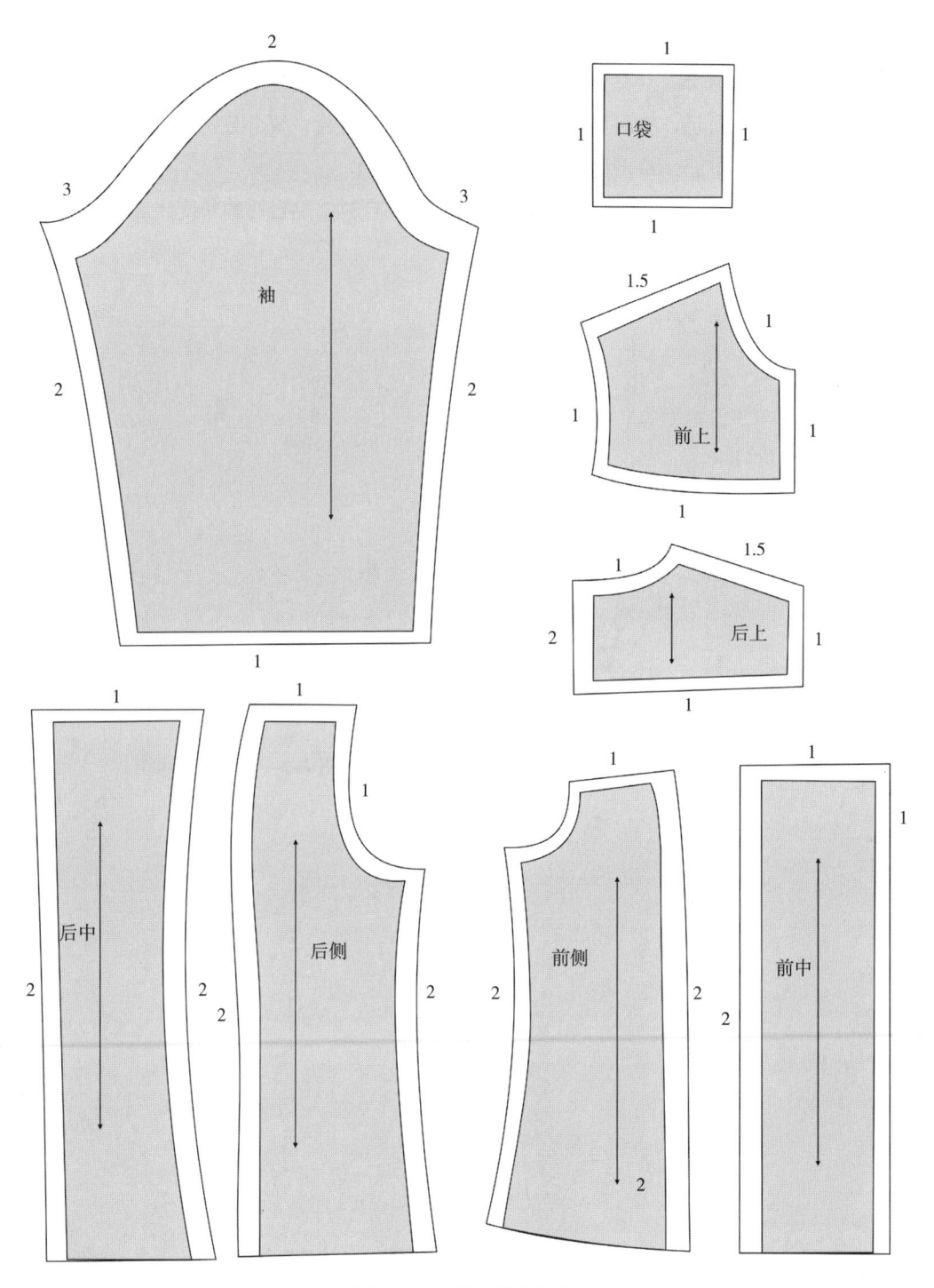

图 4-3-5　里料缝头加放

四、缝制方法

1. 如图4-3-6所示,将左右后中片正面叠合,缝合后背缝,并分烫。
2. 将左右后片侧片与后中片分别正面叠合,缝合并分烫。
3. 如图4-3-7所示,将后衣片翻转到正面,缉0.5cm的明线。
4. 如图4-3-8所示,将后片育克与后下片正面相对叠合,缝合分割缝,并将缝头推向后片育克,在正面缉0.5cm的明线。
5. 如图4-3-9所示,在前片的反面口袋位贴上黏合衬,黏合衬的长度比口袋口左右各长出1cm。

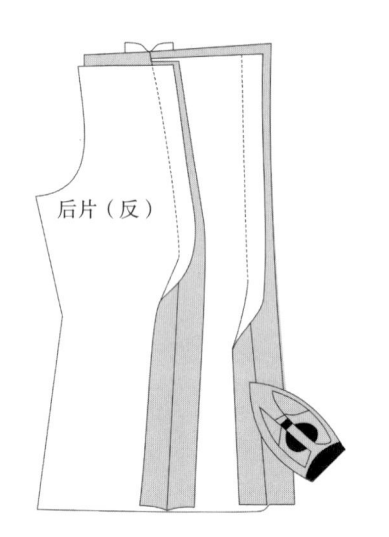

图4-3-6 缝合后片

图4-3-7 缉后片明线

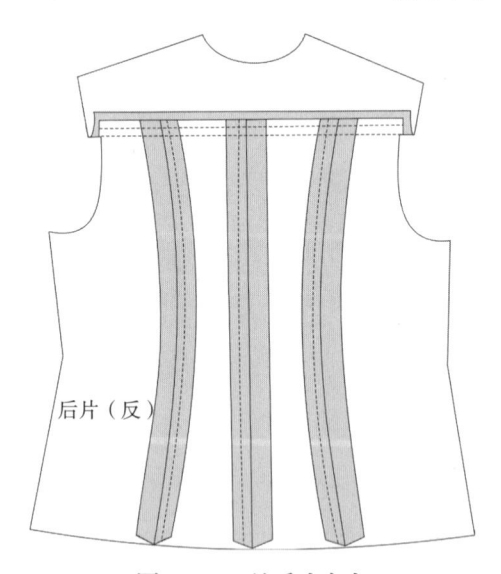

图4-3-8 缝后片育克

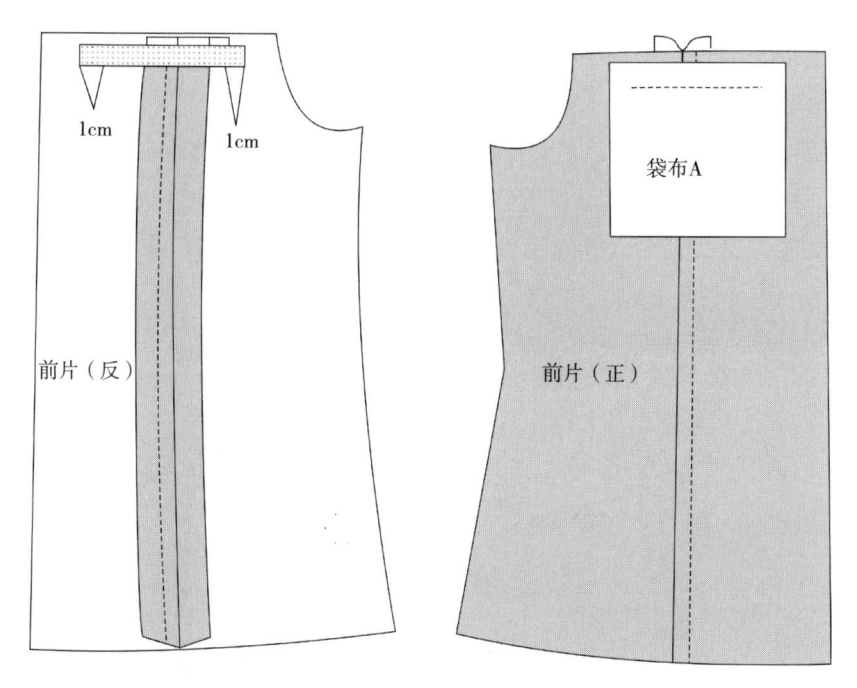

图 4-3-9　做口袋

6. 将袋布A与前片正面相对，并在袋口处缝合。

7. 如图4-3-10所示，将袋布A翻转到正面，缉0.5明线。

8. 将袋布B与前片育克正面相对，并在袋口处缝合。袋布B可以使用面料，如果不使用面料的话，需要在袋布B上贴垫袋布。

9. 如图4-3-11所示，将袋布A和B，推到一侧，将前片育克和前下片正面叠合，缝合分割缝，留下口袋口的位置不缝合。

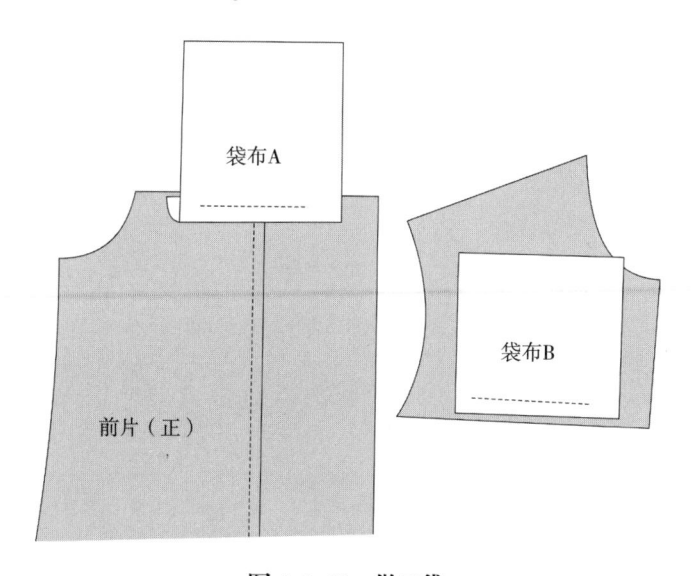

图 4-3-10　做口袋

第四章　短外套　137

10. 将袋布A和B放平，观察衣片正面口袋口位置是否平服，然后将袋布A和B缝合，相距0.5cm再缉缝一道。

11. 如图4-3-12所示，将前衣片翻转到正面，在分割缝缉0.5cm的明线，同时压住袋布B。

12. 如图4-3-13所示，将前后肩缝正面叠合，缝合左右肩缝，并分烫。

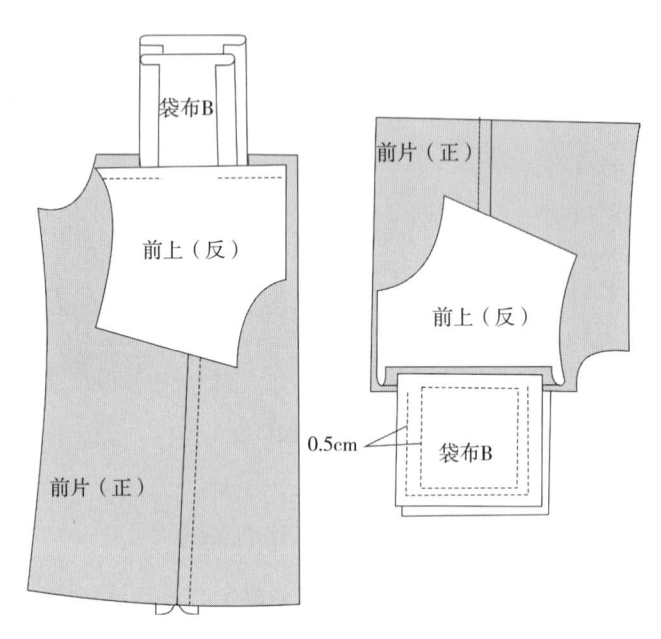

图 4-3-11 做口袋

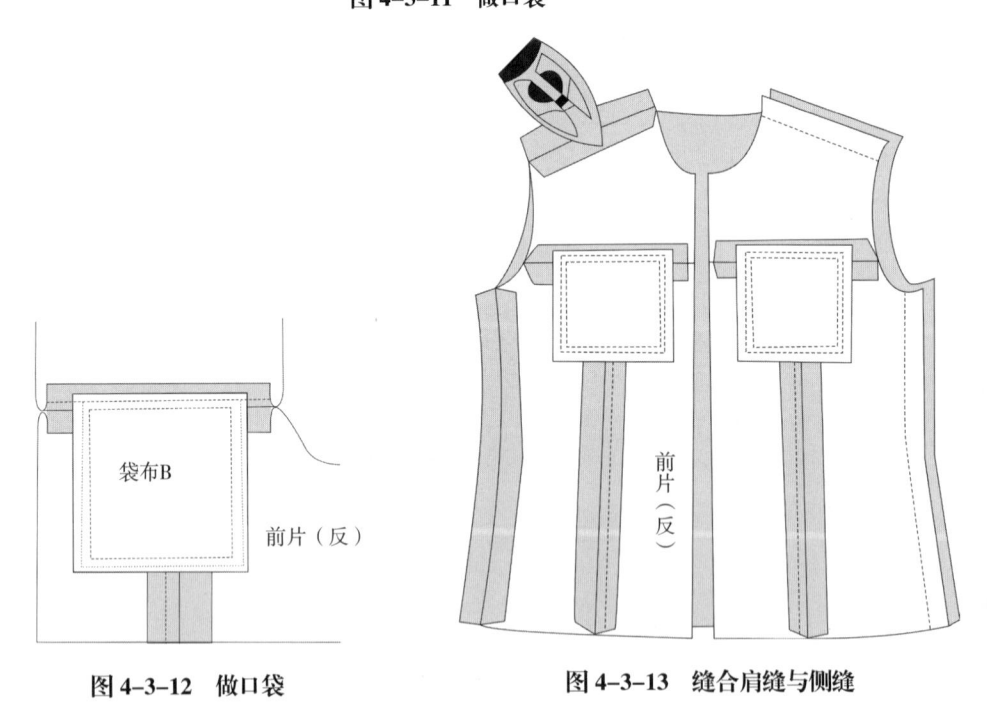

图 4-3-12 做口袋

图 4-3-13 缝合肩缝与侧缝

13. 做里子，如图4-3-14所示，缝合背中缝和刀背缝，在距离净线0.2~0.3cm的余折缝（给里子留有一定的松量），进行车缝。

14. 如图4-3-15所示，将后片里的育克与后下片缝合，然后缝合背中缝，在距离后领口线4cm的长度内，距离净线0.2cm缝合，在4cm点以下，距离净线1cm，进行车缝。

15. 如图4-3-16所示，前片里的做法与后片相同，将前后片里的肩缝正面叠合缉缝，然后将前后片里的侧缝正面叠合，在距离净线0.2~0.3cm处进行缝合。

16. 如图4-3-17所示，将前后衣片面里反面叠合，将里子的侧缝分别距离袖窿线和底边线8~10cm之间用手针进行固定，然后从距离底边线8~10cm起针将前门襟和领口线进行粗缝固定。

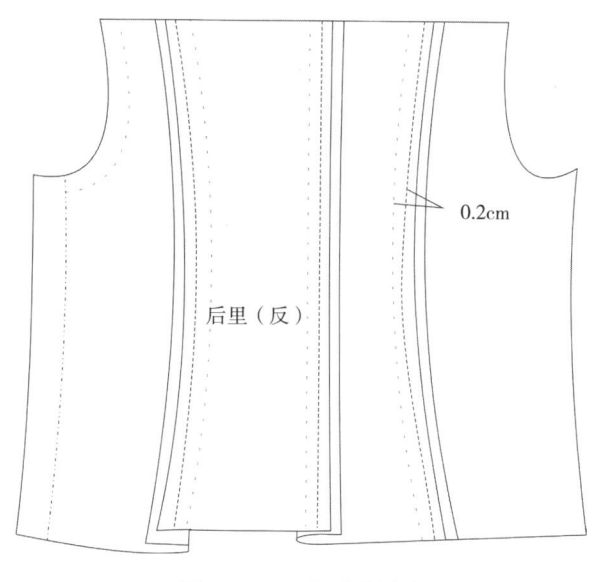

图 4-3-14 合后片里子

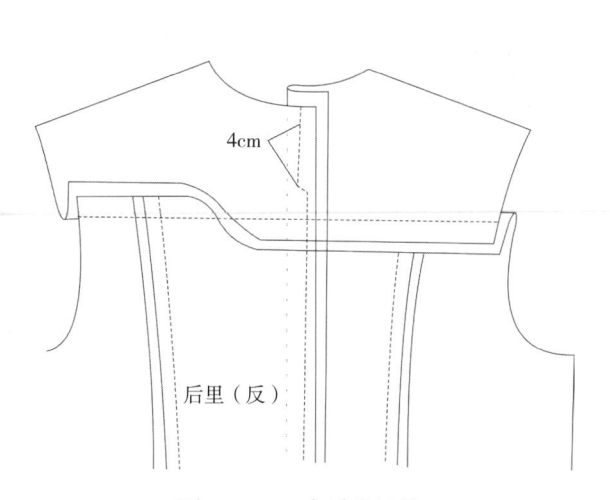

图 4-3-15 合后片里子

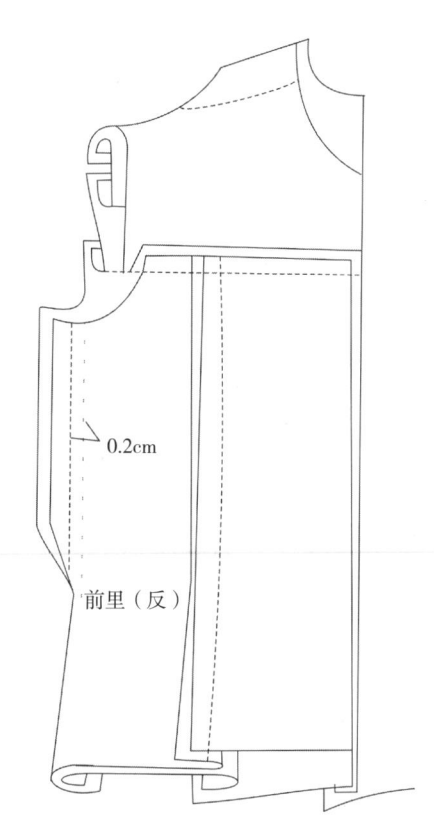

图 4-3-16 缝合里子肩缝和侧缝

第四章 短外套

17. 按净缝扣烫面布折边并缲缝固定，然后扣烫里子折边，里子比面子短2cm，然后粗缝固定再缲缝固定到面布折边上。

18. 如图4-3-18所示，衣片和门襟贴边正面相对叠合，衣片净线与门襟贴边净线外侧0.1cm（作为座势）处叠合，用大头针或手针粗缝固定，缉缝。

19. 将门襟贴边面在净线处折进，形成座势。

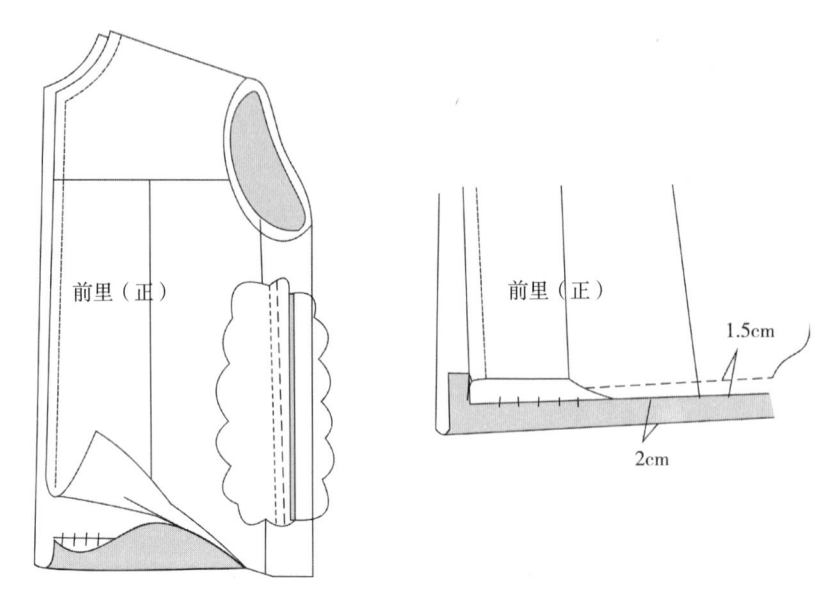

图 4-3-17　固定面与里

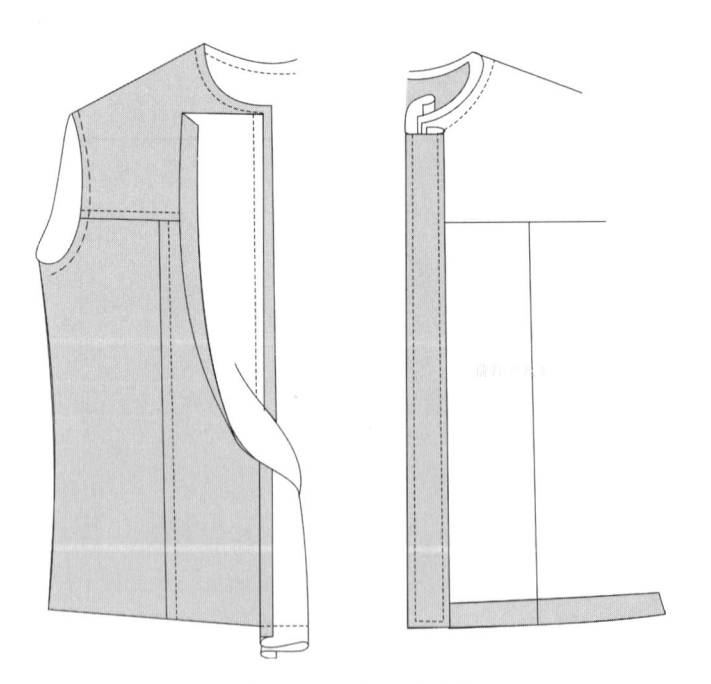

图 4-3-18　装门襟贴边

20. 将门襟贴边里的缝头在净线处折进。

21. 将门襟贴边沿叠门止口线正面朝里对折,缝合下摆净线。

22. 将贴门襟翻至正面并进行熨烫,在正面缉缝两道0.5cm宽的明线。

23. 如图4-3-19所示,将上领面、里正面相对叠合,领面净线外侧0.1cm与领里净线内侧0.1cm处叠合,用大头针或手针粗缝固定,领角处领面略松,然后在粗缝线外侧缉缝,领角处吃领面。然后将缝头修剪至0.8cm,距离缝线0.2cm剪去领角。

24. 将领子翻到正面,领里退进0.1cm,在领里一侧进行熨烫,然后在领子外围线上从正面缉缝0.5cm宽的明线。

25. 将上领面正面叠放在领座面正面上,粗缝固定,折进领座的装领缝头,并正面相对叠放在上领上,将4片粗缝在一起,将缝头修剪成0.5cm宽,并打剪口。将领座翻至正面熨烫整形,注意不要形成座势。

26. 如图4-3-20所示,装领。将领座和衣片正面相对叠合并进行粗缝,然后缉缝,缉缝后将装领缝头修剪至0.5cm,并打剪口。

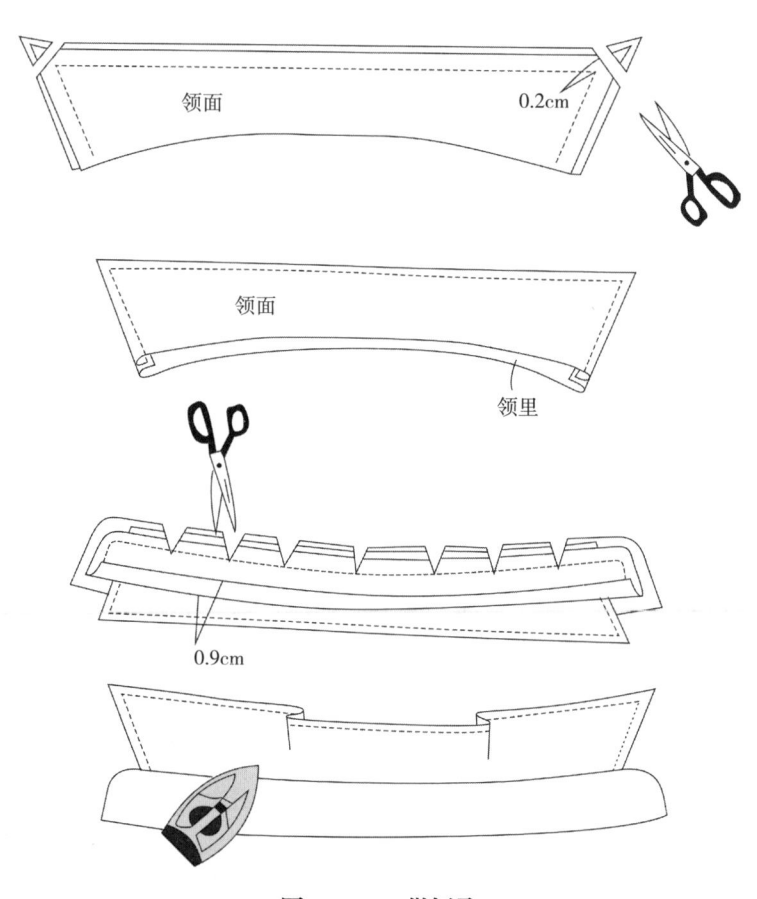

图 4-3-19　做领子

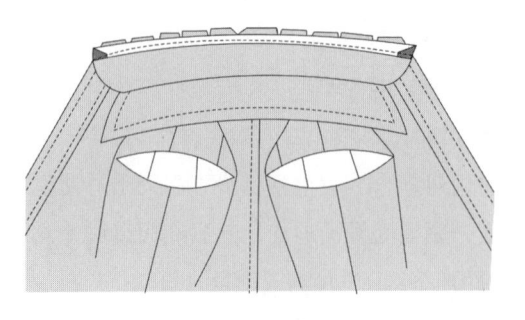

图 4-3-20 绱领子

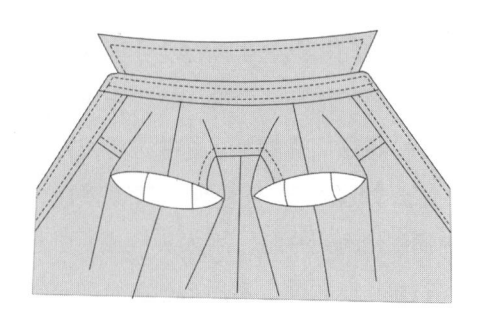

图 4-3-21 压明线

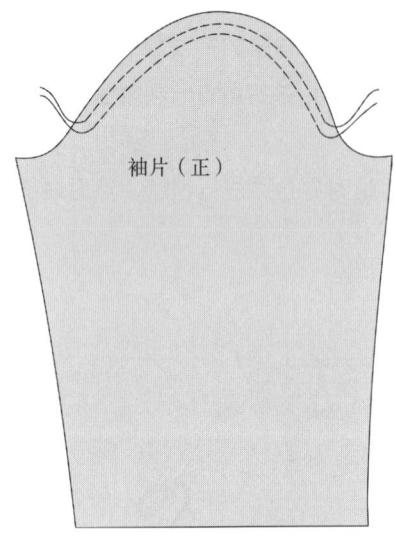

图 4-3-22 处理袖山

27. 如图4-3-21所示，将领座里叠合放置在装领线缝道线上，并进行粗缝，在领座外围线上从正面压缉缝一周。

28. 如图4-3-22所示，从袖底侧向上8~10cm处开始至另一侧8~10cm处止，在袖山净线外侧0.2cm及0.5cm处拱针，抽缝线。

29. 熨烫整理袖山归缩量，归缩量一次性不能整理得很均匀的话，可以分几次抽拉粗缝线，一边做袖山形状一边用熨斗的头部轻轻将皱纹烫去。

30. 如图4-3-23所示，将袖片面的正面朝里叠合，缝合袖底缝，并劈烫。

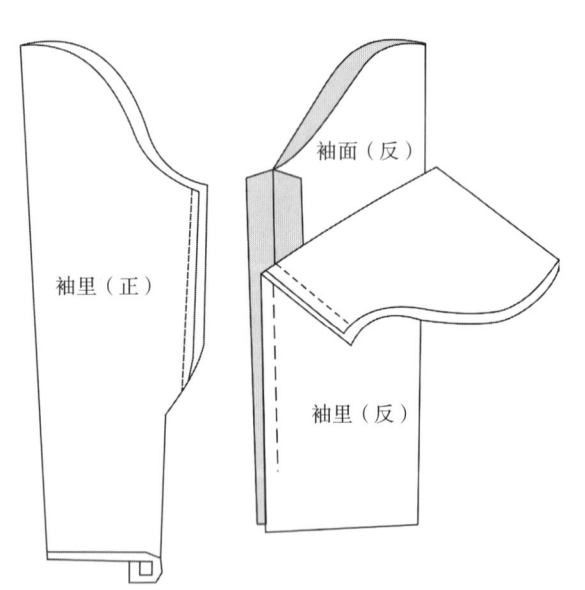

图 4-3-23 合袖里与面

31. 将袖片里的正面朝里叠合，缝合袖底缝，将缝头倒向一侧。

32. 从袖底侧向下8~10cm处开始至袖口向上8~10cm处止，将里子的缝头与面子的缝头固定。

33. 如图4-3-24所示，将袖子翻到正面，袖子面与里的袖口进行粗缝固定。

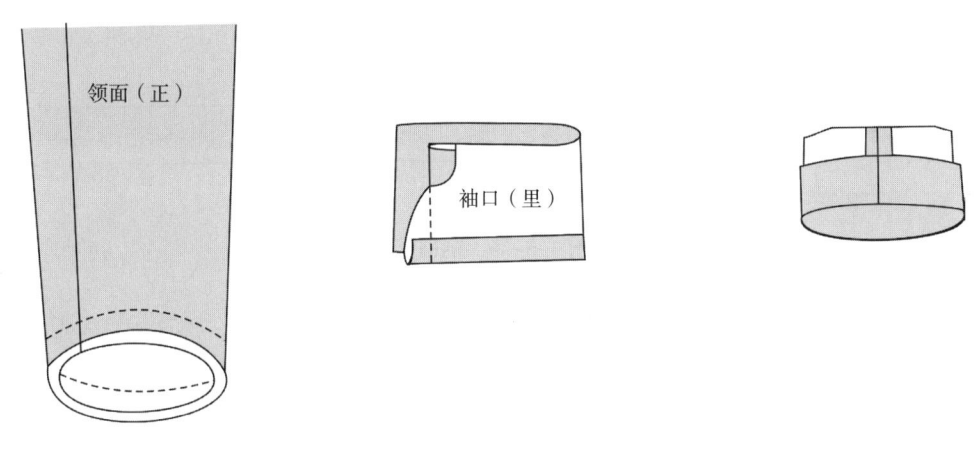

图4-3-24　做袖头

34. 按净线扣烫袖口底边折边，将袖头的正面相对，缝合分烫。
35. 对折熨烫。
36. 如图4-3-25所示，将袖头的正面与袖口的正面相对叠合。
37. 分别在袖口线和袖头与袖子的接缝线处缉0.5cm的明线。
38. 如图4-3-26所示，将袖山与袖窿弧线对位，为使袖子和衣片不错位，进行粗缝固定，起针处要回针，粗缝完成后将其翻到正面，检查袖子扭偏的情况、装袖线和归缩等状态。在粗缝线外侧从袖侧在袖底缝处开始缉缝，距离侧缝线6~8cm处缉缝两道线。将装袖线缝道熨烫平服，缝头自然倒向袖侧，不要折烫缝头，否则会影响袖山胖势。

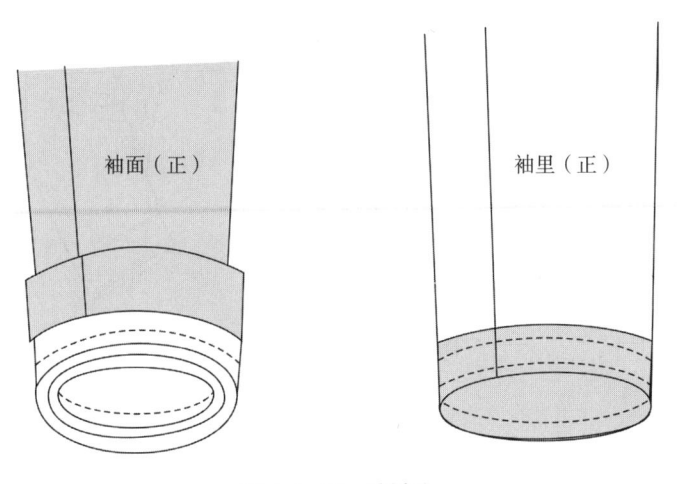

图4-3-25　绱袖头

第四章　短外套　143

衣里（正）　　　　　　　领里（正）
衣里（正）

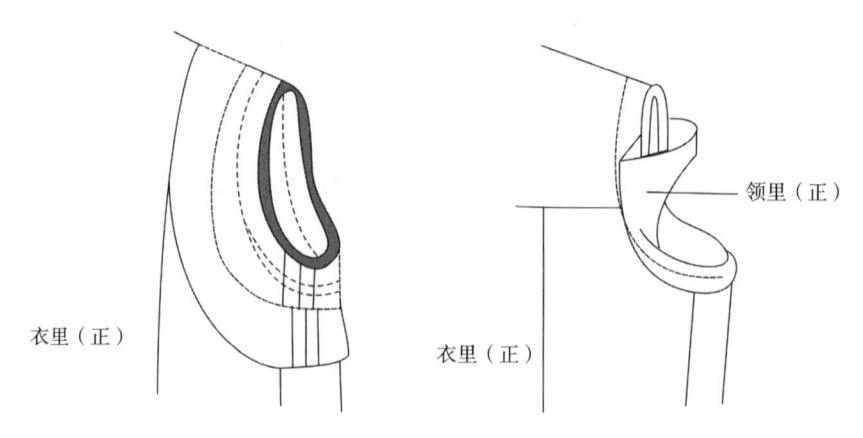

图 4-3-26　绱袖子

39. 将袖里在袖山处的缩缝量打细裥，用大头针固定在装袖线上，然后缲缝固定。
40. 如图4-3-27所示，锁眼，钉扣。
41. 拆掉粗缝线，熨烫整理。

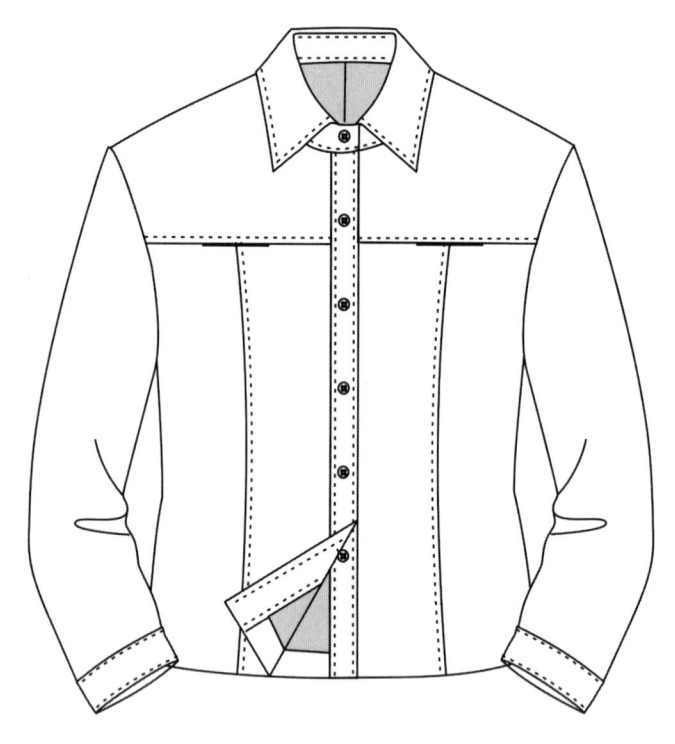

图 4-3-27　锁眼，钉扣

第四节　翻驳立领短外套

一、款式说明

如图4-4-1所示，该款为圆摆无里上衣，适合春秋季节穿着，可以选用中厚型面料。

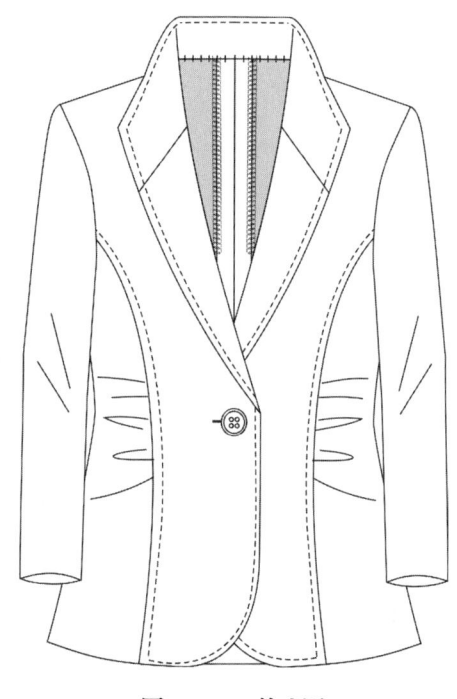

图4-4-1　款式图

二、结构图

制图说明：合并前腋下省道后，衣片前后侧缝长度要相等，侧缝要顺直。拼合前后侧缝，前中片与前侧片以及后中片与后侧片修顺底边线；前后肩缝拼合后，检查领窝弧线和袖窿弧线是否圆顺，如果不圆顺需要调整领窝弧线和袖窿弧线直至圆顺。如图4-4-2所示。

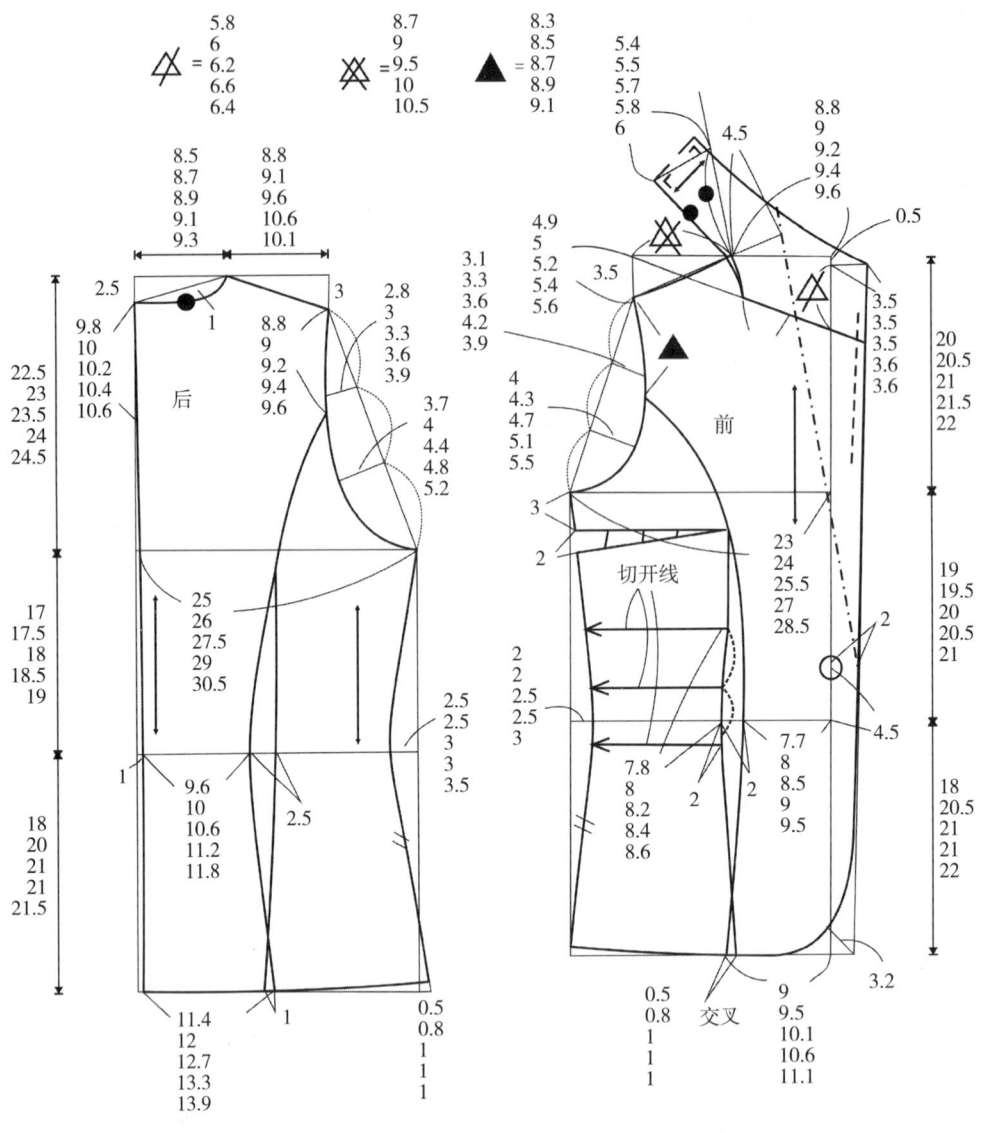

图 4-4-2 衣身结构图

为确保领面与里缝合后的窝服，如图在领里的后领大处切开，将切开的两部分在外领口线展开0.2cm，剪开领翻折线处，增加0.2cm的余量，防止领里反吐领子外口线也增加0.1cm的余量。这些量的大小与面料的厚度有关，厚度增加，可以增加这些量；反之减小。然后将领上口线和下口线弧线修顺。小袖及袖口贴边拼合后再裁剪。前侧片合并腋下省道，按切开线切展，切展后修顺弧线，如图4-4-3所示。

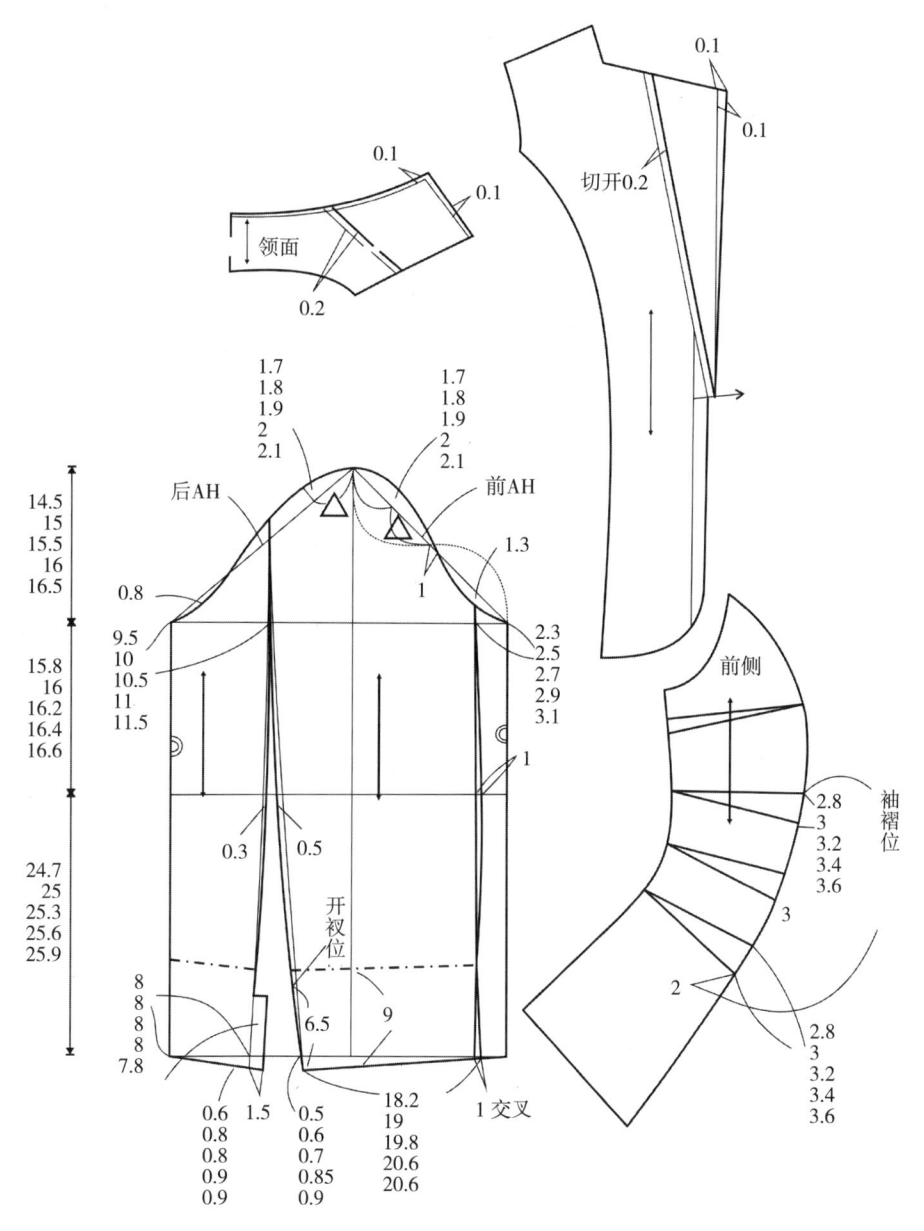

图 4-4-3　衣袖衣领等结构图

三、缝头加放

缝头加放说明：如图4-4-4所示，领口弧线、袖窿弧线、袖山弧线部分缝头加放为0.8~1cm，衣身折边为4cm，其他部位的缝头一般在1~1.5cm之间，随着面料厚度的增加缝头的大小在增加，反之减小。

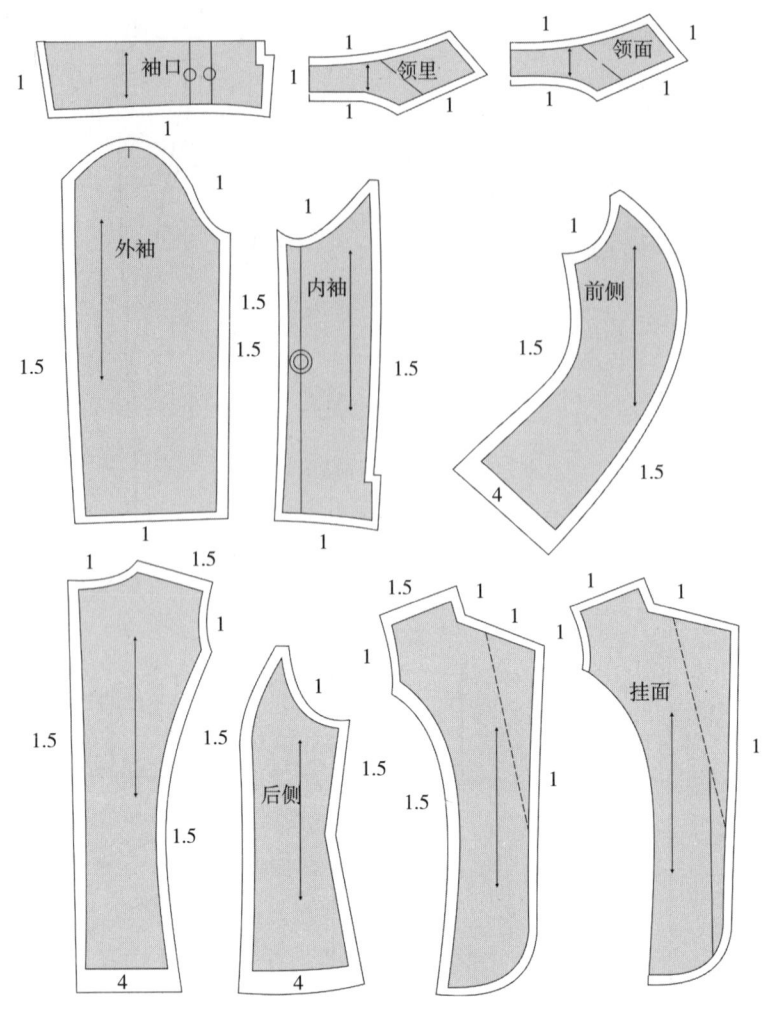

图 4-4-4 缝头加放

四、缝制方法

1. 如图4-4-5所示，将左右后中片正面叠合，缝合后背缝，分烫。

2. 如图4-4-6所示，在前侧片分割缝净线外侧0.2及0.3cm处拱针，抽缝线。

3. 用熨烫整理归缩量，归缩量一次性不能整理得很均匀的话，可以分几次抽拉缝线，用熨斗压烫。

4. 如图4-4-7所示，将前中片和前侧片正面相对叠合缉缝，将缝头倒向前中，并将两个缝头一起包缝。

5. 如图4-4-8所示，将左右后中片正面叠合，缝合后背缝。

6. 将后片侧片与后中片分别正面叠合缉缝，分烫。

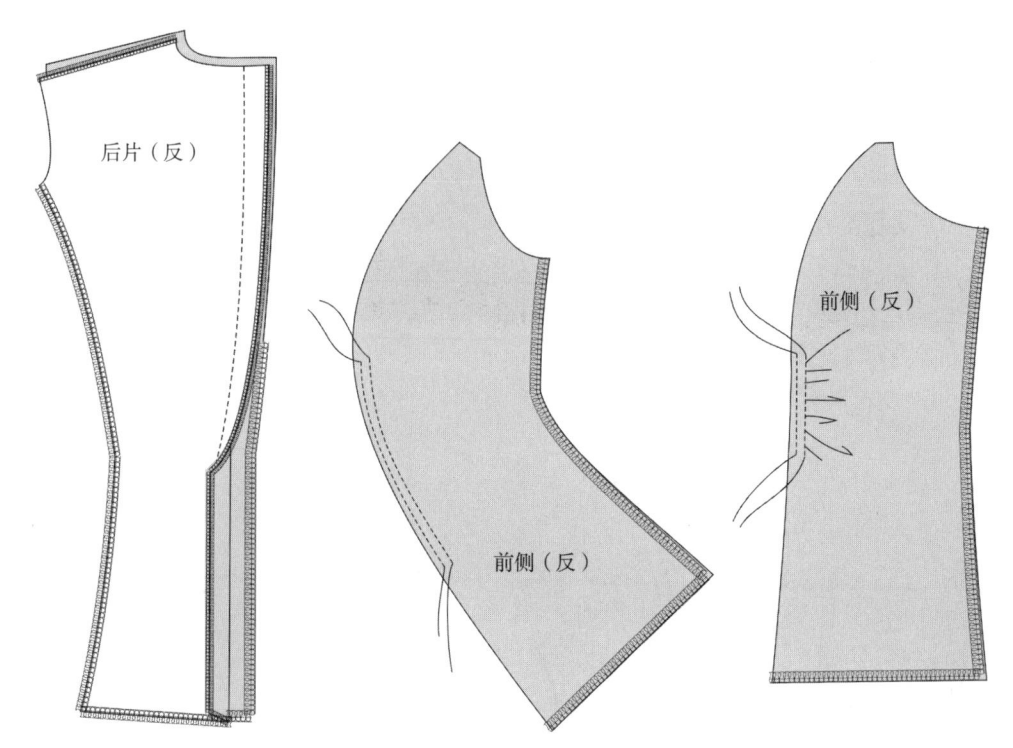

图 4-4-5　合后背缝

图 4-4-6　前侧片抽褶处理

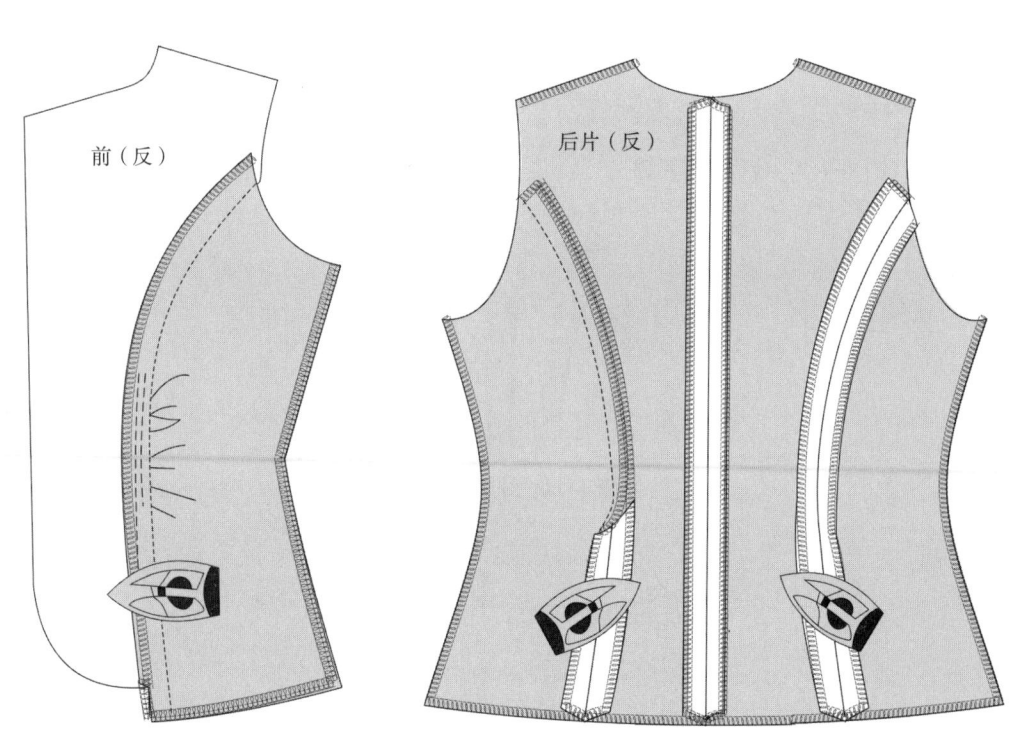

图 4-4-7　合前中片与侧片

图 4-4-8　合后片

第四章　短外套　149

7. 如图4-4-9所示，后片肩缝正面与前片肩缝正面相对叠合，车缝肩缝并劈烫。

8. 将前后片侧缝正面相对叠合缉缝，劈缝。

9. 如图4-4-10所示，缝合衣片面子和领里，衣片面子和领里正面相对叠合，缝合、打剪口。

10. 如图4-4-11所示，分烫缝头。

11. 如图4-4-12所示，按照以上缝合衣片面子和领里的方法缝合挂面与领面。

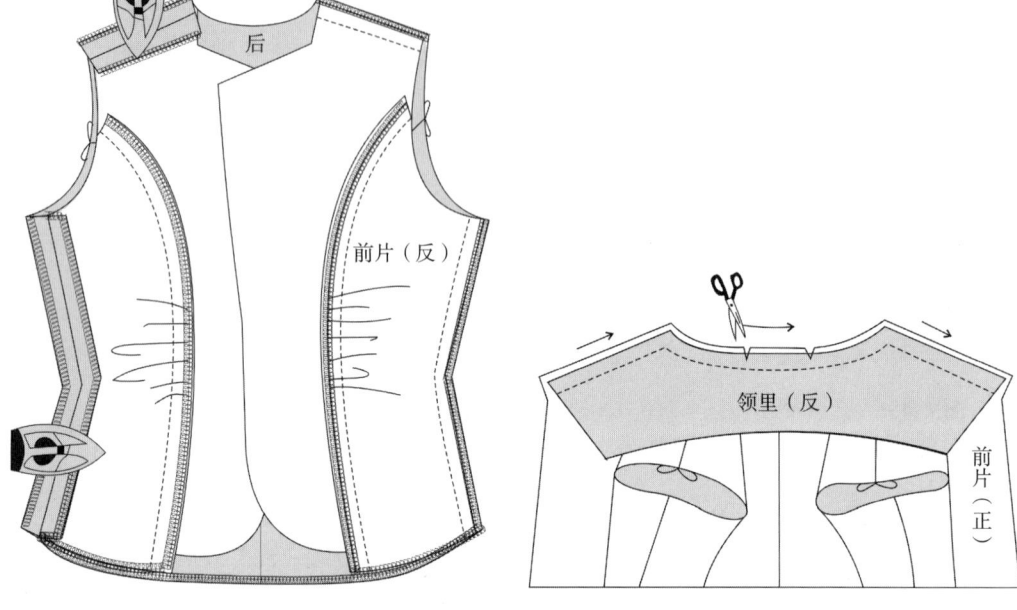

图 4-4-9　合肩缝与侧缝

图 4-4-10　绱领子

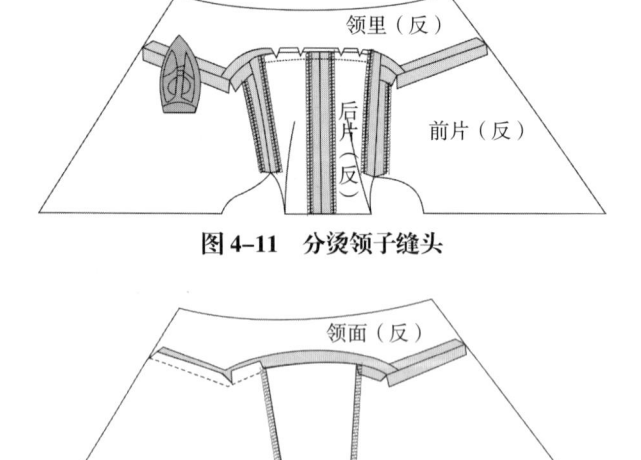

图 4-11　分烫领子缝头

图 4-12　领子与挂面缝合

12. 如图4-4-13所示，将翻折线以上的衣片，领里在净缝线内0.1cm处，挂面、领里在净缝线外0.1cm叠合，翻折线以下衣片在净缝线外0.1cm，挂面在净缝线内0.1cm处叠合粗缝，然后缉缝。

13. 如图4-4-14所示，将领面挂面翻至正面，将领里退进熨烫，挂面退进一点熨烫。

14. 如图4-4-15所示，在装领线缝道用手针进行固定。

15. 如图4-4-16所示，扣烫底边，缲缝底边。

16. 如图4-4-17所示，缉止口明线。

17. 如图4-4-18所示，将大袖和小袖的正面相对叠合，缝合内侧缝，外侧缝缝合至开衩止点。

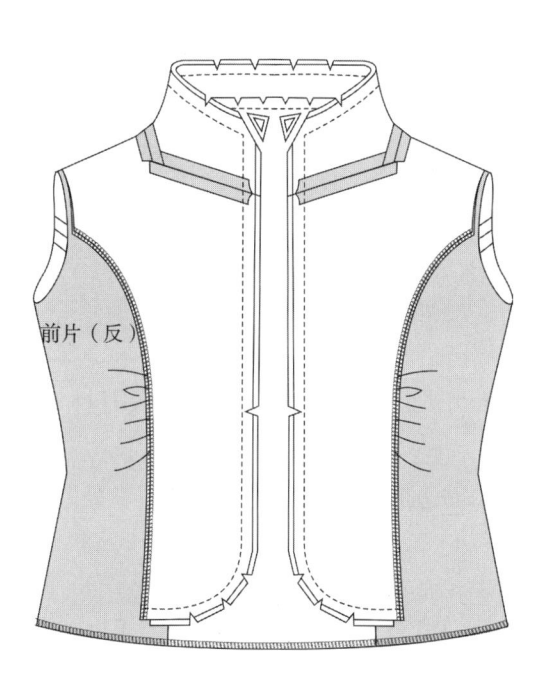

图 4-4-13　合挂面

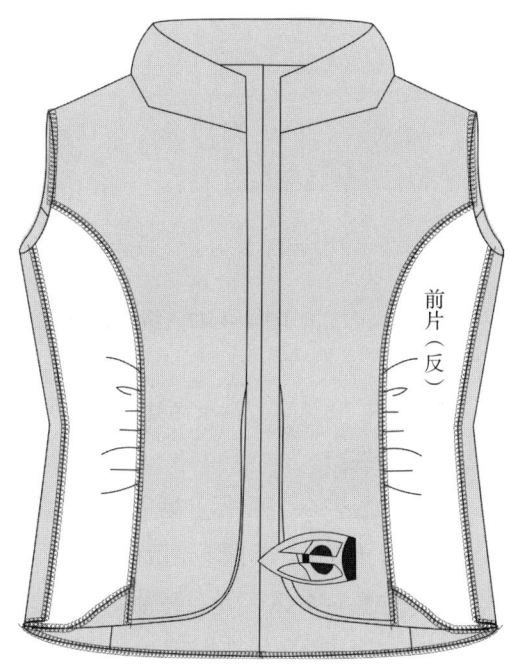

图 4-4-14　熨烫止口

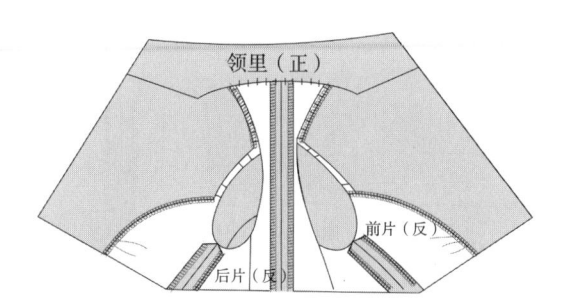

图 4-4-15　手针固定领子下口线

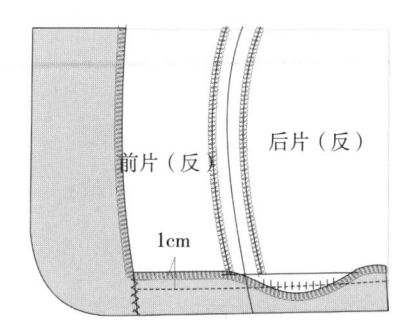

图 4-4-16　处理衣身底边

图 4-4-17　缉止口明线

图 4-4-18　做袖子

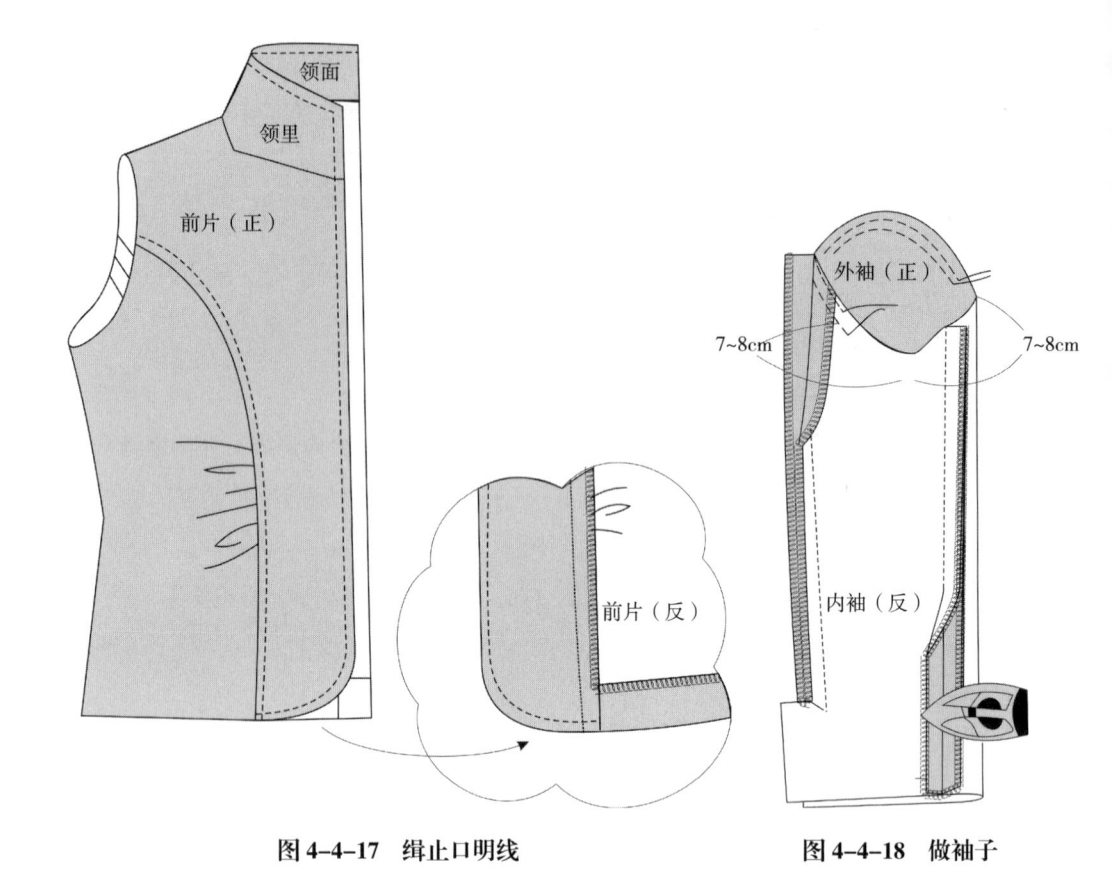

18. 从袖底侧向上7~8cm处开始至另一侧7~8cm处止，在袖山净线外侧0.2及0.5cm处拱针，抽缝线。

19. 如图4-4-19所示，缝合袖口贴边，将袖口贴边正面相对，缝合上端到开口处。

20. 分烫缝头，扣烫下部缝头。

21. 如图4-4-20所示，将袖口贴边与袖子正面相对叠合，从开衩止点起缉缝。

22. 如图在拐角处打剪口。

23. 将袖口贴边的翻到内侧，在距离袖口线、袖衩线0.5cm处缉缝明线，缉明线固定袖口贴边。

24. 手缝固定袖衩底襟。

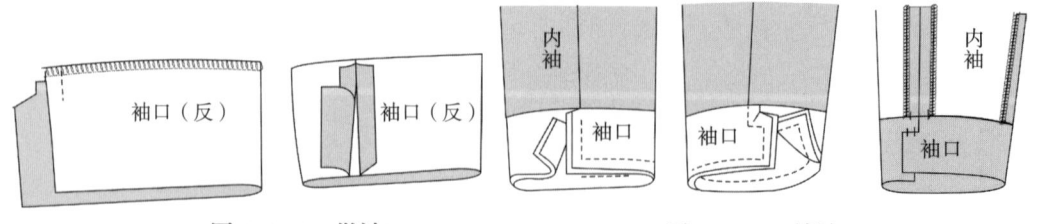

图 4-4-19　做袖口

图 4-4-20　缉袖口

25. 如图4-4-21所示，用熨烫整理袖山归缩量，归缩量一次性不能整理得很均匀的话，可以分几次抽拉粗缝线，一边做袖山形状一边用熨斗的头部轻轻将皱纹消去，使其与袖窿弧线各对应的部位长度相等。

26. 如图4-4-22所示，将袖山与袖窿弧线对位，为使袖子和衣片不错位，进行粗缝固定，起针处要回针，粗缝完成后将其翻到正面，检查袖子扭偏的情况、装袖线和归缩等状态。在粗缝线外侧从袖侧在袖底缝处开始缉缝，距离侧缝线6~8cm处缉缝两道线。

27. 如图4-4-23所示，将袖山袖窿缝头合二为一进行包缝。将装袖线缝道平服熨烫，缝头自然倒向袖侧，不要折烫缝头，否则会影响袖山胖势。

28. 如图4-4-24所示，锁眼钉扣。

29. 拆掉粗缝缝线，熨烫整理。

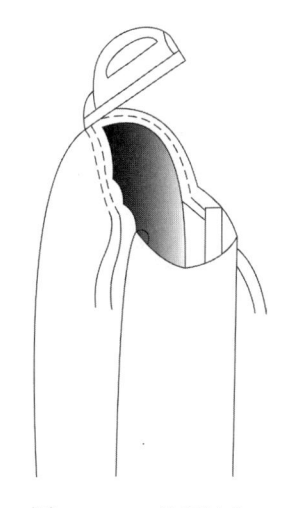

图 4-4-21　处理袖山

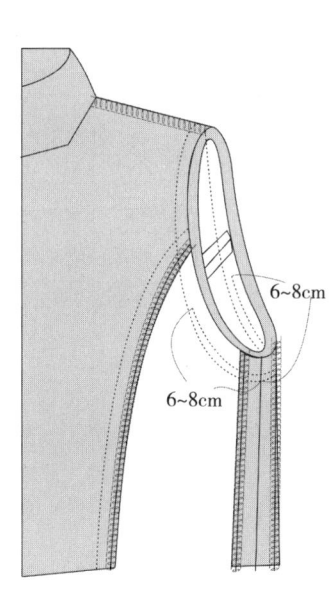

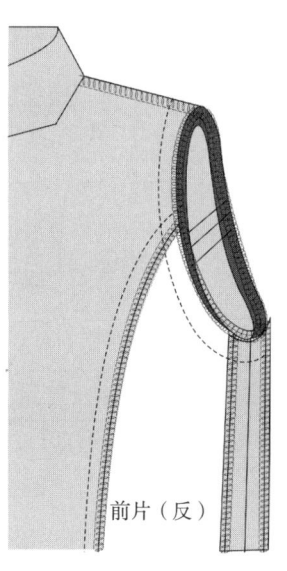

图 4-4-22　绱袖子　　　图 4-4-23　包缝袖窿与袖山　　　图 4-4-24　锁眼钉扣

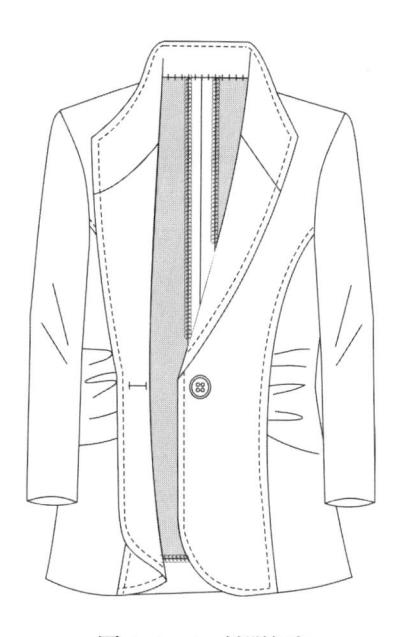

前片（反）

第四章　短外套

第五节　连立领短外套

一、款式说明

如图4-5-1所示，该款为全里连立领上衣，适合春秋季穿着，可以选用中厚型面料。

二、结构图

制图说明：如图4-5-2所示，合并前腋下省道后，衣片前后侧缝长度要相等，侧缝要顺直。拼合前后侧缝、前

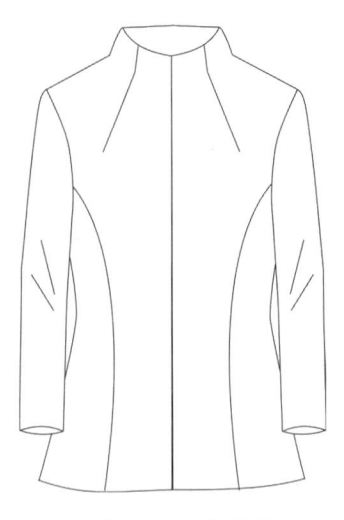

图 4-5-1　款式图

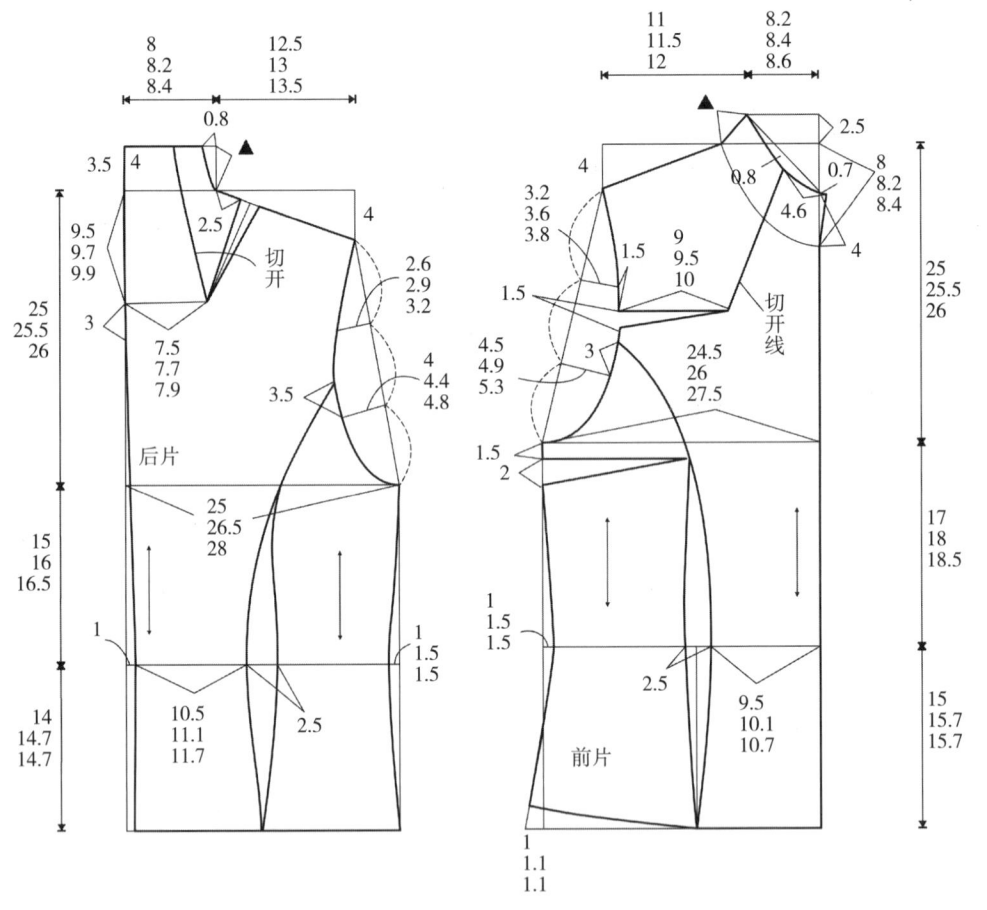

图 4-5-2　衣身结构图

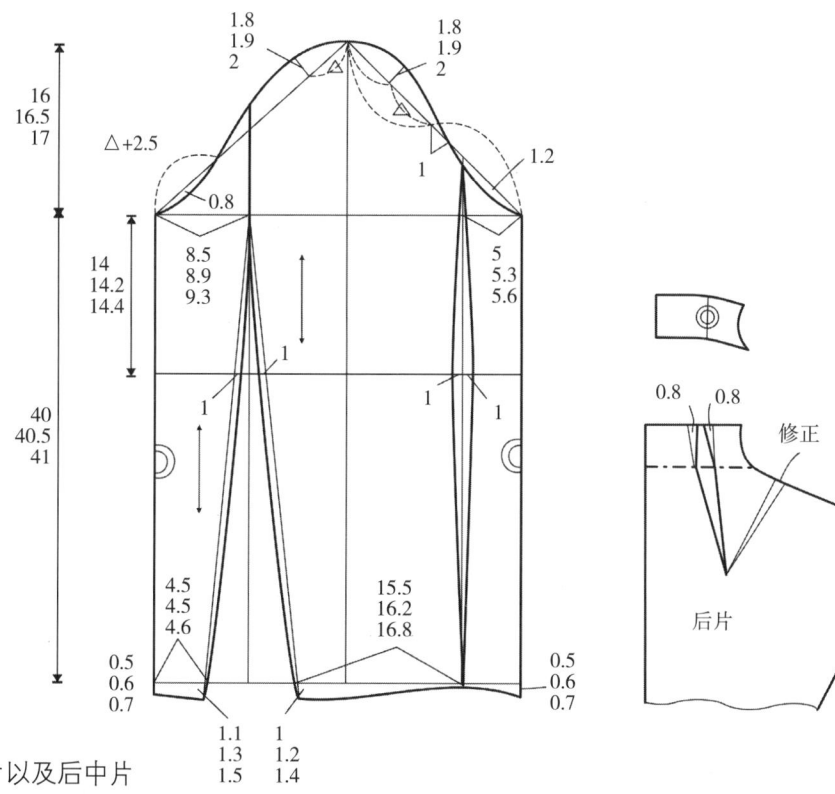

中片与前侧片以及后中片与后侧片，修顺底边线；前后肩缝拼合后，检查领线和袖窿弧线是否圆顺，如果不圆顺，则需要调整领窝弧线和袖窿弧线直至圆顺。

将前袖窿省转为前领省，修顺袖窿弧线，领口处各放出0.8cm；将后肩省转为后领省，修顺后肩斜线，在领口处各放出0.8cm；然后省缝和领侧缝将领上口弧线修顺。小袖及袖口贴边拼合后再裁剪。挂面和前后领里分别拼合后再裁剪，如图4-5-3所示。

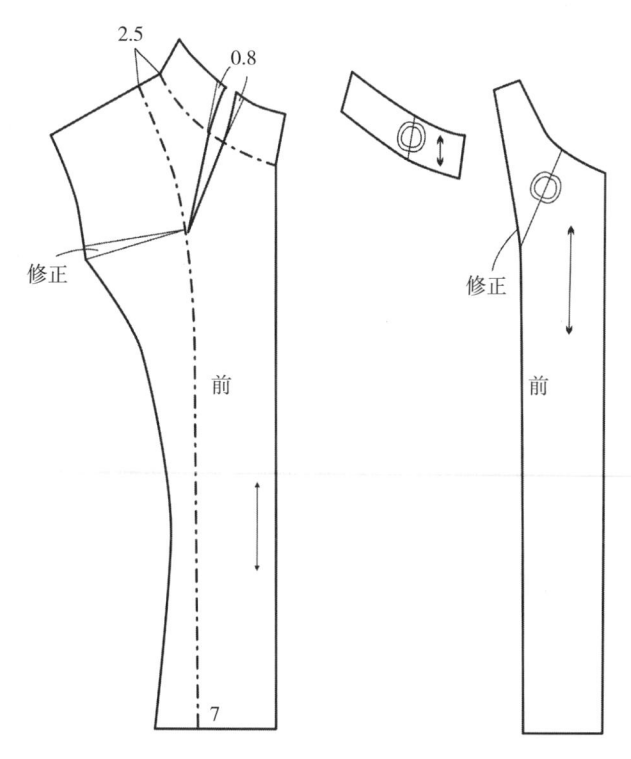

图4-5-3 衣袖结构图

三、缝头加放

（一）面料缝头加放

缝头加放说明：领口弧线部分缝头加放在0.8~1cm，袖口和衣身折边为3.5~4cm，其他部位的缝头一般在1~1.5cm之间，随着面料厚度的增加缝头的大小在增加，反之减小，面料缝头加放如图 4-5-4 所示。

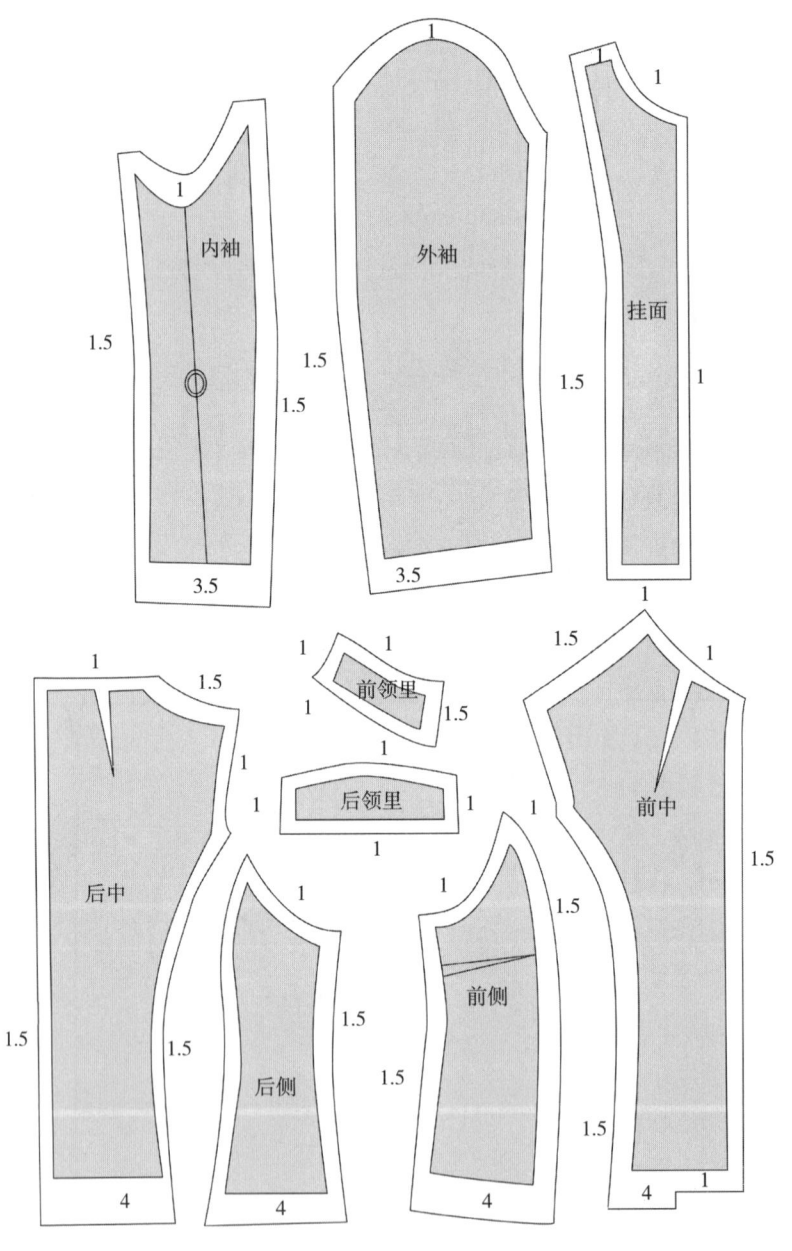

图 4-5-4　面料缝头加放

（二）里料缝头加放

里料缝头加放如图4-5-5所示。

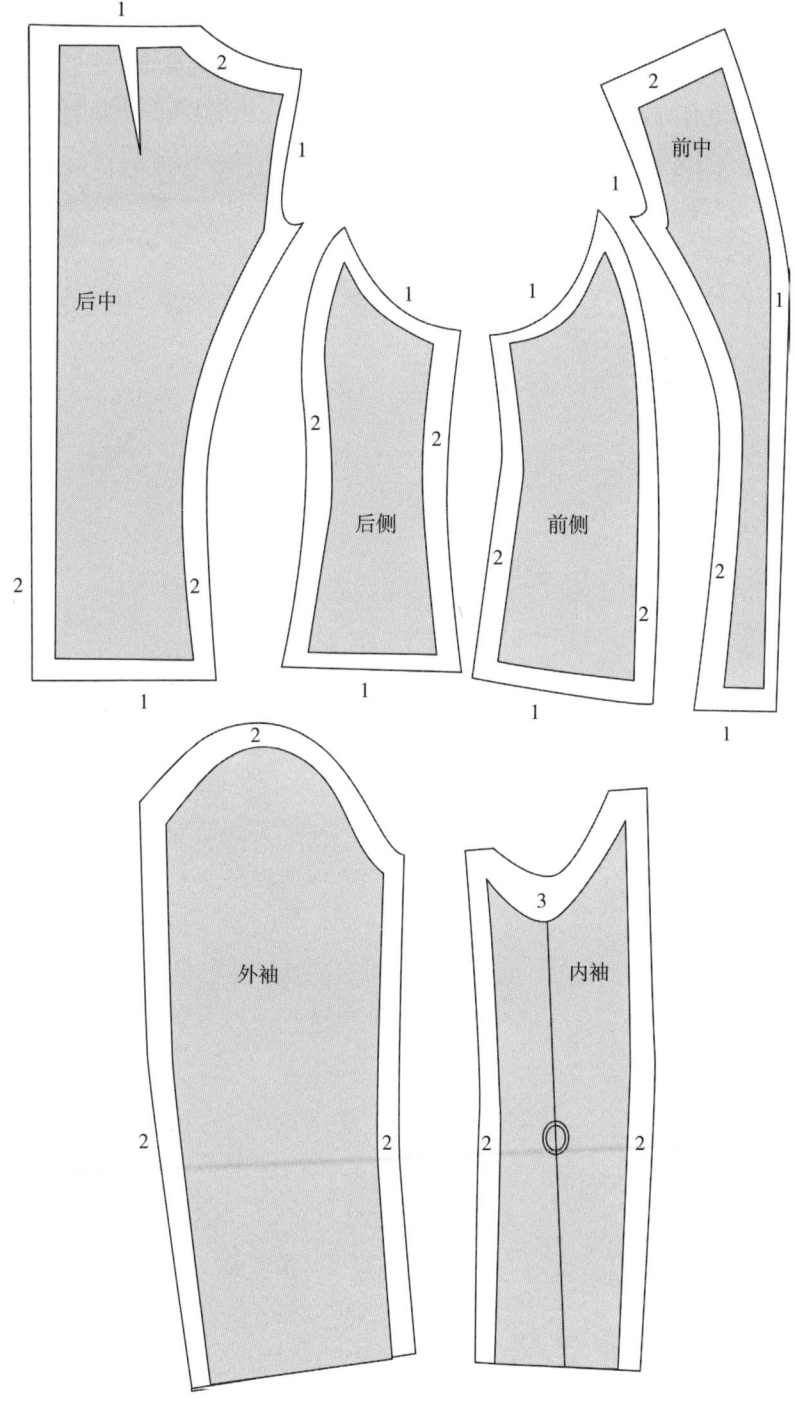

图 4-5-5 里料缝头加放

四、缝制方法

1. 如图4-5-6所示，将前、后衣面领省进行缝合，用熨斗烫平省道，并倒向中心侧。
2. 如图4-5-7所示，将前、后片侧片与前、后中片分别正面叠合缉缝，分烫。
3. 如图4-5-8所示，将两片后中片正面叠合，缝合后背缝并分烫。
4. 如图4-5-9所示，分别在后衣片肩线净线外侧0.2cm及0.5cm处拱针，抽缝线，使前后肩线长度相等，最后用熨斗进行归缩处理。

图4-5-6 缝领省  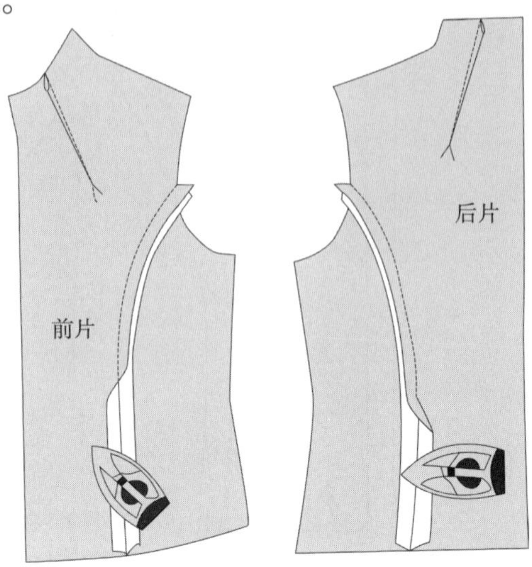   图4-5-7 合前后片

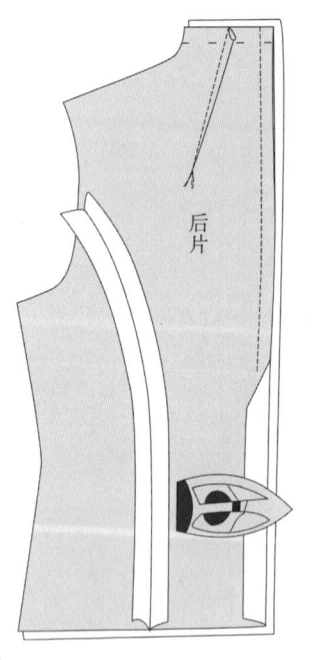

图4-5-8 合后背缝 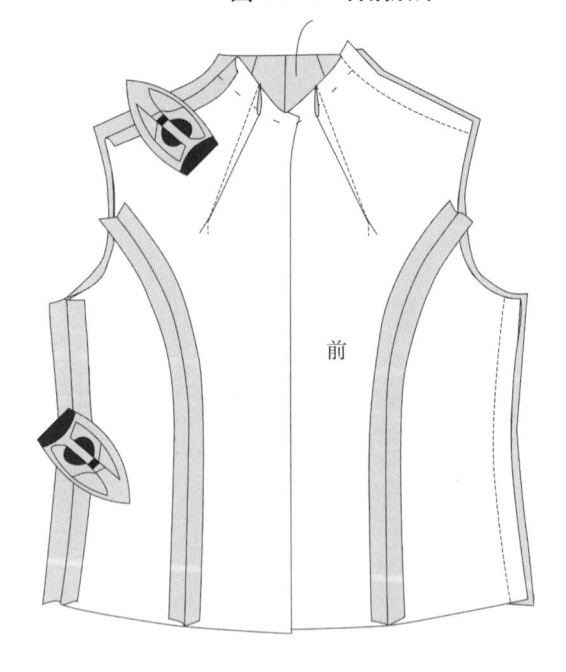   图4-5-9 合肩缝和侧缝

5. 将后片肩缝正面与前片肩缝正面相对叠合，车缝肩缝并劈烫。

6. 将前后片侧缝正面相对叠合缉缝，劈缝。

7. 如图4-5-10所示，做里子。在净线外0.2~0.3cm处将里子后中片与侧片缝合到一起，缝头倒向外侧，然后在净线外0.8~1cm处将里子后中片缝合到一起，缝头倒向一侧。将领里的正面与里子相对叠合，缉缝。

8. 如图4-5-11所示，在净线外0.2~0.3cm处将里子前中片分别与挂面、侧片缝合到一起，缝头倒向外侧。然后将领里的正面与衣身里子相对叠合，缉缝。

9. 如图4-5-12所示，将前后片里的肩缝正面叠合缉缝，然后，将前后片里的侧缝正面叠合，在距离净线0.2~0.3cm处进行缝合，缝头倒向后片。

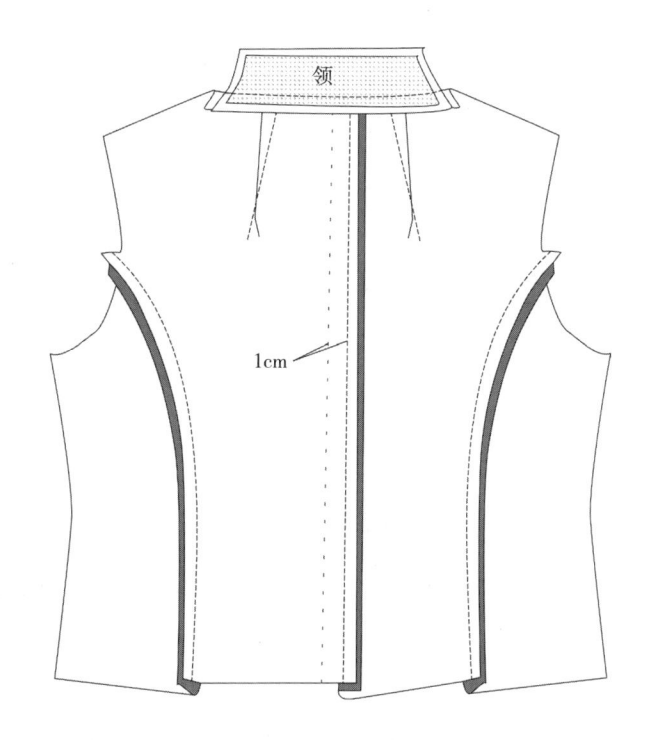

图 4-5-10　做后片里子

图 4-5-11　做前片里子　　图 4-5-12　合里子肩缝和侧缝

10. 如图4-5-13所示，衣片面和领面在净缝线外0.1cm，挂面和领里在净缝线内0.1cm处叠合粗缝固定，然后缉缝。

11. 修剪缝头，大身和领面为0.7cm，挂面和领里为0.5cm，并剪去领角和下摆角。

12. 如图4-5-14所示，将衣片、挂面翻到正面，挂面和领里收进一点，并用熨斗熨烫。

13. 掀开衣里，在距离腋下5cm处开始将里子侧缝缝头与面子侧缝缝头固定，直至距离里子底边8~10cm处。

14. 如图4-5-15所示，下摆缝头按净线翻折。松弛量用归拢处理，从正面锁边，并

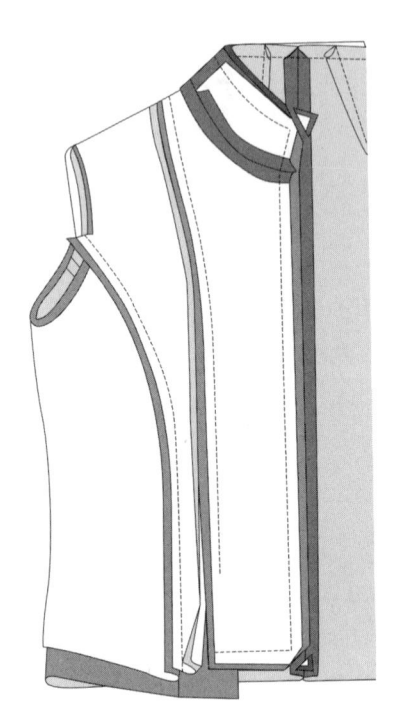

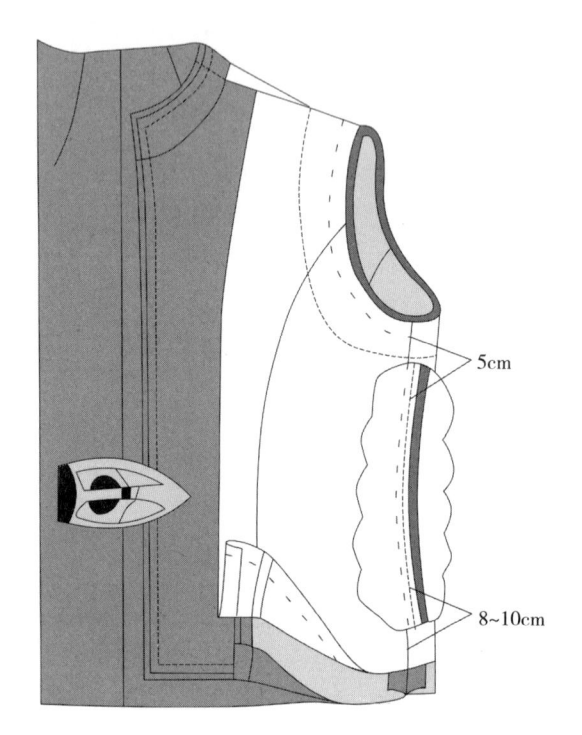

图 4-5-13　合面与里　　　　　图 4-5-14　熨烫止口、固定侧缝

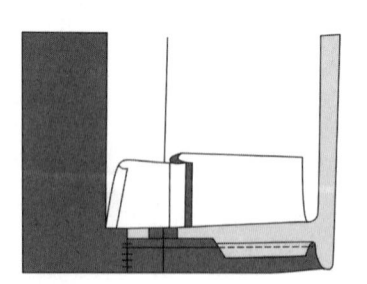

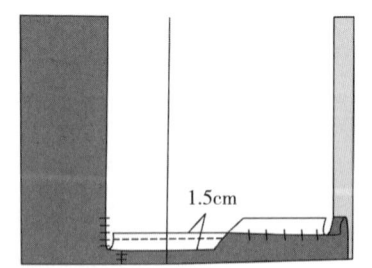

图 4-5-15　处理下摆折边

暗缲缝。挂面下摆的缝头在挂面内侧比大身的下摆缩进0.8cm翻折，并暗缲缝，缉缝留下的6cm左右的挂面缝头。

15. 如图4-5-16所示，袖面正面相对，缝合外侧缝和内侧缝并烫开，厚面料可以剪去袖口底侧的缝头，薄面料可以不剪。

16. 将袖口贴边折倒并暗缲缝。

17. 分别在袖山净线外侧0.2cm及0.5cm处拱针，抽缝线，使前袖山弧线长与袖窿弧线长度相等，最后用熨斗进行归缩处理，使袖山自然形成立体状。

18. 如图4-5-17所示，大小袖里正面相对叠合，在净线外0.2~0.3cm处缉缝，缝头倒向大袖。

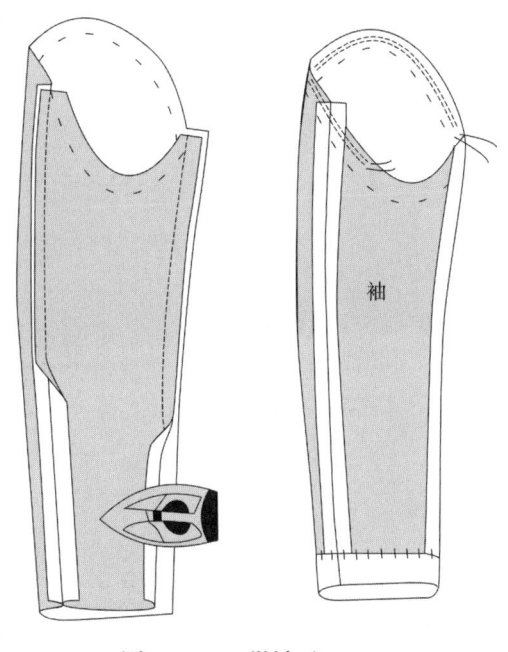

19. 小袖里和面反面相对叠合，离开袖山净线7~10cm，离开袖口净线7~10cm，将袖里固定到袖面上。

20. 如图4-5-18所示，将袖里翻到正面，袖口里离袖口面2.5cm，缲缝固定。将袖面翻到正面。

图 4-5-16 做袖面

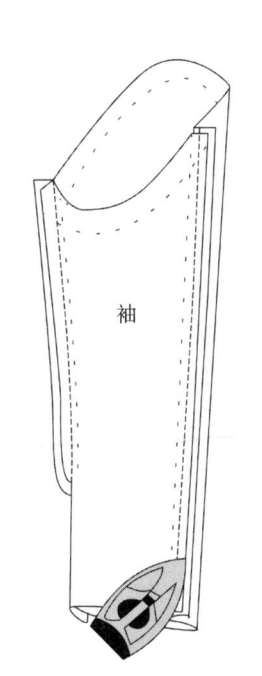

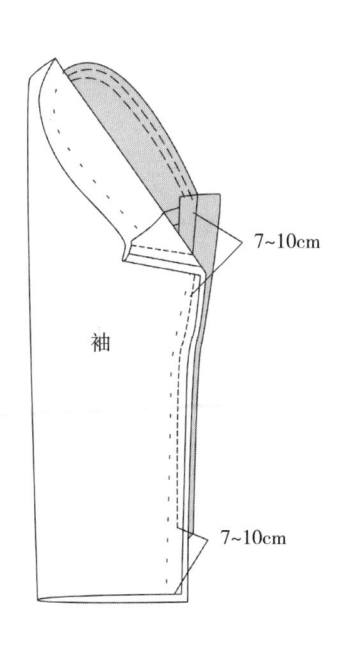

图 4-5-17 做袖里、合袖面与里

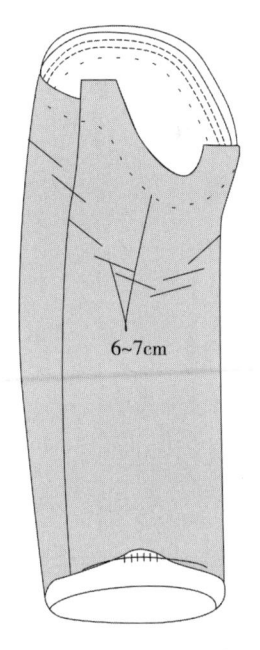

图 4-5-18 处理袖面与里

第四章 短外套

21. 如图4-5-19所示,将袖山与袖窿弧线对位,为使袖子和衣片不错位,进行粗缝固定,起针处要回针,粗缝完成后将其翻到正面,检查袖子扭偏的情况、装袖线和归缩等状态。在粗缝线外侧从袖侧在袖底缝处开始缉缝,距离侧缝线6~8cm处缉缝两道线。将装袖线缝道熨烫平服,缝头自然倒向袖侧,不要折烫缝头,否则会影响袖山胖势。

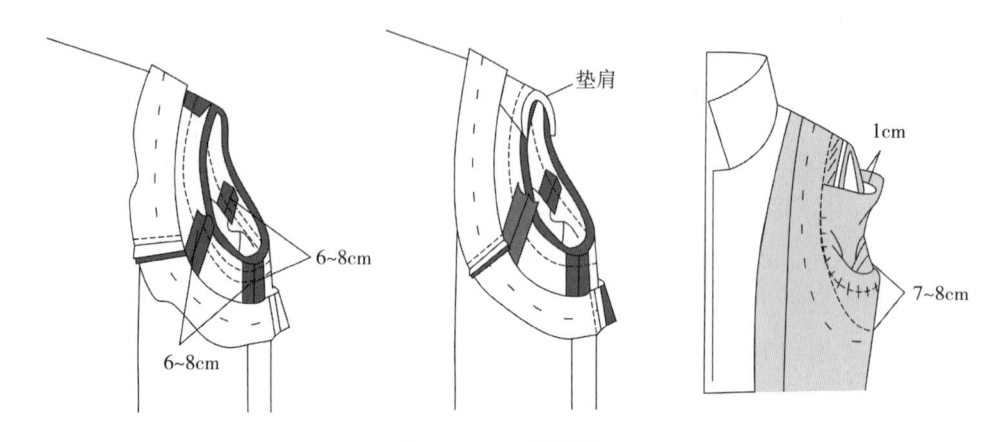

图4-5-19 缀袖子

22. 安装垫肩。把里衣片挪开之后,将垫肩放在面布的肩线部位,从正面用大头针固定后试穿,然后从装袖线往肩外1cm左右的位置,用大头针固定,最后把垫肩厚度的一半,用手针缝在袖窿缝份上,同时也要将垫肩在肩线的缝份上手缝固定。

23. 将袖里在袖山处的缩缝量打细裥,用大头针固定在装袖线上,然后缲缝固定到袖窿上。

24. 如图4-5-20所示,向下沿背中缝按净缝线将左、右里子后中缝从后领窝弧线中点往下,缝至4cm为止。

25. 拆掉粗缝缝线,熨烫整理。

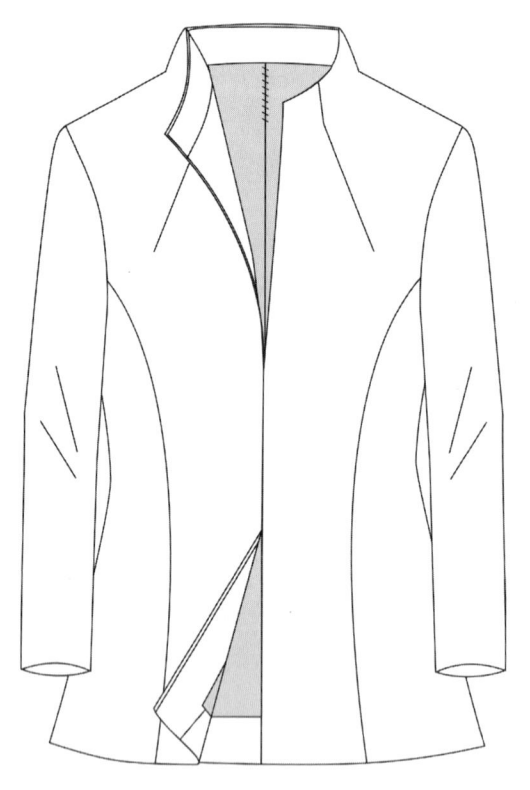

图4-5-20 缲缝里子中缝

第六节　翻领外套

一、款式说明

如图4-6-1所示，该款为全里翻领上衣，适合春秋季穿着，可以选用中厚型面料。

二、结构图

制图说明：如图4-6-2所示，合并前腋下省道后，修顺侧缝和分割缝，衣片前后侧缝长度要相等。拼合前后侧缝，前中片与前侧片以及后中片与后侧片修顺底边线；前后肩缝拼合后，检查领线和袖窿弧线是否圆顺，如果不圆顺，则需要调整领窝弧线和袖窿弧线直至

图 4-6-1　款式图

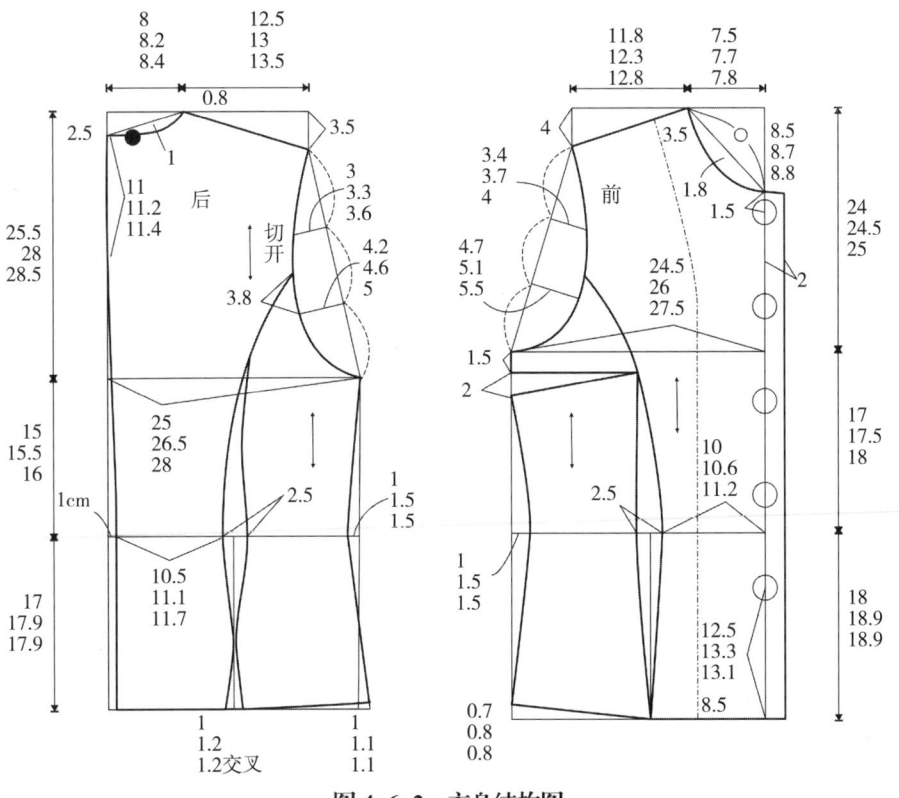

图 4-6-2　衣身结构图

第四章　短外套

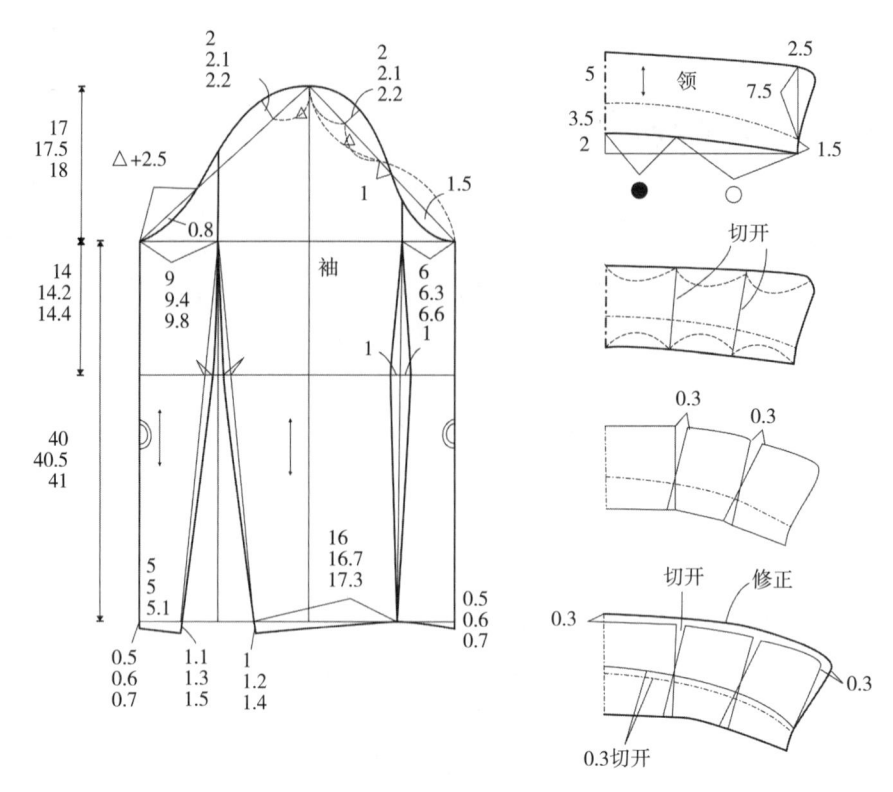

图 4-6-3 衣袖、衣领结构图

圆顺。前侧片在合并腋下省后再裁剪。

为确保领面与里缝合后的窝服,如图4-6-3所示,在领子纵向切开,将剪开的两部分在外领口线展开0.3cm;剪开领翻折线处,增加0.2cm的余量,防止领里反吐领子外口线也增加0.3cm的余量。这些量的大小与面料的厚度有关,厚度增加,可以增加这些量;反之减小。然后将领上口线和下口线弧线修顺。小袖及袖口贴边拼合后再裁剪。挂面和前领里分别拼合后再裁剪。

三、缝头加放

(一)面料缝头加放

缝头加放说明:领口弧线、袖窿弧线、袖山弧线部分缝头加放为0.8~1cm,衣身折边为4cm,其他部位的缝头一般在1~1.5cm之间,如图4-6-4所示。

(二)里料缝头加放

里料缝头加放如图4-6-5所示。

图 4-6-4　面料缝头加放

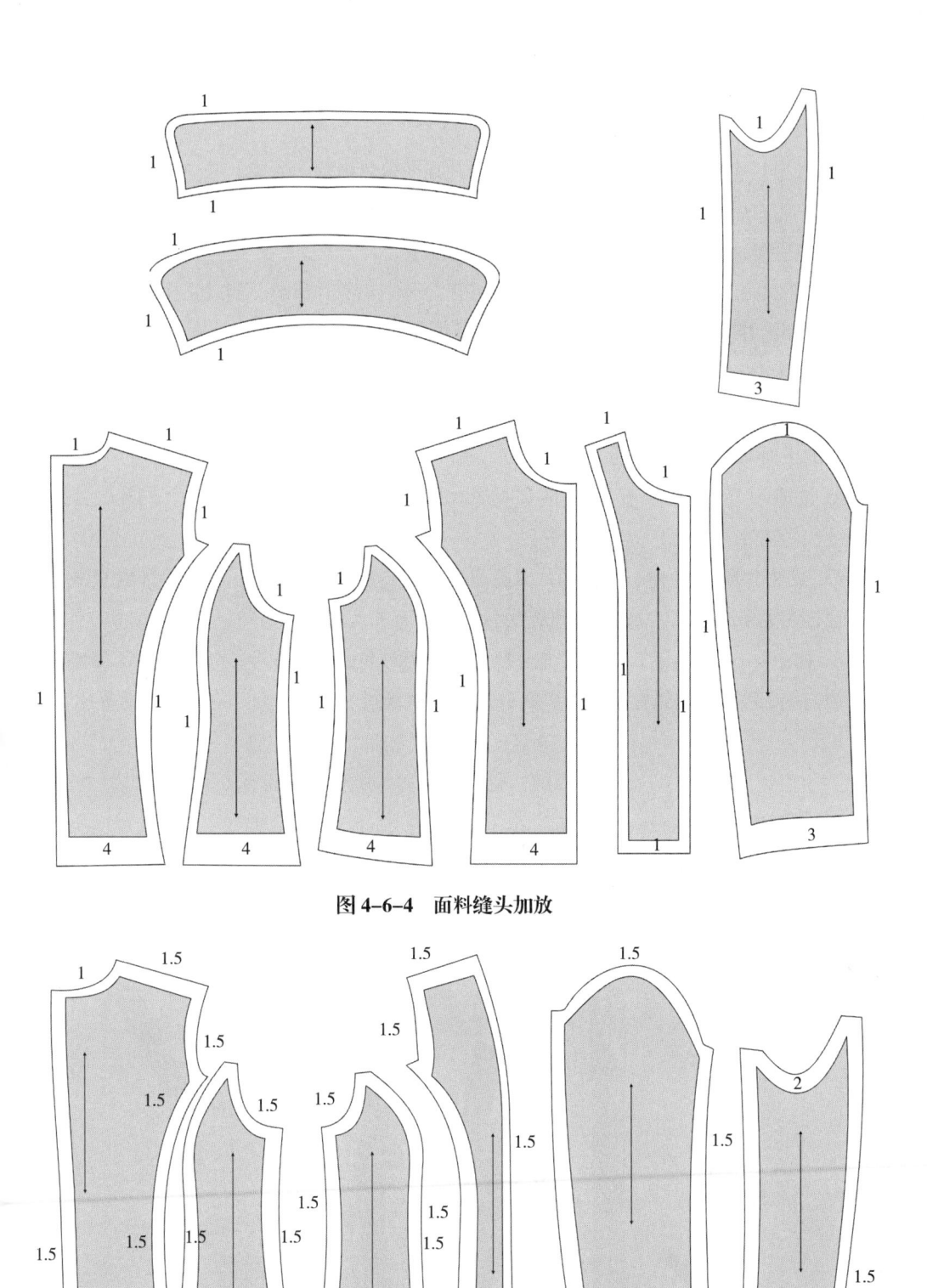

图 4-6-5　里料缝头加放

第四章　短外套

四、缝制方法

1. 如图4-6-6所示，将前、侧片与前中片正面叠合缉缝，分烫。

2. 左、右后中片正面叠合，缝合后背缝并分烫。

3. 将后侧片与后中片正面叠合缉刀背缝并分烫。

4. 如图4-6-7所示，将后片肩缝、侧缝正面分别与前片肩缝、侧缝正面相对叠合，车缝肩缝、侧缝并劈烫。

5. 如图4-6-8所示，做后里。在净线外0.2~0.3cm处将里子后中片与侧片缝合到一起，缝头倒向外侧。然后在净线外0.8~1cm处将里子后中片缝合到一起，缝头倒向一侧。将领里的正面与里子相对叠合，缉缝。

6. 如图4-6-9所示，在净线外0.2~0.3cm处将里子前中片分别与挂面、侧片缝合到一起，缝头倒向外侧。

7. 如图4-6-10所示，将前后片里的肩缝正面叠合缉缝，然后，将前后片里的侧缝正面叠合，在距离净线0.2~0.3cm处进行缝合。

8. 如图4-6-11所示，将前片面与挂面正面相对叠合，衣片净线外侧0.1~0.2cm与挂面净线内侧0.1~0.2cm处叠合，用大头针或手针粗缝固定，驳角处与衣角处衣身略松，然

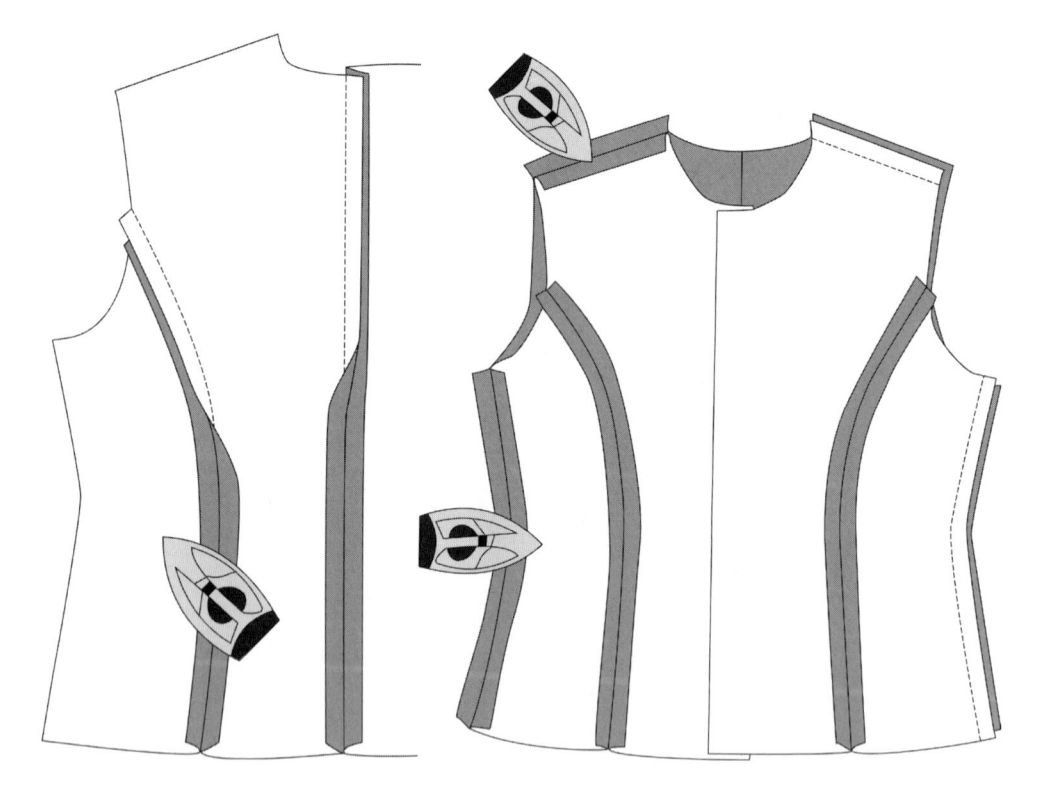

图 4-6-6　合前后片　　　　图 4-6-7　合肩缝与侧缝

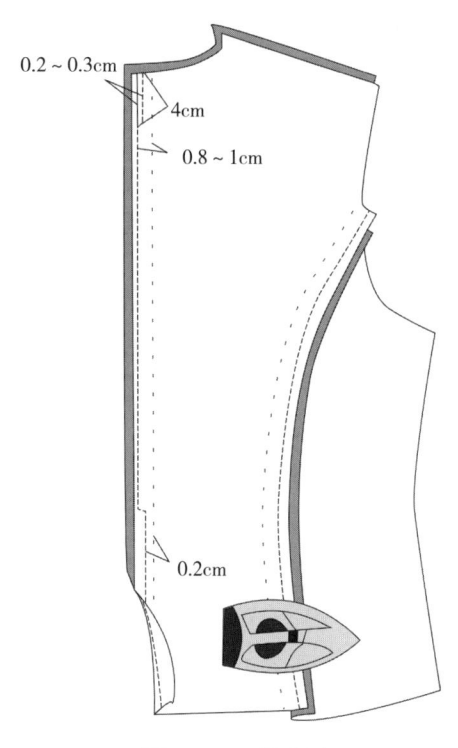

图 4-6-8　做后里

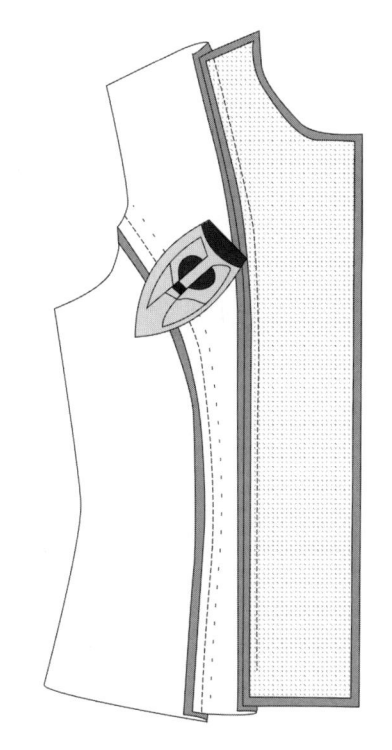

图 4-6-9　做前里

后在粗缝线外侧缉缝，在驳角和衣领角处吃前片面。

9. 剪去驳角和衣角多余的量，翻转至正面，熨烫止口，挂面退进，止口不反吐。

10. 掀开衣里，在距离腋下5cm处开始将里子侧缝缝头与面子侧缝缝头固定，直至距离里子底边8~10cm处。

11. 做领子，如图4-6-12所示，分别在领面和领里的反面贴上黏合衬，领面与领里正面叠合，用大头针按领角对位记号固定领角吃量。

12. 如图4-6-13所示，按对位记号缉缝领面与领里。

13. 如图 4-6-14所示，分烫领里缝头。

14. 如图 4-6-15所示，距离缝线0.3cm剪去领角，将领里缝头修去一半。

15. 如图 4-6-16所示，将领子翻转到正面

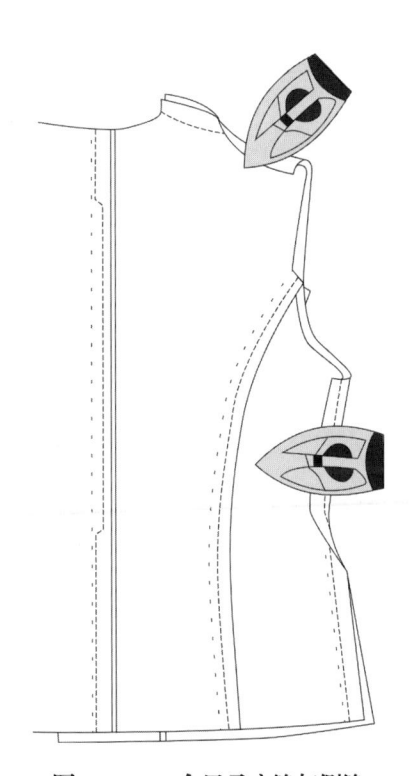

图 4-6-10　合里子肩缝与侧缝

第四章　短外套　167

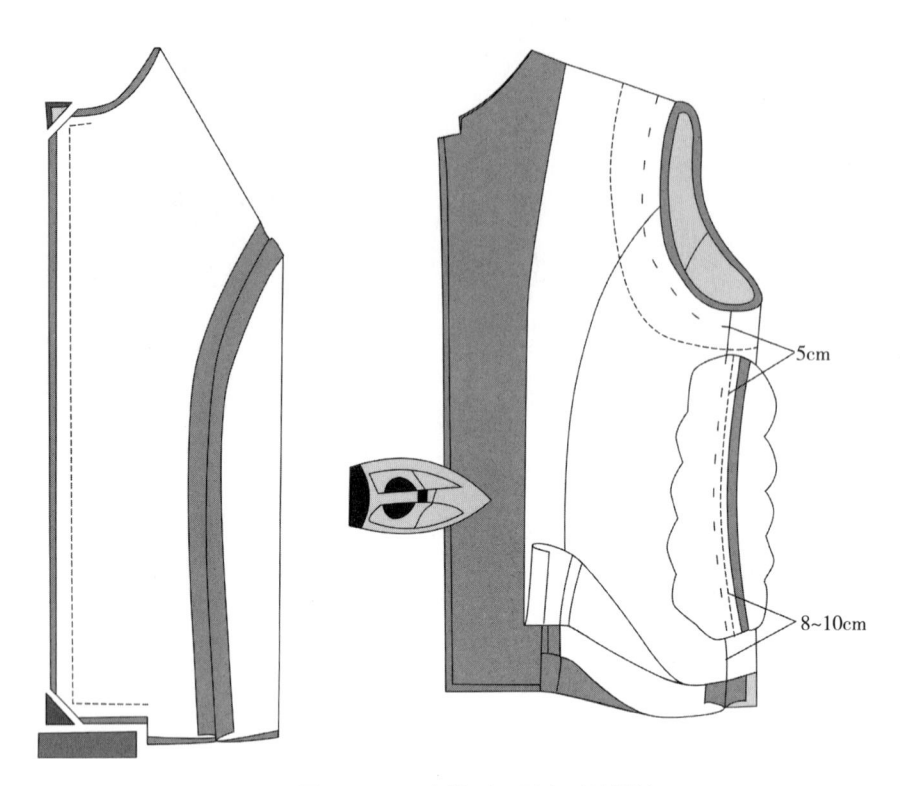

图 4-6-11　合挂面，固定面里侧缝

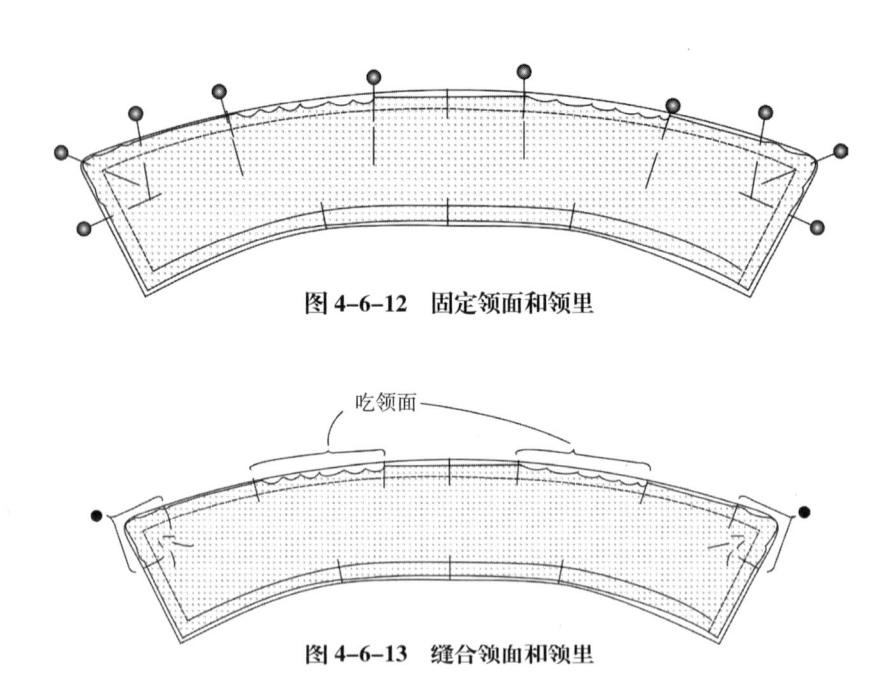

图 4-6-12　固定领面和领里

吃领面

图 4-6-13　缝合领面和领里

图 4-6-14　分烫缝头

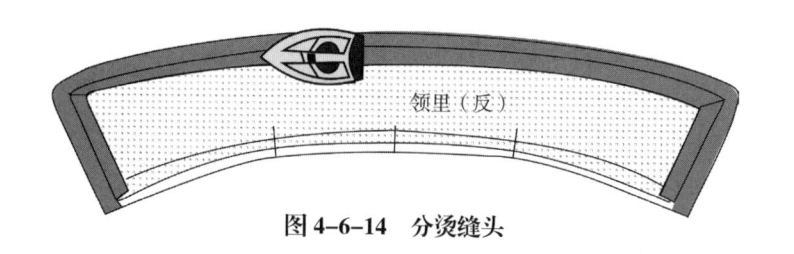

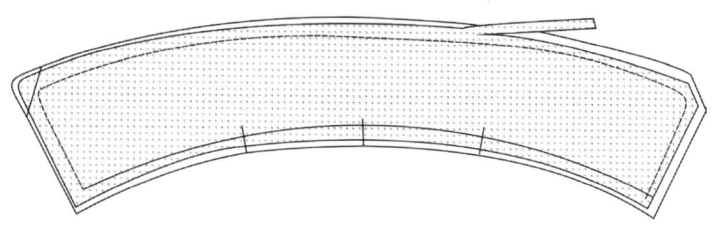

图 4-6-15　修剪缝头

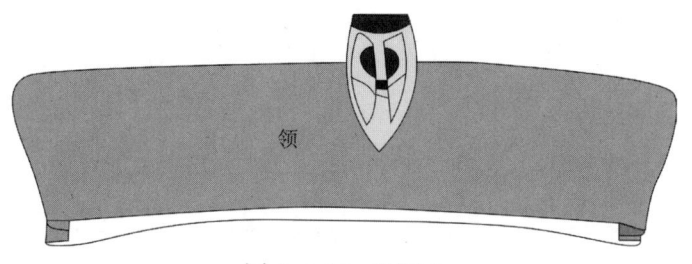

图 4-6-16　做领子

进行熨烫。

16. 如图4-6-17所示，将衣片和领里的正面相对叠合，粗缝装领线，然后进行缉缝。

17. 将装领线的缝头修剪至0.5cm，并打剪口。

18. 如图 4-6-18所示，将领面的缝头叠合在装领线上，粗缝固定，进行缉缝。

19. 做袖子绱袖参见第245页。

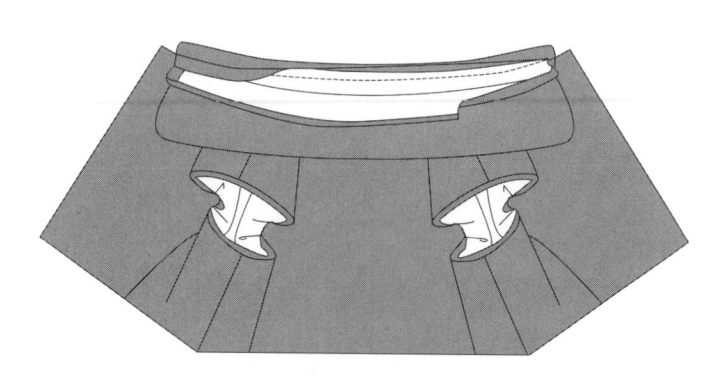

图 4-6-17　绱领子

第四章　短外套

20. 如图4-6-19所示，向下沿背中缝按净缝线将左、右里子后中缝净线缲缝，缝至距离领线4cm处止。

21. 锁眼钉扣。

22. 拆掉粗缝缝线，熨烫整理。

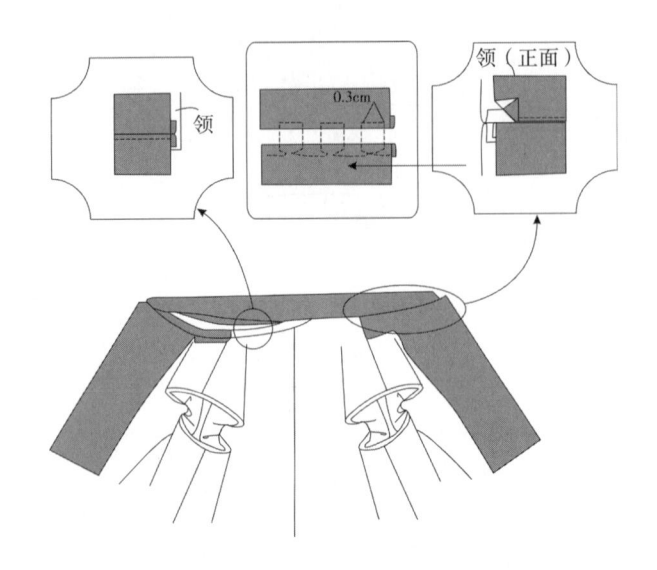

图 4-6-18　缉缝领底线

图 4-6-19　锁眼钉扣

第五章
大 衣

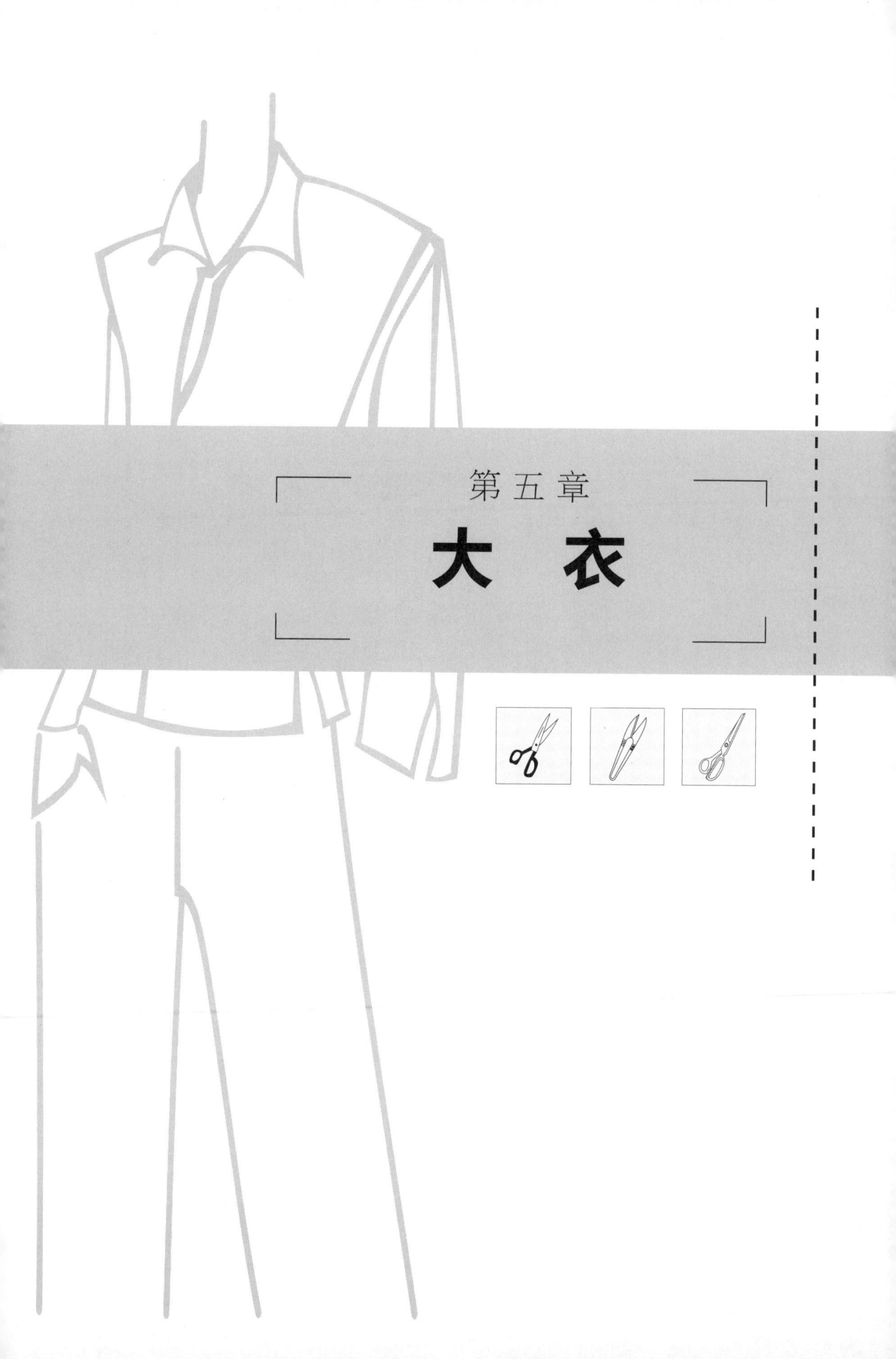

第一节　无领大衣

一、款式说明

如图5-1-1所示，该款为七分袖无领暗门襟大衣，适合秋冬季穿着，可选用中厚毛料或者薄型呢料，里布可选择羽纱、美丽绸等。

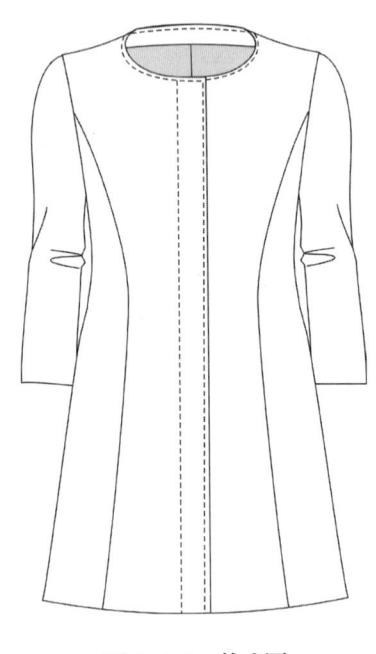

图 5-1-1　款式图

二、结构图

制图说明：如图5-1-2所示，腋下省合并后裁剪前侧片。

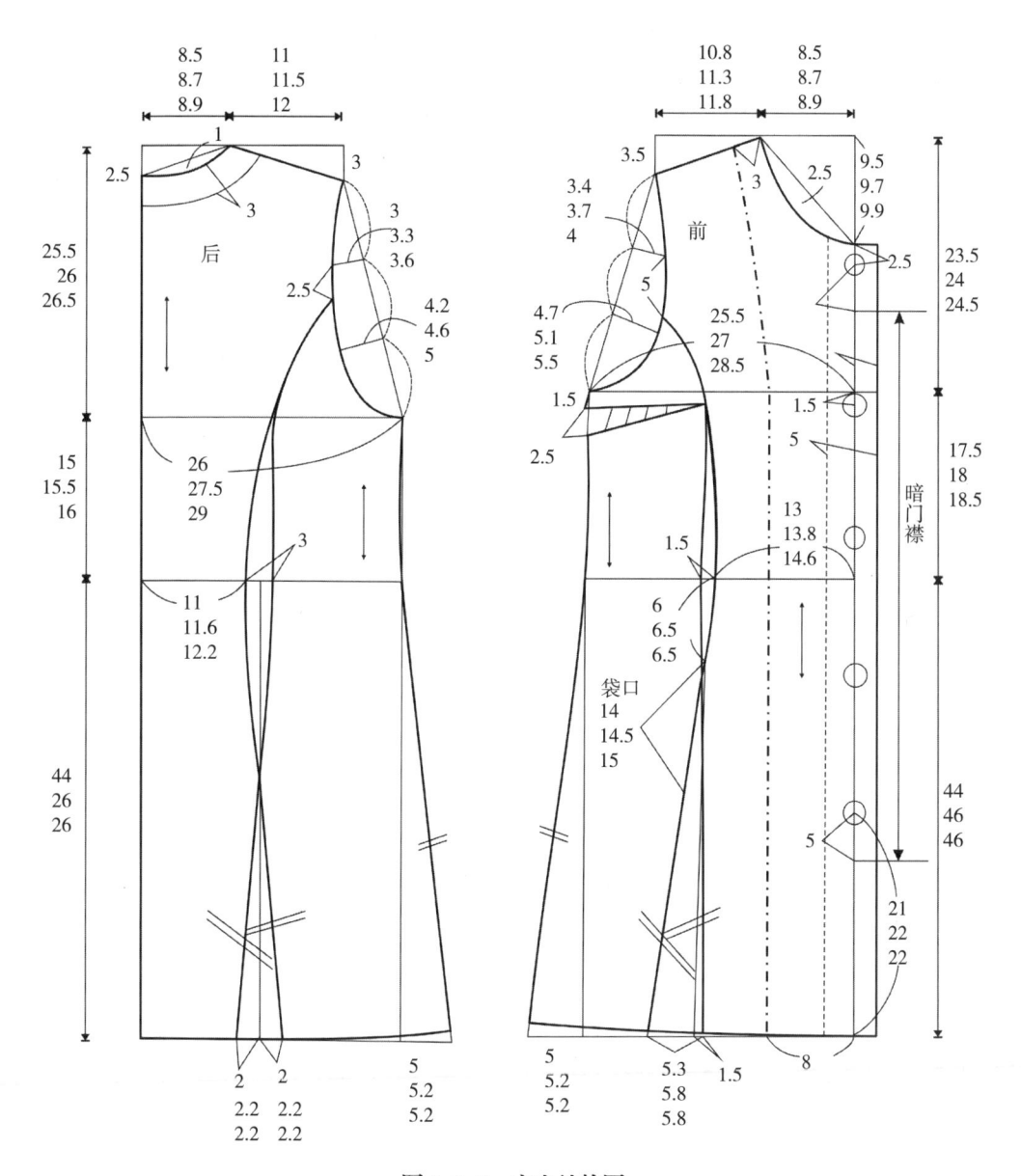

图 5-1-2 衣身结构图

第五章 大衣

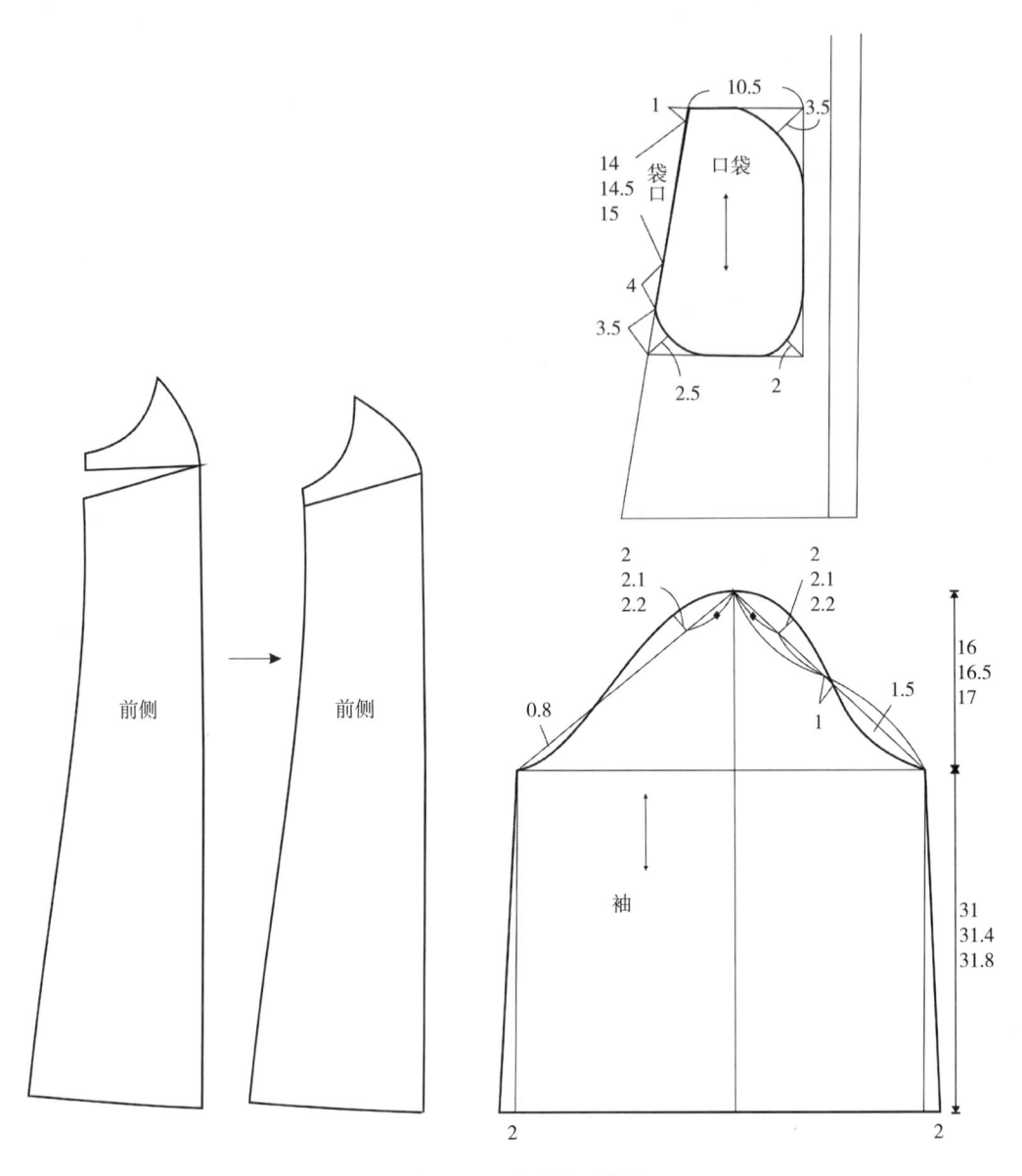

图 5-1-3　衣袖等结构图

三、缝头加放

（一）面料缝头加放

缝头加放说明：领口弧线部分缝头加放在 0.8~1cm，袖口和衣身折边可控制在 3~5cm，其他部位的缝头一般在 1~1.5cm 之间，面料缝头加放如图 5-1-4 所示。

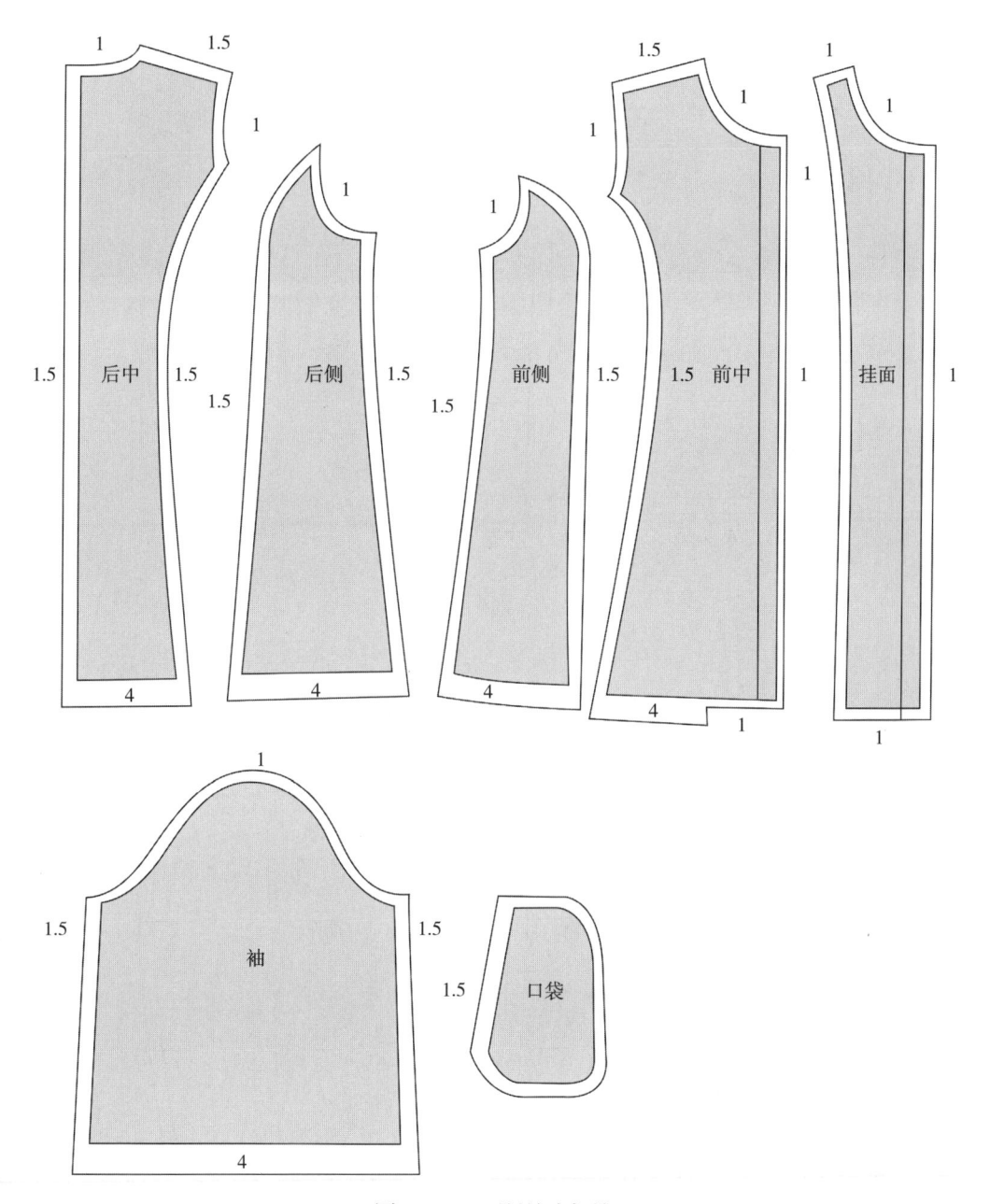

图 5-1-4　面料缝头加放

（二）里料缝头加放

里料缝头加放如图5-1-5所示。

第五章　大衣

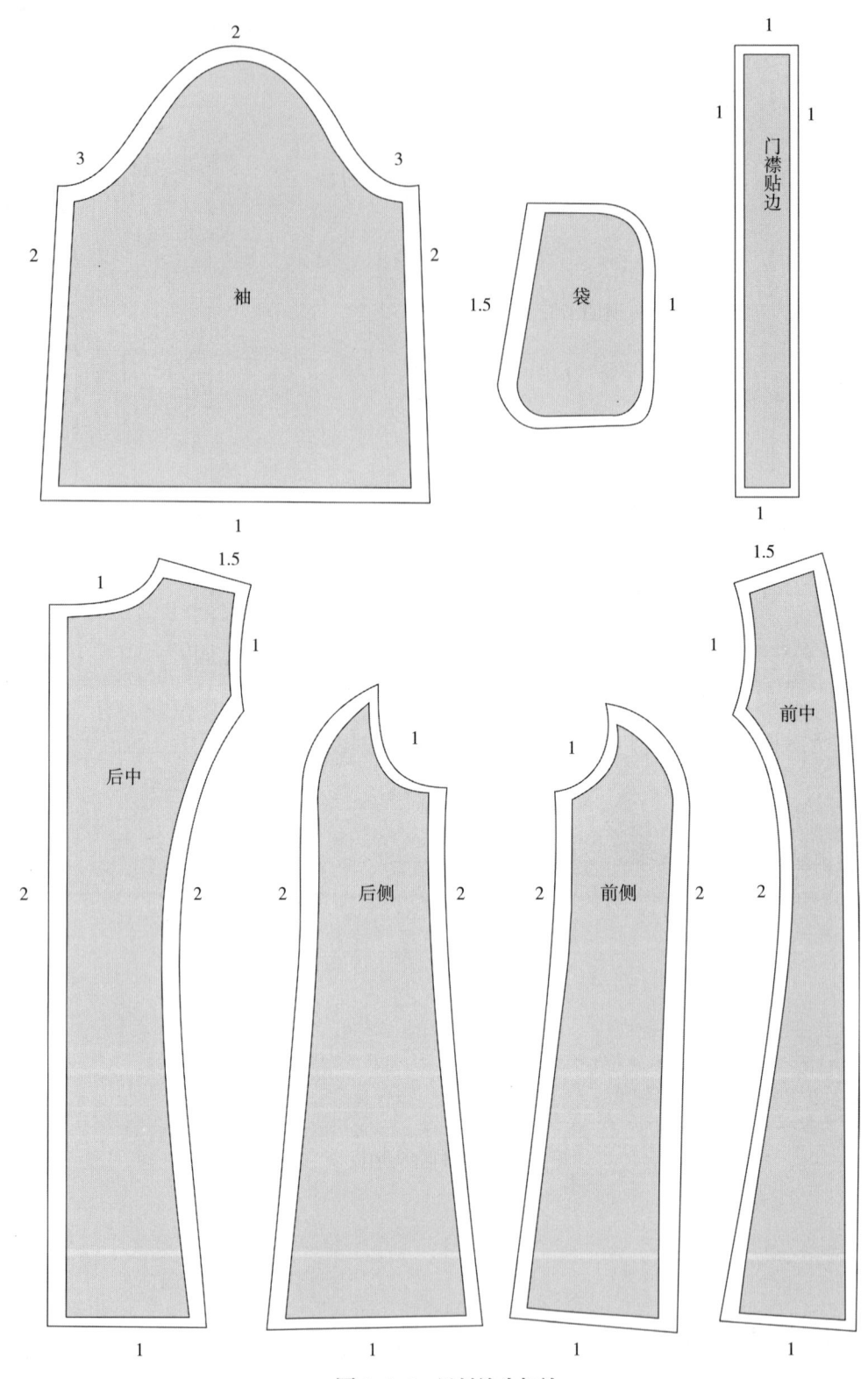

图 5-1-5　里料缝头加放

176　女装缝制工艺

四、缝制方法

1. 如图5-1-6所示，将右前身面子贴边与暗门襟贴边正面相对叠合，在上下两暗门襟止点之间，右前片面子净线外侧0.2cm与暗门襟贴边内侧0.2cm对齐，缉缝。

2. 在上下暗门襟止点处剪刀口，扣烫缝头。

3. 暗门襟贴边翻至正面，暗门襟稍退进0.2cm，在正面缉明线熨烫。

4. 将暗门襟贴边手缝与衣身固定。

5. 如图5-1-7所示，将挂面和暗门襟缝合，方法与前述相同，完成后锁门襟扣眼。

6. 如图5-1-8所示，将袋布A反面朝上叠放在前中片袋口处，在前中片净线外侧0.2cm处缉缝。

7. 将袋布A翻到正面。

8. 如图5-1-9所示，将前中片与前侧片正面相对叠合，缉缝拼接缝，留出袋口。

9. 如图5-1-10所示，分烫缝头。

10. 如图5-1-11所示，将袋布B叠于袋布A上，将袋布B与侧片缝头固定。如果袋布B用的不是与面料相同的布料，需要在袋布B的袋口处加垫袋布。

11. 在袋布周边内侧0.5cm处和再进0.3cm处缉缝两道线。

12. 如图5-1-12所示，将左右后中片正面相对叠合，缉缝，分烫缝头。

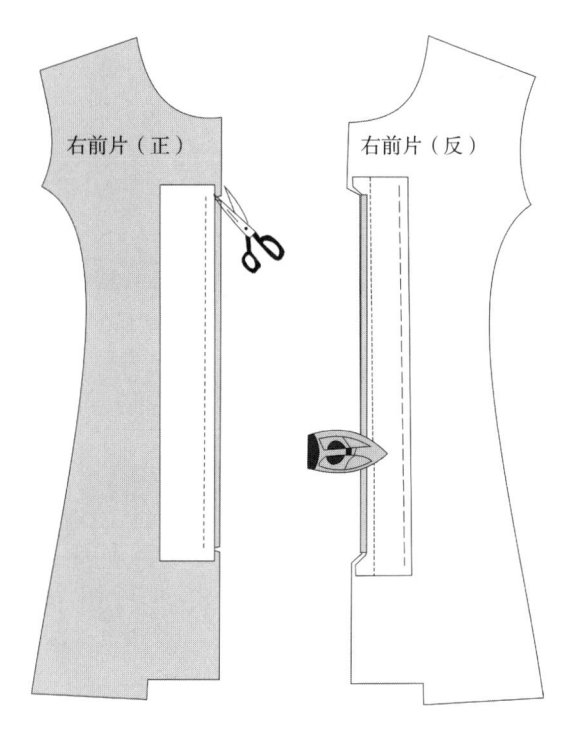

图 5-1-6　缝门襟贴布

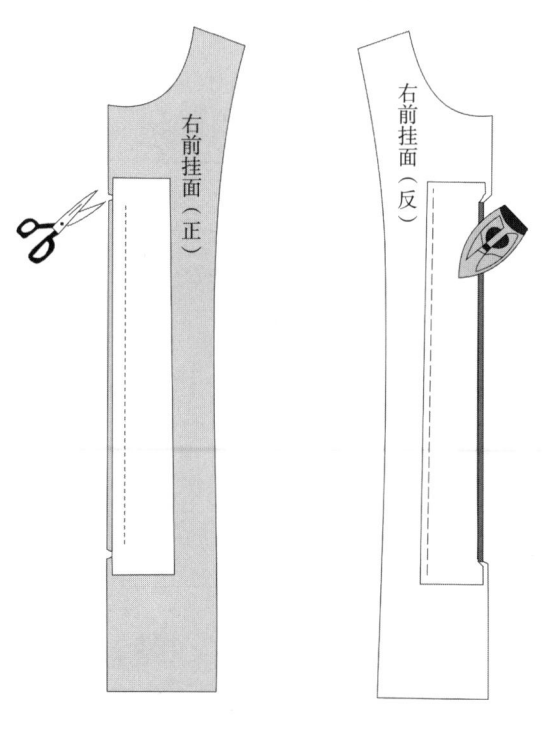

图 5-1-7　做门襟

第五章　大衣

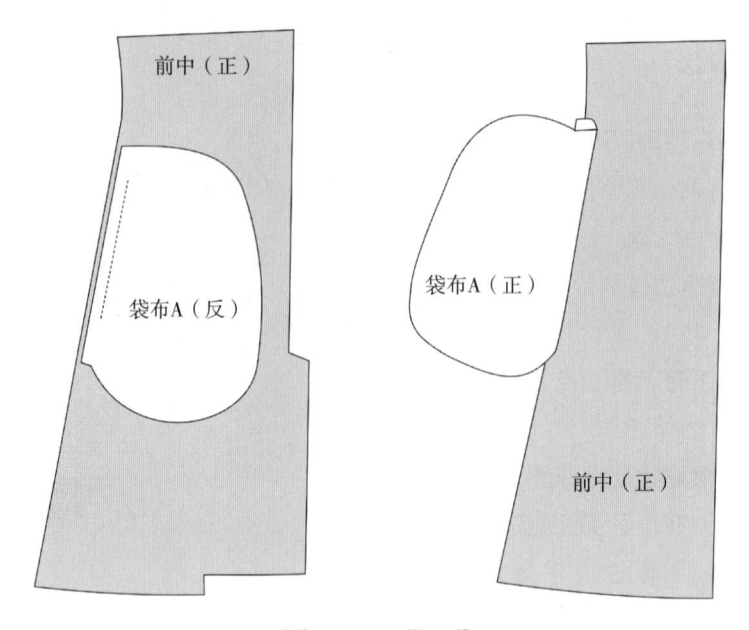

图 5-1-8　做口袋

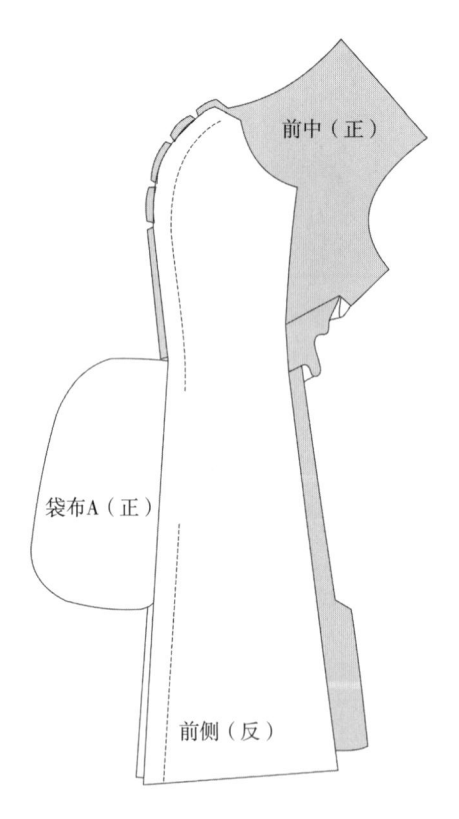

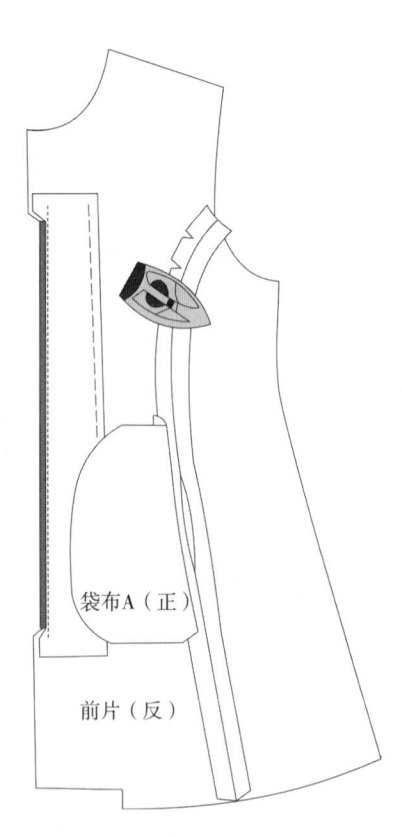

图 5-1-9　合前中片与前侧片　　　　图 5-1-10　分烫前中片与前侧片

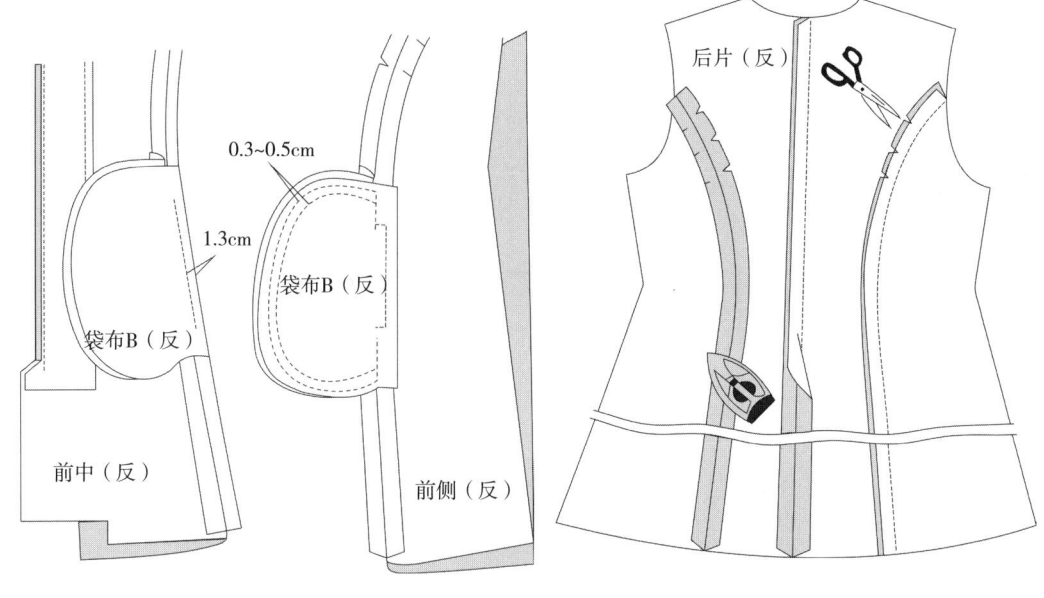

图 5-1-11 做口袋

图 5-1-12 做面子后片

13. 将后中片和后侧片正面相对叠合，缉缝，打剪口，分烫缝头。

14. 如图5-1-13所示，如果后肩线需要缩缝处理可在后肩线净线外侧0.2cm处和再外移0.3cm处拱针，抽拉缝线使其收缩成与前肩线等长，并熨烫平整。

15. 将前后衣片正面叠合缉缝侧缝和肩缝，并将缝头劈开熨烫。

16. 如图5-1-14所示，将里子的前中片与前侧片正面相对叠合，在净线外侧0.2cm缉缝，将缝头倒向侧缝。

17. 将里子的前中片与挂面正面相对叠合缉缝，缝至离底边净线5~6cm处，然后将缝头倒向侧缝。

18. 如图5-1-15所示，里子后中片正面相对叠合，后领中心向下4cm以及底边净缝向上4cm离开净线0.2cm缉缝，在距离底边净线至距离后领中心4cm之间，离开净线1cm进行缉缝。

19. 将里子的后中片与后侧片正面相对叠合，在净线外侧0.2cm缉缝，将缝头倒向侧缝。

20. 如图5-1-16所示，将后领贴边与

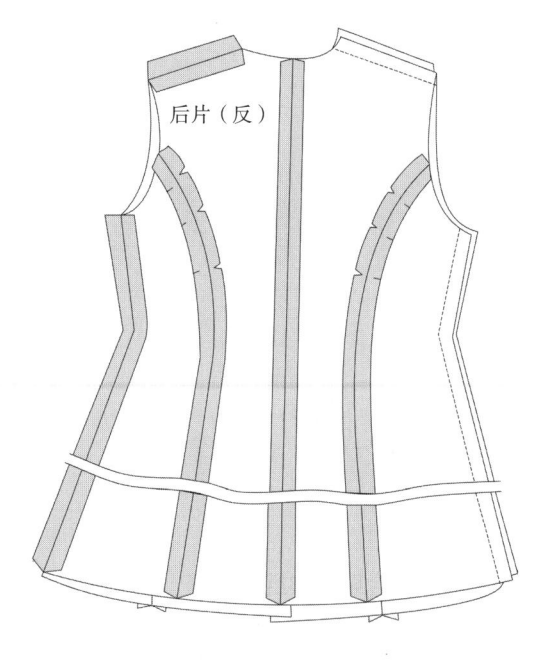

图 5-1-13 合面子肩缝与侧缝

图 5-1-14 合前片里　　　　　　　　图 5-1-15 做后片里

图 5-1-16 合前后里子　　　　　　　图 5-1-17 合面与里

后里进行缝合。

21. 缝合里子肩缝与侧缝，缝头都倒向后片。

22. 如图5-1-17所示，将前片面与挂面正面相对叠合，衣片净线外侧0.2cm与挂面净线内侧0.2cm处叠合，用大头针或手针粗缝固定，领角处与衣角处衣身略松，然后缉缝。

23. 剪去领口角和衣角，在领口处打剪口，也可以将缝头修剪出层次，熨烫缝头，将缝头扣向衣身。

24. 如图5-1-18所示，将衣身翻转至正面，挂面与后领贴边稍退进，用熨斗熨烫平整。

25. 缉止口明线。

26. 再缉一道明线，将前片面子，挂面以及上下暗门襟四层缉缝到一起。

27. 掀开衣里，在距离腋下5cm处开始将里子侧缝缝头与面子侧缝缝头固定，直至距离里子底边8~10cm处。

28. 如图5-1-19所示，扣烫面子底边折边。松弛量用熨斗进行归拢处理或者用距边0.5cm拱针抽拉缝线将其归缩，并熨烫平整。

29. 将面子折边与面子缲缝固定。

30. 挂面的下摆比面子下摆退进一些，将挂面缲缝固定到面子折边上。

31. 扣烫里子下摆的折边，使折边边缘距离面子边缘1.5cm。

32. 在距离里子折边边缘1.5cm处粗缝固定里子，然后里折边1cm将里子折边与面子折边缲缝固定。

33. 从里折边边缘向上5cm处起（预先留下未缝），将里子与挂面缲缝固定。

34. 如图5-1-20所示，分别缝合袖面与里子的袖底缝。

35. 扣烫袖面袖口折边，将折边缲缝与袖面固定。

36. 袖里的反面与袖面的反面相对叠合。在距离上端净线5~6cm处开始将里子袖底缝缝头与面子袖底缝缝头固定，直至距离里子底边7~8cm处。

37. 扣压袖里袖口缝头，将其缲缝与袖面折边固定。

38. 如图5-1-21所示，分别在袖山净线外侧0.2cm及0.5cm处拱针，抽缝线，使前袖山弧线长与袖窿弧线长度相等，同时用熨斗进行归缩处理，归缩量一次性不能整理得很均匀的话，可以分几次抽拉粗缝线，一边做袖山形状一边用熨斗的头部轻轻将皱纹烫去，使袖山

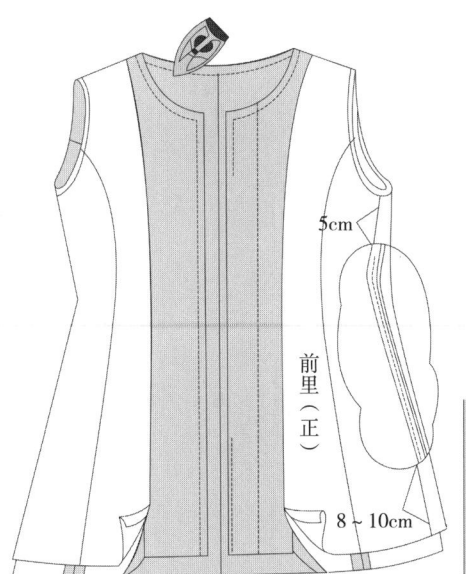

图 5-1-18　熨烫并缉止口明线

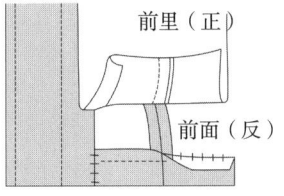

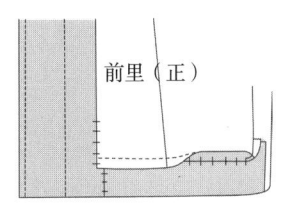

图 5-1-19　处理下摆

自然形成立体状。

39. 如图5-1-22所示，将袖山与袖窿弧线对位，为使袖子和衣片不错位，进行粗缝固定，起针处要回针，粗缝完成后将其翻到正面，检查袖子扭偏的情况、装袖线和归缩等状态。然后缉缝，距离侧缝线6~8cm处缉缝两道线。

40. 将垫肩固定在肩部，从正面观察其位置是否准确，决定是否要调整。

41. 将袖里的袖山绷缝固定到袖窿上。

42. 如图5-1-23所示，在暗门襟边沿两扣眼间打套结，固定上下暗门襟。

43. 钉扣，整烫。

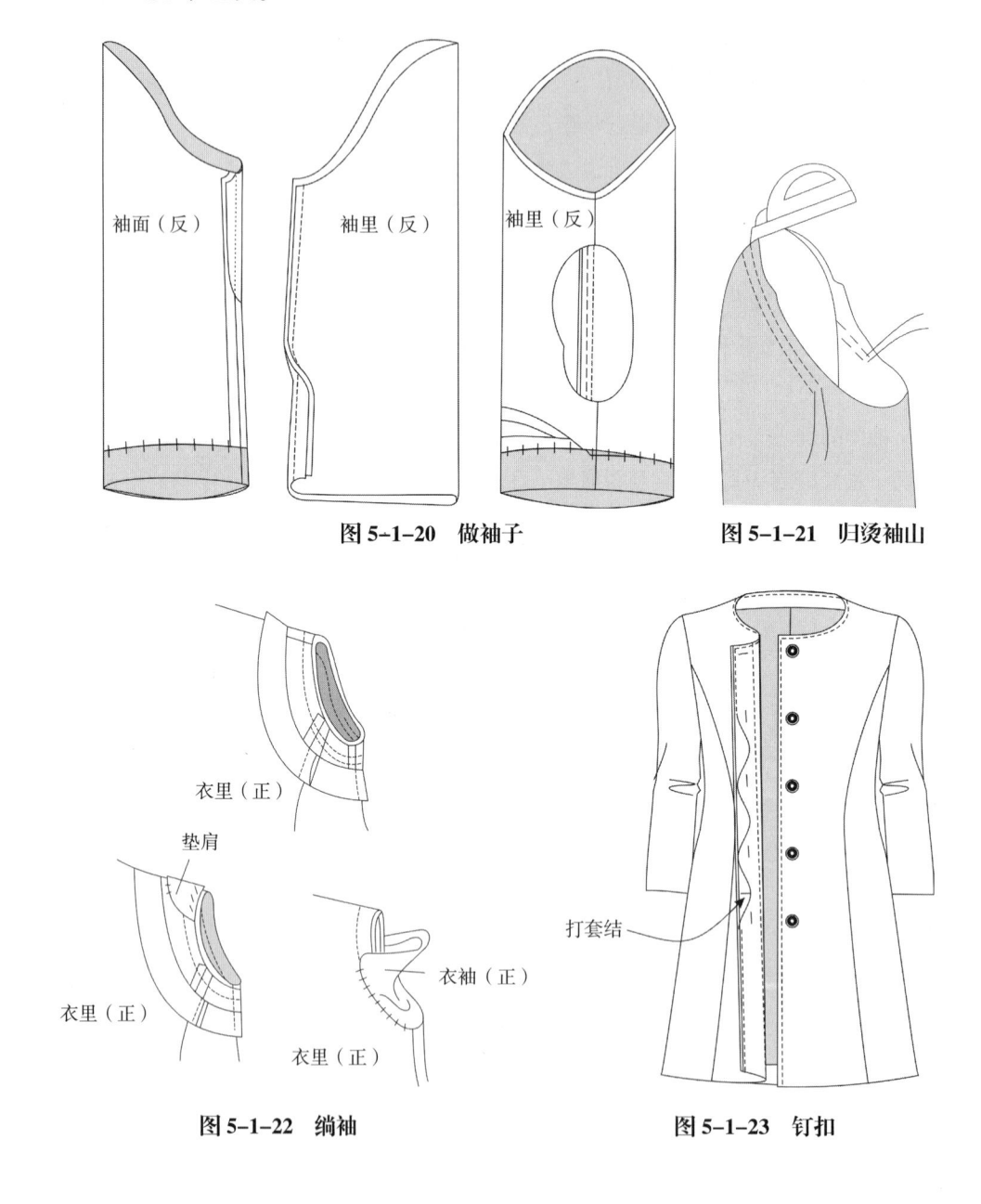

图 5-1-20　做袖子　　　　图 5-1-21　归烫袖山

图 5-1-22　绷袖　　　　图 5-1-23　钉扣

第二节 立领大衣

一、款式说明

如图5-2-1所示，该款为立领大衣，适合秋冬季穿着，可以选用中厚毛料或者薄型呢料，里布可选择羽纱、美丽绸等。

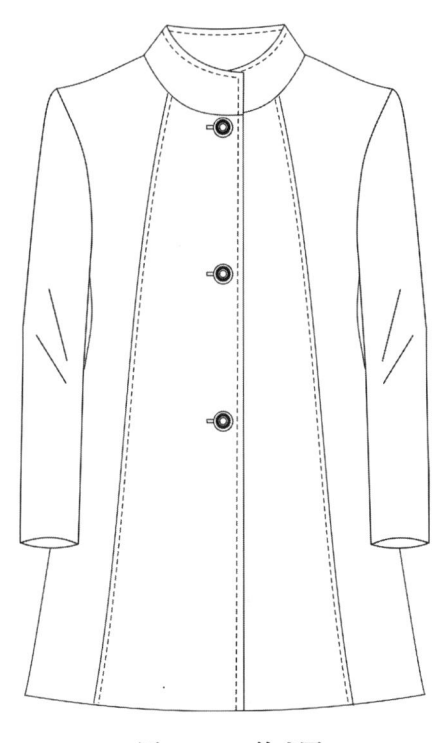

图5-2-1 款式图

二、结构图

制图说明：前、后衣身侧片分别合并前腋下省和后袖窿省后再裁剪面料，如图5-2-2所示。

如图5-2-3所示，领里比领面略短，小袖拼合为一片再裁剪面料。

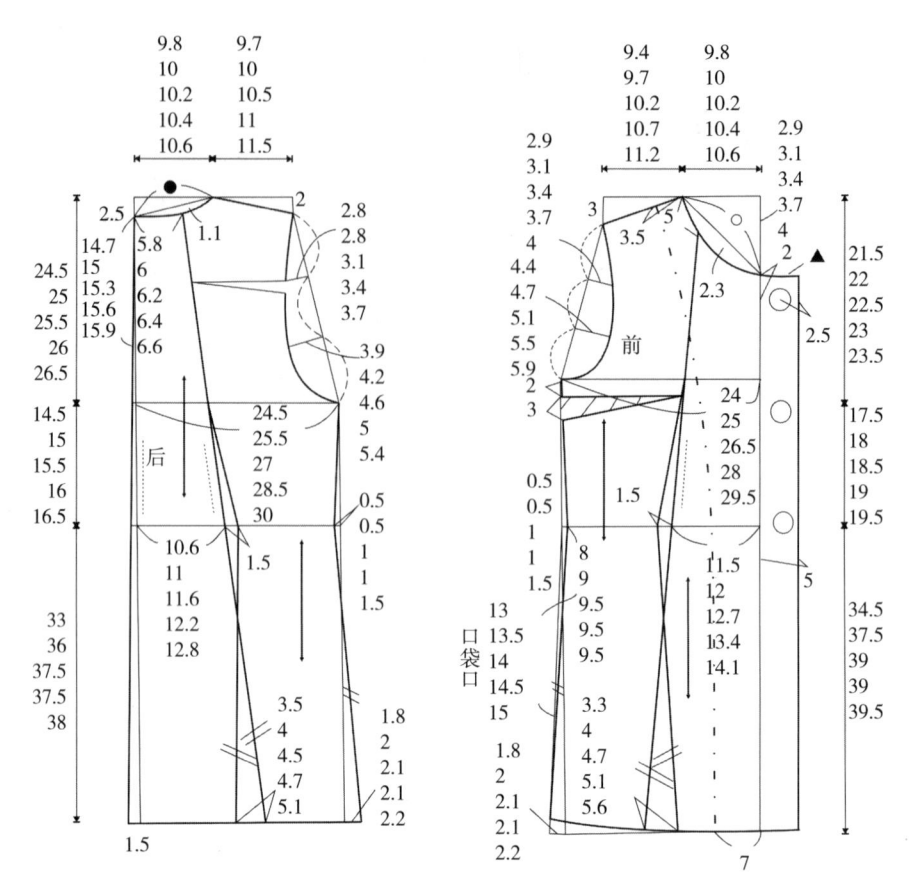

图 5-2-1 衣身结构图

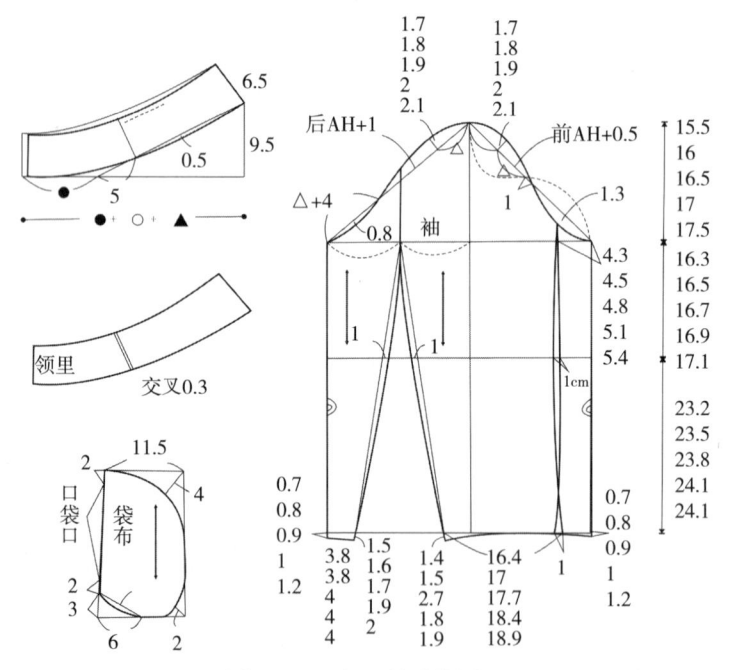

图 5-2-3 领、袖结构图

184 女装缝制工艺

三、缝头加放

（一）面料缝头加放

缝头加放说明：如图5-2-4所示，领口弧线部分缝头加放在0.8~1cm，袖口和衣身折边可控制在3~5cm，其他部位的缝头一般在1~1.5cm之间，面料缝头加放。

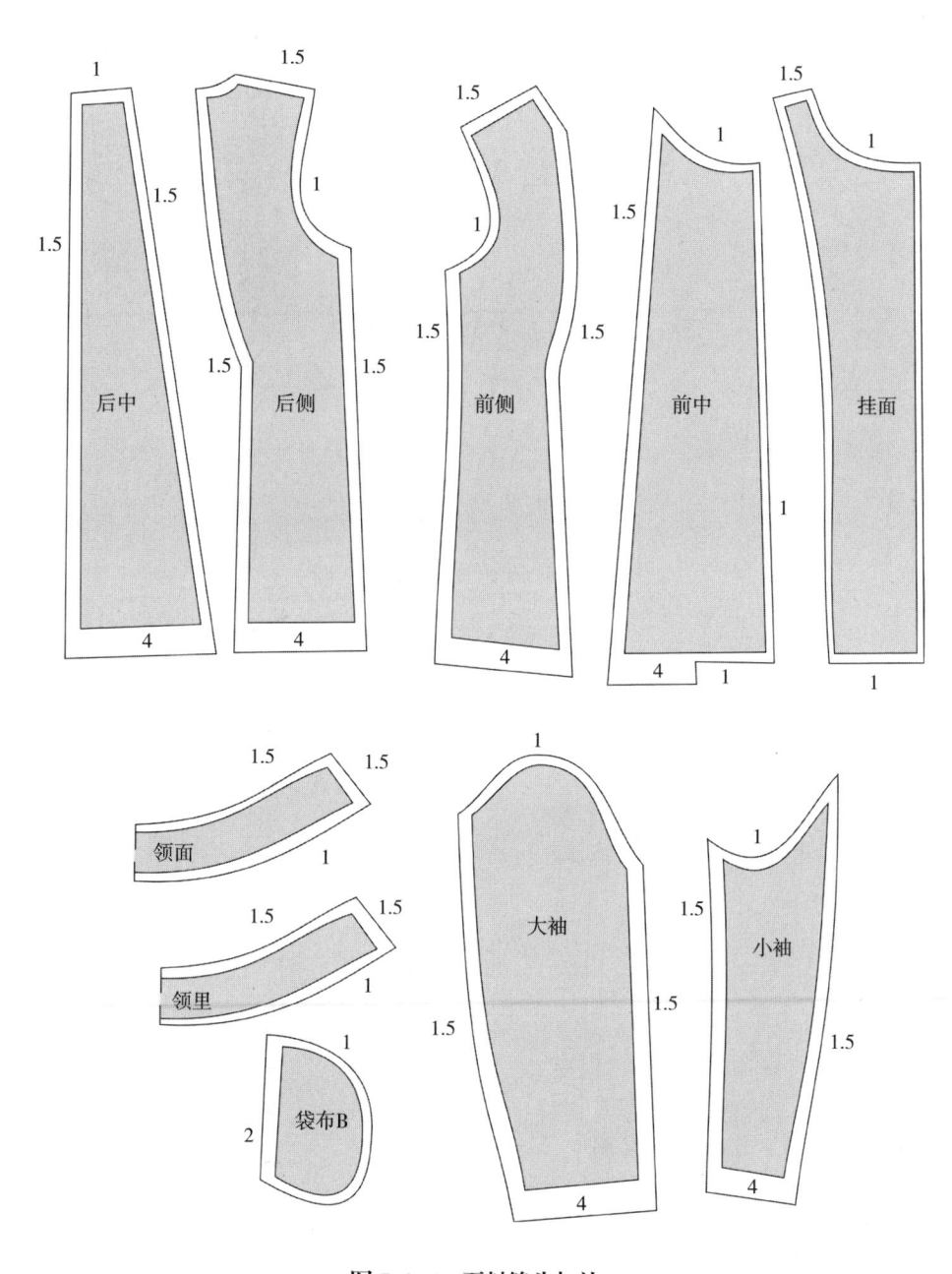

图 5-2-4 面料缝头加放

（二）里料缝头加放

里料缝头加放如图5-2-5所示。

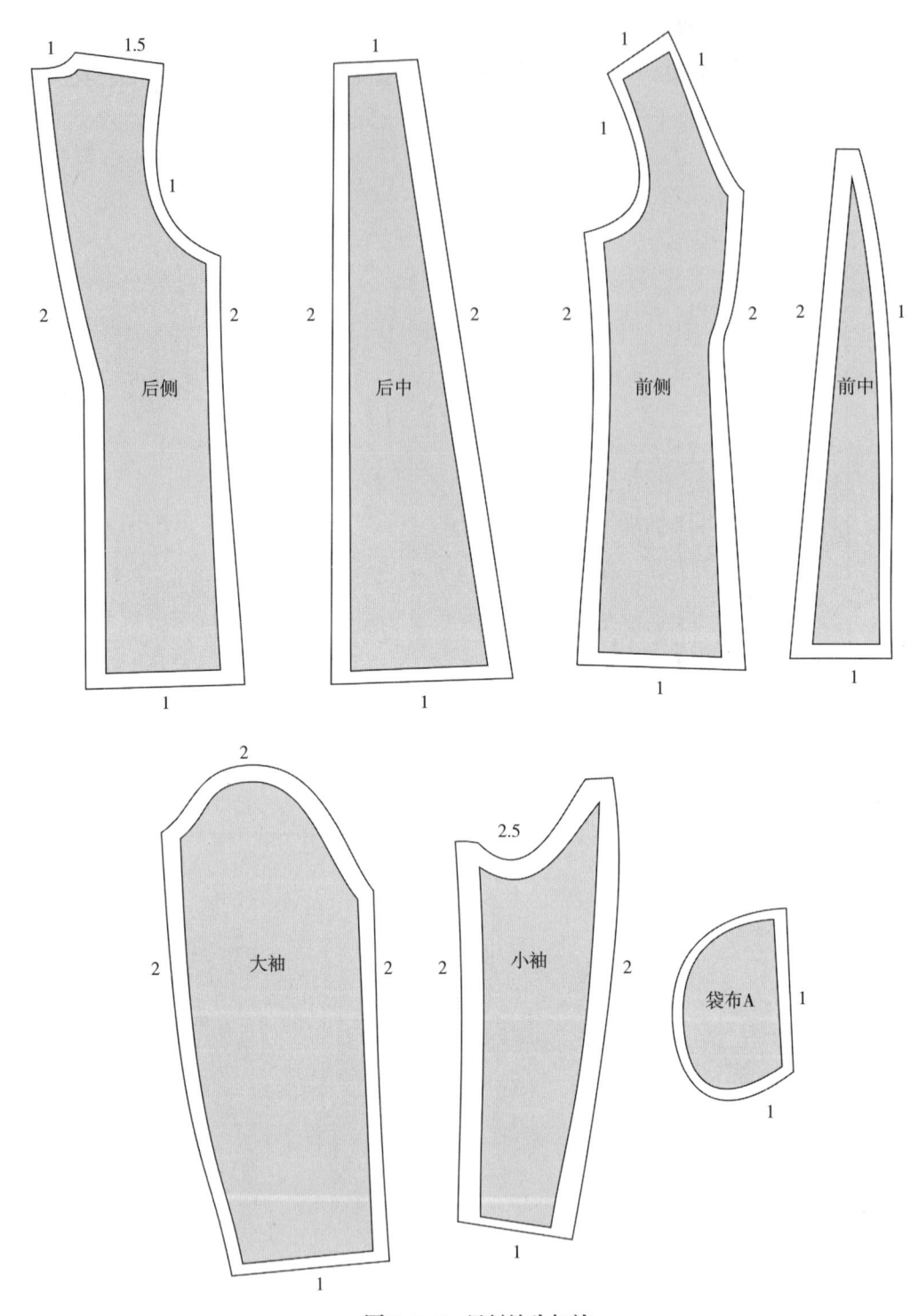

图 5-2-5　里料缝头加放

四、缝制方法

1. 如图 5-2-6所示，前、后中片与前、后侧片分别正面相对叠合，缉缝拼接缝。

2. 熨烫缝头，并将缝头倒向中心侧。

3. 将衣片翻到正面，缉缝1cm宽的明线。

4. 如图5-2-7所示，将两后中片分别正面相对叠合，缉缝拼接缝。

5. 熨烫缝头，并将缝头倒向一侧。

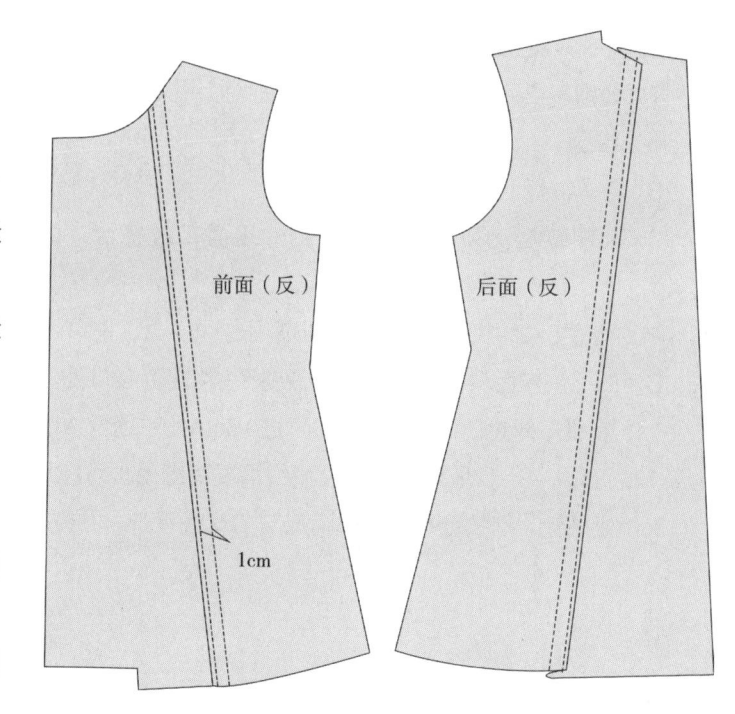

图 5-2-6　拼接前后衣片

图 5-2-7　合后背缝

6. 将衣片翻到正面，缉缝1cm宽的明线。

7. 如图5-2-8所示，将袋布A反面朝上叠放在前中片袋口处，在前中片净线外侧0.2cm处缉缝。

8. 将袋布A翻到正面。

9. 如图5-2-9所示，将前后侧片正面相对叠合，缉缝拼接缝，留出袋口，分烫缝头。

10. 如图5-2-10所示，将袋布B叠于袋布A上，将袋布B与后片侧缝缝头固定。如果袋布B用的不是与面料相同的布料，需要在袋布B的袋口处加垫袋布。

11. 在袋布周边内侧0.5cm处和再进0.3cm处缉缝两道线。

12. 如图5-2-11所示，如果后肩线需要缩缝处理可在后肩线净线外侧0.2cm处和再外移0.3cm处拱针，抽拉缝线使其收缩成与前肩线等长，并熨烫平整。

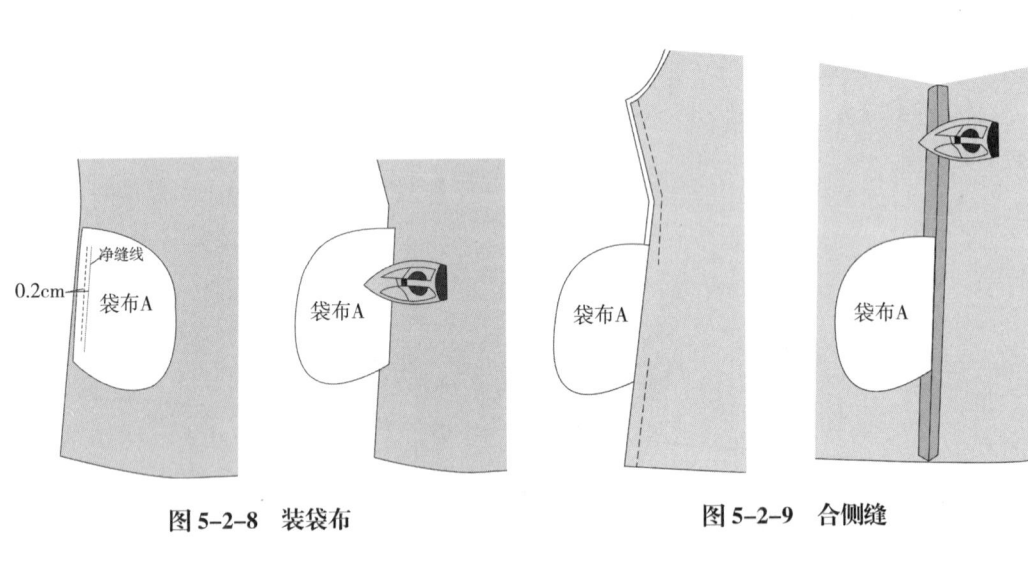

图5-2-8 装袋布

图5-2-9 合侧缝

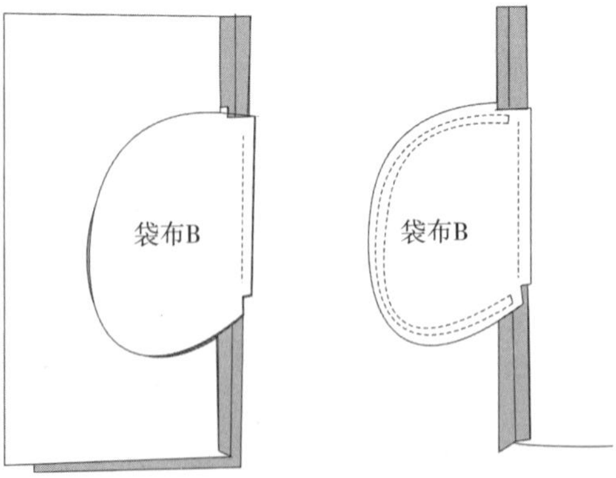

图5-2-10 装袋布

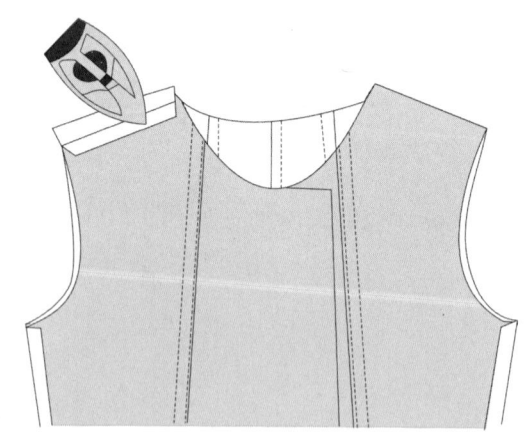

图5-2-11 合肩缝

13. 将前后衣片正面叠合缉缝侧缝和肩线，并将缝头劈开熨烫。

14. 如图5-2-12所示，将里子的前中片与前侧片正面相对叠合，在净线外侧0.2cm缉缝，将缝头倒向侧缝。

15. 将里子的前中片与挂面正面相对叠合缉缝，缝至离底边净线2~3cm处，然后将缝头倒向侧缝。

16. 如图5-2-13所示，里子后中片正面相对叠合，后领中心向下4cm以及底边净缝向上4cm离开净线0.2cm缉缝，在距离底边净线至距离后领中心4cm之间，离开净线1cm进行缉缝。

17. 将里子的后中片与后侧片正面相对叠合，在净线外侧0.2cm缉缝，将缝头倒向侧缝。

18. 如图5-2-13所示，缝合里子肩缝与侧缝，缝头都倒向后片。

19. 如图5-2-14所示，将领面的正面与衣身领口正面相对，按对位记号对齐，用大头针固定，缉缝，打剪口。

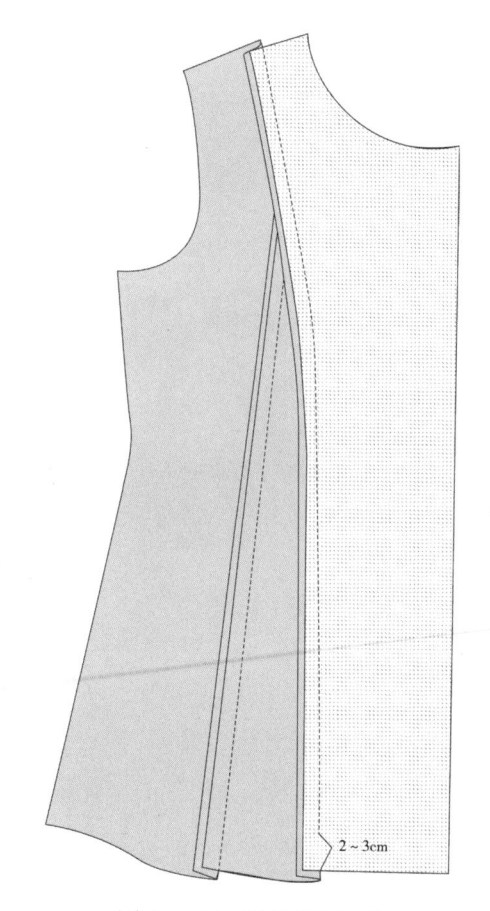

图5-2-12 拼接前片里子　　　　图5-2-13 合前后衣里

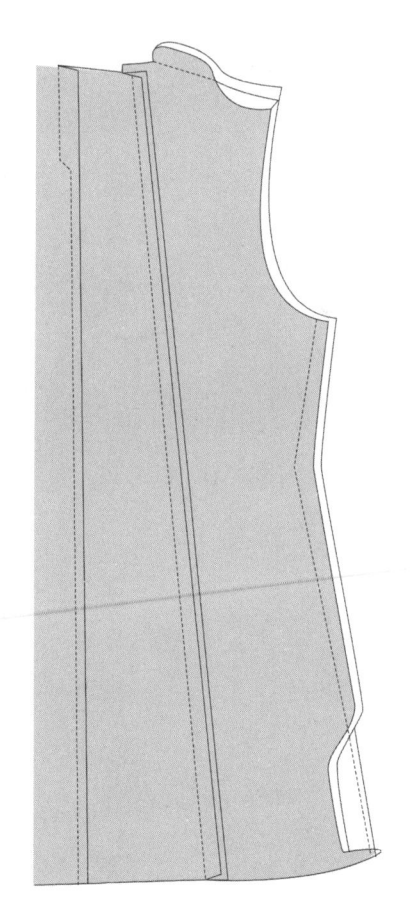

20. 如图5-2-15所示，分烫缝头。

21. 如图5-2-16所示，领里的正面与衣里领口正面相对，按对位记号对齐，用大头针固定，缉缝，打剪口。

22. 将领里与挂面的缝头分烫，后领里的缝头倒向后衣身。

23. 如图5-2-17所示，将前片面与挂面正面相对叠合，衣片净线外侧0.2cm与挂面净线内侧0.2cm处叠合，用大头针或手针粗缝固定，领角处与衣角处衣身略松，然后缉缝。

24. 剪去领角和衣角，在上领线处打剪口，也可以将缝头修剪出层次，熨烫缝头，将缝头扣向衣里。

25. 如图5-2-18所示，将衣身翻转至正面，挂面与后领贴边稍退进，用熨斗熨烫平整。

26. 掀开衣里，将领面与领里领口缝头用手针固定到一起。

27. 在距离腋下袖窿净线8~10cm处开始将里子侧缝缝头与面子侧缝缝头固定，直至距离里子底边折边净线8~10cm处。

28. 在距离袖窿净线5cm处将面与里固定在一起。

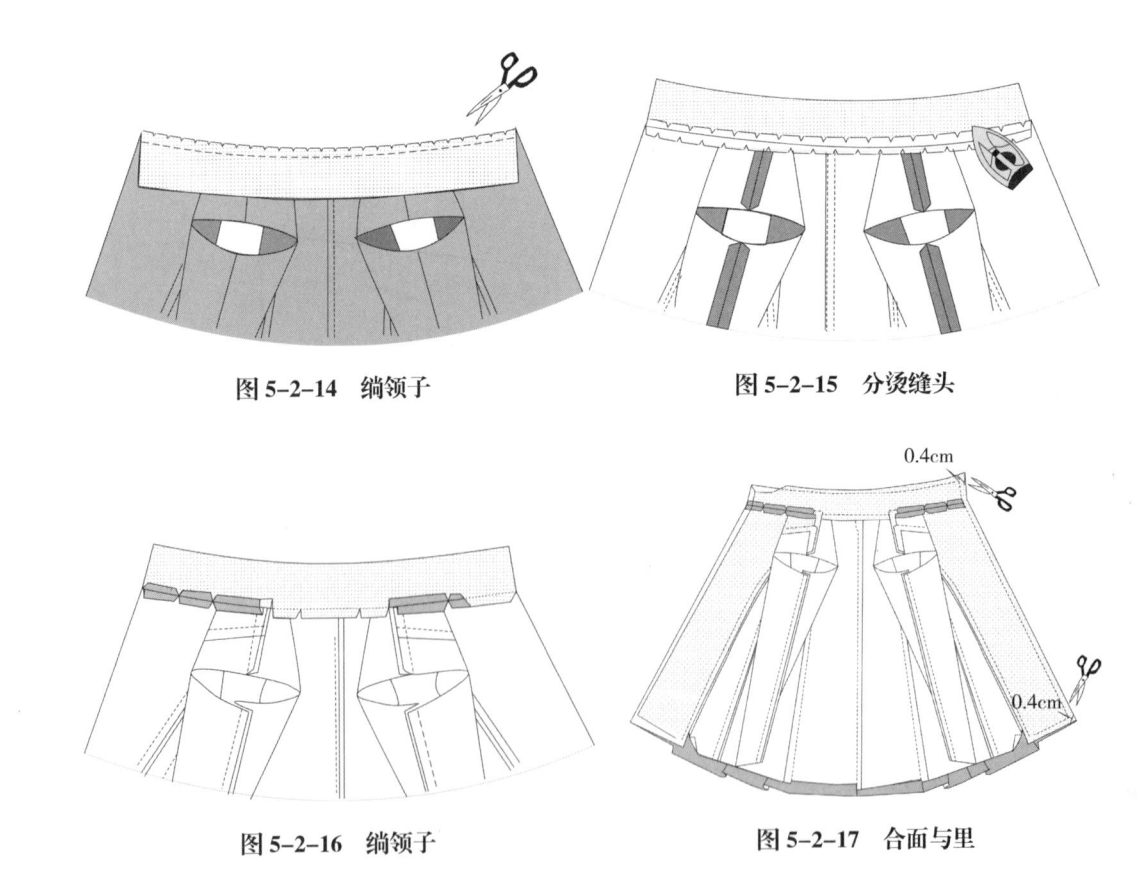

图5-2-14　绱领子

图5-2-15　分烫缝头

图5-2-16　绱领子

图5-2-17　合面与里

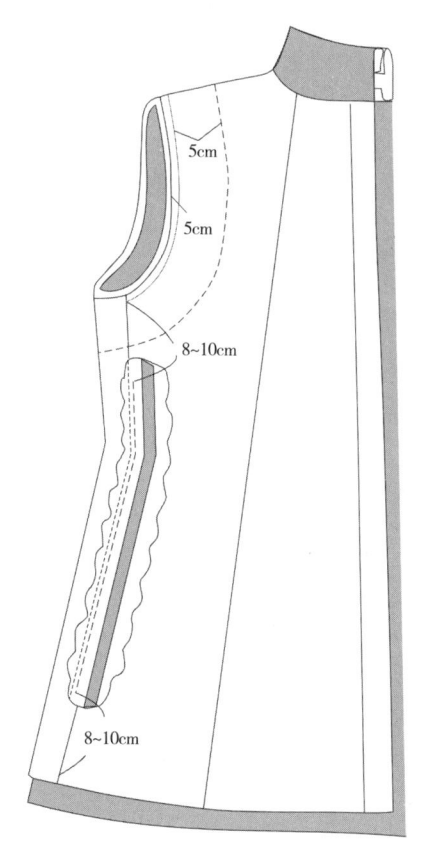

图 5-2-18 固定面与里侧缝　　　　图 5-2-19 处理底边

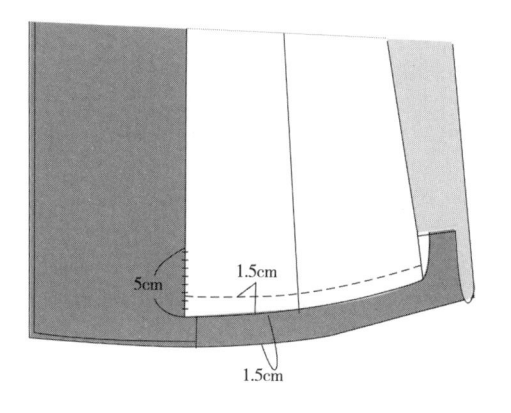

29. 如图5-2-19所示，扣烫面子底边折边。松弛量用熨斗进行归拢处理或者用距边0.5cm拱针抽拉缝线将其归缩，并熨烫平整。

30. 将面子折边与面子缲缝固定。

31. 挂面的下摆比面子下摆退进一些，将挂面缲缝固定到面子折边上。

32. 扣烫里子下摆的折边，使折边边缘距离面子边缘1.5cm。

33. 在距离里子折边边缘1.5cm处粗缝固定里子，然后里折边1cm将里子折边与面子折边缲缝固定。

34. 从里折边边缘向上5cm处起，将里子与挂面缲缝固定。

35. 如图5-2-20所示，袖面正面相对，缝合外侧缝和内侧缝并烫开，厚面料可以剪去袖口底侧的缝头，薄面料可以不剪。

36. 将袖口贴边折倒并暗缲缝。

37. 分别在袖山净线外侧0.2cm及0.3cm处拱针，抽缝线，使前袖山弧线长与袖窿弧线长度相等，最后用熨斗进行归缩处理，使袖山自然形成立体状。

38. 如图5-2-21所示，大小袖里正面相对叠合，在净线外0.2~0.3cm处缉缝，缝头倒

第五章　大衣

向大袖。

39. 小袖里和面反面相对叠合，离开袖山净线7~10cm，离开袖口净线7~10cm，将袖里固定到袖面上。

40. 如图5-2-22所示，将袖里翻到正面，袖口里离袖口面2.5cm，缲缝固定。将袖面翻到正面。

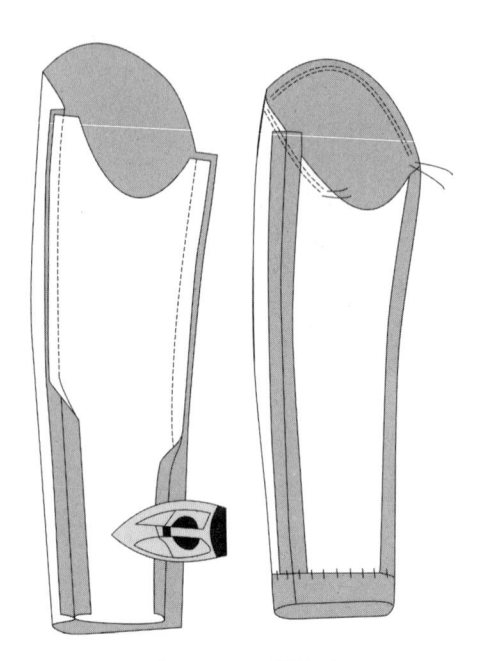

图 5-2-20　做袖面

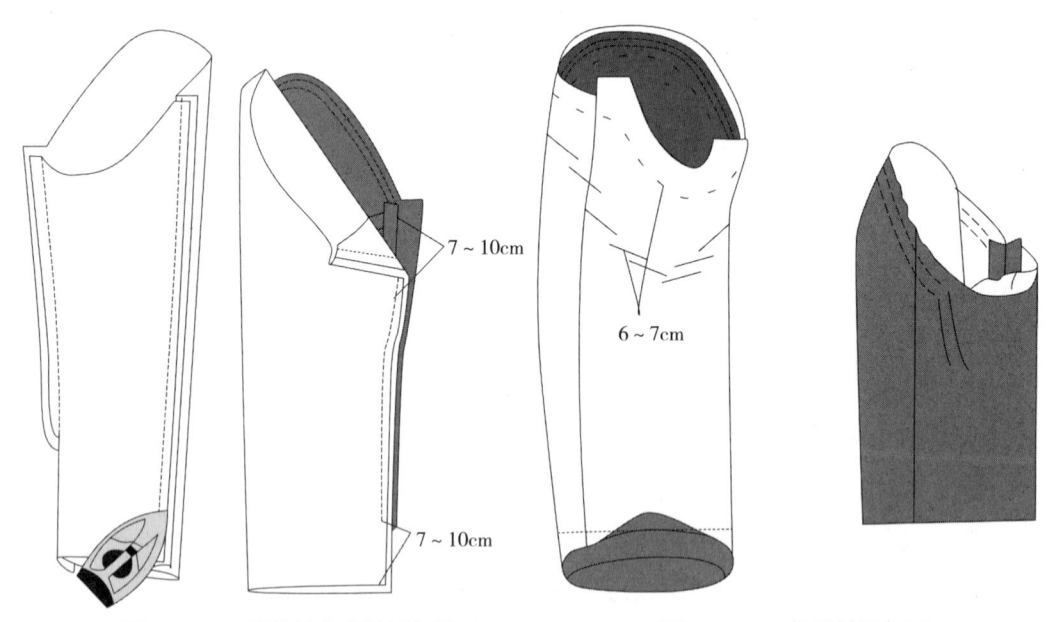

图 5-2-21　做袖里和合袖里与袖面　　　　图 5-2-22　处理袖里与面

41. 如图5-2-23所示,将袖山与袖窿弧线对位,为使袖子和衣片不错位,进行粗缝固定,起针处要回针,粗缝完成后将其翻到正面,检查袖子扭偏的情况、装袖线和归缩等状态。然后缉缝,距离侧缝线7~8cm处缉缝两道线。

42. 将垫肩固定在肩部,从正面观察其位置是否准确,决定是否要调整。

43. 将袖里的袖山缲缝固定在袖窿上。

44. 如图5-2-24所示,缉门襟止口和领口明线。

45. 锁眼钉扣,熨烫整理。

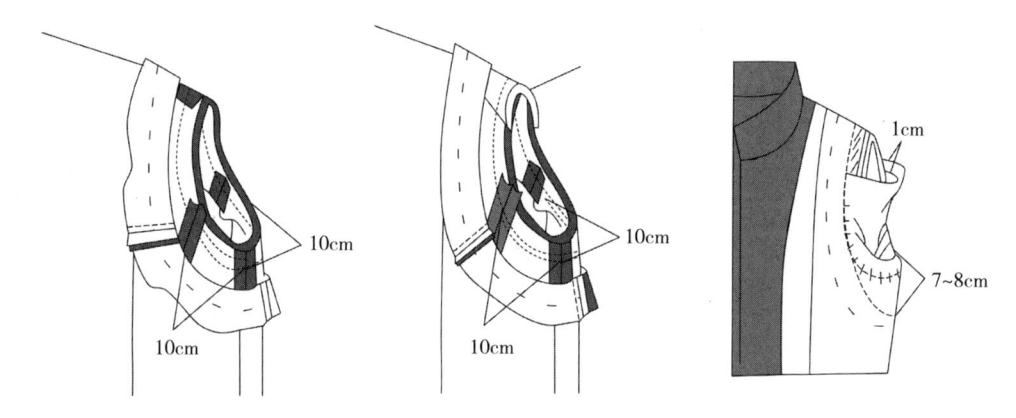

图 5-2-23　绱袖子

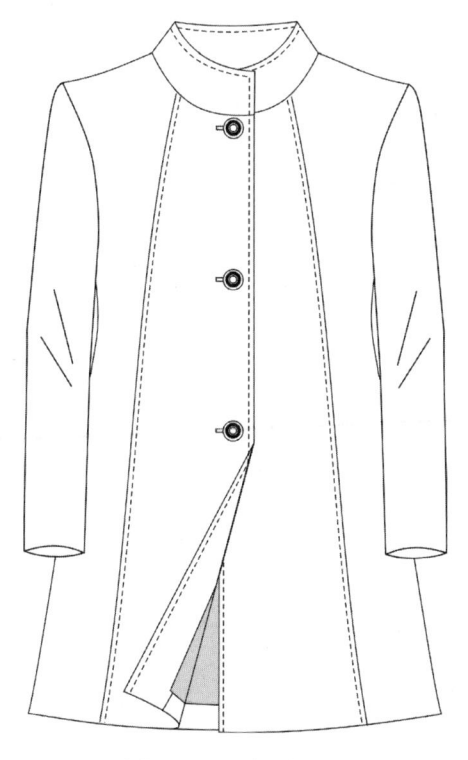

图 5-2-24　锁眼钉扣

第三节　翻领大衣

一、款式说明

如图5-3-1所示，该款为翻领，适合冬季穿着，可以选用中厚毛料，里布可选择羽纱、美丽绸等。

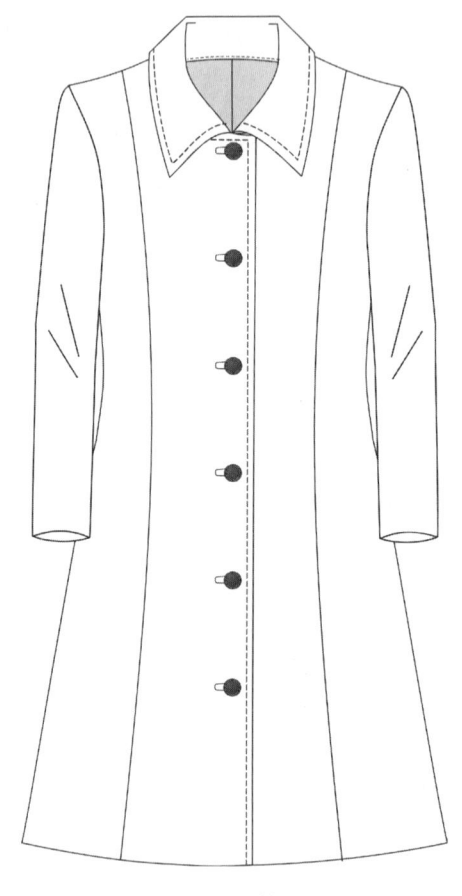

图 5-3-1　款式图

二、结构图

制图说明：如图5-3-2~图5-3-4所示。为确保领面与里缝合后的窝服，如图将领里切开，将切开的两部分在外领口线展开0.2cm，剪开领翻折线处，增加0.2cm的余量，防止领里反吐领子外口线也增加0.2cm的余量。这些量的大小与面料的厚度有关，厚度

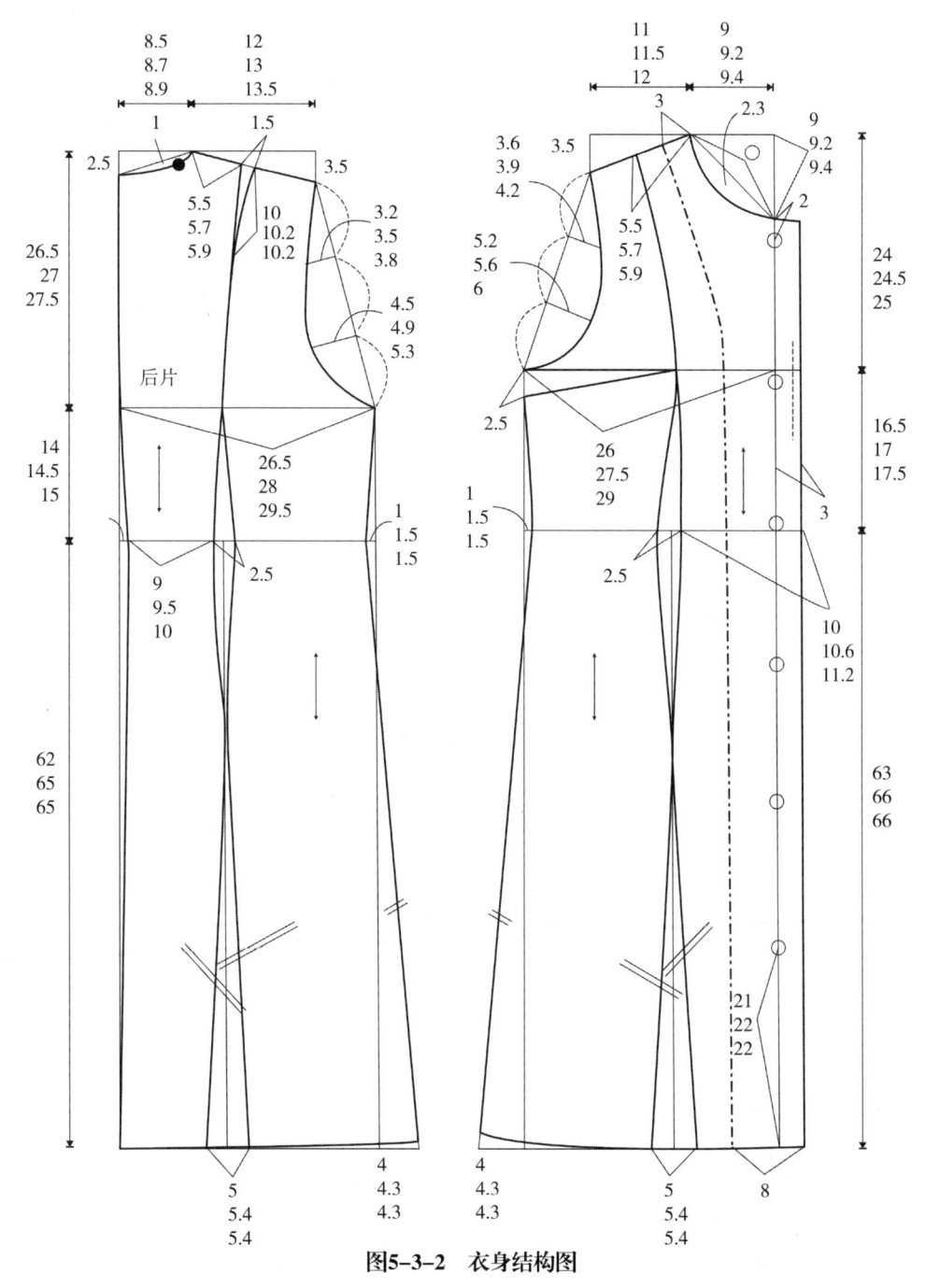

图5-3-2　衣身结构图

第五章　大衣　195

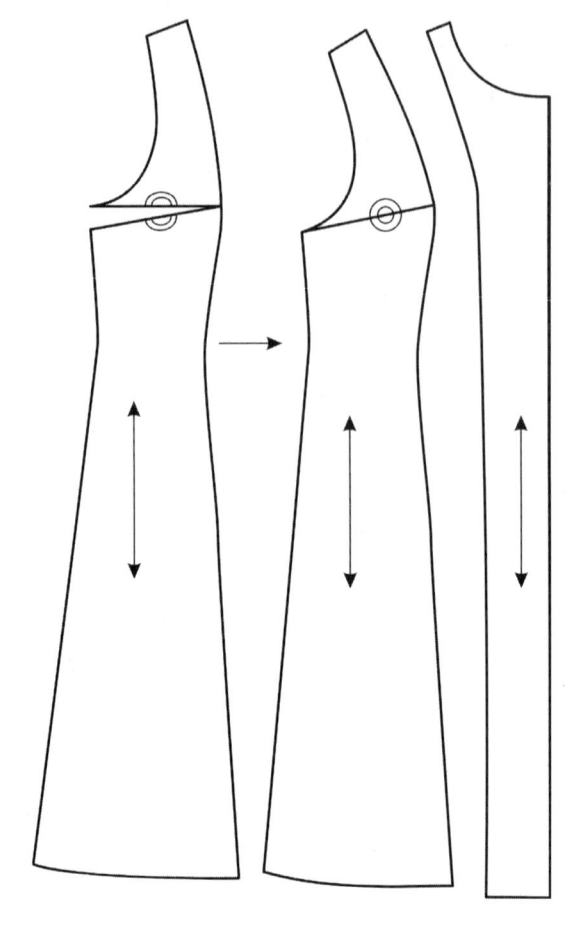

图 5-3-3 前片结构图

增加,可以增加这些量;反之减小。然后将领上口线和下口线弧线修顺。小袖拼合后再裁剪。

三、缝头加放

(一)面料缝头加放

缝头加放说明:如图5-3-5所示,领口弧线部分缝头加放在0.8~1cm,袖口和衣身折边可控制在3~4cm,其他部位的缝头一般在1~1.5cm之间,随着面料厚度的增加缝头的大小在增加,反之减小。面料缝头加放。

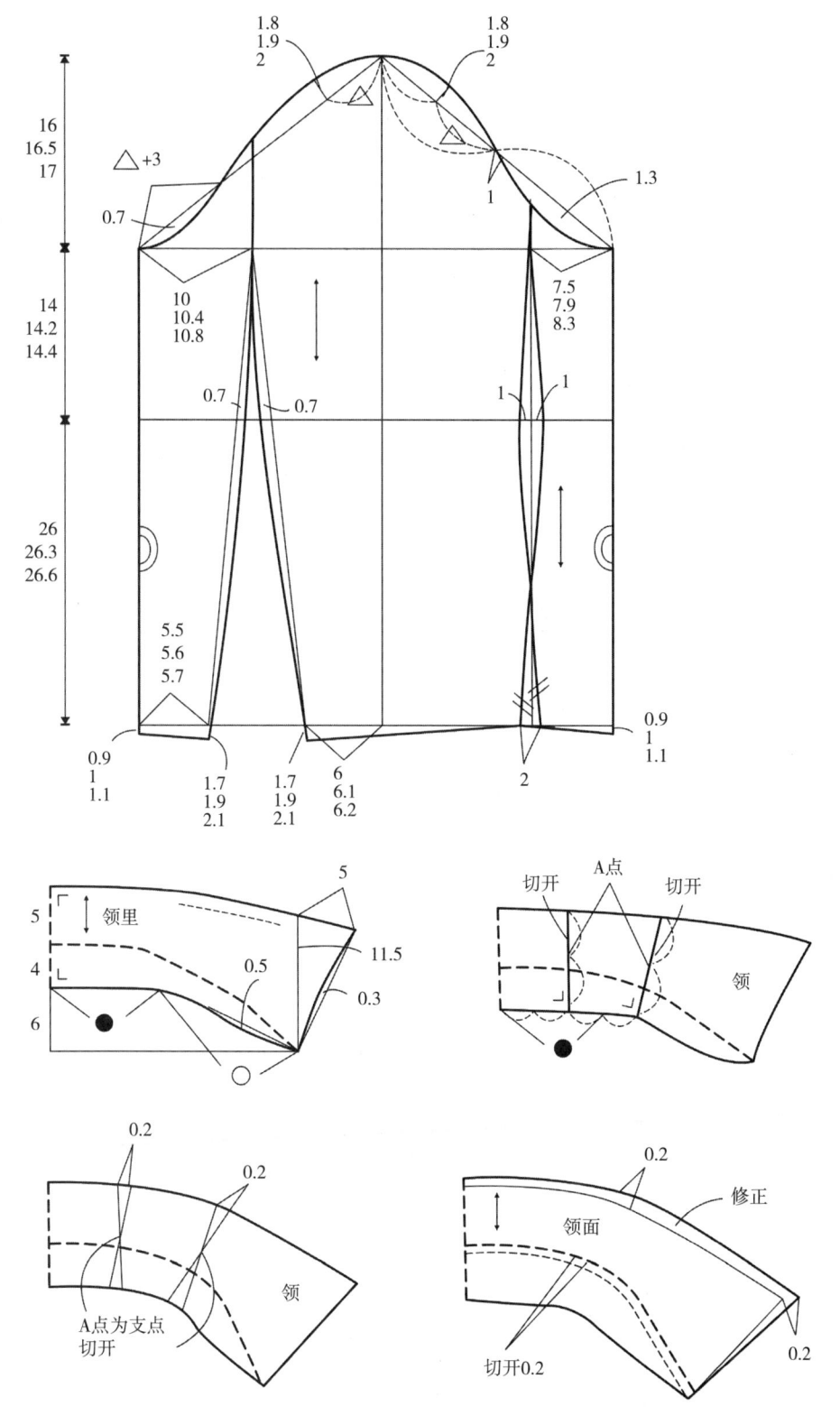

图 5-3-4 衣袖衣领结构图

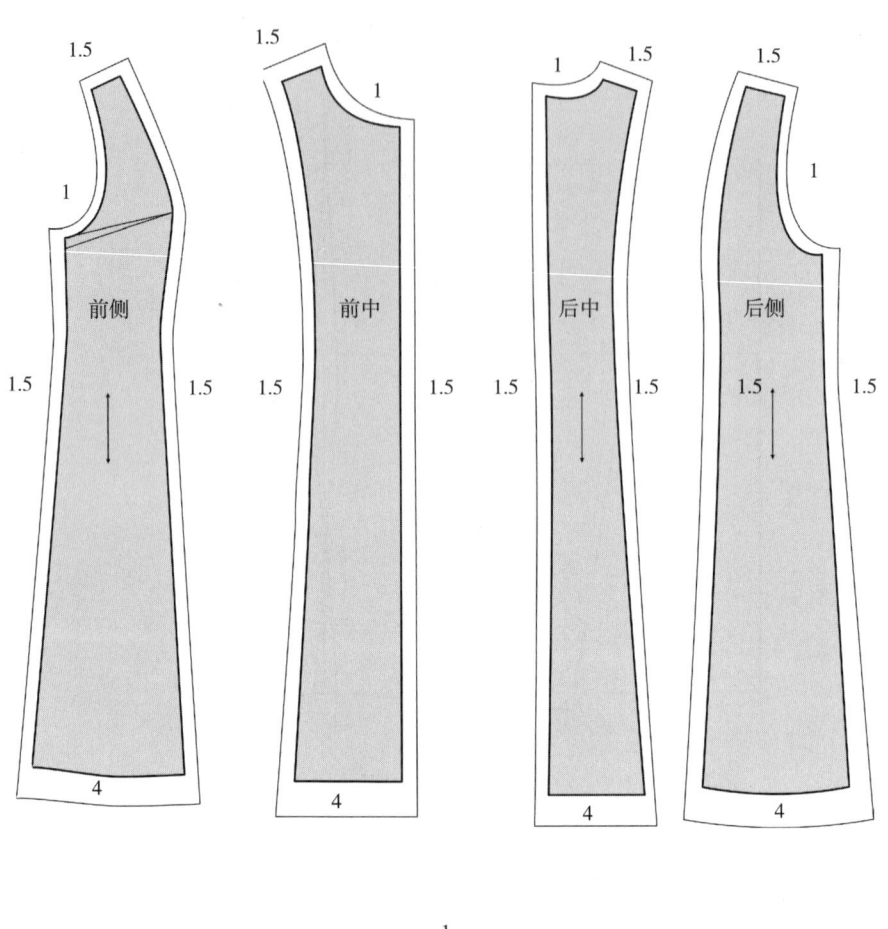

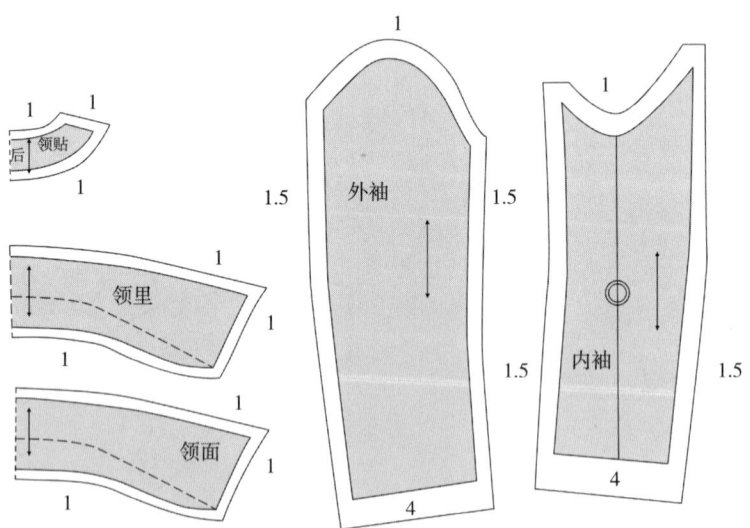

图 5-3-5 面料缝头加放

（二）里料缝头加放

里料缝头加放如图5-3-6所示。

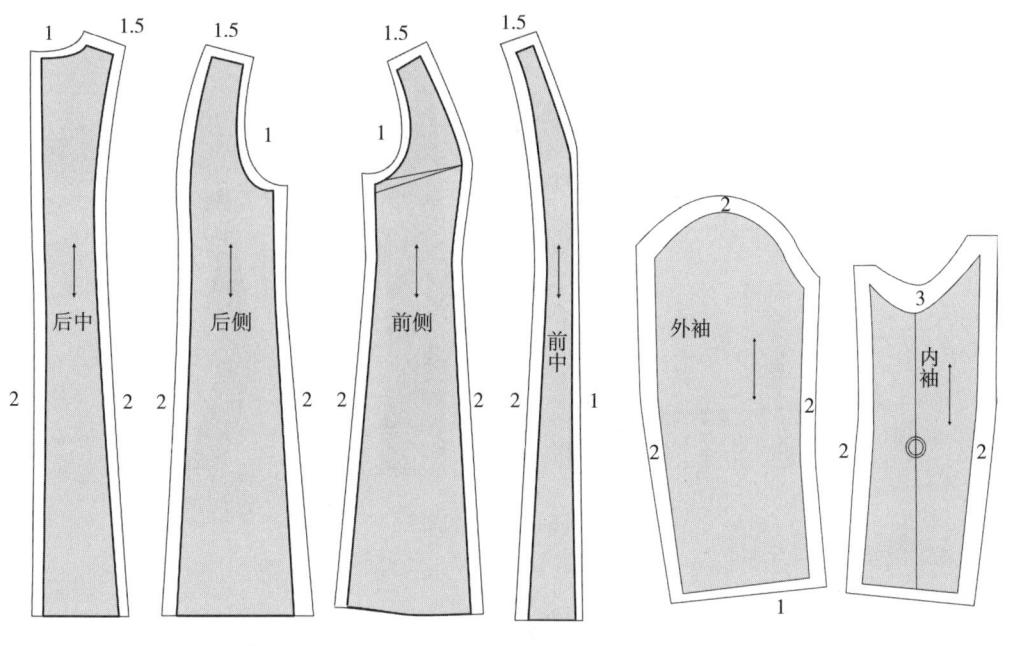

图5-3-6① 里料缝头加放

图5-3-6② 里料缝头加放

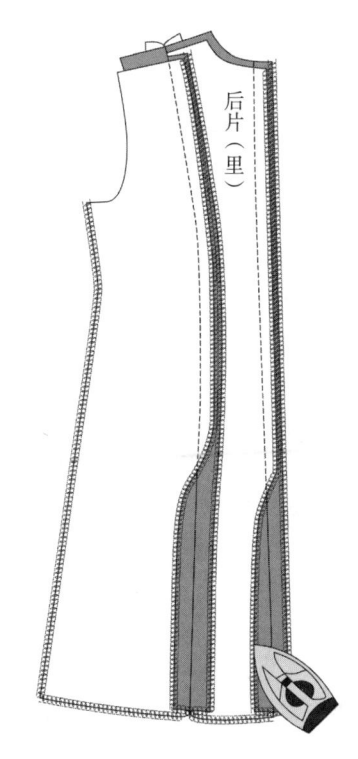

图5-3-7 做后片

四、缝制方法

1. 如图5-3-7所示，前、后中片与前、后侧片分别正面相对叠合，缉缝拼接缝，分烫缝头。

2. 将两片后中片分别正面相对叠合，缉缝拼接缝，分烫缝头。

3. 如图5-3-8所示，如果后肩线需要缩缝处理可在后肩线净线外侧0.2cm处和再外移0.3cm处拱针，抽拉缝线使其收缩成与前肩线等长，并熨烫平整。

4. 将前、后衣片正面叠合缉缝肩线，并将缝头劈开熨烫。

5. 如图5-3-9所示，将领里的正面与衣身领口正面相对，按对位记号对齐，用大头针固定，缉缝，打剪口。

6. 如图5-3-10所示，分烫缝头。

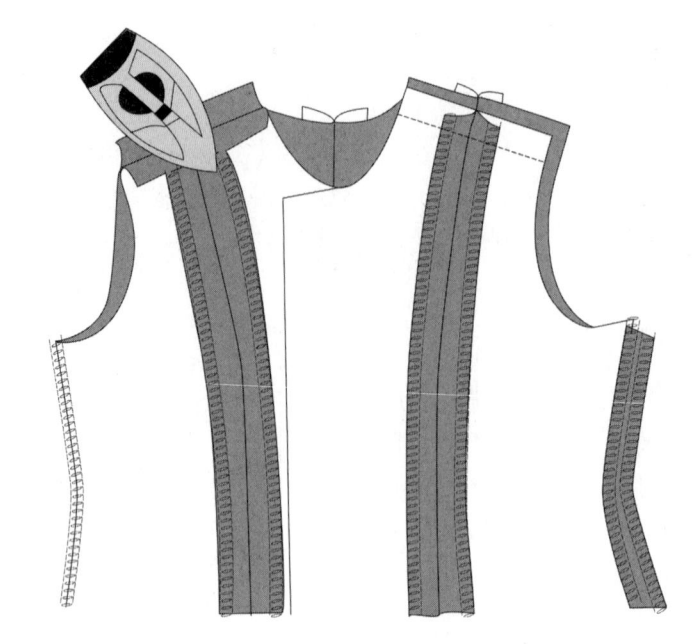

图 5-3-8 合肩缝

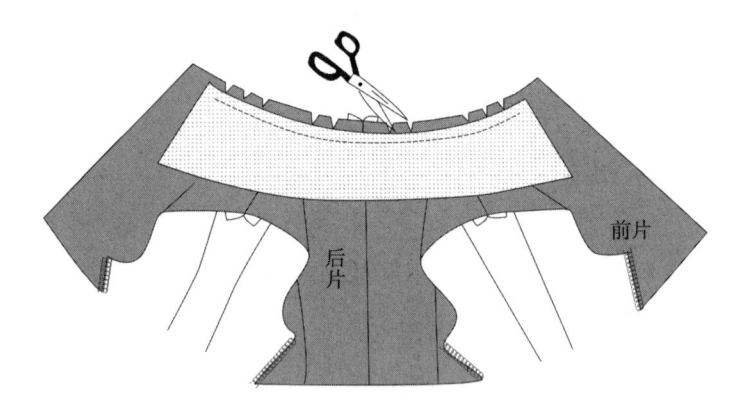

图 5-3-9 绱领里

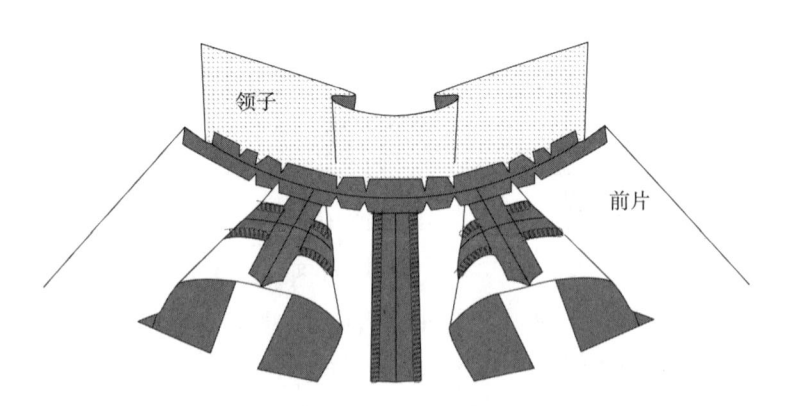

图 5-3-10 分烫缝头

7. 如图5-3-11所示，将前后衣片正面叠合缉缝侧缝，并将缝头劈开熨烫。

8. 如图5-3-12所示，将里子的前中片与前侧片正面相对叠合，在净线外侧0.2cm缉缝，将缝头倒向侧缝。

9. 将里子的前中片与挂面正面相对叠合缉缝，缝至离底边净线2~3cm处，然后将缝头倒向侧缝；

10. 如图5-3-13所示，里子后中片正面相对叠合，后领中心向下4cm以及底边净缝向上4cm离开净线0.2cm缉缝，在距离底边净线至距离后领中心4cm之间，离开净线1cm进行缉缝。

11. 将里子的后中片与后侧片正面相对叠合，在净线外侧0.2cm缉缝，将缝头倒向侧缝。

12. 缝合里子肩缝与侧缝，缝头都倒向后片。

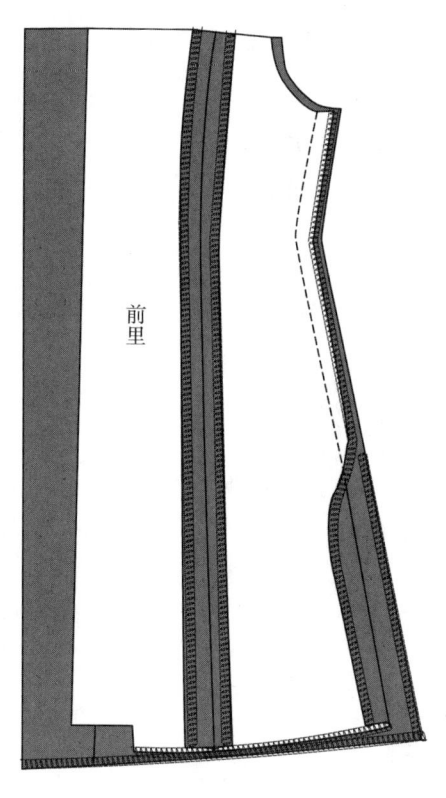

图 5-3-11　合侧缝

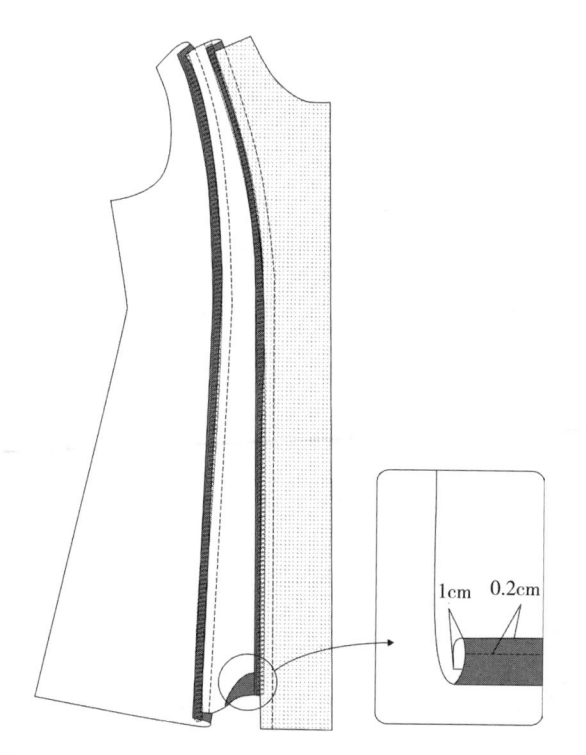

图 5-3-12　做前片里子

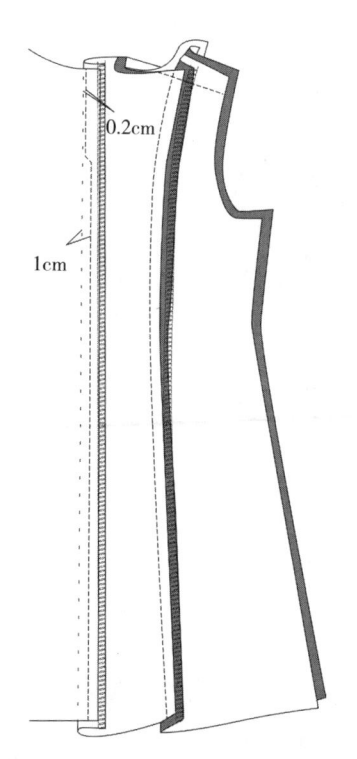

图 5-3-13　合里子肩缝与侧缝

第五章　大衣　201

13. 如图5-3-14所示，领面的正面与衣里领口正面相对，按对位记号对齐，用大头针固定，缉缝，打剪口。

14. 如图5-3-15所示，将领面与挂面的缝头分烫，后领里的缝头倒向后衣身。

15. 如图5-3-16所示，合里子侧缝，扣烫缝头，并缉缝里子折边。

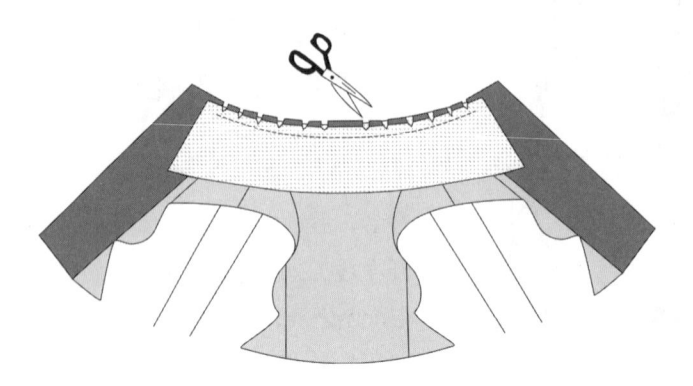

图 5-3-14　绱领面

图 5-3-15　分烫缝头

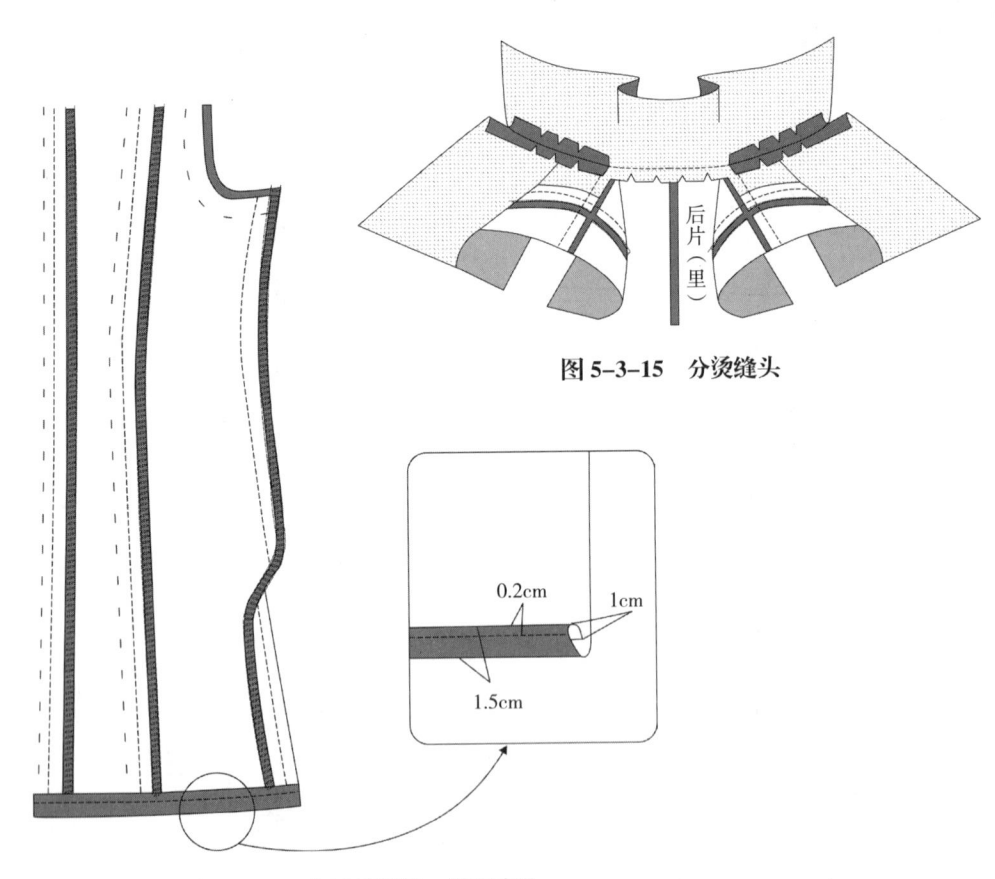

图 5-3-16　合里子侧缝，处理底边

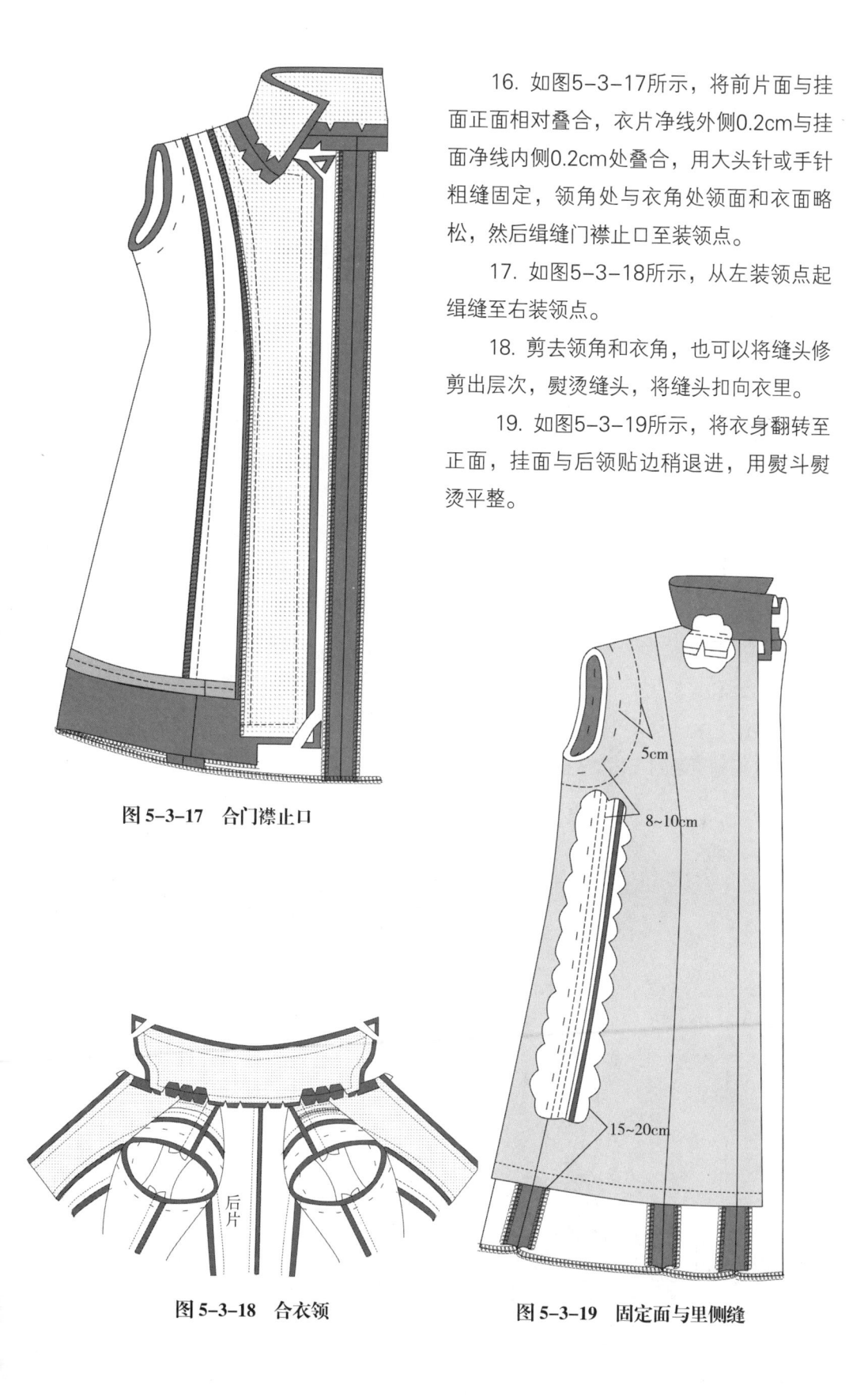

16. 如图5-3-17所示，将前片面与挂面正面相对叠合，衣片净线外侧0.2cm与挂面净线内侧0.2cm处叠合，用大头针或手针粗缝固定，领角处与衣角处领面和衣面略松，然后缉缝门襟止口至装领点。

17. 如图5-3-18所示，从左装领点起缉缝至右装领点。

18. 剪去领角和衣角，也可以将缝头修剪出层次，熨烫缝头，将缝头扣向衣里。

19. 如图5-3-19所示，将衣身翻转至正面，挂面与后领贴边稍退进，用熨斗熨烫平整。

图 5-3-17 合门襟止口

图 5-3-18 合衣领

图 5-3-19 固定面与里侧缝

第五章 大衣 203

20. 掀开衣里，将领面与领里领口缝头用手针固定到一起。

21. 在距离腋下8~10cm处开始将里子侧缝缝头与面子侧缝缝头固定，直至距离里子底边15~20cm处。

22. 在距离袖窿净线5cm处将面与里固定到一起。

23. 如图5-3-20所示，扣烫面子底边折边。松弛量用熨斗进行归拢处理或者用在距边0.5cm拱针抽拉缝线将其归缩，并熨烫平整。

24. 将面子折边与面子缲缝固定。

25. 挂面的下摆比面子下摆退进一些，将挂面缲缝固定到面子折边上。

26. 将里子下边沿与面子折边固定长度为4cm。

27. 如图5-3-21所示，袖面正面相对，缝合外侧缝和内侧缝并烫开，厚面料可以剪去袖口底侧的缝头，薄面料可以不剪。

28. 将袖口贴边折倒并暗缲缝。

29. 分别在袖山净线外侧0.2cm及0.5cm处拱针，抽缝线，使前袖山弧线长与袖窿弧线长度相等，最后用熨斗进行归缩处理，使袖山自然形成立体状。

30. 如5-3-21所示，大小袖里正面相对叠合，在净线外0.2~0.3cm处缉缝，缝头倒向大袖。

31. 如图5-3-22所示，小袖里和面反面相对叠合，离开袖山净线7~8cm，离开袖口净线7~8cm，将袖里固定到袖面上。

32. 将袖里翻到正面，袖口里离袖口面2.5cm，缲缝固定。将袖面翻到正面。

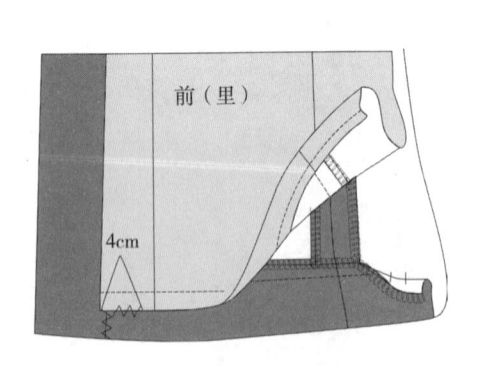

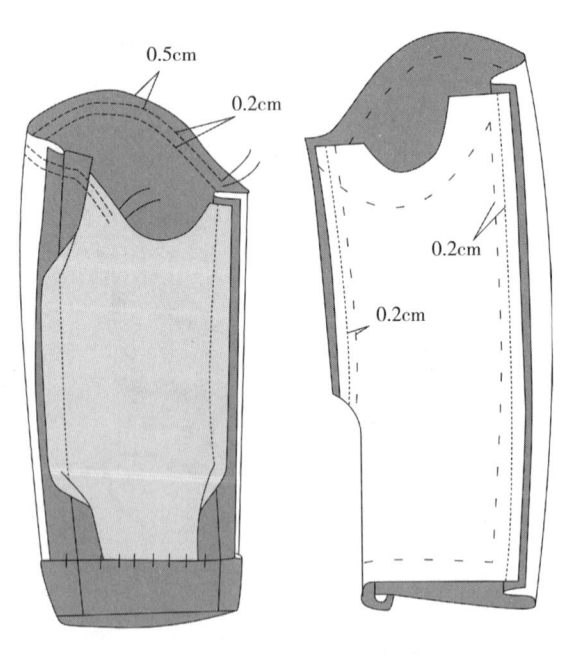

图5-3-20 处理下摆　　图5-3-21 做袖子面与里

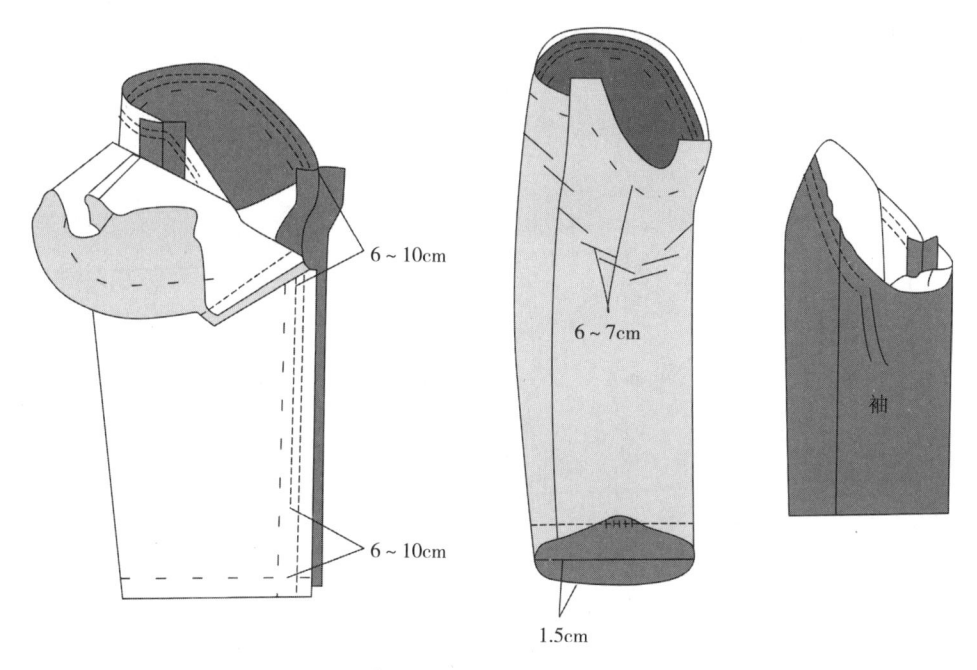

图 5-3-22 合袖里与袖面

33. 如图5-3-23所示,将袖山与袖窿弧线对位,为使袖子和衣片不错位,进行粗缝固定,起针处要回针,粗缝完成后将其翻到正面,检查袖子扭偏的情况、装袖线和归缩等状态。然后缉缝,距离侧缝线6~8cm处缉缝两道线。

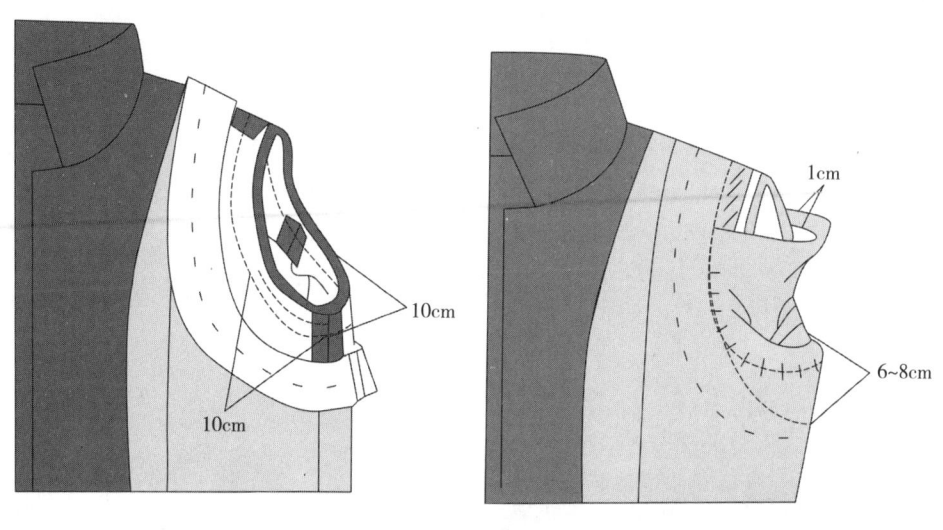

图 5-3-23 绱袖子

34. 将垫肩固定在肩部，从正面观察其位置是否准确，决定是否要调整。
35. 将袖里的袖山缲缝固定到袖窿上。
36. 如图5-3-24所示，锁眼、钉扣、拉底边线襻。

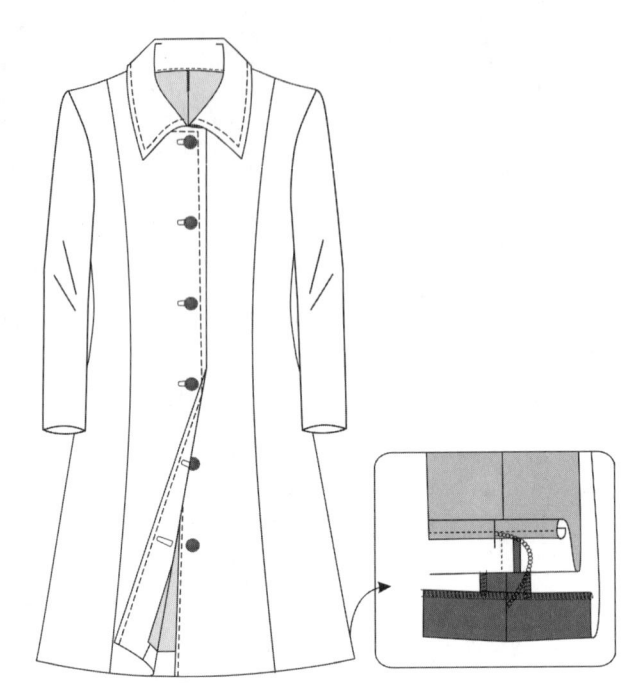

图 5-3-24　锁眼、钉扣、拉底边线襻

第四节 翻驳领大衣

一、款式说明

如图5-4-1所示，该款为翻驳领明贴袋无里双排扣大衣，可以选用中厚面料。

图5-4-1 款式图

二、结构图

制图说明：如图5-4-2和如图5-4-3所示，基于登丽美原型制图，将原型倾倒2cm，胸围加放24cm，腋下省转至领省。合并前腋下省道后，衣片前后侧缝长度要相等。拼合前后侧缝，修顺底边线；前后肩缝拼合后，检查领窝弧线和袖窿弧线是否圆顺，如果不圆顺，则需要调整领窝弧线和袖窿弧线直至圆顺。

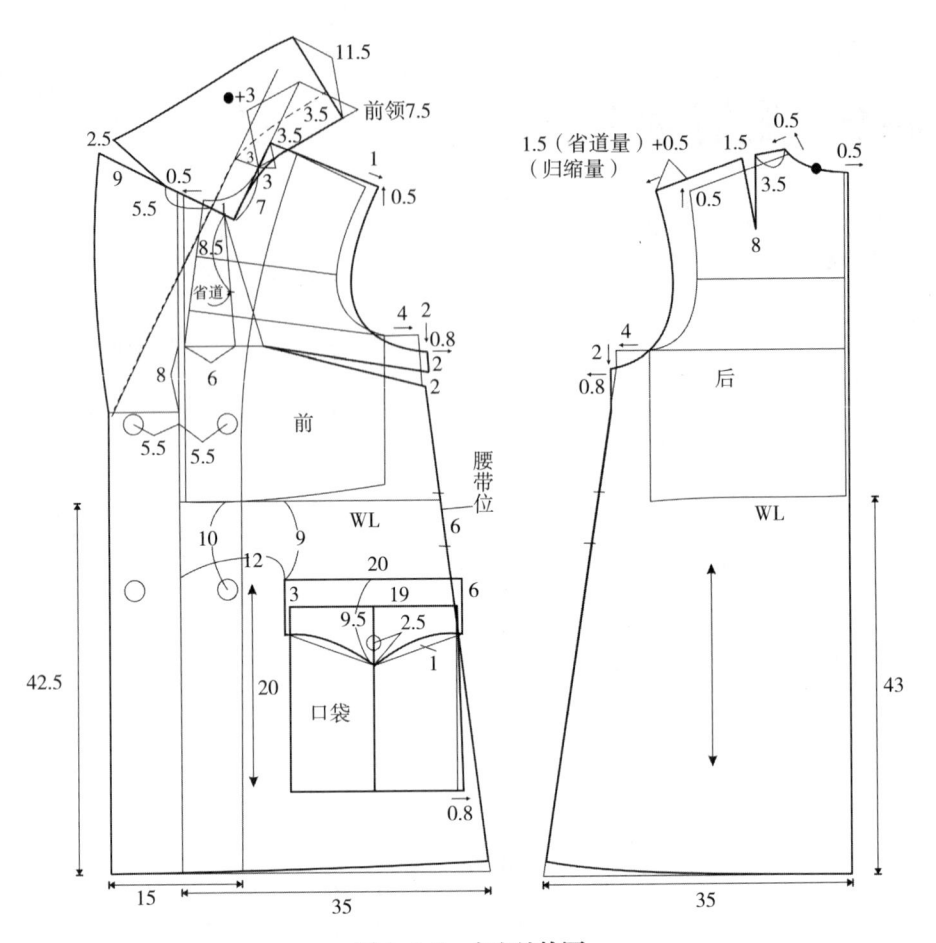

图 5-4-2 衣身结构图

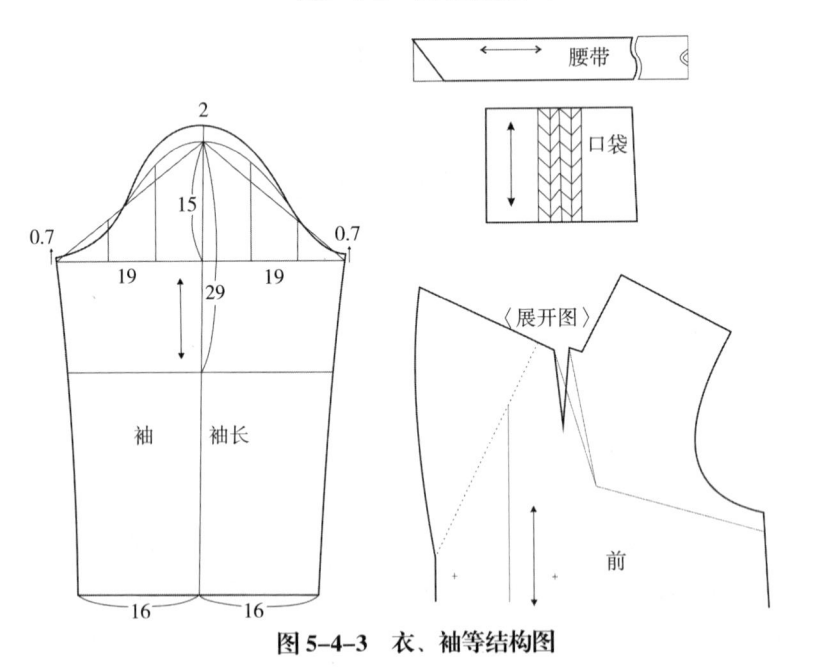

图 5-4-3 衣、袖等结构图

三、缝头加放

（一）面料缝头加放

缝头加放说明：领口弧线部分缝头加放在0.8~1cm，袖口和衣身折边可控制在3~5cm，其他部位的缝头一般在1~1.5cm之间，随着面料厚度的增加缝头的大小在增加，反之减小。面料缝头加放如图5-4-4所示。

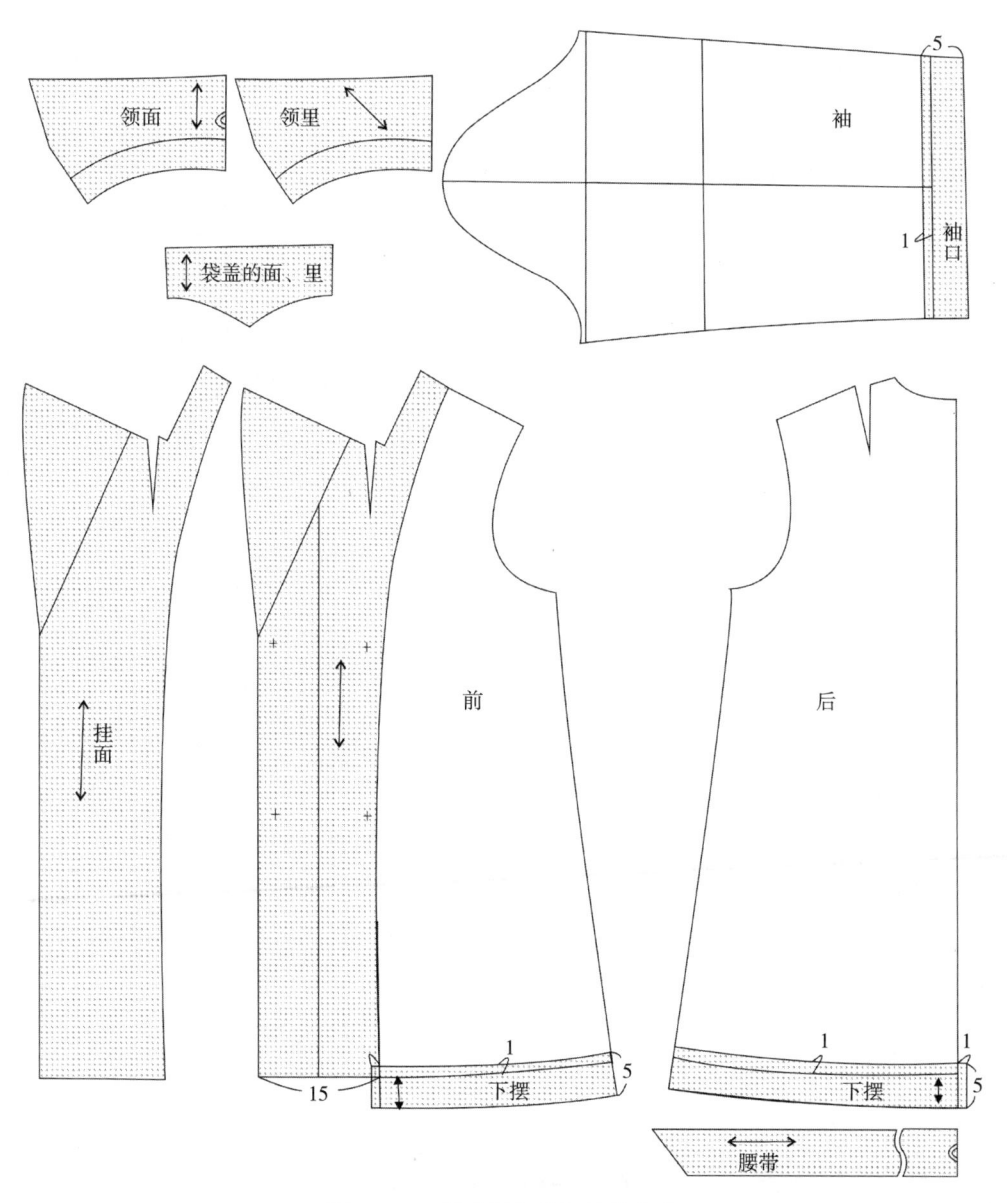

图5-4-5　黏合衬部位与裁剪衣片

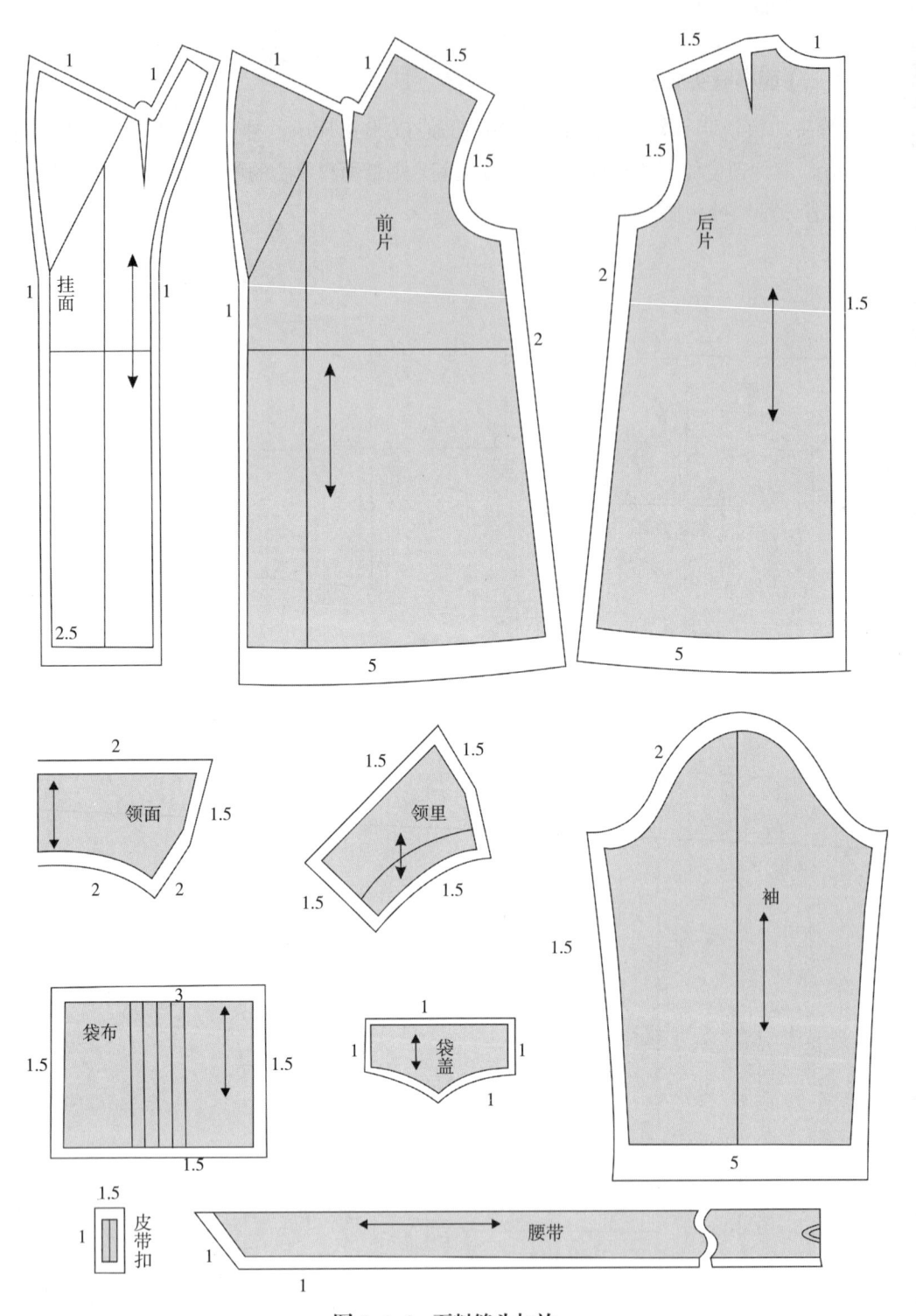

图 5-4-4 面料缝头加放

（二）黏合衬部位

黏合衬部位与裁剪方法如图5-4-5所示。

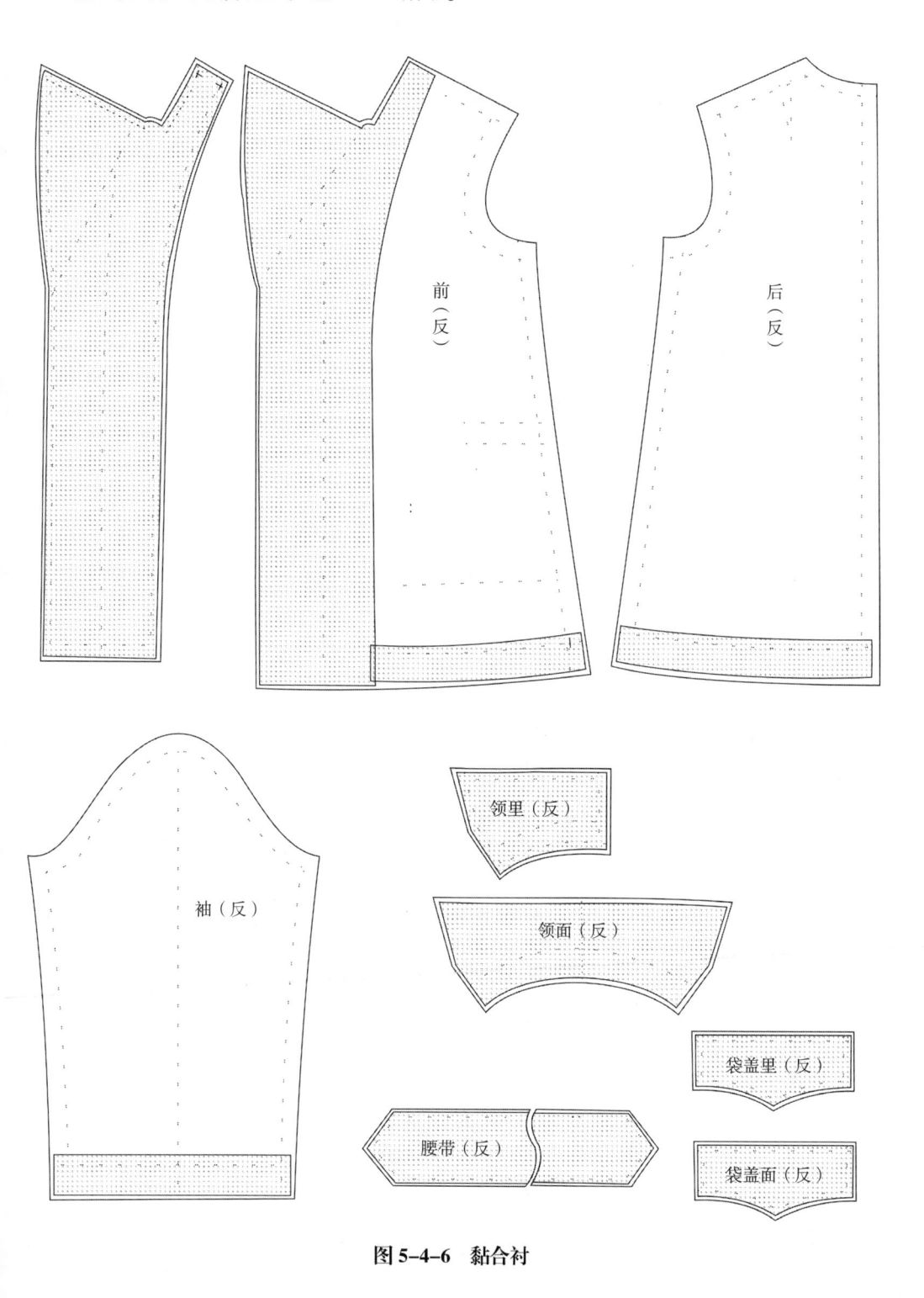

图5-4-6 黏合衬

四、缝制方法

1. 如图5-4-6所示，用熨斗或黏合机将黏合衬布分别粘到前片、挂面、领、下摆、袖口、腰带及袋盖上。

2. 如图5-4-7所示，在前身的领围线、驳头、叠门止口处黏上拉牵条衬，牵条衬中心线与净线对准。

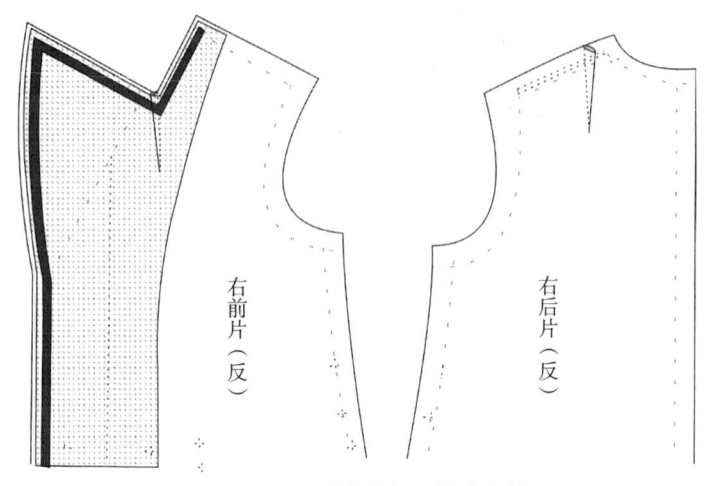

图 5-4-7　贴黏合衬、拉牵条衬

3. 如图5-4-8所示，缝前、后身省道，处理缝头：分别缝合前领省和后肩省，用熨斗烫平省道，缝头分别倒向前中和后中。

4. 分别在后衣片肩线净线外侧0.2cm及0.5cm处拱针，抽缝线，使前后肩线长度相等，同时用熨斗进行归缩处理，使肩部自然形成立体状。

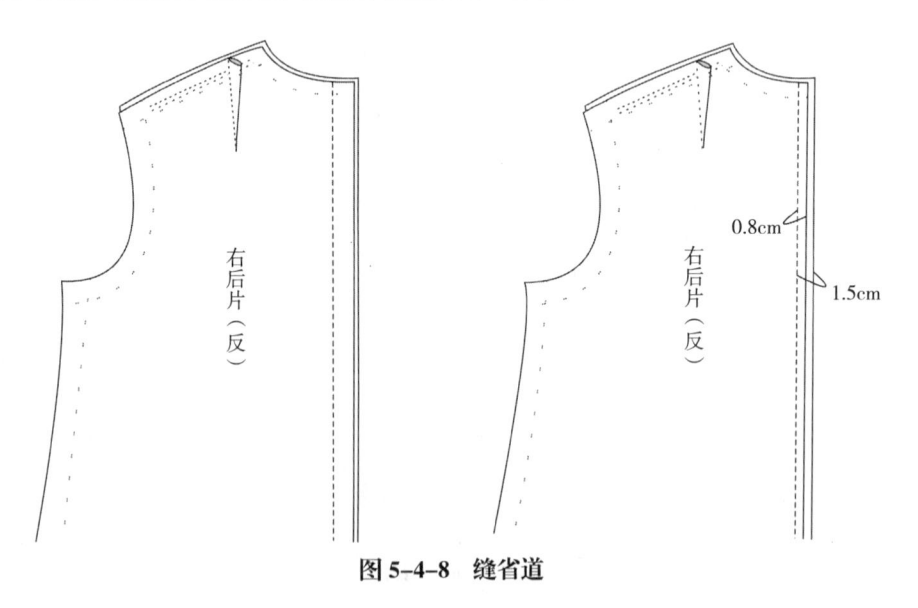

图 5-4-8　缝省道

5. 如图5-4-9所示，先将左右后衣片正面相对，缉缝后中缝，起止部位要回车。为了使缝合后的中线相对平整，将缝头剪成差档，左片缝头为1.5cm，右片为0.8cm。

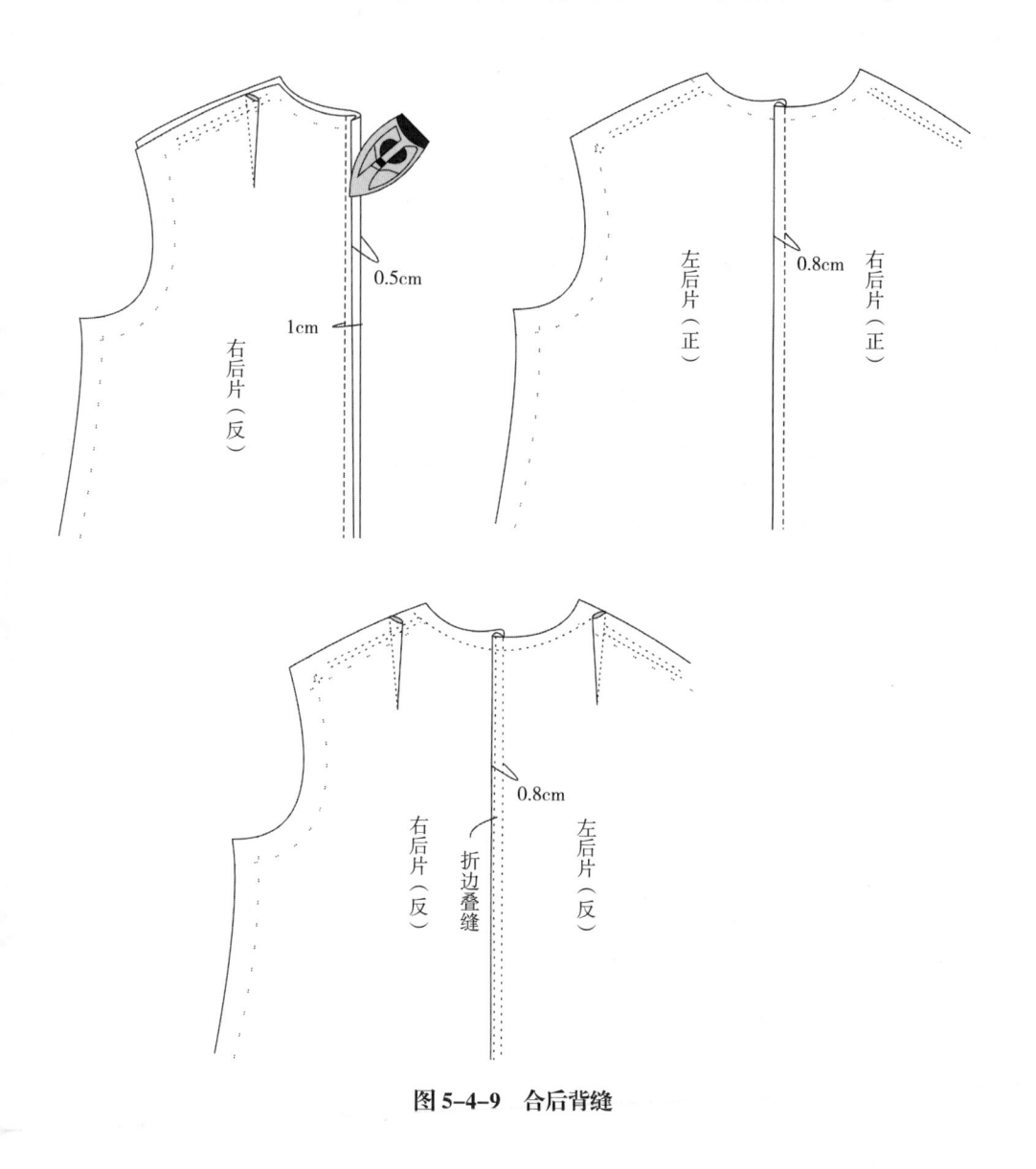

图 5-4-9　合后背缝

6. 如图5-4-9所示，左后片缝头向右后片折倒，折倒量为0.5cm，然后翻转至正面，在右后片上距离边沿0.8cm处缉一道明线，在缉缝时，用右手控制左片被折倒的缝头，确保缉线能缝住右片的缝头。

7. 如图 5-4-10所示，将挂面内边和下摆缝头处进行包缝，然后缝合挂面领省，为使成衣后平整，挂面领省的倒向与前衣片领省倒向相反，将其倒向侧缝熨平。沿净线将挂面缝头烫倒并缉线，缉线至下摆净线以上6cm处。

第五章　大衣　213

8. 如图5-4-11所示，前身和挂面正面相对，为保证翻折止点以上大身不反吐，以下挂面不反吐，在翻折止点以上，挂面的净线外侧0.1~0.2cm和大身的净线内侧0.1~0.2cm叠合，用大头针固定，在翻折止点以下，大身的净线外侧的0.1~0.2cm和挂面净线内侧的0.1~0.2cm叠合，用大头针固定，也可以手针粗缝固定，然后进行缉缝。为减少缝头的厚度可以把缉线外边的缝头上的黏合衬剥去。

9. 如图5-4-12所示，修剪缝头，从驳头到叠门止口的缝头，大身为0.7cm，挂面为0.5cm，为减少驳角的厚度，距离缝线0.3cm处剪去驳头的角。

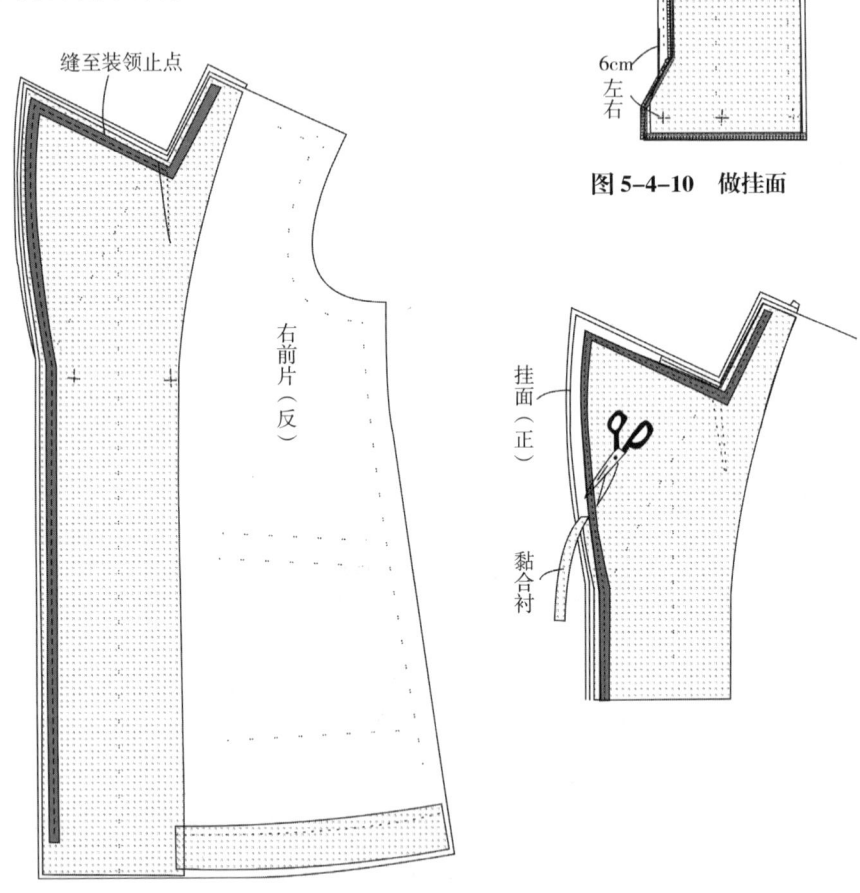

图 5-4-10　做挂面

图 5-4-11　绱挂面

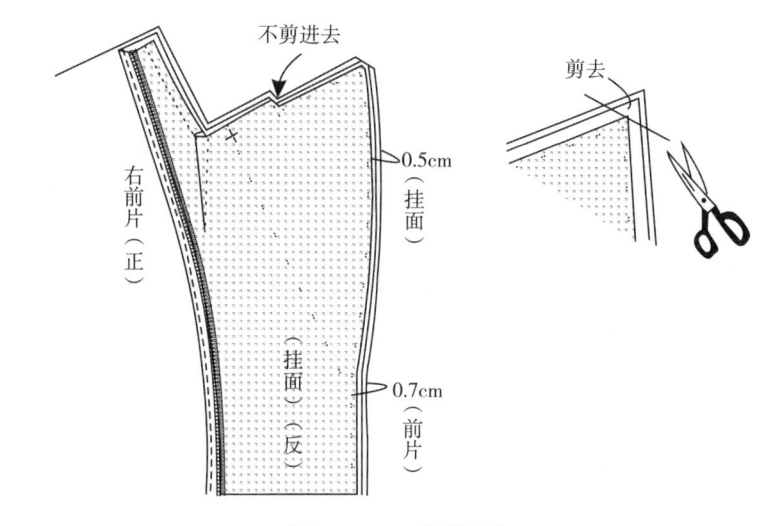

图 5-4-12　修剪缝头

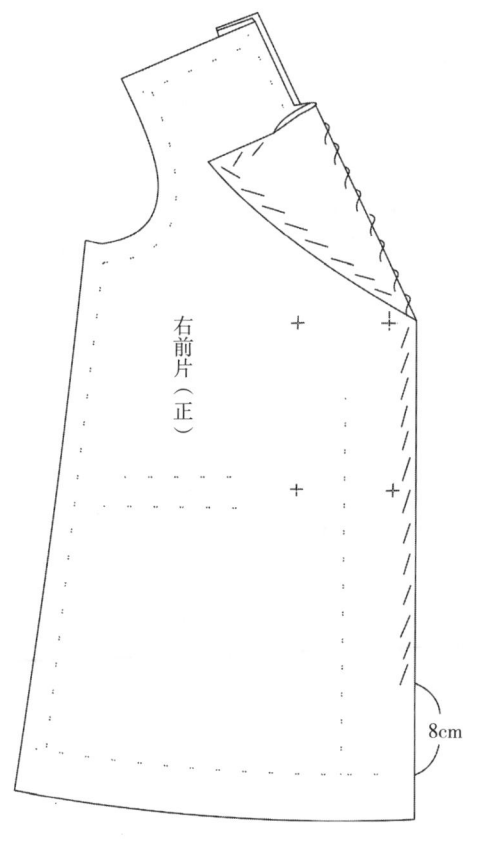

图 5-4-13　固定挂面与衣身

10. 如图5-4-13所示，将衣片、挂面翻到正面，翻折止点以上大身收进一点；翻折止点以下挂面收进一点，用熨斗熨烫平整。在驳头和叠门止口的外沿，从正面作斜绗缝固定驳头以及前衣片与挂面，缝至距离底边净线8cm处。

11. 如图5-4-14所示，将前后身侧缝正面相对进行缉缝，方法同后中缝缝制方法。

12. 如图5-4-15所示，做袋盖，把袋盖的面子和里子正面叠合，防止袋盖里反吐，将袋盖面子的净线外侧0.15cm处与袋盖里子的净线内侧0.15cm处叠合，拐角处袋盖面略松，用大头针固定，然后缉缝。

13. 如图5-4-16所示，外周缝头为0.5~0.9cm（厚料时，二层缝头剪成有差档）。扣烫缝头，距离缝线0.3cm剪去袋盖角。将袋盖翻至正面，使袋盖里子缩进一点，并用熨斗熨烫，在袋盖的正面离边0.2~0.3cm缉线。

14. 如图5-4-17所示，距离袋口净线0.5cm剪去贴袋袋布角头的缝头，在袋口折边处贴上黏合衬，然后包缝袋布。

图 5-4-14 合侧缝

图 5-4-15 缉缝袋盖

图 5-4-16 整理袋盖

图 5-4-17 处理袋布

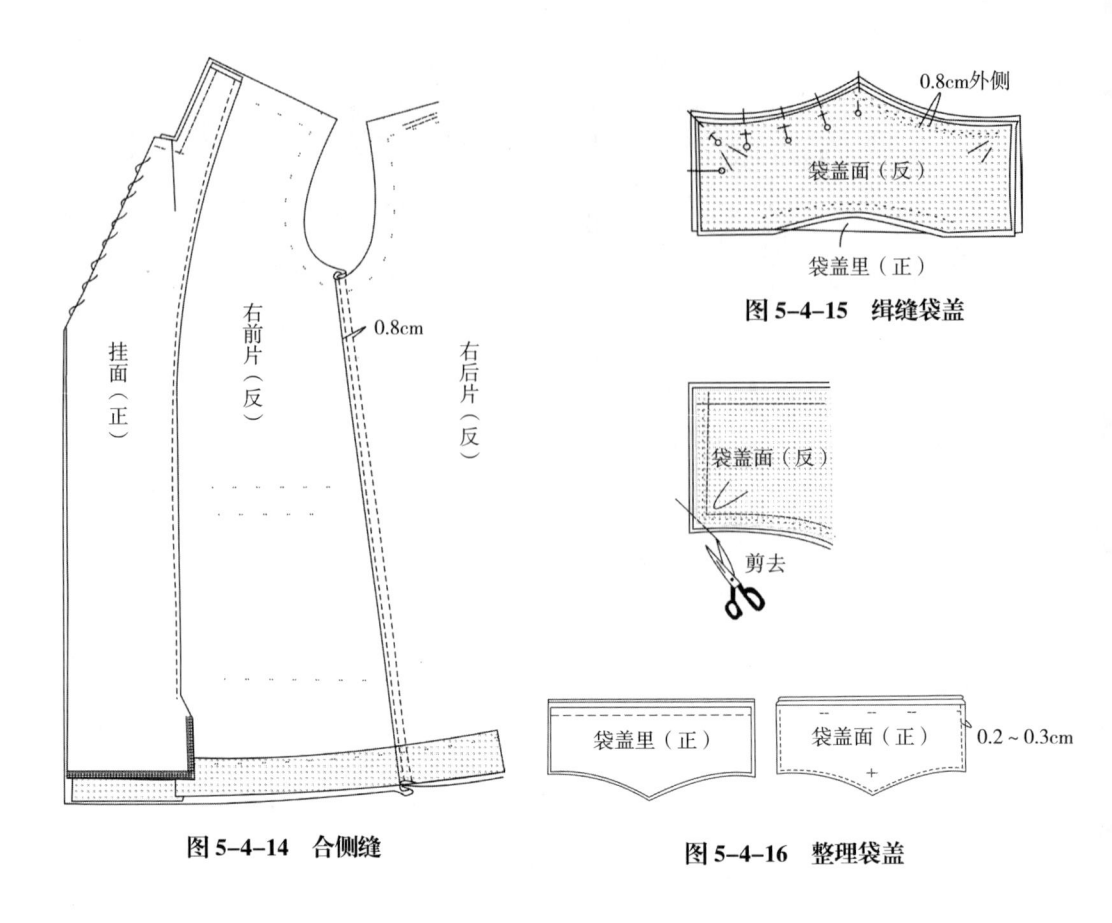

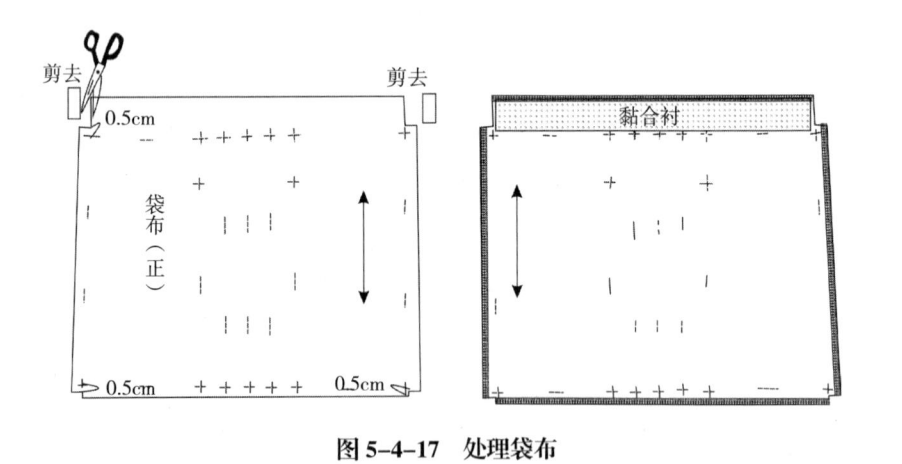

15. 如图5-4-18所示，把袋布正面相对，在折裥处车缝，剪去在折裥袋口侧和袋底侧的缝头。将折裥对称分开，并用熨斗对准折裥烫平。

16. 如图5-4-19所示，将袋口贴边向里扣烫，用暗缲缝或车缝将袋口贴边固定，然后将其他三边按净缝向内折倒并熨烫固定。

17. 如图5-4-20所示，在大身反面袋口位置处绗缝固定袋口加固布。

18. 将扣烫好的大袋袋布置于大身正面，用大头针或手针粗缝固定，然后缉缝大袋袋布。

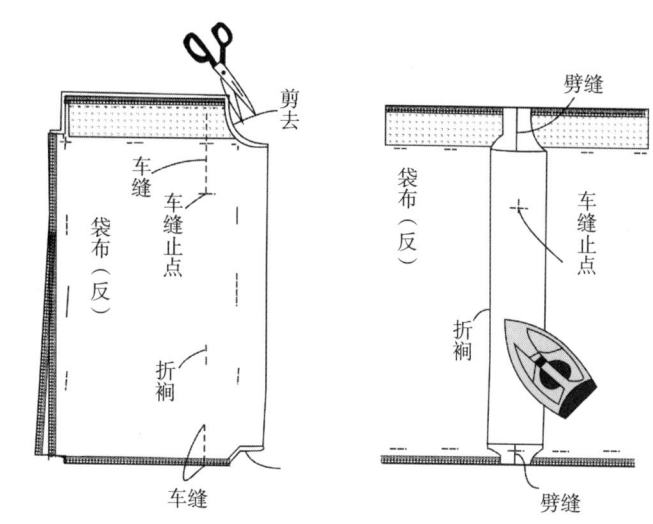

图 5-4-18 缉缝袋折裥

图 5-4-19 扣烫折边

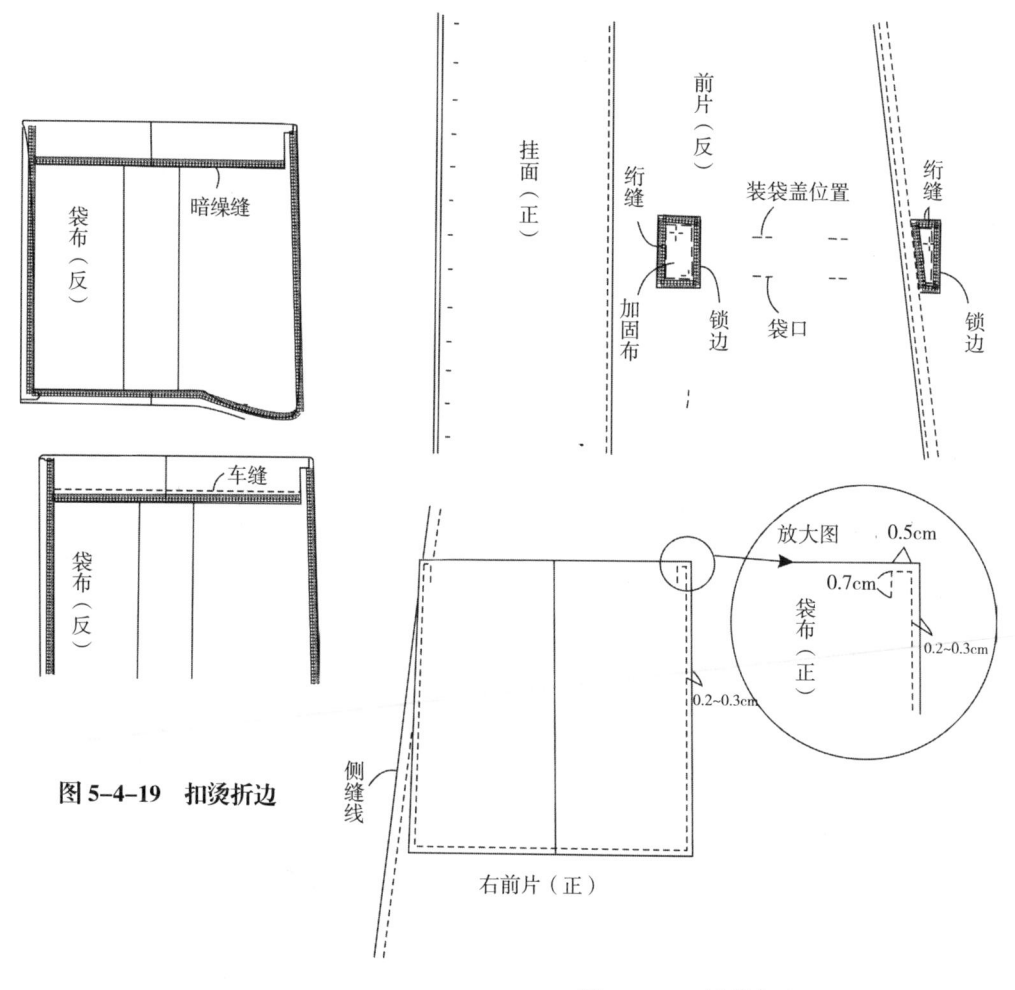

图 5-4-20 缝袋布

19. 如图5-4-21所示，在大身袋盖位将袋盖用大头针或手针粗缝固定，进行缉缝，然后将缝头修剪为0.5cm。

20. 如图5-4-22所示，将袋盖翻下，缉0.7cm的明线。

21. 如图5-4-23所示，将前后肩缝正面相对进行缝合，然后压明线，其方法与后中缝相同。

22. 如图5-4-24所示，缝合领里子的后中心线，将缝头修剪为0.6cm，用熨斗分烫缝头。

23. 如图5-4-25所示，将领里和领面正而朝外叠合，对准领面与领里后中心线和翻折线，并用大头针定位，然后将翻折线轻轻翻折，查看领面与领里的吻合情况，必要时可以进行调整。

24. 如图5-4-26所示，将领子面子和里子正面相对，防止领里反吐，领面在净线外侧0.1~0.2cm处与领里净线内侧0.1~0.2cm处叠合用手针粗缝固定，领面的领角处略留出松量，然后缉缝。将外围缝头剪成0.6cm（厚布料时将两层缝头剪成有差档）。距离缝线0.3cm剪去领角，然后扣烫缝头。

25. 如图5-4-27所示，将领子翻至正面，防止领里反吐，将领里比领面退进一点，用熨斗熨烫，在外围和翻折线处用斜绗缝定位。

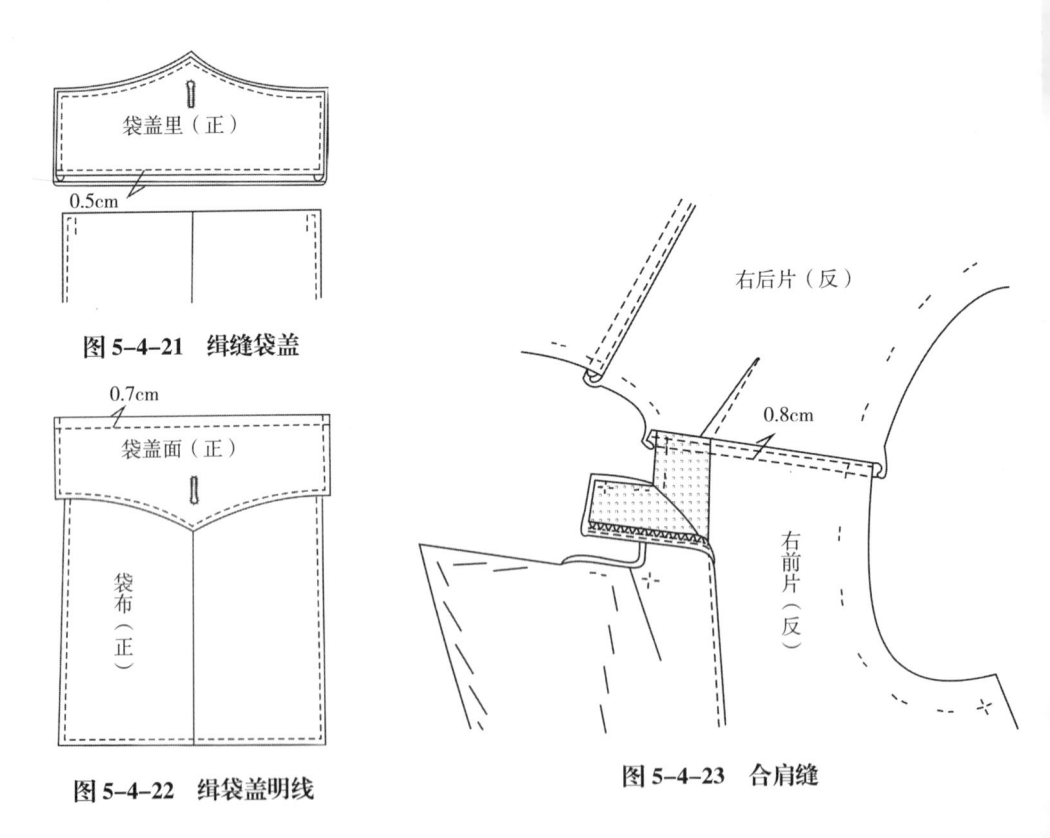

图5-4-21　缉缝袋盖

图5-4-22　缉袋盖明线

图5-4-23　合肩缝

图 5-4-24　合领里中线

图 5-4-25　调整领子

图 5-4-26　合领面与领里

图 5-4-27　固定领面与领

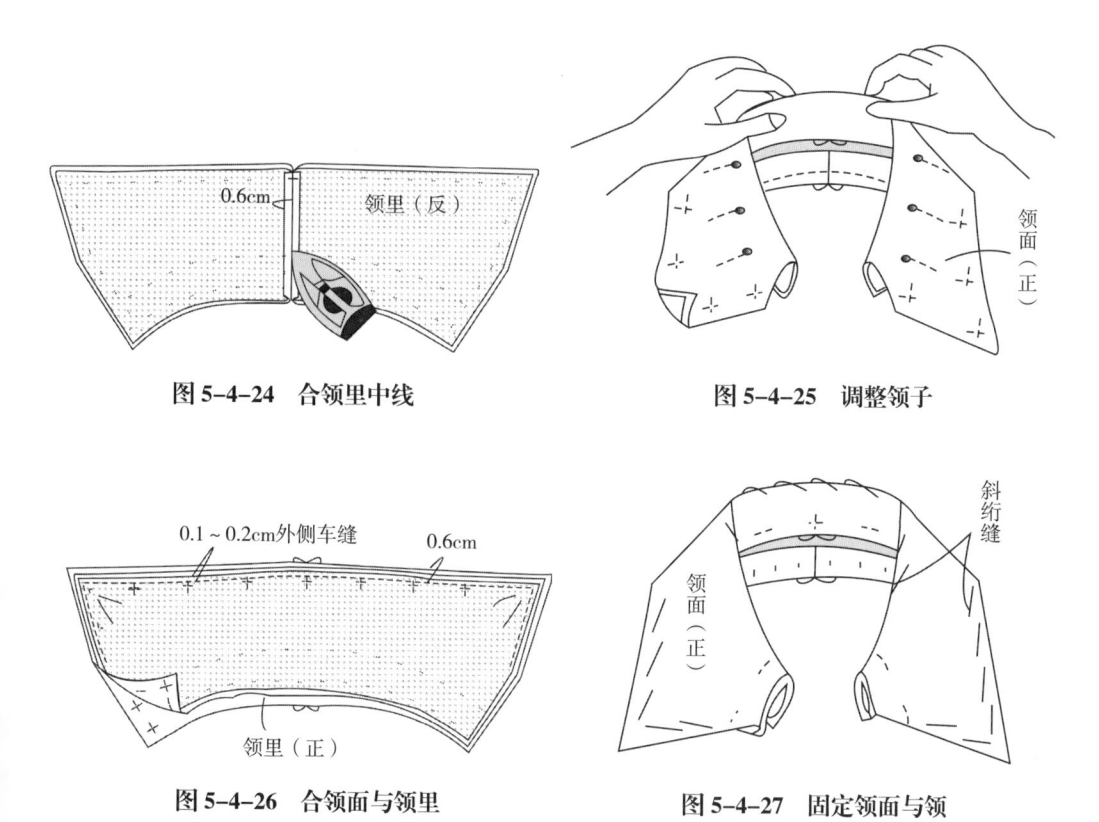

26. 如图5-4-28所示，将领里和大身装领处正面朝里叠合，用大头针固定，转角处剪刀口，将衣身领口与领里车缝，缝至左右装领止点。

27. 如图5-4-29所示，缝头剪至0.6cm，缝头不平处剪刀口。将前颈点到肩线3cm之间的缝头烫开，后身缝头倒向领侧。

28. 如图5-4-30所示，挂面和领面正面朝里，挂面转角处打刀口，车缝装领止点到侧领点，剪缝头为0.5~0.7cm并烫开。

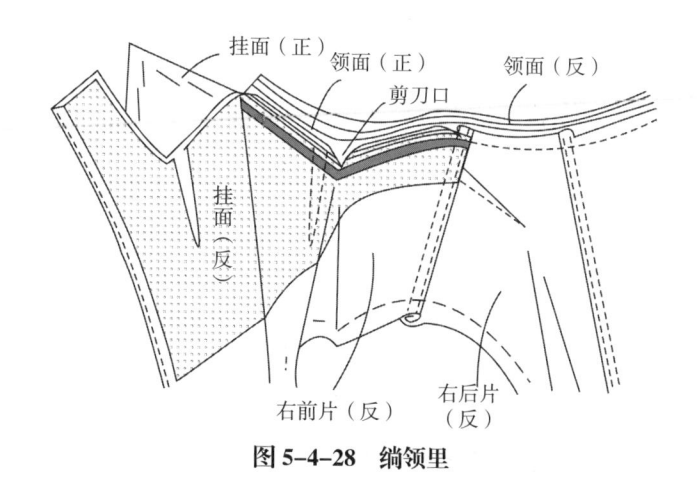

图 5-4-28　绱领里

第五章　大衣

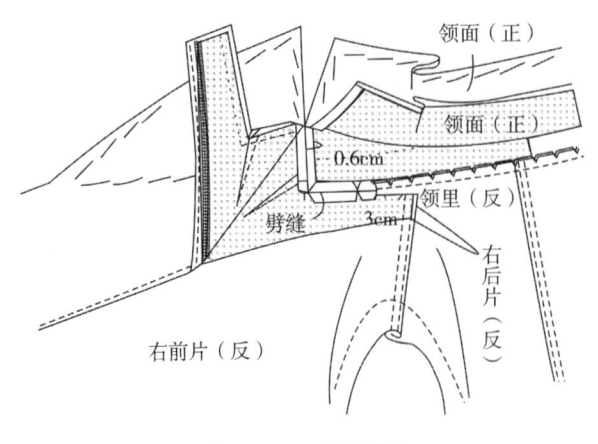

图 5-4-29 处理缝头

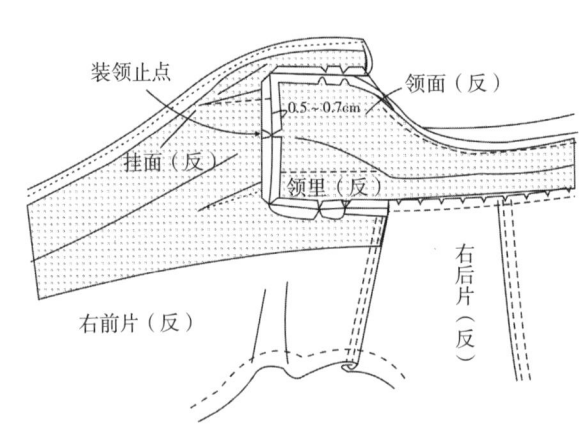

图 5-4-30 缝领面与挂面

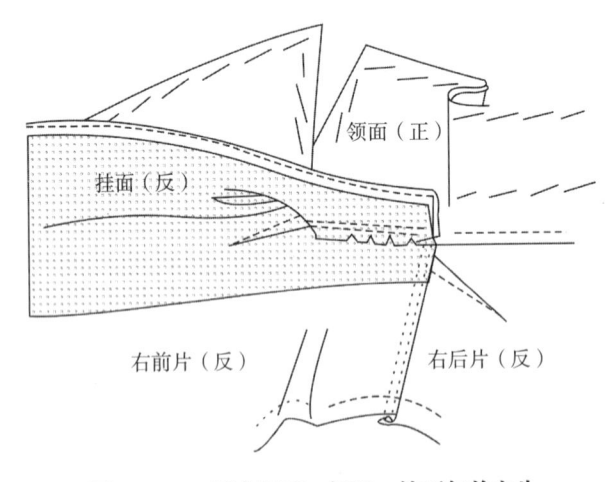

图 5-4-31 固定领面、领里、挂面与前衣片

29. 如图5-4-31所示，装领止点处四片固定，领面与领里叠合，掀开挂面，将分开的装领缝头在中间固定。

30. 如图5-4-32所示，将领面装领缝头，沿领里装领缝道折倒并缲缝固定到领子缝道上。挂面的肩部的缝头也在大身肩部缝头处折倒，并缲缝固定到肩缝缝头上。

31. 如图5-4-33所示，将袖底缝和袖口进行包缝，袖面正面相对，缝合袖底缝线并分烫，剪去袖口底侧的缝头，将袖口贴边折倒并暗缲缝或缉明线固定。或者将袖口折边三折，宽度为2.5cm，然后缉明线，如图5-4-34所示。

32. 如图5-4-35所示，分别在袖山净线外侧0.2cm及0.5cm处拱针，抽缝线，使前袖山弧线长与袖窿弧线长度相等，同时用熨斗进行归缩处理，归缩量一次性不能整理得很均匀的话，可以分几次抽拉粗缝线，一边做袖山形状一边用熨斗的头部轻轻将皱纹烫去，使袖山自然形成立体状。

33. 将袖山与袖窿弧线对位，为使袖子和衣片不错位，进行粗缝固定，起针处要回针，粗缝完成后将其翻到正面，检查袖子扭偏的情况、装袖线和归缩等状态。

34. 如图5-4-36所示，做包覆装袖缝头45°的斜条，长度不够时，沿斜条的径向正面朝里重叠缝合，

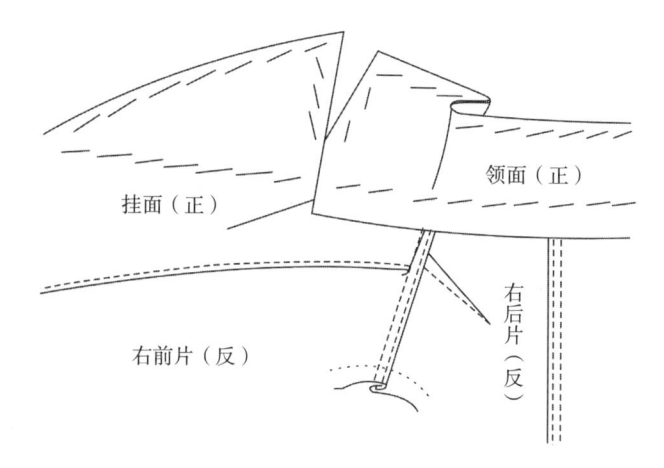

图 5-4-32　固定领面与挂面缝头

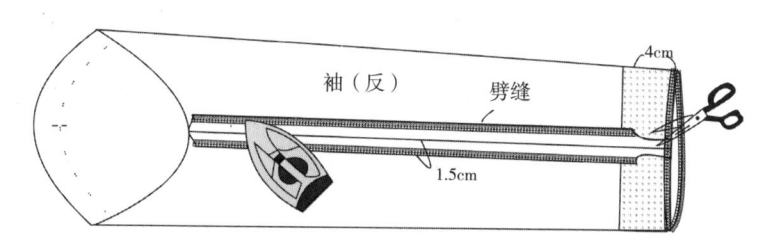

图 5-3-33　做袖子

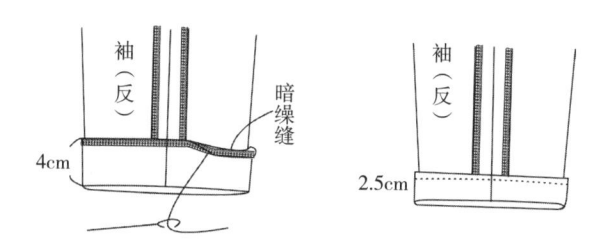

图 5-3-34　缝袖口

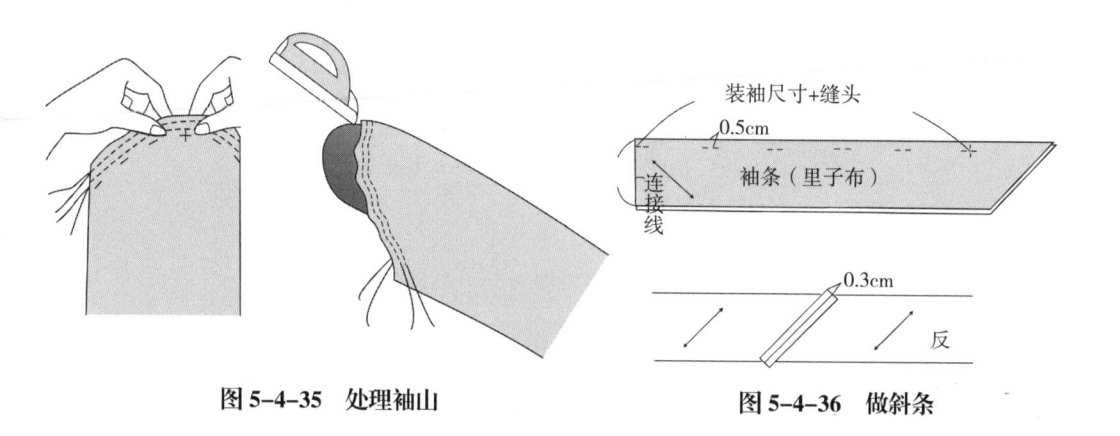

图 5-4-35　处理袖山

图 5-4-36　做斜条

第五章　大衣

缝头为0.3cm，并烫开。

35. 如图5-4-37所示，将斜条反面朝上放在大身反面装袖，将袖窿、袖山和斜条布三层手针粗缝固定。

36. 如图5-4-38所示，袖山侧缝头为1.5cm左右，袖山下侧为0.8~1cm，光滑地剪好，从袖面的里侧沿装袖线烫好。

37. 如图5-4-39所示，将斜条竖起，包缝缝头，沿缝倒折倒将其缲缝固定到装袖线上。或者将内侧0.1cm宽度处折倒，从大身侧用漏落针缝上。

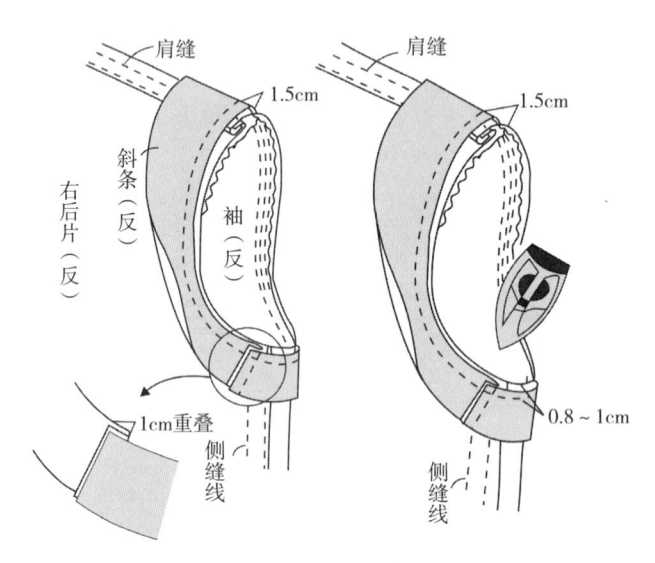

图 5-4-37　斜条与袖窿固定　　图 5-4-38　熨烫装袖线

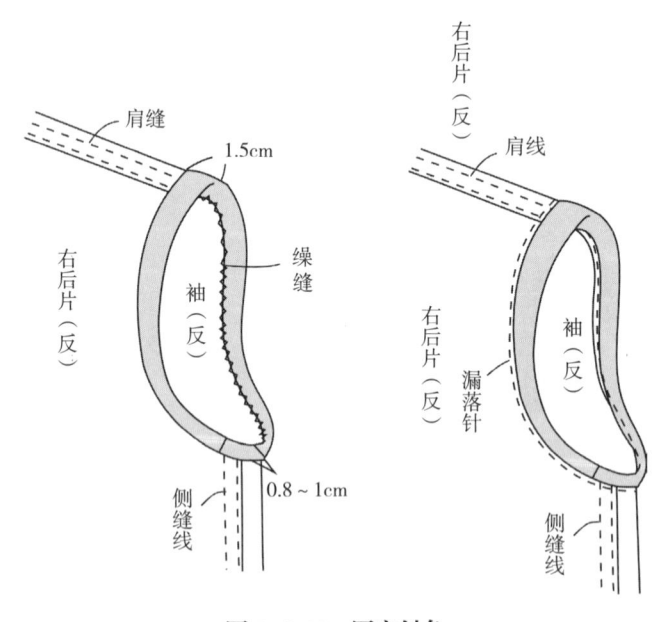

图 5-4-39　固定斜条

38. 如图5-4-40所示，做垫肩，用面料（在薄料的情况下）或相同颜色里子布，斜向剪裁。

39. 如图5-4-41所示，把垫肩做成与肩形吻合的形状，如图那样包覆并绗缝。

40. 如图5-4-42所示，沿垫肩边0.3cm车缝，并进行锁缝。

41. 将垫肩如图5-4-43所示，从正面观察其平衡位置，并用大头针定位。

42. 垫肩可以用两种方法固定。

第一种方法：如图5-4-44所示，先将垫肩固定在肩线缝头上。

如图5-4-45所示，然后把与肩线缝头重叠的部分用三角针固定。

第二种方法：如图5-4-46所示，三个方向用线襻固定在缝头上。

43. 如图5-4-47所示，下摆缝头按净线扣烫。松弛量用熨斗进行归拢处理或者用距边0.5cm拱针抽拉缝线将其归缩，从正面锁边，并暗缲缝。挂面下摆的缝头在挂面内侧比大身的下摆缩进0.8cm翻折，并暗缲缝，车缝留下的6cm左右的挂面缝头。

图 5-4-40　裁包垫肩布　　**图 5-4-41　包垫肩并绗缝**　　**图 5-4-42　锁缝垫肩边缘**

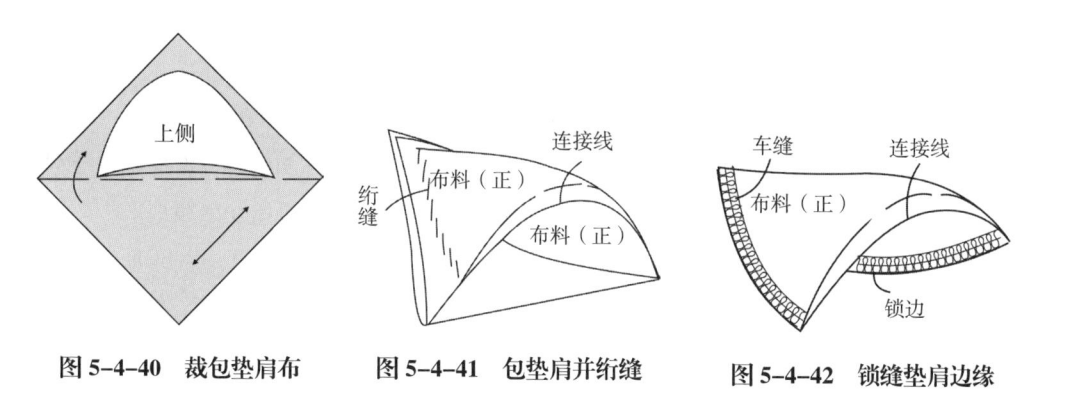

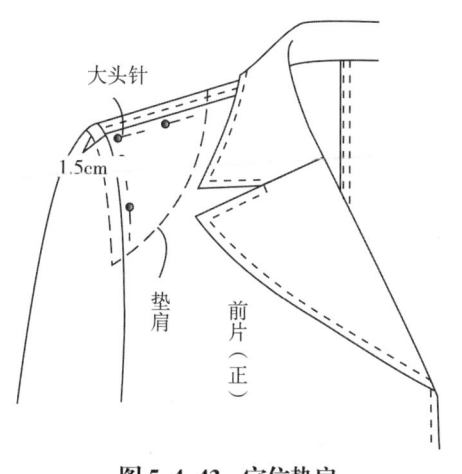

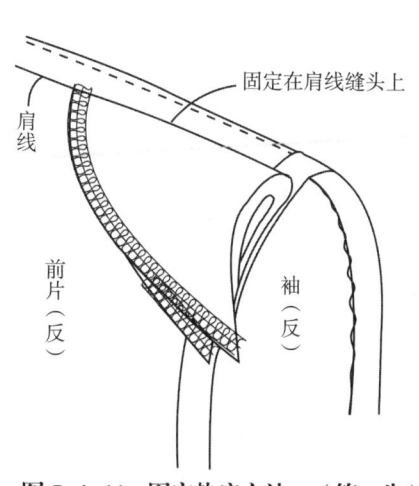

图 5-4-43　定位垫肩　　**图 5-4-44　固定垫肩方法一（第一步）**

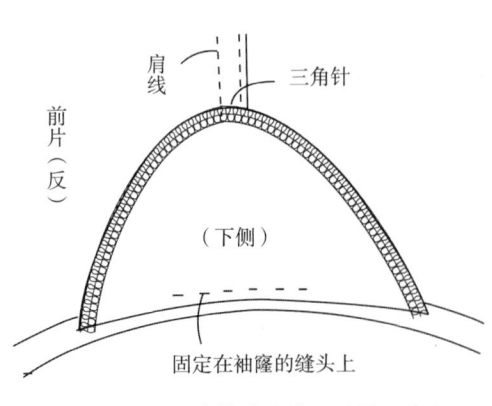

图 5-4-45　固定垫肩方法一（第二步）

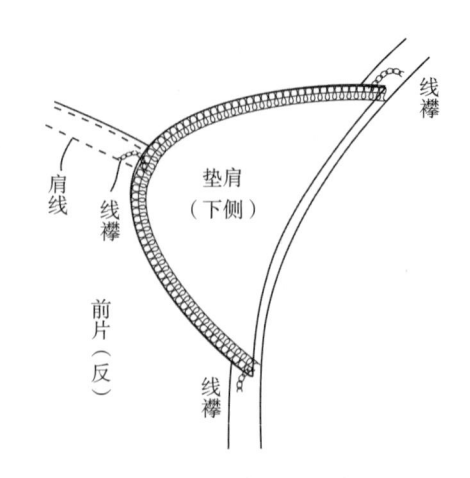

图 5-4-46　固定垫肩方法二

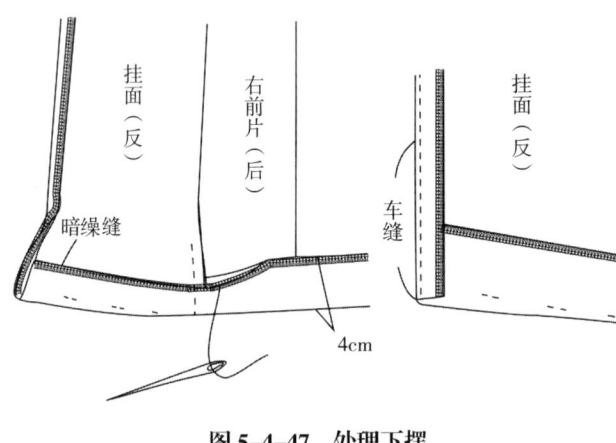

图 5-4-47　处理下摆

44. 如图5-4-48所示，挂面下摆用线襻固定。或者在下摆的缝头用2.5cm宽度三折，缉明线。

45. 如图5-4-49所示，左右叠门止口、驳头、领子外圈，离边0.8cm处缉线。

46. 如图5-4-50所示做腰带，留5cm的翻口，缝合三周，修剪缝头，缝头留0.8cm（厚料时使两层缝头有差档0.6~0.8cm）尖角的缝头至离缝道0.2cm处。

47. 如图5-4-51所示，翻至正面，用熨头整烫，并缲缝翻口，外围离边0.8cm处缉明线。

48. 如图5-4-52所示，把腰带袢的布料正面朝里，按净印缝制，并把缝头熨开，翻到正面，把缝道置于腰带中央。熨烫，并在两边缉明线。也可以利用布边或者两边锁边或者三折来做腰带襻的。

49. 腰带襻，如图5-4-53从①~③顺序缝制，另外一边也以相同的方法制作（④、⑤）。

50. 如图5-4-54所示，留出扣眼和钉扣位置，除去线迹记号和绗缝线，用熨斗整烫。

51. 如图5-4-55所示，在上前开圆口扣眼（也可以是平头扣眼），在下前钉扣子，里扣钉在上前衣片的内侧。

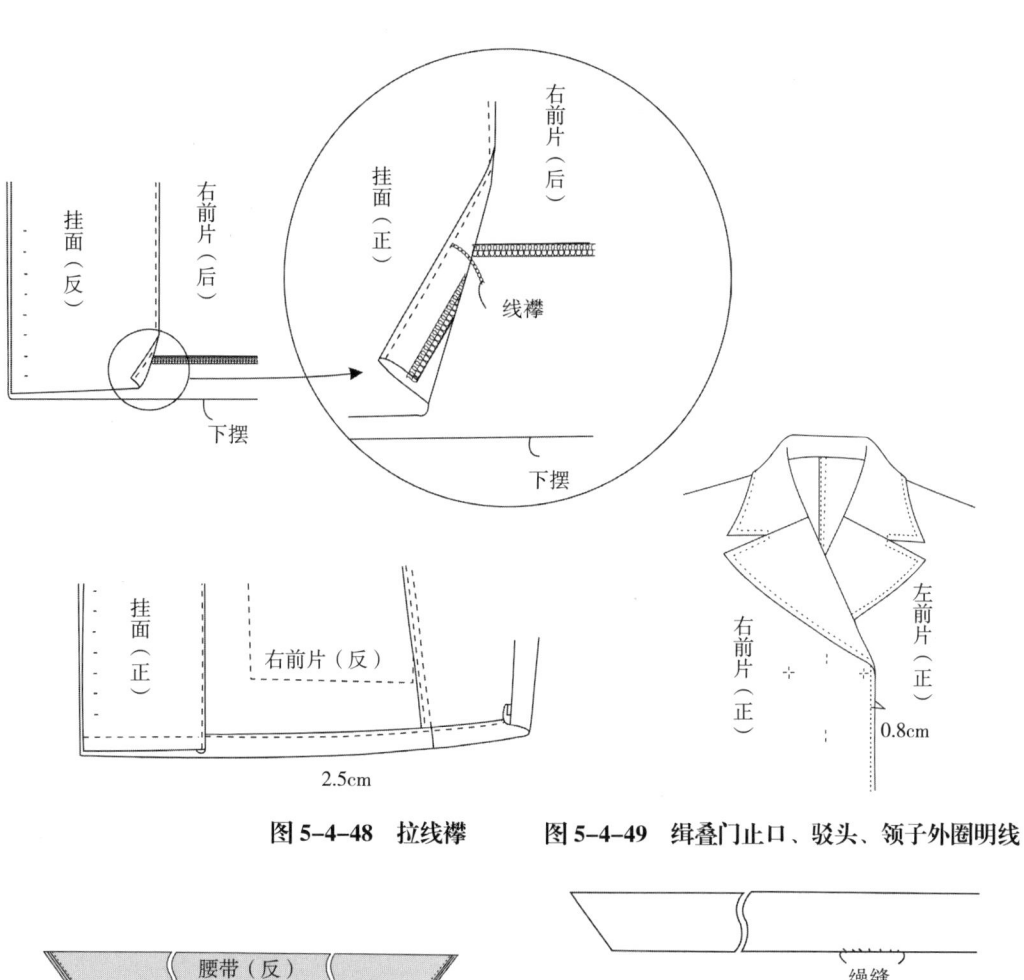

图 5-4-48　拉线襻　　　图 5-4-49　缉叠门止口、驳头、领子外圈明线

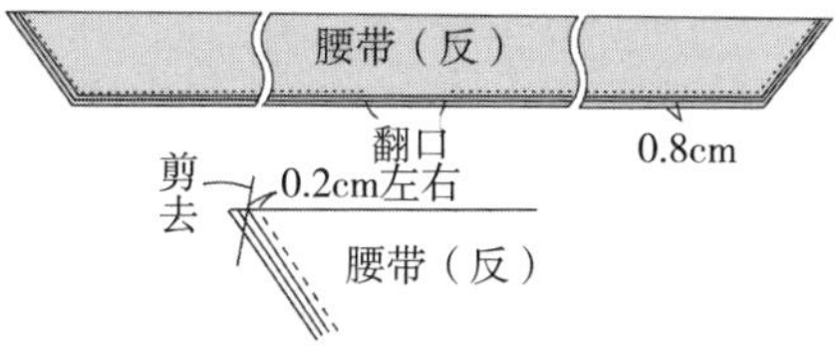

图 5-4-50　缉缝腰带 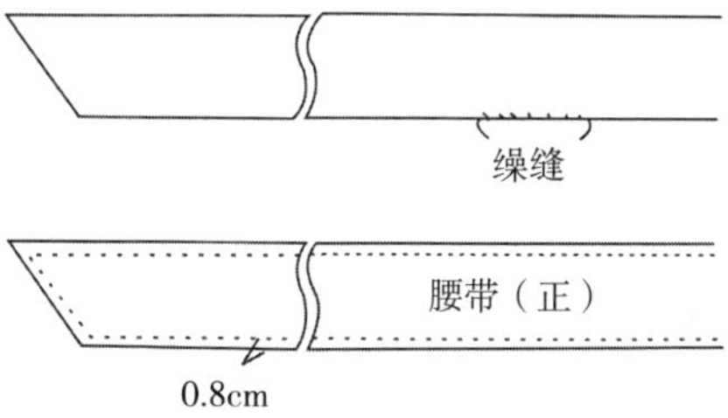　　　图 5-4-51　缉腰带明线

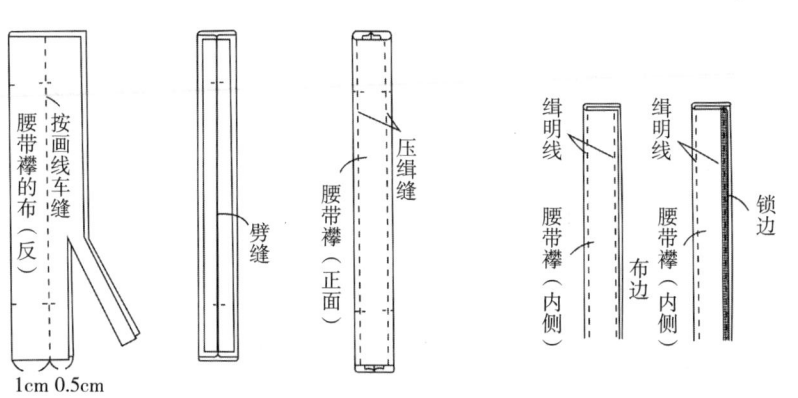

图 5-4-52　做腰襻

第五章　大衣　225

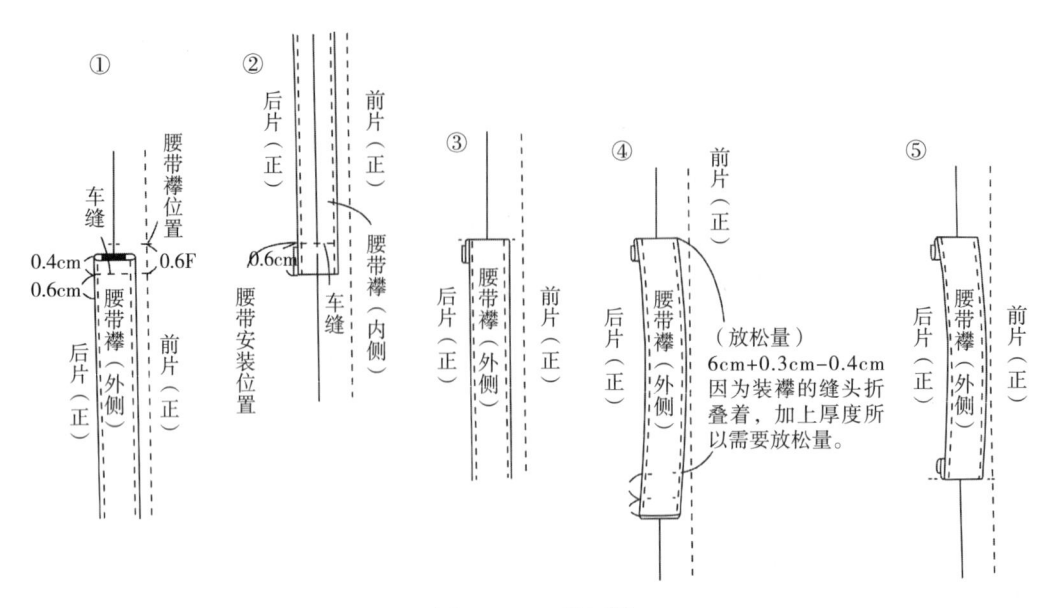

图 5-4-53 装腰襻

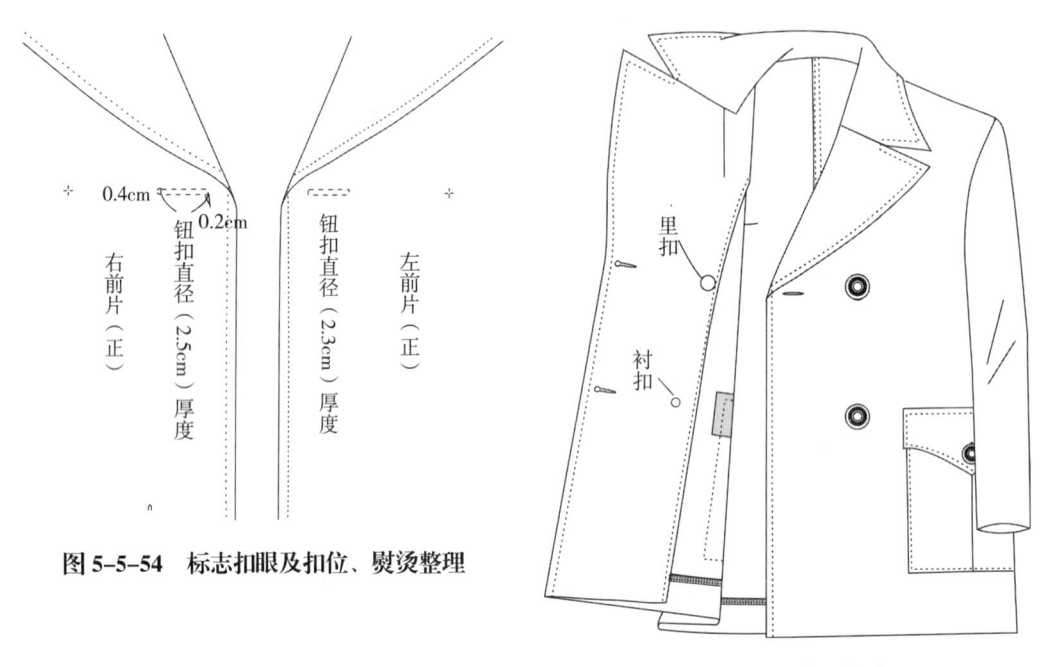

图 5-5-54 标志扣眼及扣位、熨烫整理

图 5-5-55 锁眼钉扣

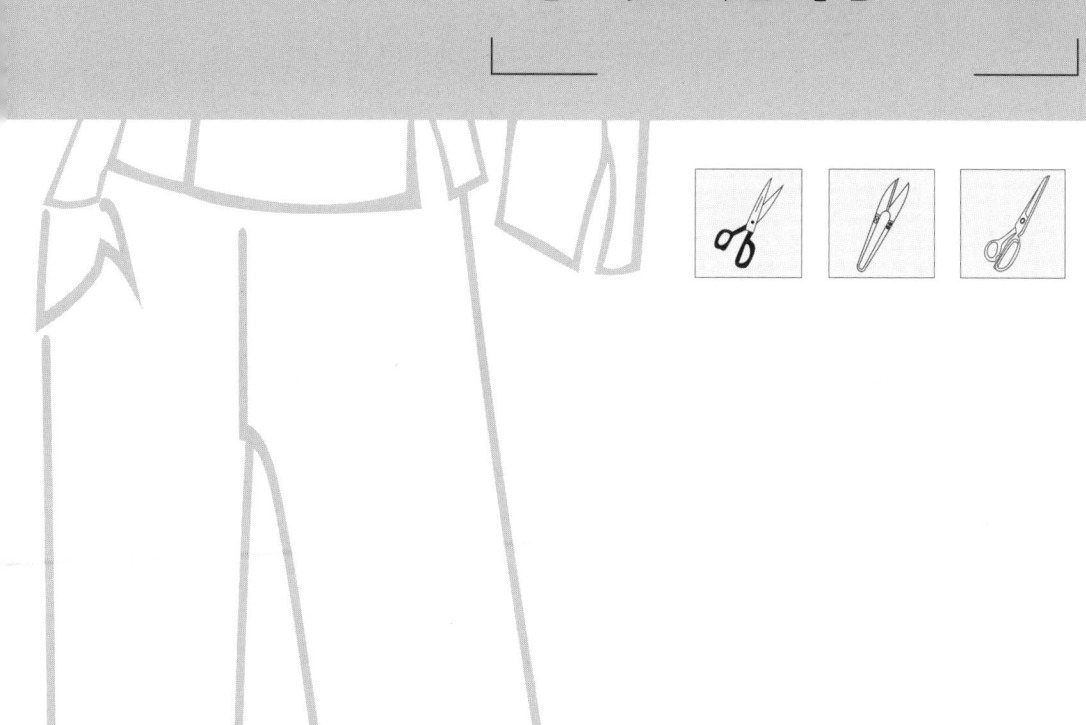

第二部分
下装缝制工艺

第六章
裙 子

第一节 节裙

一、款式说明

如图6-1-1所示,这是一款横向分割、三片相接的节裙款式,用细褶装饰横向裙片款式。为使节裙飘逸,具有动感,宜选用各种薄型或中等厚度的面料,如薄棉布、雪纺等。

二、结构图

制图说明:如图6-1-2所示,裙片A、B、C的长度可以自己设定,片与片的宽度差也可以自己设定。

图 6-1-1 款式图

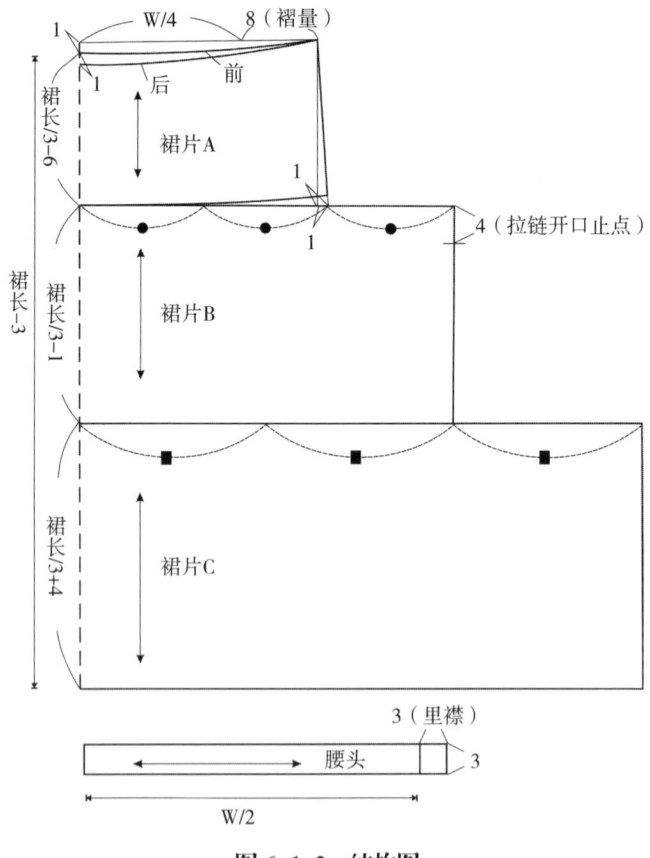

图 6-1-2 结构图

三、缝头加放

缝头加放说明：如图6-1-3所示，侧缝缝头为1.5cm，下摆折边为2.5cm，其他部位缝头为1cm。

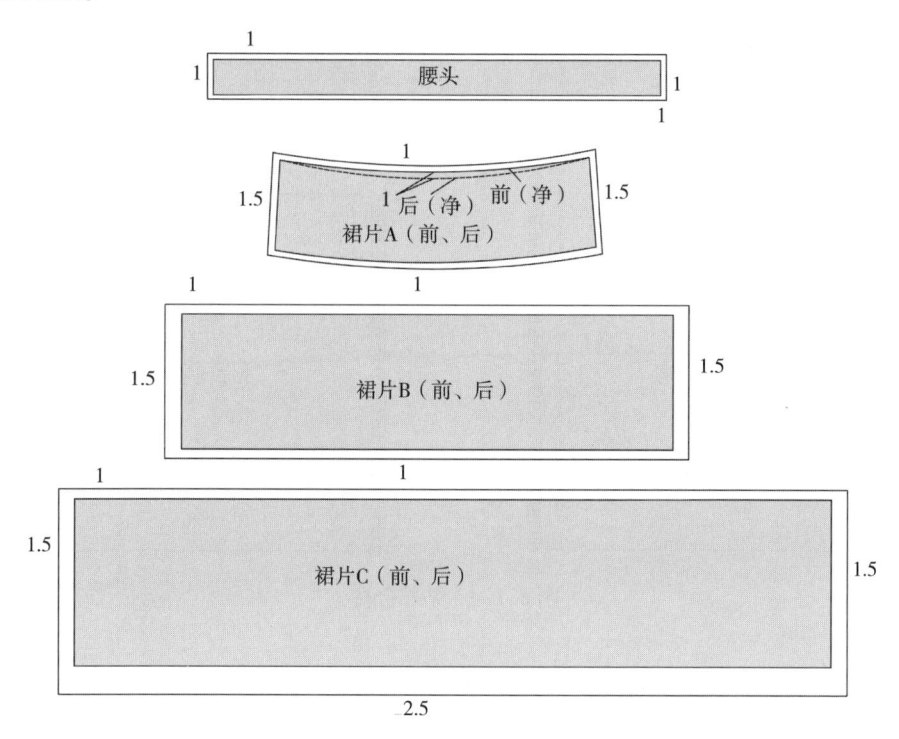

图 6-1-3　缝头加放

四、缝制方法

1. 如图6-1-4所示，在右侧叠门开口部位（裙片A、裙片B）烫2cm宽的无纺黏合衬或直牵条。

2. 右侧开口处烫黏合衬的部位除外，三段裙片两侧均进行包缝。

3. 如图6-1-5所示，裙片A、裙片B右侧开口处不缝合外，分别缝合其他各段裙片侧缝，然后分缝烫平。

4. 如图6-1-6所示，裙片A、裙片B、裙片C各段上口放长针距缉缝或者手针拱针，沿净缝线外0.2cm和0.4cm分别缝两道线，然后抽拉面线，使之出现细褶。要求三段上口的围度均与其相拼接的下口围度相等，抽褶均匀，裙片A上口与腰头等长。最后用熨斗压烫细褶，使之稳定。

5. 如图6-1-7所示，裙片C的上口和裙片B的下口正面相对、裙片B的上口和裙片A的下口正面相对，进行拼接。

后裙片A（反）　　2cm

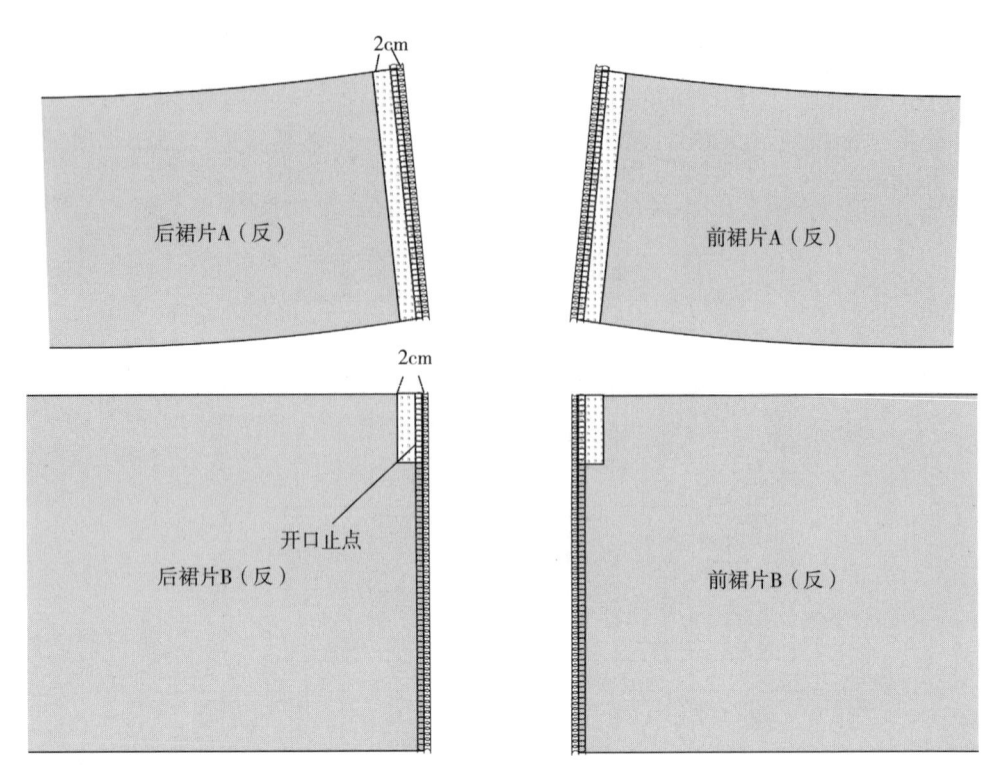

前裙片A（反）

开口止点　2cm

后裙片B（反）

前裙片B（反）

图 6-1-4　贴黏合衬

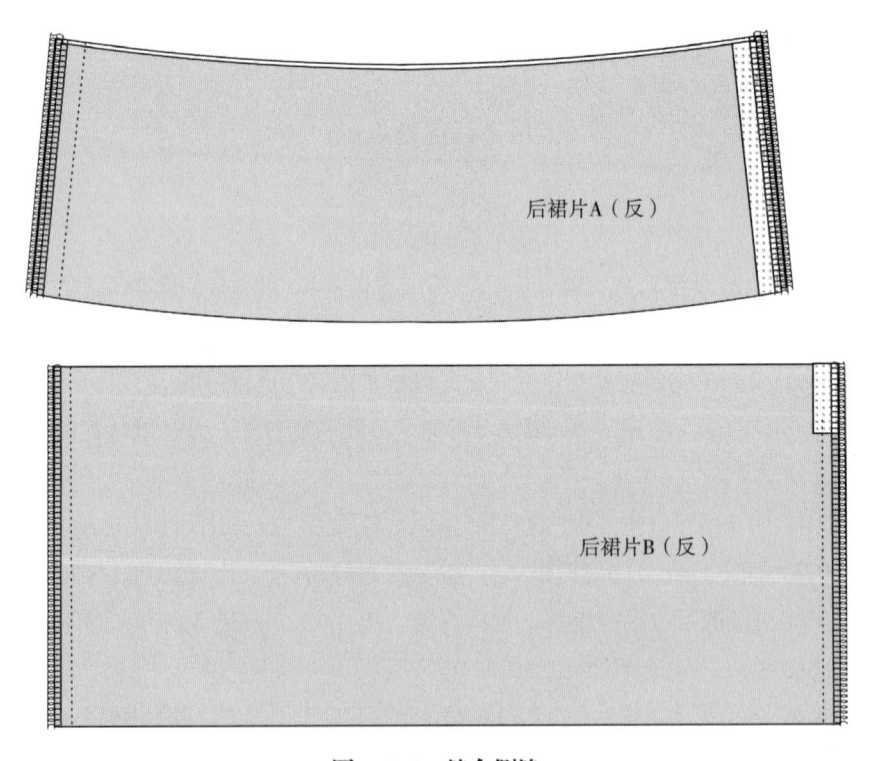

后裙片A（反）

后裙片B（反）

图 6-1-5　缝合侧缝

6. 如图6-1-8所示，分别将各段裙片拼接线的缝份三线包缝，包缝后将缝份向腰口一侧烫倒。

7. 如图6-1-9所示，装拉链。后裙片缝头熨出0.2～0.3cm将拉链置于左后裙片以下，缉缝。

8. 将左后裙片翻转放平整，将缝头与拉链用手针固定。

9. 缉缝明线至装拉链止点。

10. 如图6-1-10所示，烫腰头黏合衬。在腰头的反面粘烫无纺黏合衬。

11. 折烫缝份。将腰头里（烫黏合衬的）一侧折烫0.8cm缝份。

12. 如图6-1-11所示，将腰头面和节裙片的腰口正面相对，各对位记号对准，先用大头针固定、假缝，然后进行车缝。

13. 如图6-1-12所示，在腰头的两端分别按净缝线缝合。

14. 如图6-1-13所示，将腰头翻至正面，并把两端整理方正后再熨烫平整。

15. 如图6-1-14所示，在裙腰正面，沿缝合线漏落缝固定腰头里。

16. 如图6-1-15所示，先将裙底边包缝，再把折边折上2.5cm车缝固定。

17. 如图6-1-16所示，将钩襻钉在腰头两端。

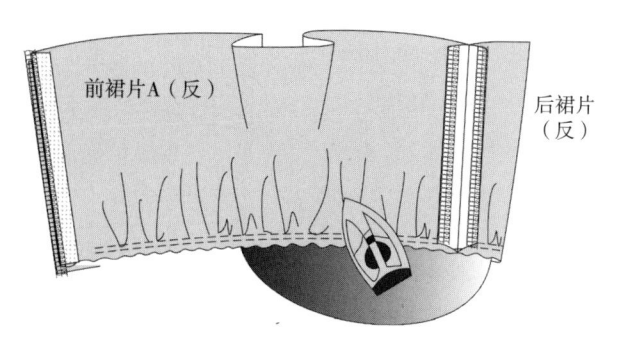

图 6-1-6　做细褶

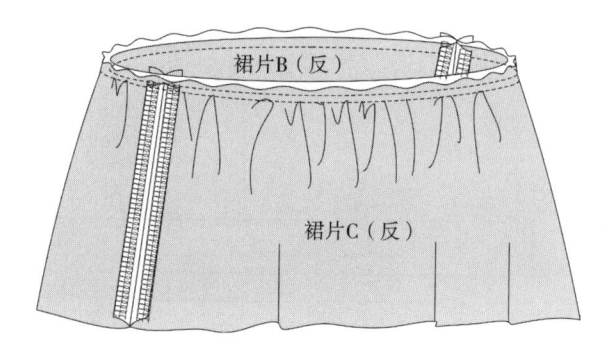

图 6-1-7　拼接裙片

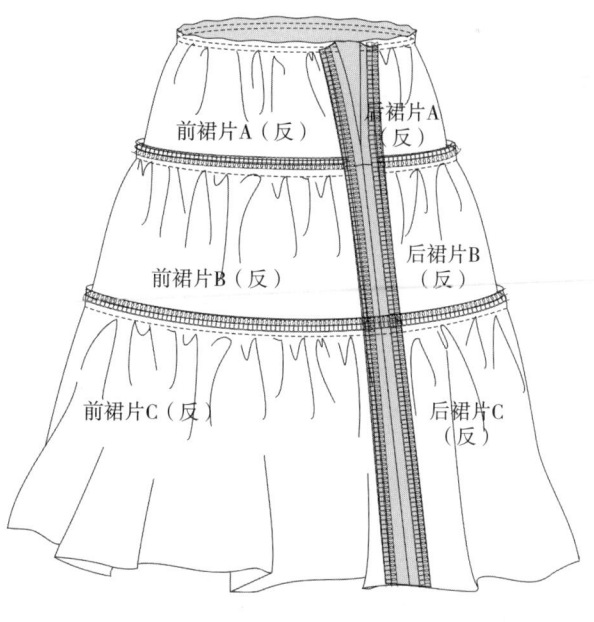

图 6-1-8　包缝缝头

第六章　裙子

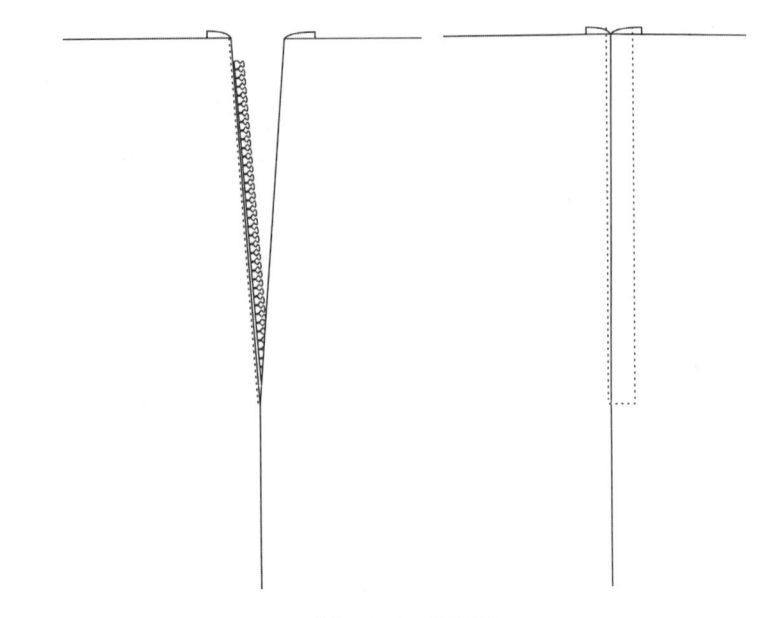

图 6-1-9 装拉链

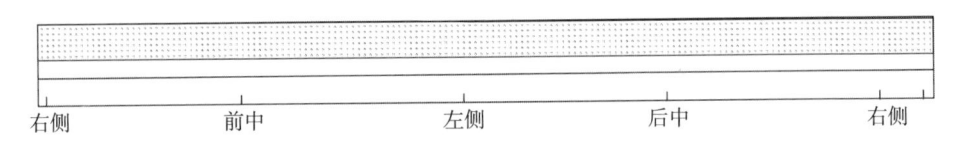

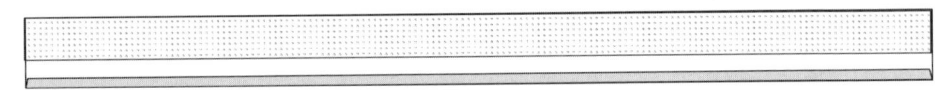

右侧　　　前中　　　　左侧　　　　后中　　　右侧

图 6-1-10 处理腰头

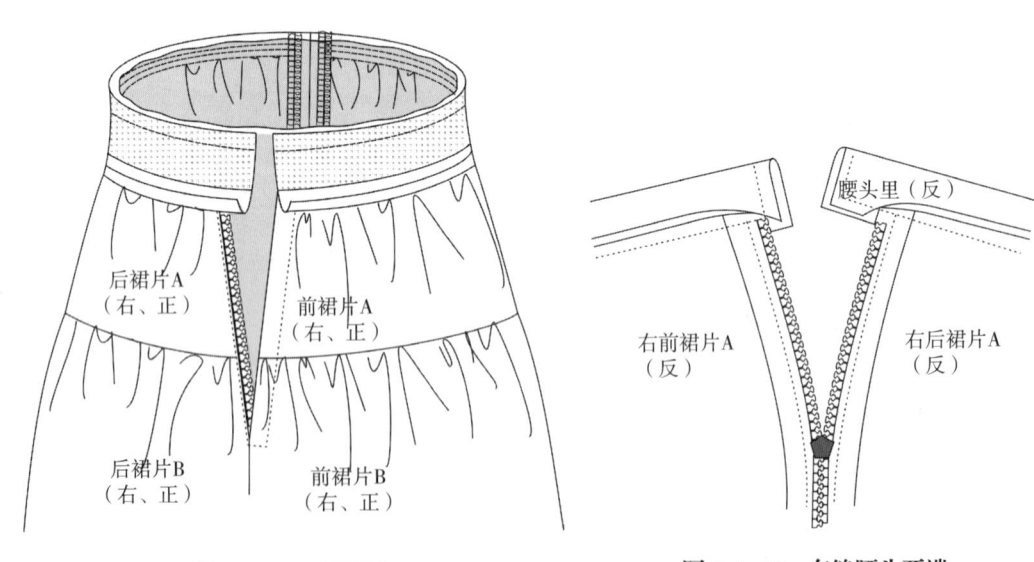

后裙片A
（右、正）

前裙片A
（右、正）

后裙片B
（右、正）

前裙片B
（右、正）

图 6-1-11 绱腰头

腰头里（反）

右前裙片A
（反）

右后裙片A
（反）

图 6-1-12 车缝腰头两端

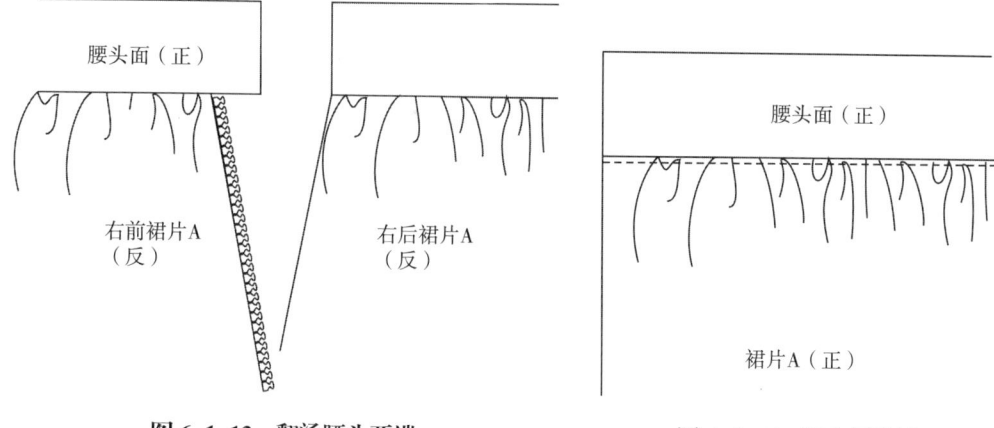

图 6-1-13　翻烫腰头两端

图 6-1-14　固定腰头里

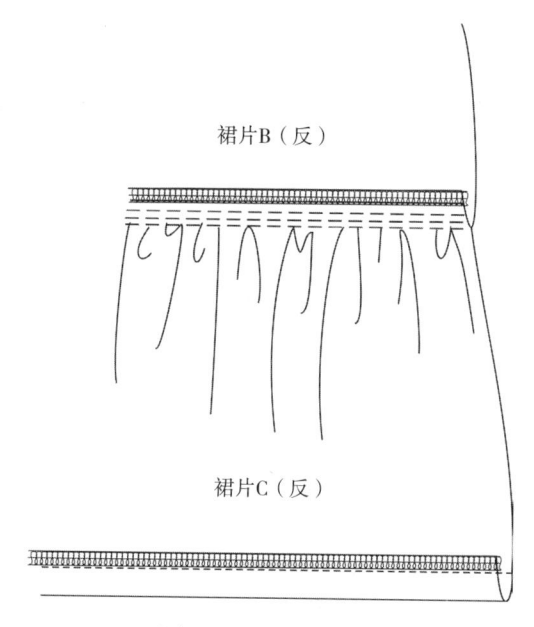

图 6-1-15　缉缝折边

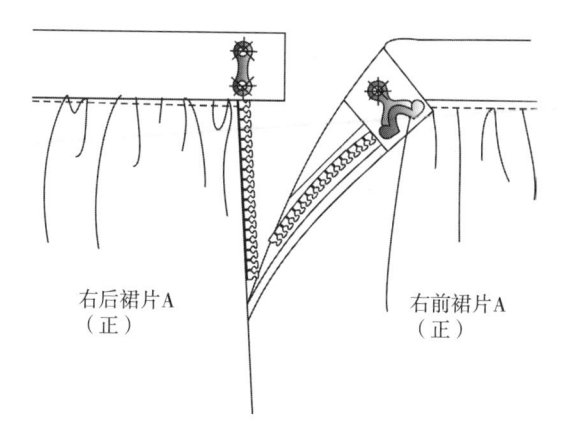

图 6-1-16　钉钩襻

第六章　裙子　235

第二节 围裹裙

一、款式说明

如图6-2-1所示，该款为A字型围裹裙，根据穿着季节选择面料。

二、结构图

制图说明：如图6-2-2和图6-2-3所示，前后侧缝长相等，前后侧缝拼合后，修顺裙底边弧线；省道拼合及前后侧拼合，修顺裙腰口弧线。省道的大小可以根据腰臀差进行调整或增加。

图6-2-1 款式图

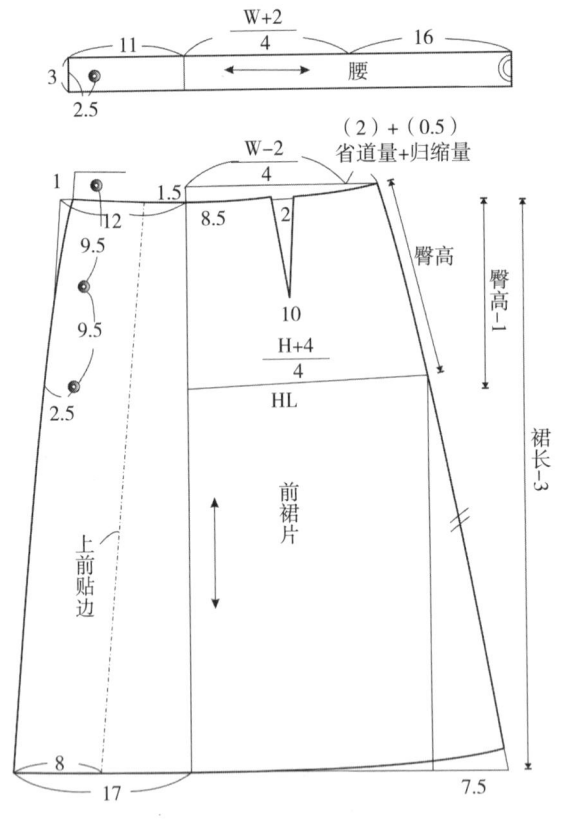

图 6-2-2 前片结构图

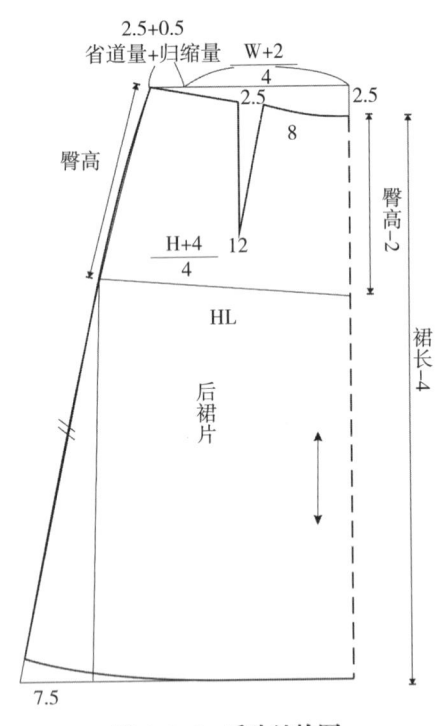

图 6-2-3 后片结构图

三、缝头加放

缝头加放如图6-2-4所示。

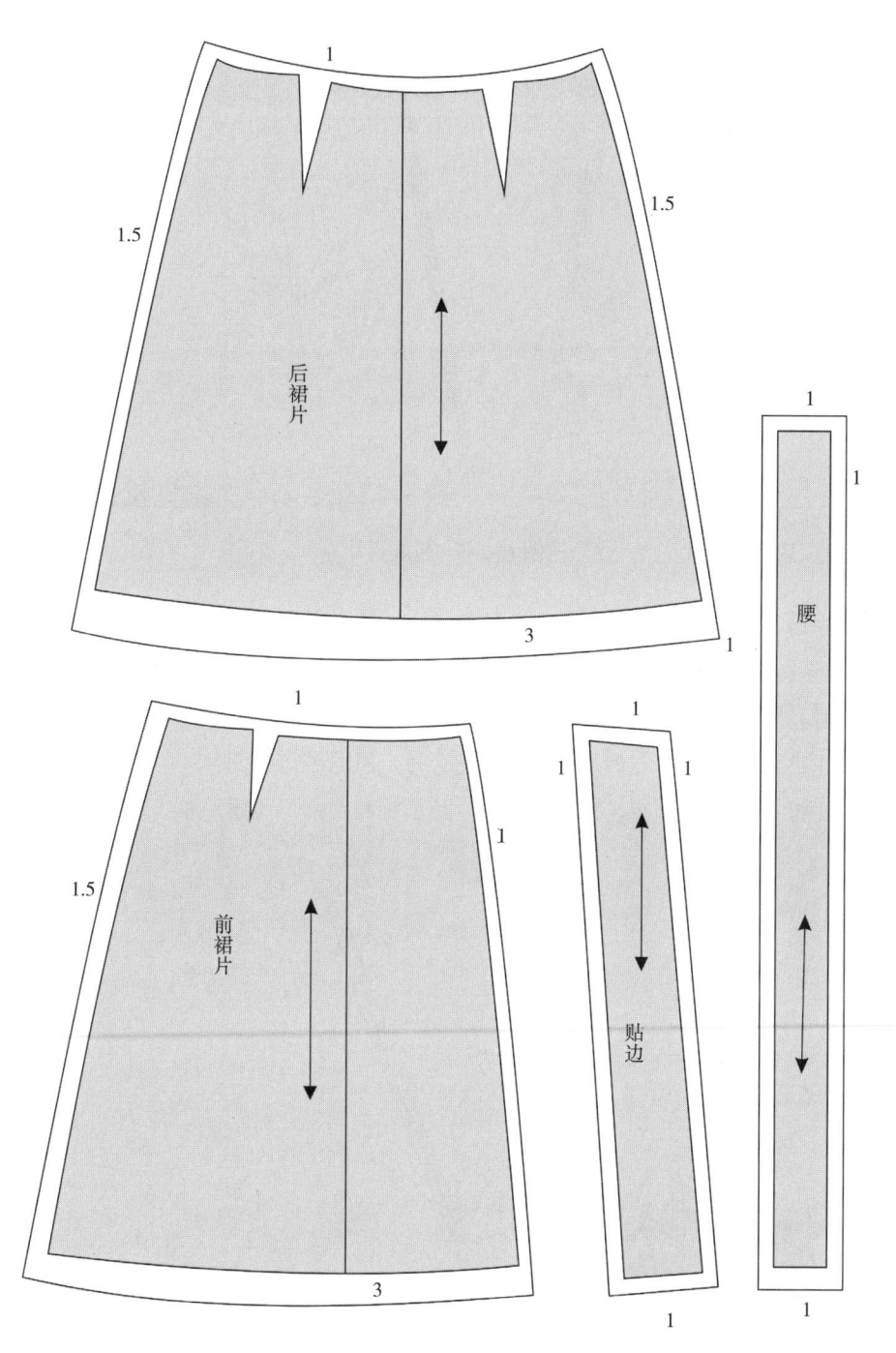

图 6-2-4 缝头加放

四、缝制方法

1. 如图6-2-5所示，包缝裙侧缝。

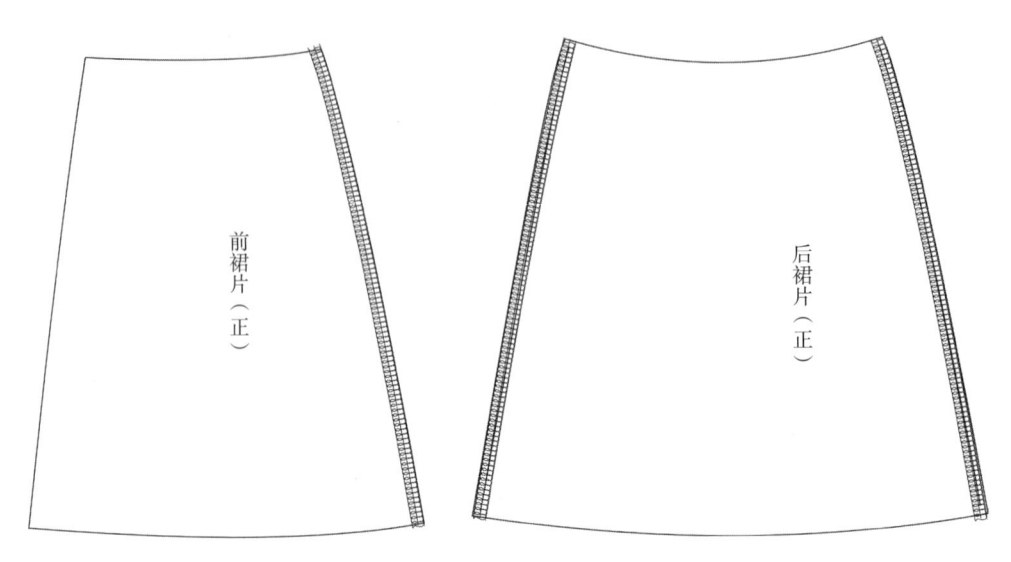

图6-2-5　包缝裙片

2. 如图6-2-6所示，缝合前后裙片的腰省，熨烫省道将其倒向中心侧。
3. 腰围线净印外0.2cm处，再离开0.3cm处，用手针拱针，抽拉缝线，将其长度缩短到要求尺寸，同时用熨斗整理归缩。
4. 如图6-2-7所示，在门襟贴边贴上黏合衬，然后进行锁缝。
5. 如图6-2-8所示，将门襟贴边与前片正面相对叠合，前裙片净线外0.1~0.2cm处和

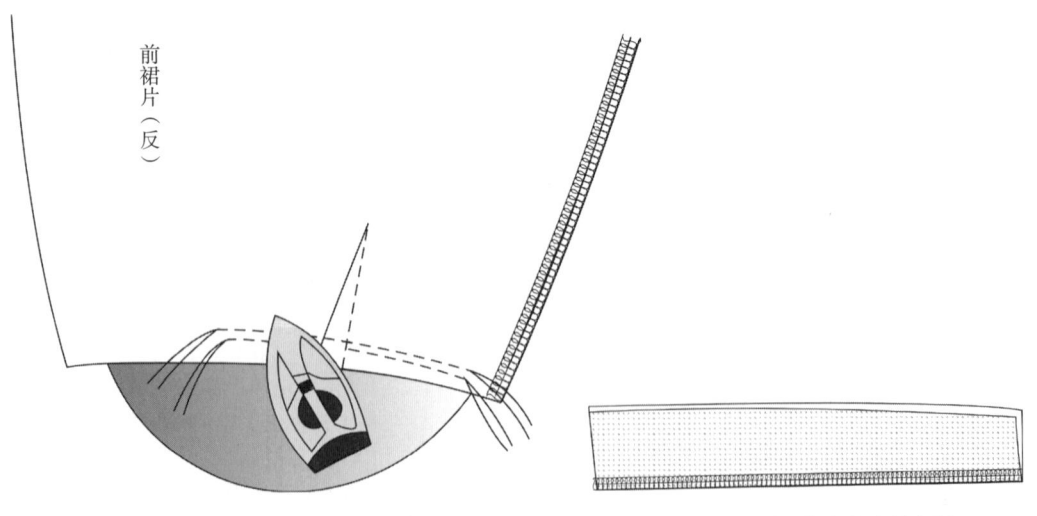

图6-2-6　缝合省道、抽缩腰口线　　　　**图6-2-7　门襟贴边贴黏合衬**

贴边净线内0.1~0.2cm处缉缝。

6. 为使缝头不要太厚，将缝头修剪成差档，贴边缝头修剪成0.5cm。

7. 如图6-2-9所示，将贴边翻转到正面，用熨斗使贴边退进0.1~0.2cm并熨烫平整。

8. 如图6-2-10所示，将前后裙片正面相对叠合，缉缝侧缝，并用熨斗将缝头分烫平整。

9. 如图6-2-11所示，侧缝的缝头和下摆的缝头重叠部分留一定宽度后进行修剪。

10. 扣烫裙子底边折边。松弛量用熨斗进行归拢处理或者用在距边0.5cm拱针抽拉缝线将其归缩，并熨烫平整，然后进行包缝。

11. 如图6-2-12所示，将折边与面子缲缝固定。

12. 如图6-2-13所示，腰头贴上黏合衬。

13. 如图6-2-14所示，在腰头上前、后中心，左、右侧缝等做标志。

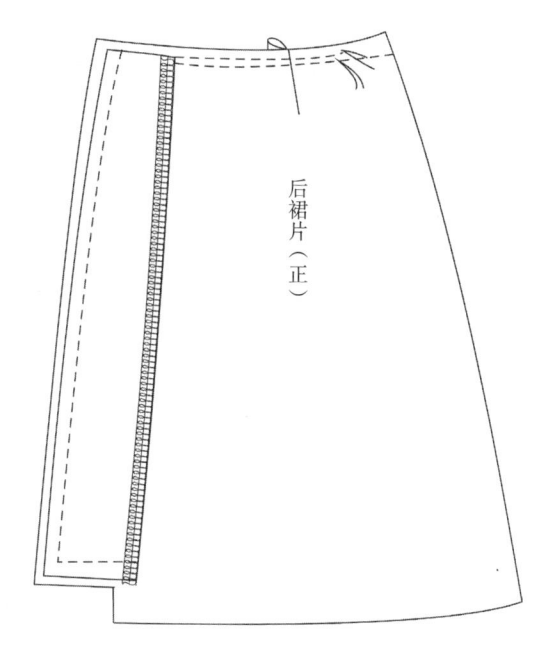

图6-2-8 绱门襟贴边

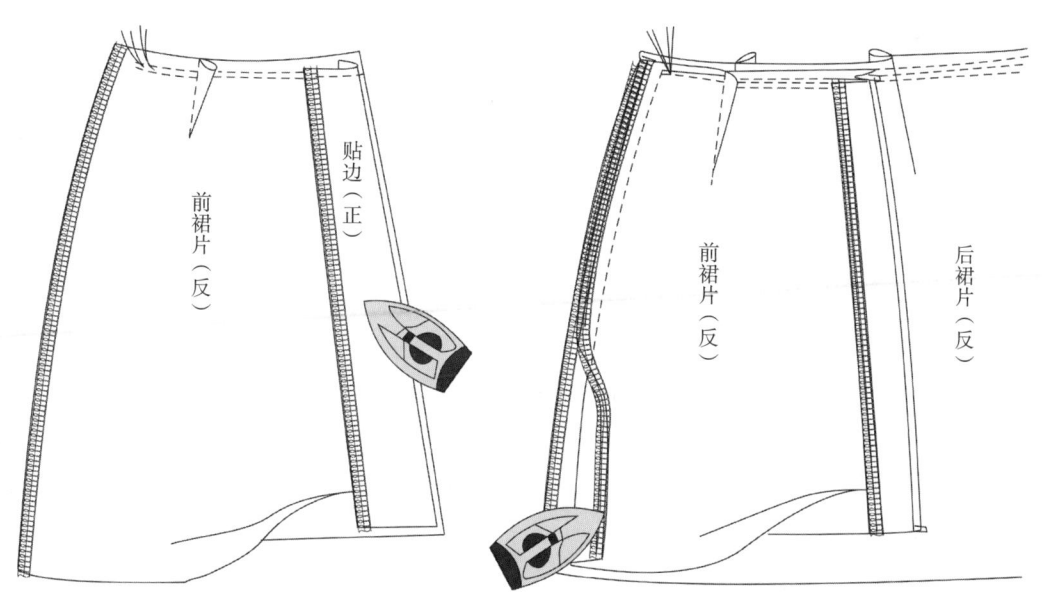

图6-2-9 熨烫贴边

图6-2-10 合侧缝

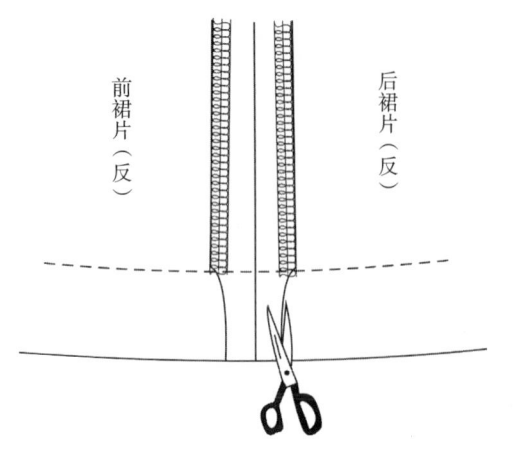

图 6-2-11 处理缝头

图 6-2-12 处理下摆

图 6-2-13 腰头贴黏合衬

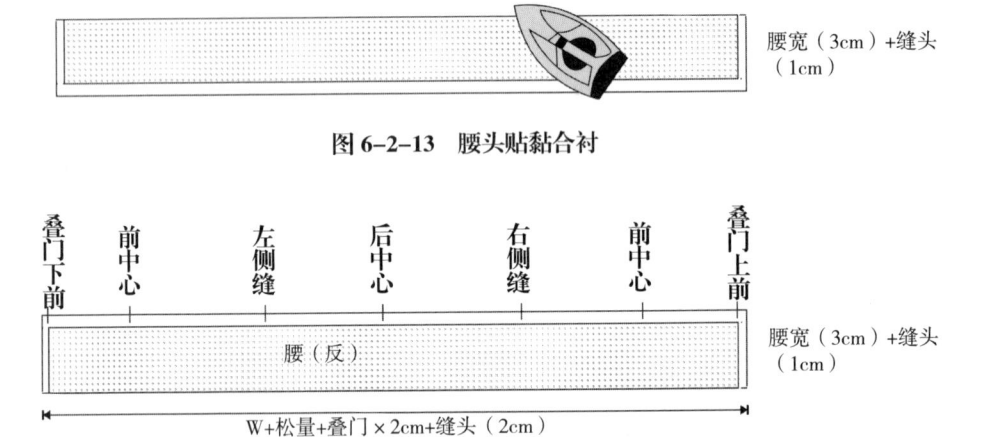

图 6-2-14 腰头做标志

14. 如图6-2-15所示，将腰头布和裙边正面相对叠合，按对位记号对位，用大头针固定或者粗缝固定，然后缉缝。

15. 如图6-2-16所示，在腰头的两端分别按净缝线缝合。

16. 如图6-2-17所示，翻转腰头布，折缝头，将其绷缝到腰口线上。

17. 如图6-2-18所示，锁扣眼。

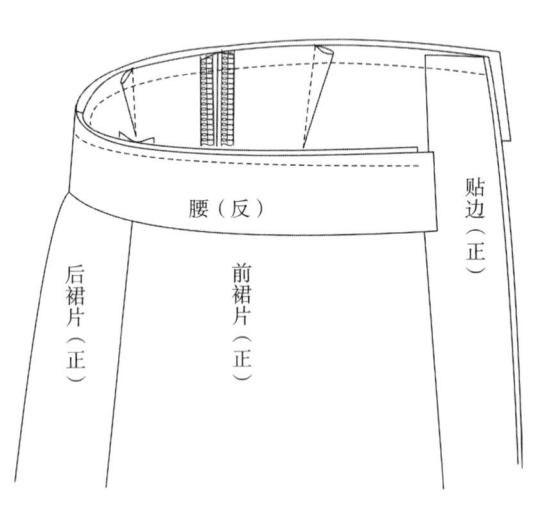

图 6-2-15 绱腰头

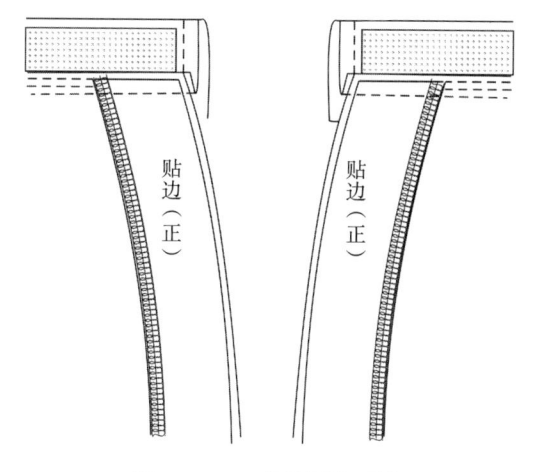

图 6-2-16　车缝腰头两端

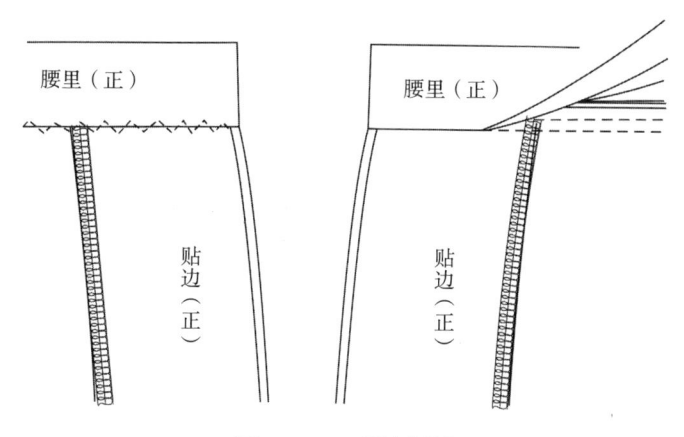

图 6-2-17　固定腰里

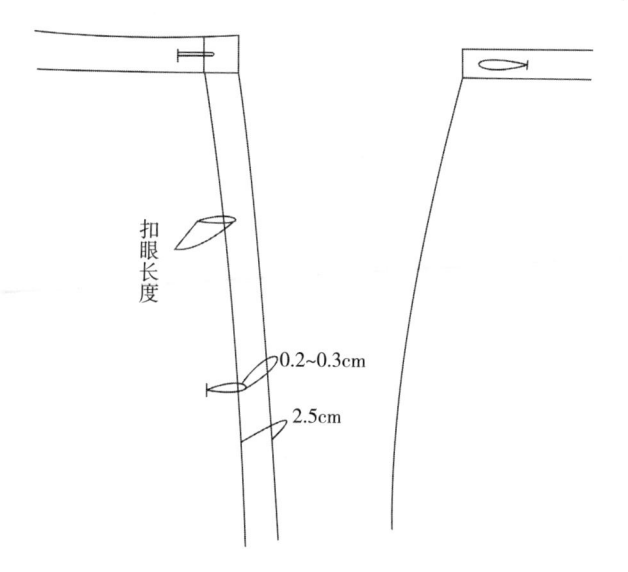

图 6-2-18　锁扣眼

18. 如图6-2-19所示，上前的扣眼位置重合，在下前的裙片上装钮扣，下面的腰头上扣眼重合，在上前腰头的里面装钮扣。

19. 内侧钉四合扣、裙钩或者黏合扣。如图6-2-20~图6-2-22所示。

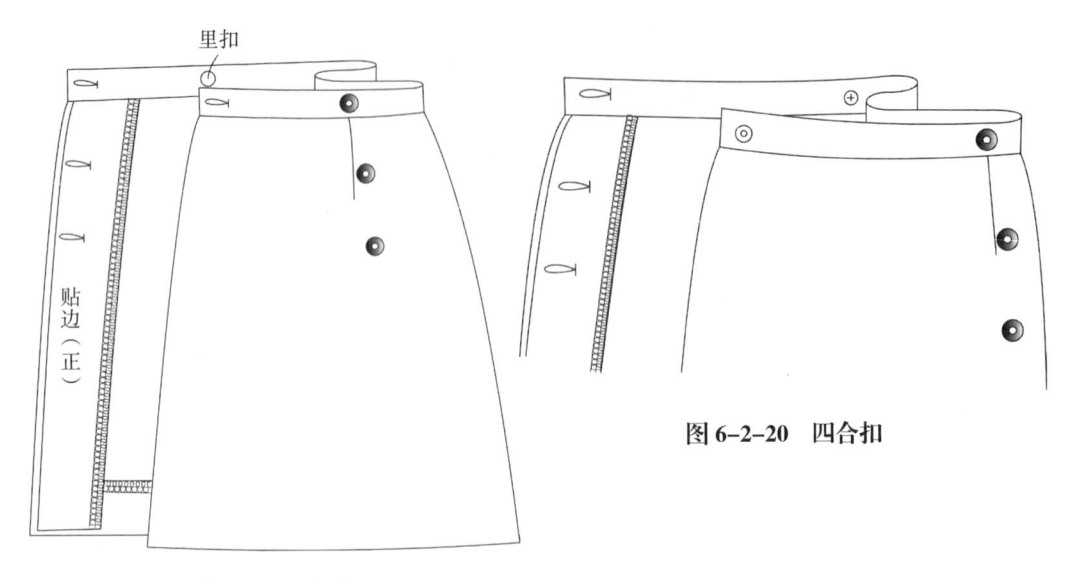

图 6-2-19　钉扣

图 6-2-20　四合扣

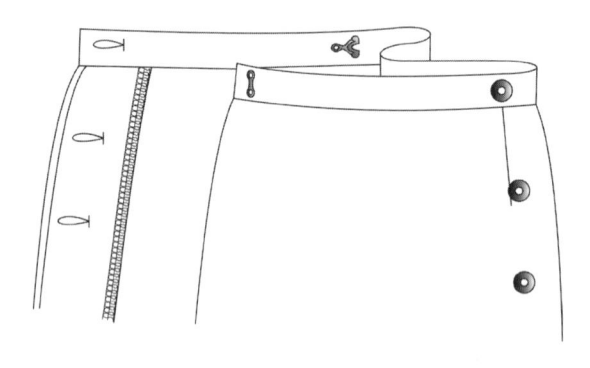

图 6-2-21　裙钩扣

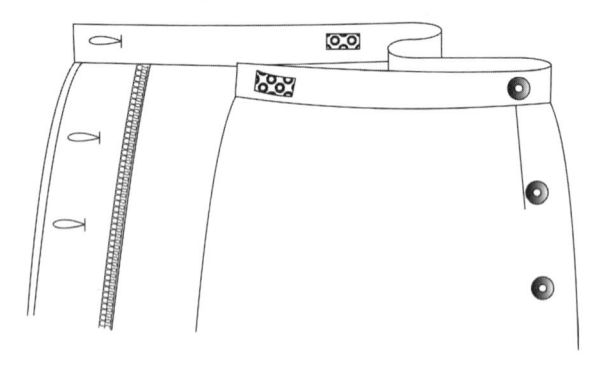

图 6-2-22　黏合扣

第三节　全里西服裙

一、款式说明

如图6-3-1所示，该款为全里西服裙，适合春秋冬季穿着，面料可以选用中厚毛料或者薄型呢料，里布可选择羽纱、美丽绸等。

图 6-3-1　款式图

二、结构图

制图说明：前后侧缝拼合后，修顺腰口弧线。前片连裁，后片分开，加开衩。如图6-3-2所示。

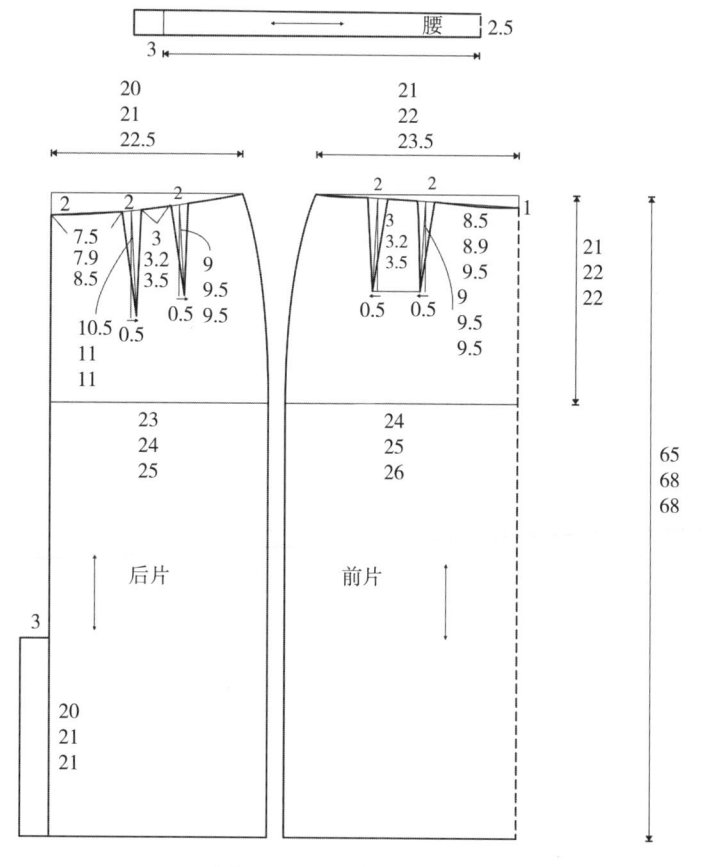

图 6-3-2　结构图

三、缝头加放

（一）面料缝头加放

缝头加放说明：腰口弧线部分缝头加放在0.8~1cm，底边折边可控制在3~5cm，其他部位的缝头一般在1~1.5cm之间。面料缝头加放如图6-3-3所示。

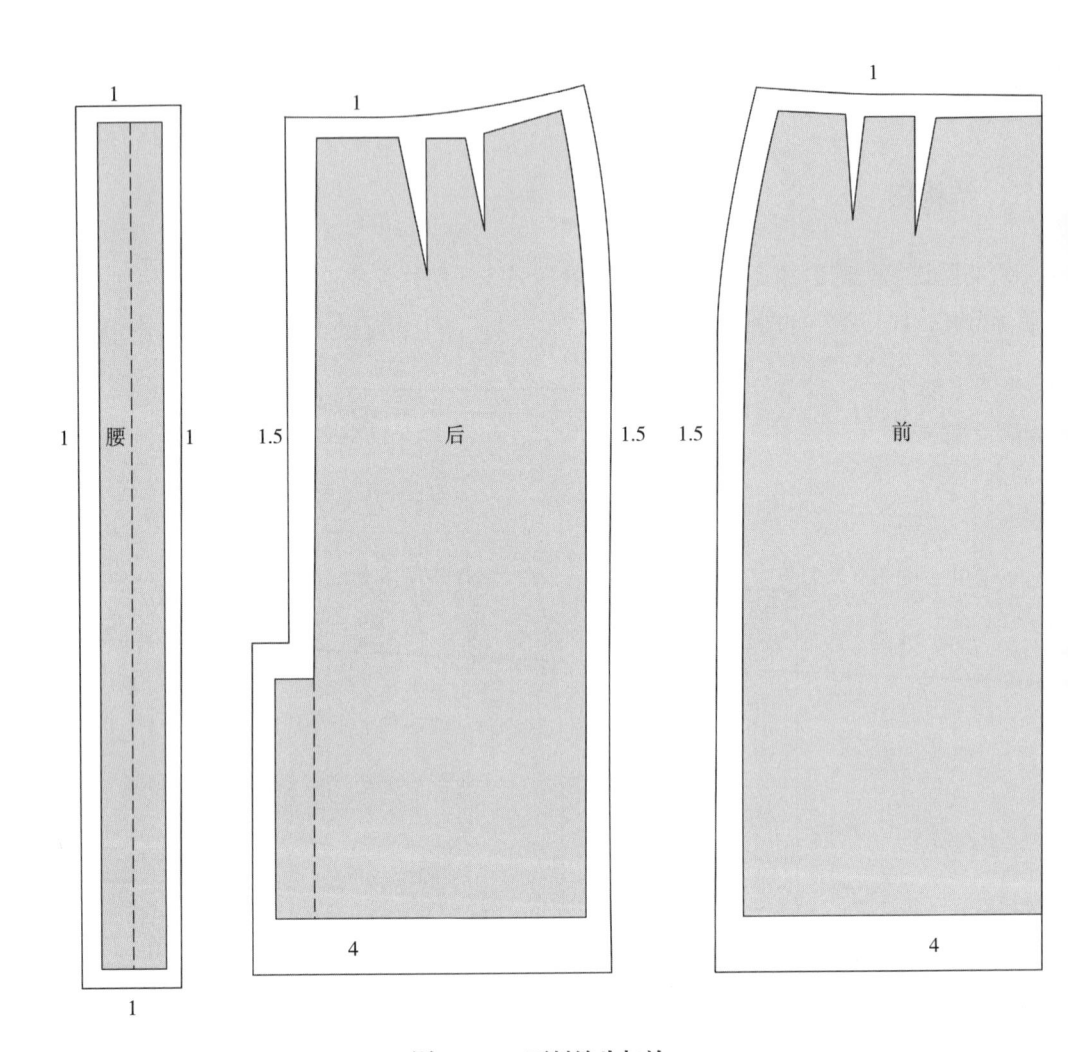

图 6-3-3　面料缝头加放

（二）里料缝头加放

里料缝头加放如图6-3-4所示。

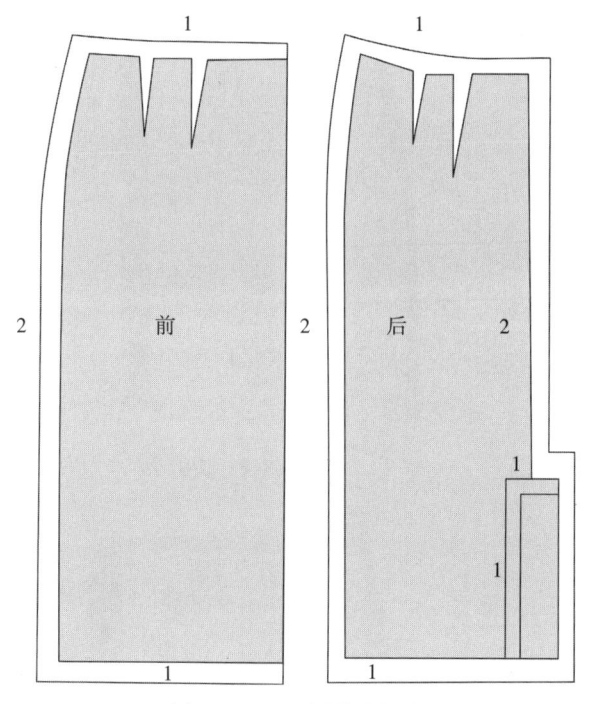

图 6-3-4　里料缝头加放

四、缝制方法

1. 如图6-3-5所示,在开衩和拉链处贴上黏合衬后,包缝裙片。

2. 如图6-3-6所示,缝合前后裙面的腰省,熨烫省道,将其倒向中心侧。

3. 如图6-3-7所示,将两片裙后片正面相对叠合,留下拉链开口,一直缝到开衩止点。

4. 装拉链部分可以粗缝。

5. 如图 6-3-8所示,将缝头分开熨烫平整,左裙片的缝头熨出0.2~0.3cm。

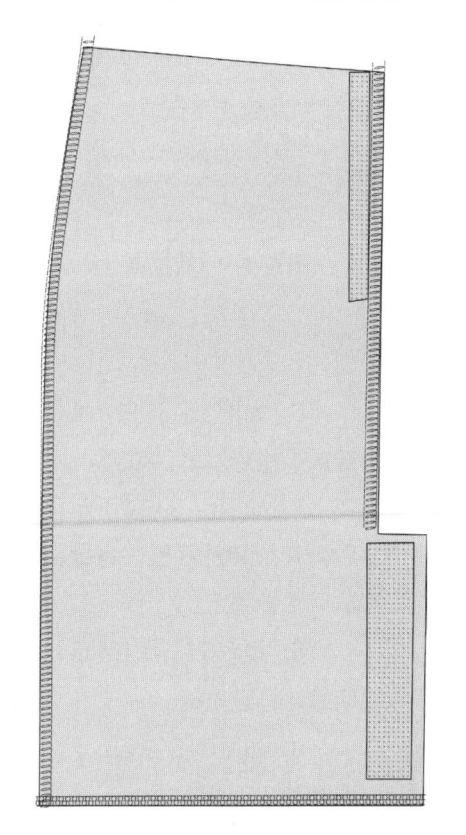

图 6-3-5　贴黏合衬和包缝

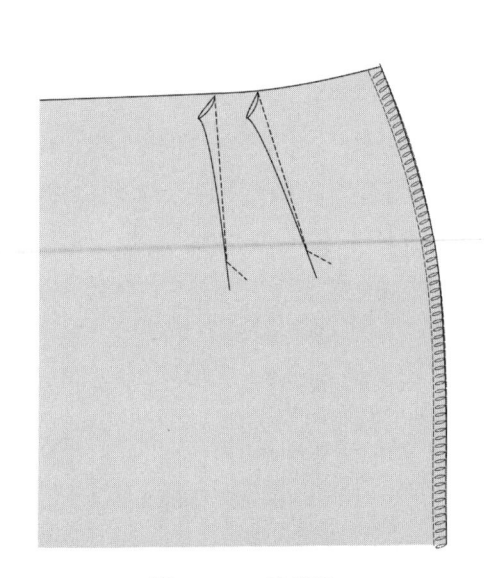

图 6-3-6　缝省道

第六章　裙子

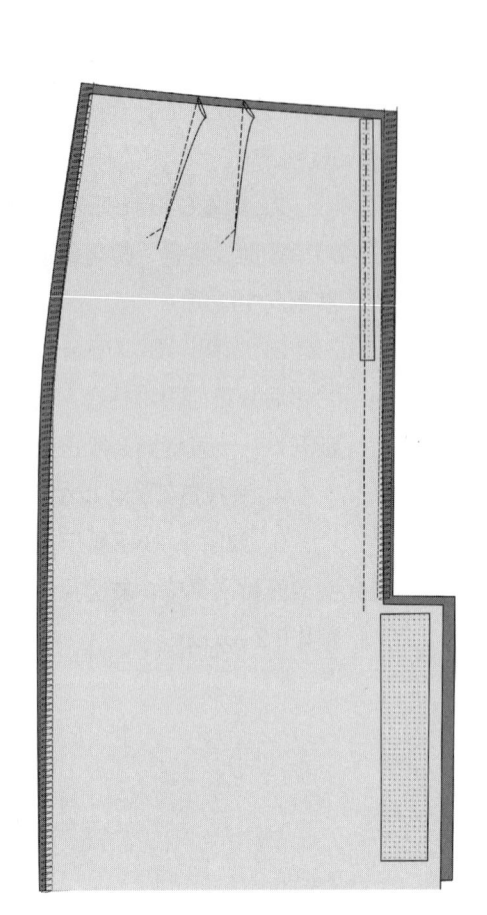

图 6-3-7 合后片

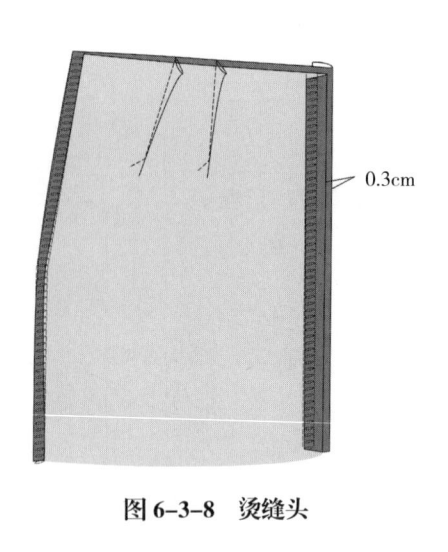

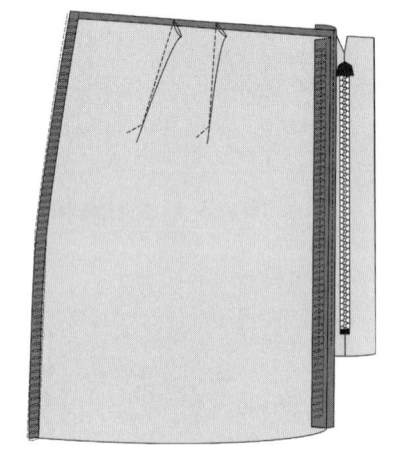

0.3cm

图 6-3-8 烫缝头

图 6-3-9 装拉链

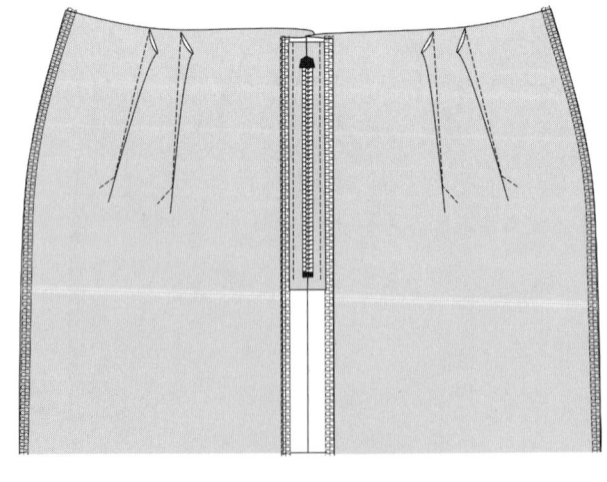

图 6-3-10 固定拉链

6. 如图 6-3-9所示，将拉链置于裙片以下，缉缝。

7. 如图6-3-10所示，将前后裙片翻转放平整，将缝头与拉链用手针固定。

8. 如图6-3-11所示，缉缝明线，检查拉链。

9. 如图6-3-12所示，将前后裙片正面相对叠合，合侧缝，并用熨斗将缝头分烫平整。

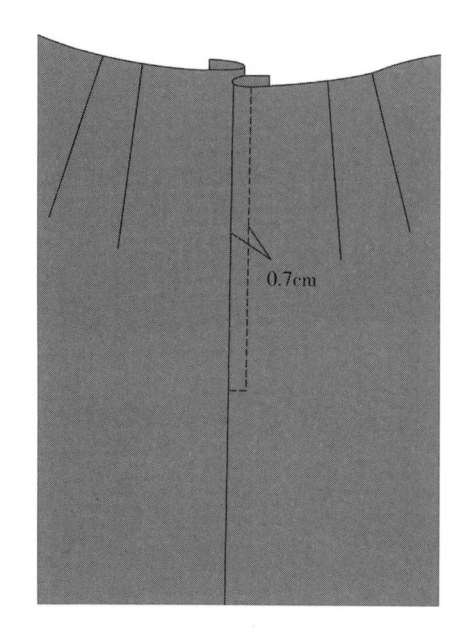

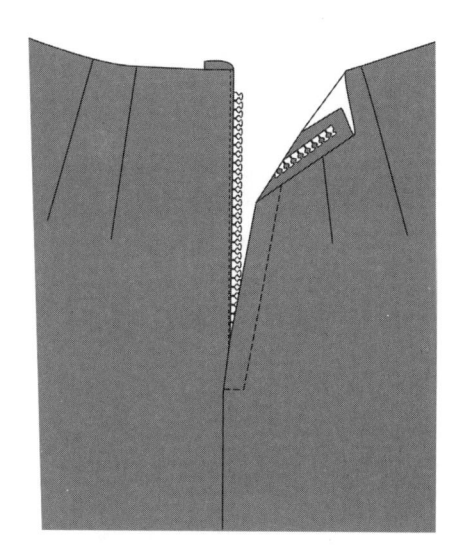

图 6-3-11 缉明线

10. 如图6-3-13所示，缉缝前后裙里省道，将省道倒向侧缝一侧。

11. 如图6-3-14所示，将两片裙里后片正面相对叠合，在净线外0.2cm处，留下拉链开口，一直缝到开衩止点。用熨斗劈开开衩处缝头。

12. 如图6-3-15所示，将前后裙里正面相对叠合，在净线外0.2cm处，缉缝侧缝，再将2片一起包缝，并用熨斗将缝头倒向后片。

13. 扣烫并缉缝里子底边折边。

14. 如图6-3-16所示，劈开衩止点以上的缝头。

15. 按净缝线，将右后裙片的下摆折边扣烫。

16. 左后裙片的里襟的里面缝头扣折，再扣烫下摆折边。

17. 右后裙片的开衩贴边比下摆稍退进，然后将其缲缝到一起。

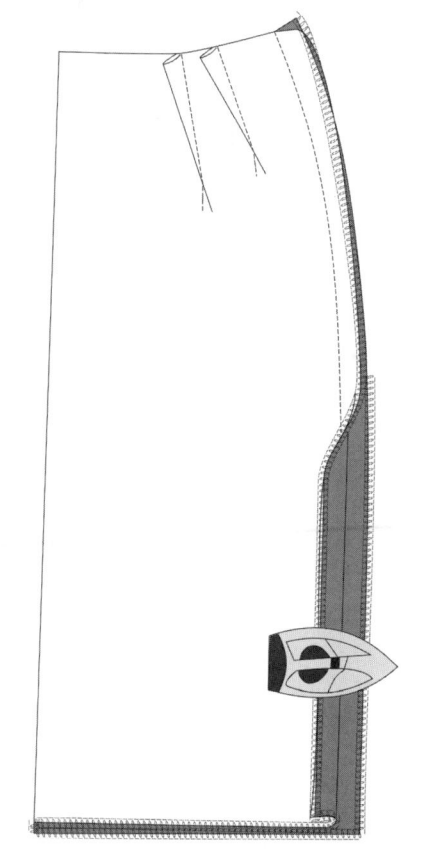

图 6-3-12 合侧缝

第六章 裙子

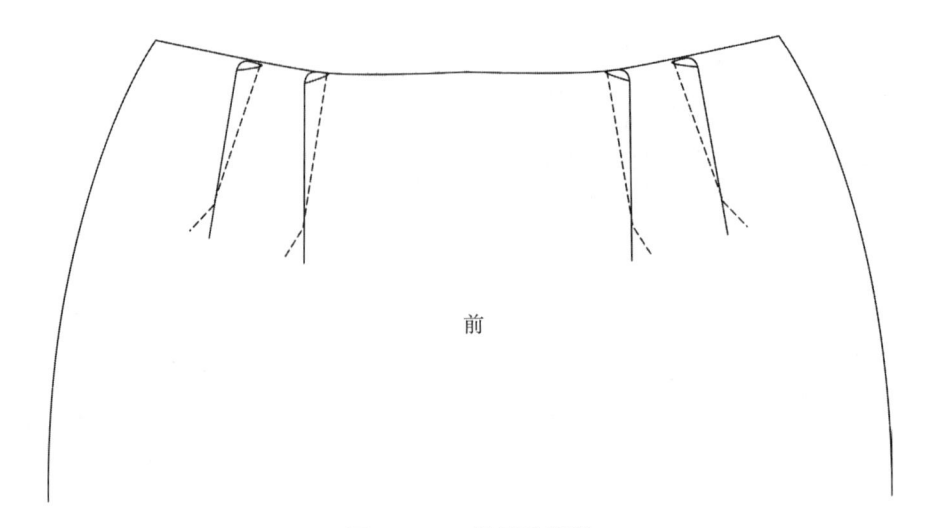

图 6-3-13 缝里子省道

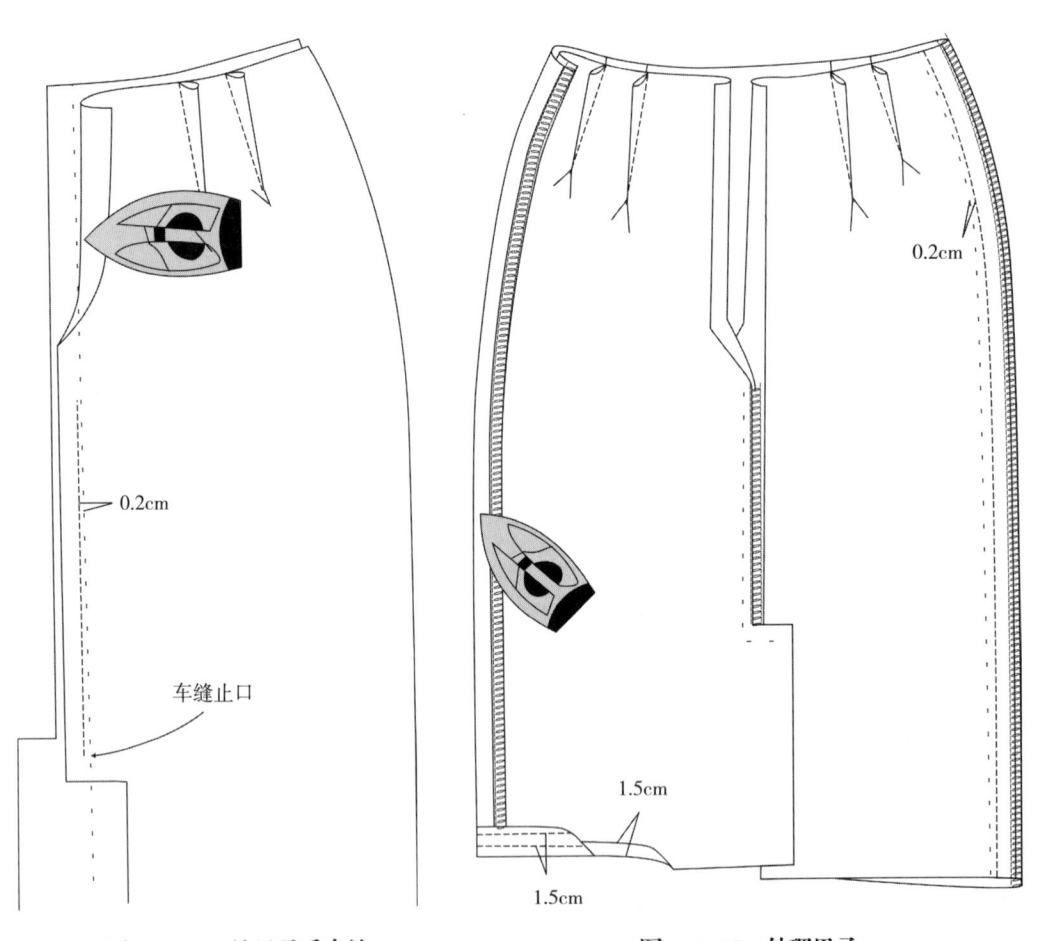

车缝止口

图 6-3-14 缝里子后中缝

0.2cm

1.5cm

1.5cm

图 6-3-15 处理里子

18. 右后裙片的开衩贴边和下摆折边重合的部分用三角针固定。

19. 如图6-3-17所示，在左后裙片缝头斜着打剪口，剪至离开衩止点0.3cm为止。

20. 对齐后中缝，将裙里反面与裙面反面相对叠合。

21. 裙里在开衩处打剪口，扣折右裙里开衩处缝头，将其绷缝固定在右裙面开衩贴边上。

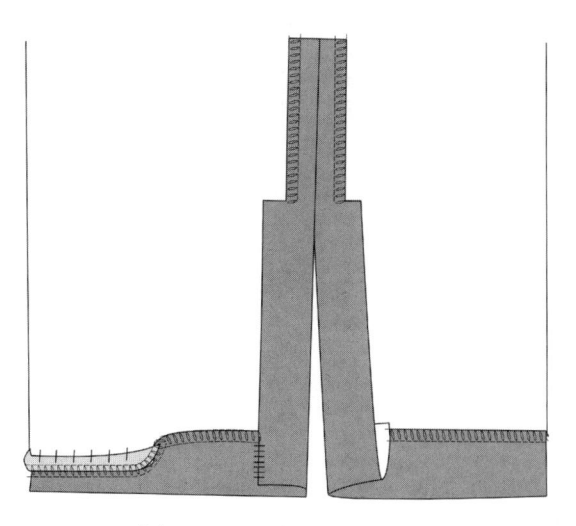

图 6-3-16　处理裙面后开衩

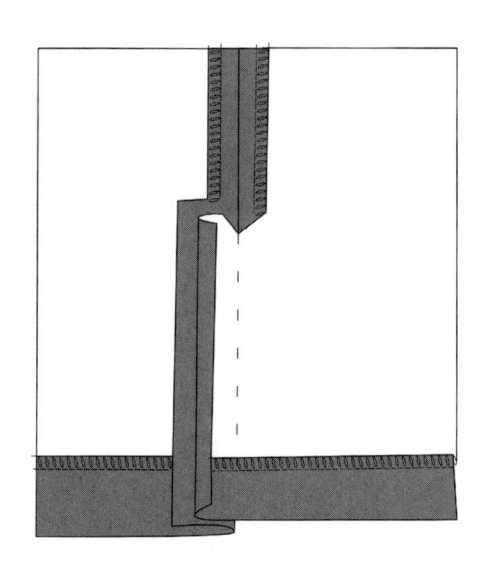

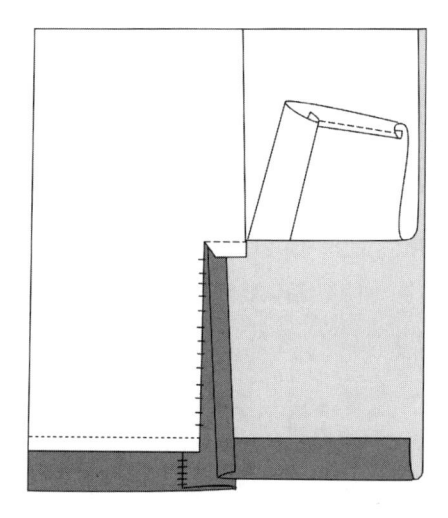

图 6-3-17　处理裙里后开衩

22. 如图6-3-18所示，扣折左裙里开衩处缝头，将其绷缝固定在左裙面开衩缝头上。

23. 将里子拉链开口处的缝头手缝固定在拉链基布上。

24. 如图6-19所示，在腰面的反面贴上黏合衬，在前、后中心和左、右侧缝做对位记号。

25. 缝合腰头两端。

26. 扣烫腰里缝头。

27. 翻转腰头至正面，熨烫平整。

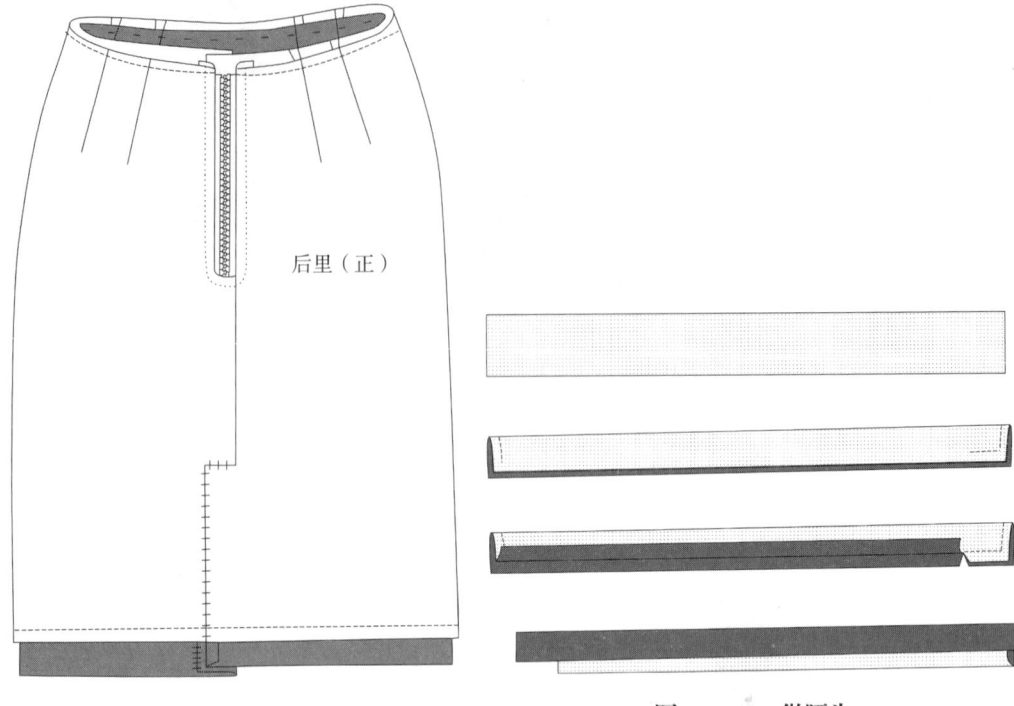

图 6-3-18 处理裙里拉链开口　　　图 6-3-19 做腰头

28. 如图6-3-20所示，将腰面的正面与裙面正面相对，缉缝。

29. 如图6-3-21所示，将腰翻转，腰里与腰面缲缝固定在裙侧缝拉线环固定裙子的面与里。

30. 钉腰头钩扣襻。

31. 熨烫整理。

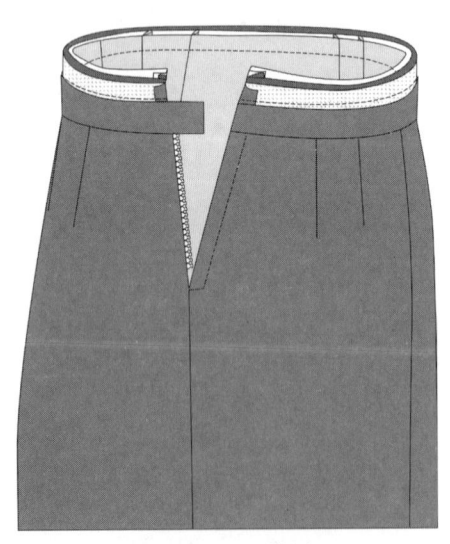

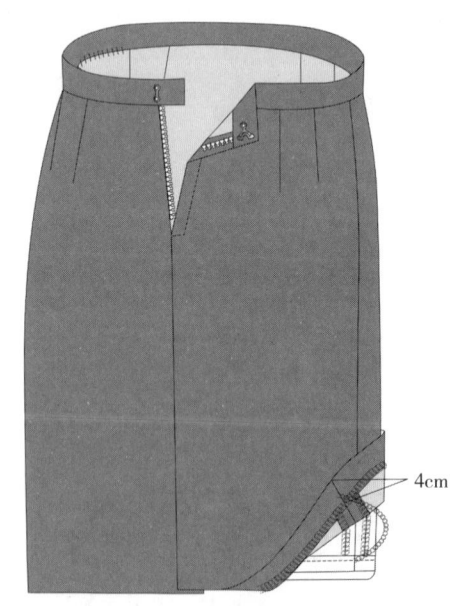

图 6-3-20 绱腰　　　图 6-3-21 拉线环、钉钩扣

第四节　楔形裙

一、款式说明

如图 6-4-1 所示，该款为腰部加褶裥、呈楔形裙，后开衩。

二、结构图

制图说明：裙侧缝拼合后，画顺裙底边线，如图 6-4-2 所示。

图 6-4-1　款式图

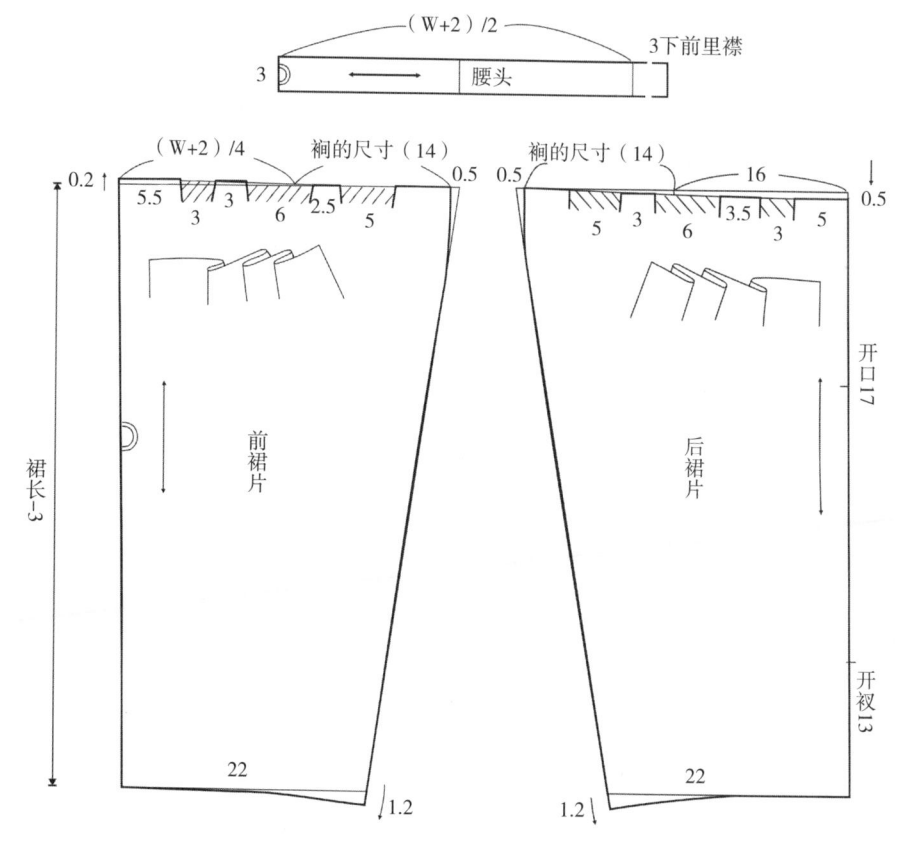

图 6-4-2　结构图

三、缝头加放

缝头加放如图6-4-3所示。

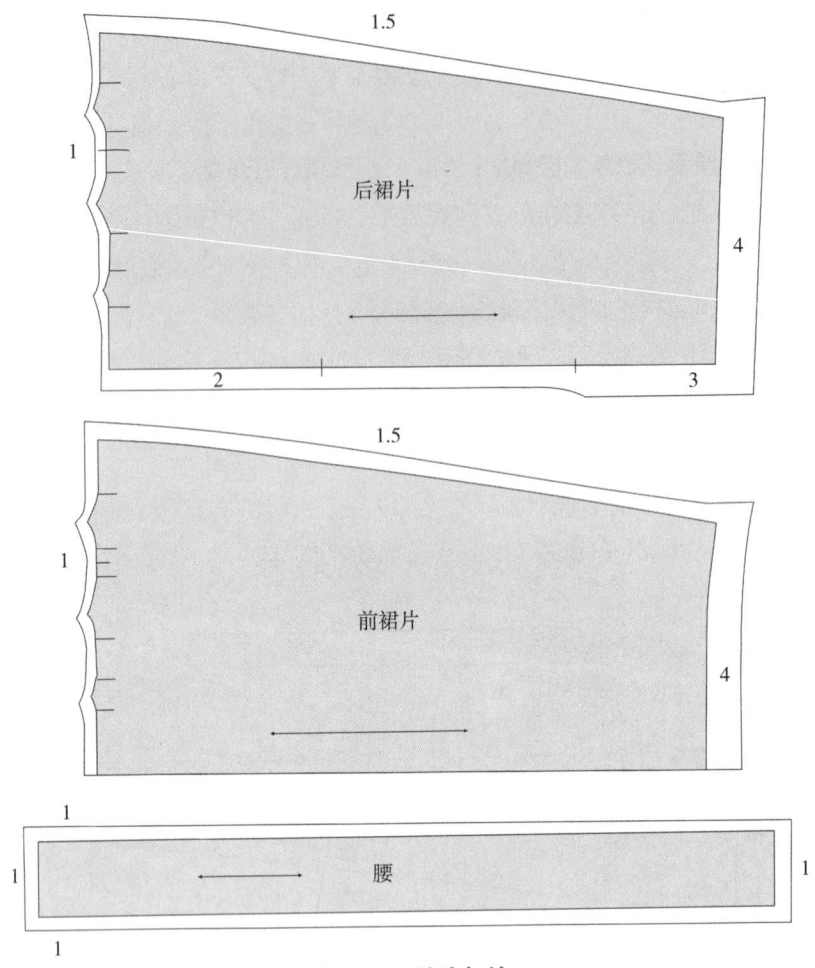

图 6-4-3 缝头加放

四、缝制方法

1. 如图6-4-4所示，包缝前裙片的两侧缝。
2. 如图6-4-5所示，在后裙片的拉链开口处缝头以及后开衩的贴边处贴黏合衬。
3. 包缝裙片的侧缝和后中缝。
4. 如图6-4-6所示，将两片裙后片正面相对叠合，留下拉链开口，一直缝倒开衩止点。用熨斗劈开缝头，开衩的缝头按净线扣折。
5. 装拉链参见全里西服裙。
6. 如图6-4-7所示，将前后裙片正面相对叠合，缉缝两侧缝，再用熨斗劈开缝头。

图 6-4-4　包缝前裙片

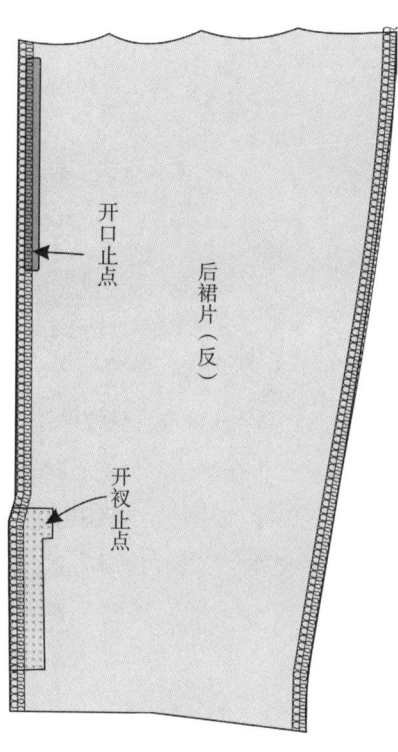

图 6-4-5　贴黏合衬及包缝后裙片

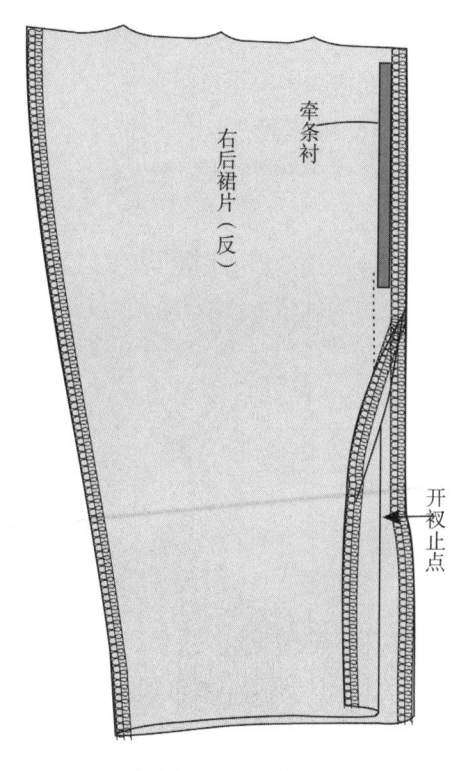

图 6-4-6　合后中缝

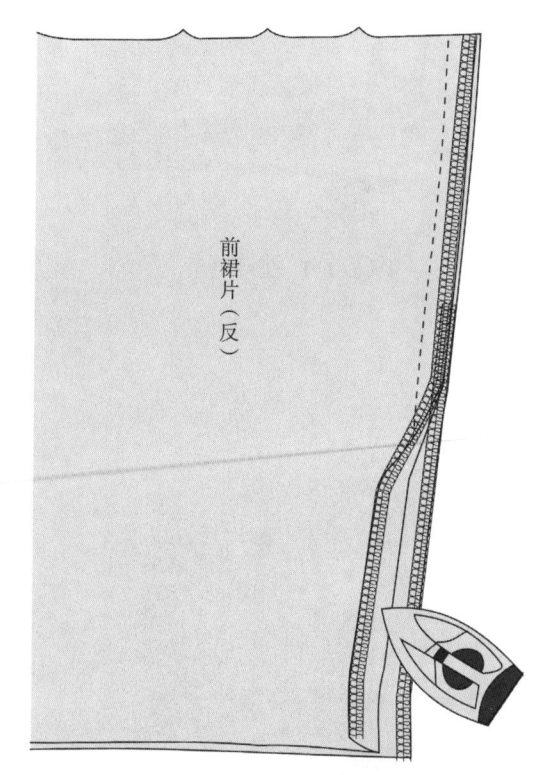

图 6-4-7　合侧缝

第六章　裙子　253

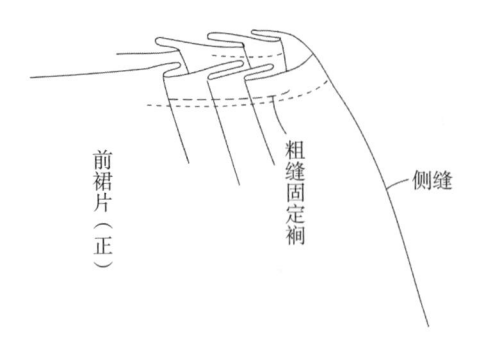

图 6-4-8 处理前后褶

7. 如图6-4-8所示，按褶位，折叠前后腰围的褶，将其在腰围净印外0.2cm缝头粗缝固定。

8. 做腰头及装腰头参见全里西服裙。

9. 如图6-4-9所示，侧缝的缝头和下摆的缝头重叠部分留一定宽度后进行修剪。

10. 包缝下摆缝头。

11. 如图6-4-10所示，将下摆折边按净线扣烫，然后将其缲缝固定到裙片上。

12. 如图6-4-11所示，开衩贴边下摆要退进面裙下摆，缲缝固定。

13. 重叠在下摆折边部分用三角针固定。

14. 如图6-4-12所示，钉钩襻。

15. 熨烫整理。

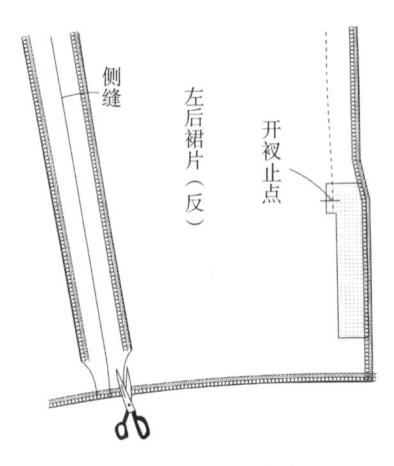

图 6-4-9 处理缝头

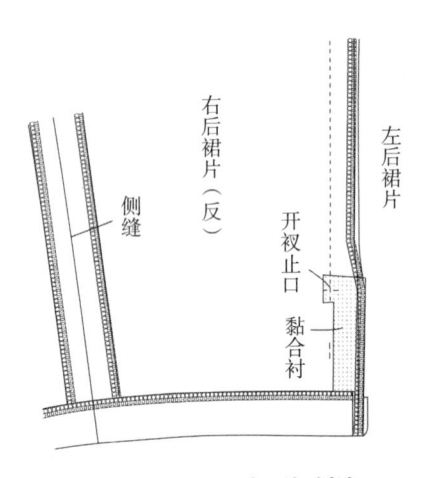

图 6-4-10 固定下摆折边

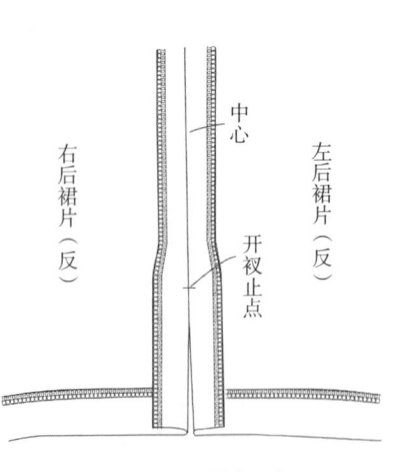

图 6-4-11 固定开衩

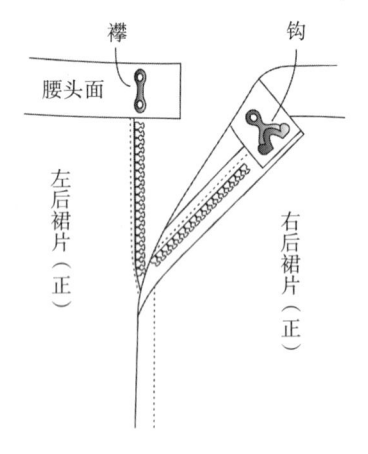

图 6-4-12 钉钩襻

第七章
裤 子

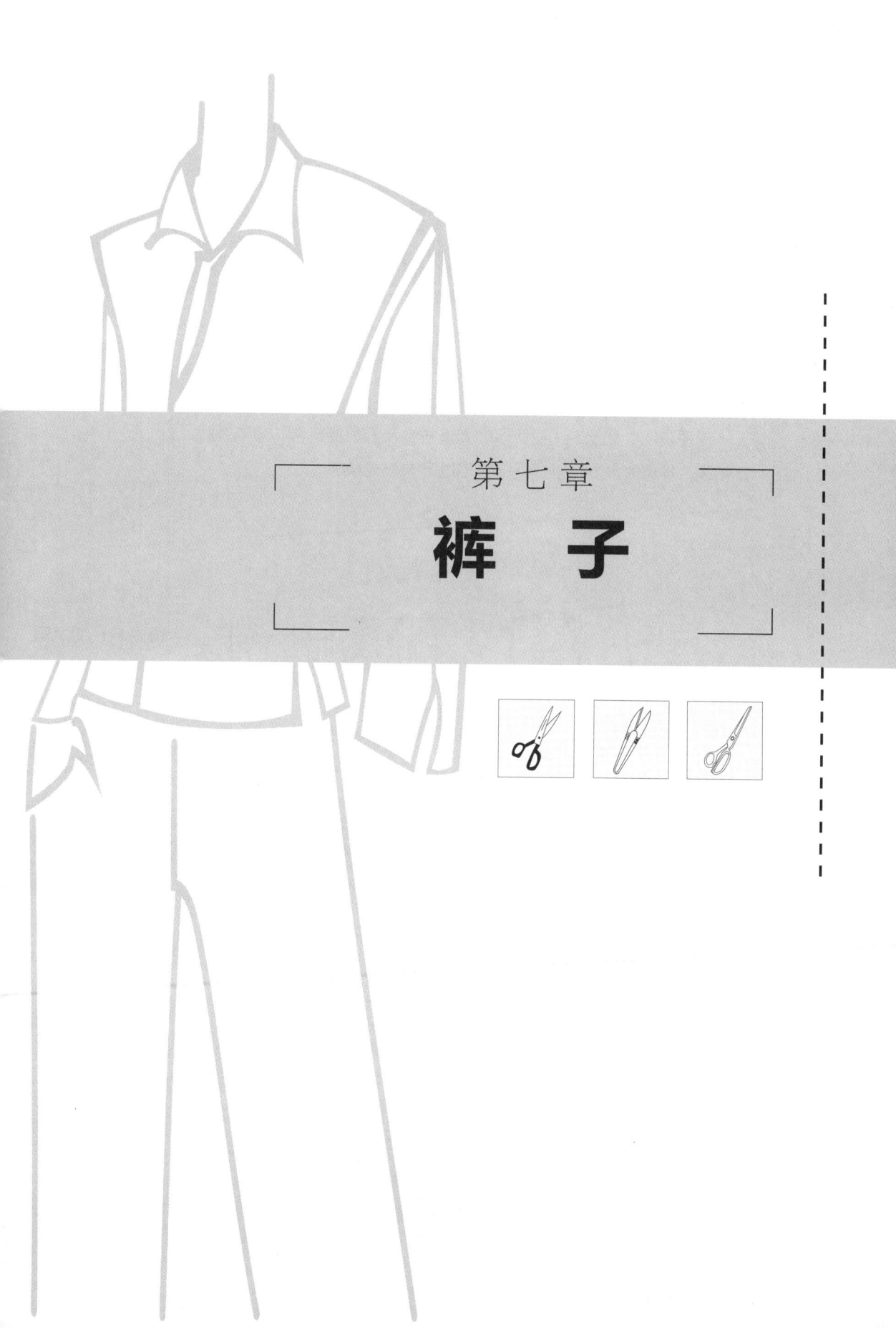

第一节　全里长裤

一、款式说明

如图7-1-1所示，该款为全里女长裤。

二、结构图

制图说明：如图7-1-2所示，省道拼合及前后侧拼合，修顺裤腰口弧线。省道的大小可以根据腰臀差进行调整或增加。

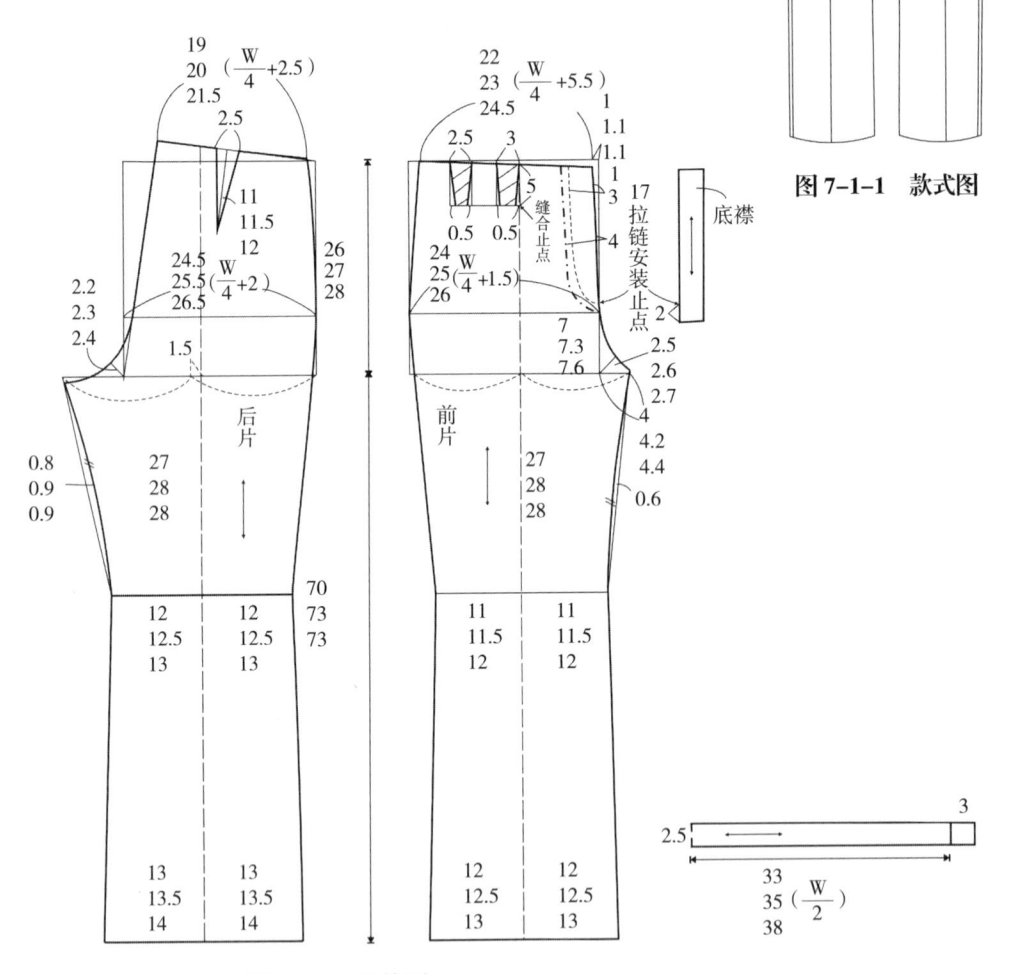

图 7-1-1　款式图

图 7-1-2　结构图

三、缝头加放

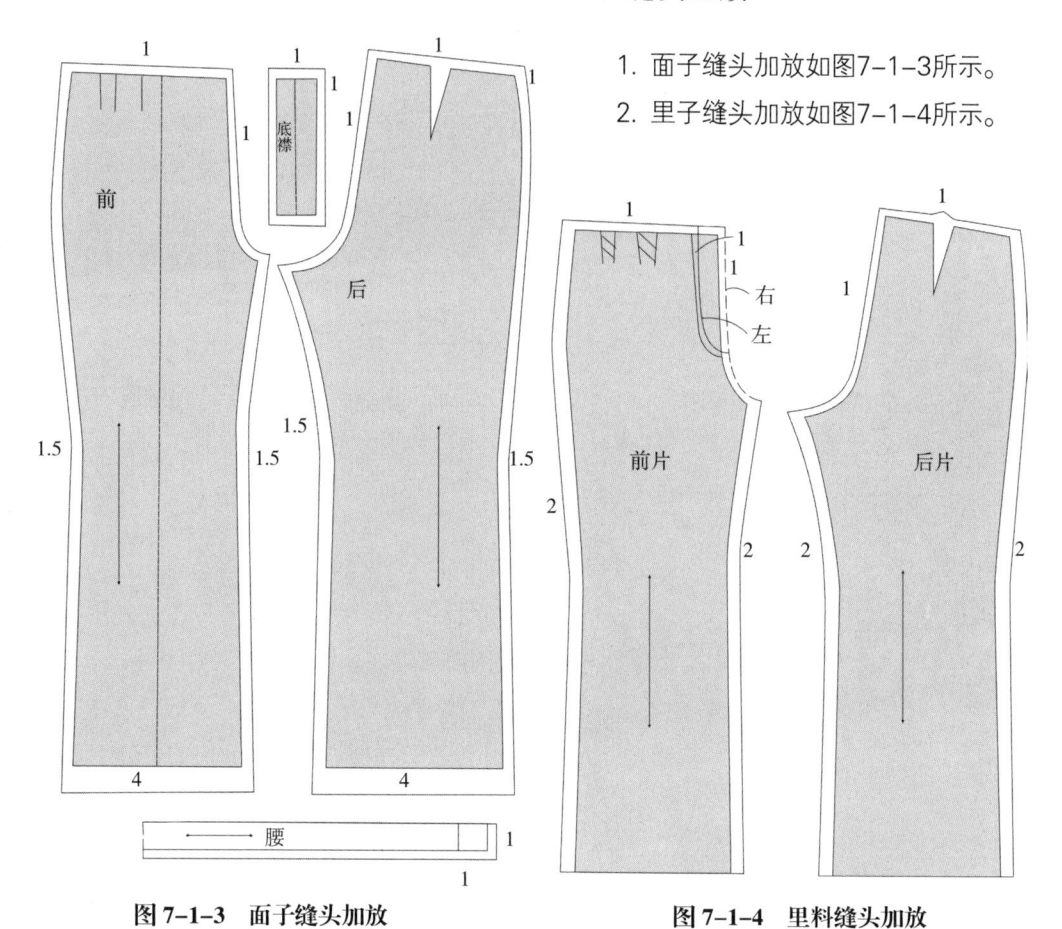

1. 面子缝头加放如图7-1-3所示。
2. 里子缝头加放如图7-1-4所示。

图7-1-3 面子缝头加放

图7-1-4 里料缝头加放

四、缝制方法

1. 后裤片的归拔

如图7-1-5所示,将左右两后裤片正面相对,用熨斗拔开后裤片的上裆线和下裆线的

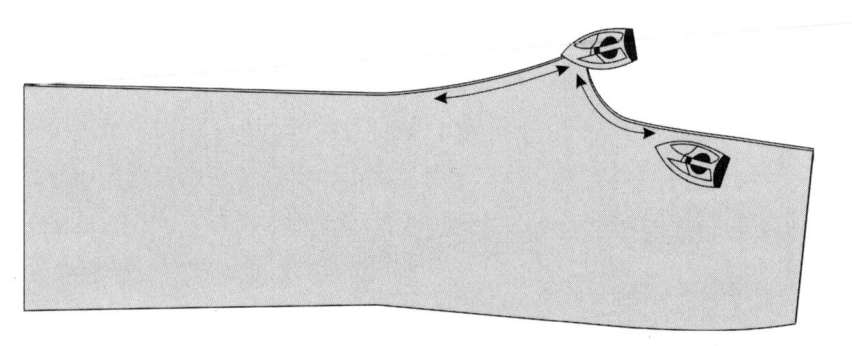

图7-1-5 拔后裤片

第七章 裤子

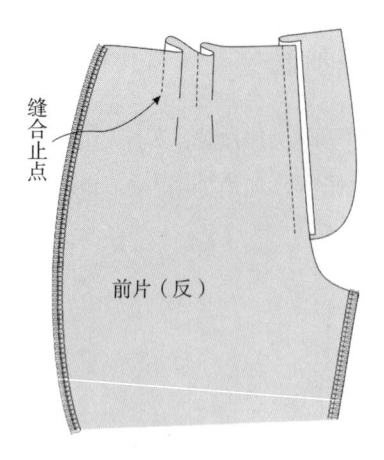

图 7-1-6　缉缝前片褶和门襟

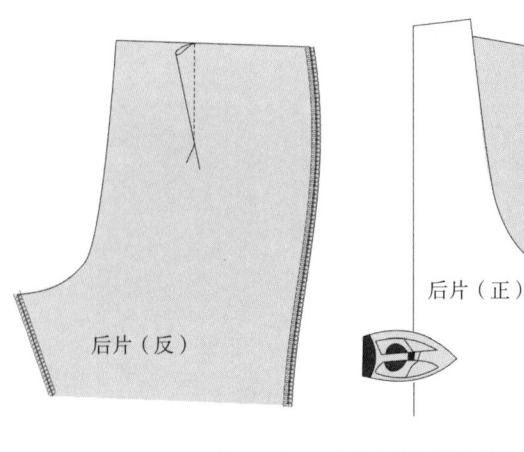

图 7-1-7　缉缝后省、熨烫后片烫迹线

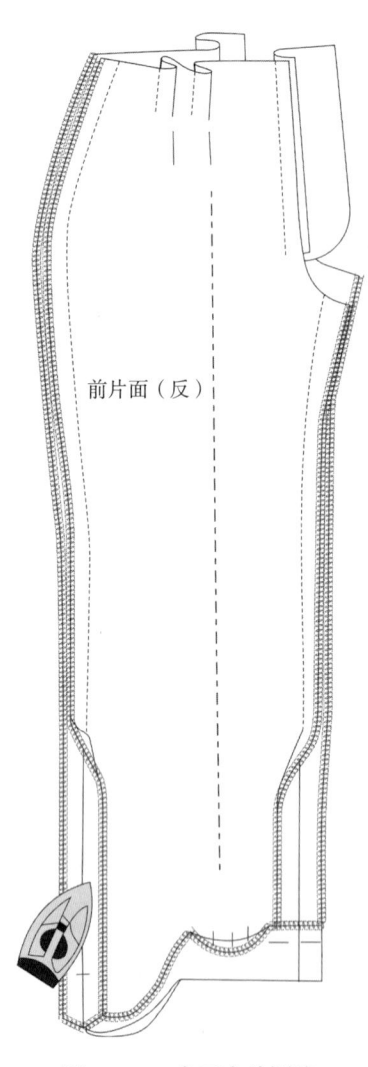

图 7-1-8　合面内外侧缝

曲线部分。

2. 如图 7-1-6 所示，缉缝前片褶，并用熨斗将其熨烫倒向前中心。

3. 右前片裤片和门襟贴边正面相对，在净缝外侧 0.1cm 处进行车缝，缝至门襟开口止点，打回车，回车线迹与缝线重合。

4. 如图 7-1-7 所示，缝后省道，熨烫将其倒向中心侧。

5. 熨烫后片烫迹线。

6. 如图 7-1-8 所示，前后裤片正面相对叠合，缝侧缝和下裆缝，然后用熨斗将缝头劈开。

7. 若面料较厚，可以将内外侧缝的缝头和脚口贴边的缝头重叠部分留一定宽度后进行修剪。

8. 扣烫脚口折边，将其绷缝固定到裤片上。

9. 如图 7-1-9 所示，左右裤片正面相对叠合，缝合上裆缝。在裆底同一缝道上重叠缝一次（缝二次），劈开缝头到直裆的中间左右，下面的缝头自然的竖着。

10. 如图 7-1-10 所示，缝合底襟下端。

11. 将底襟翻转到正面口烫。

12. 将拉链与底襟固定。

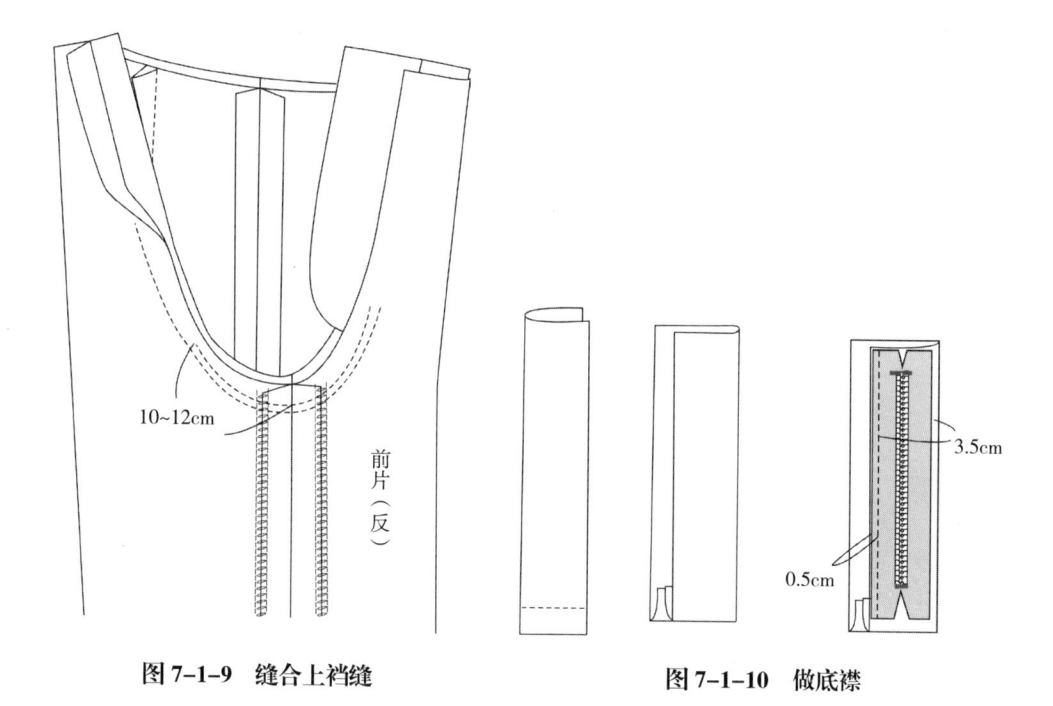

图 7-1-9　缝合上裆缝　　　　　　　　　　图 7-1-10　做底襟

13. 如图7-1-11所示，将左前片的折痕与拉链牙边沿相对，下面放里襟，然后进行压缉缝，缝制门襟开口止点下1cm左右。然后合上拉链，与左前片的净缝重叠，再用大头针固定。

14. 如图7-1-12所示，将拉链与门襟缉缝固定。

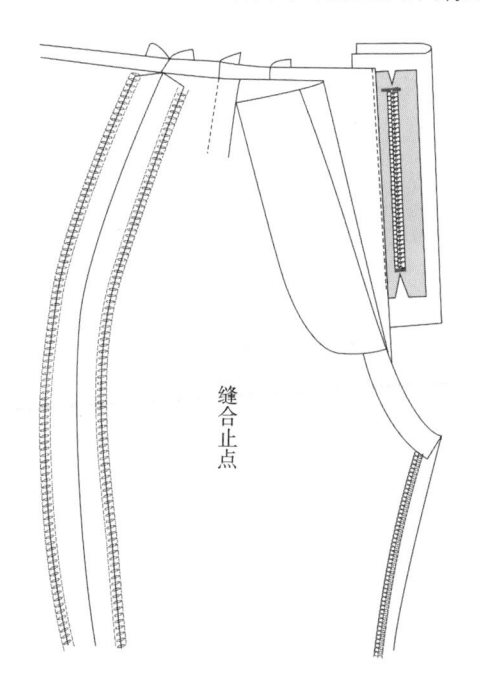

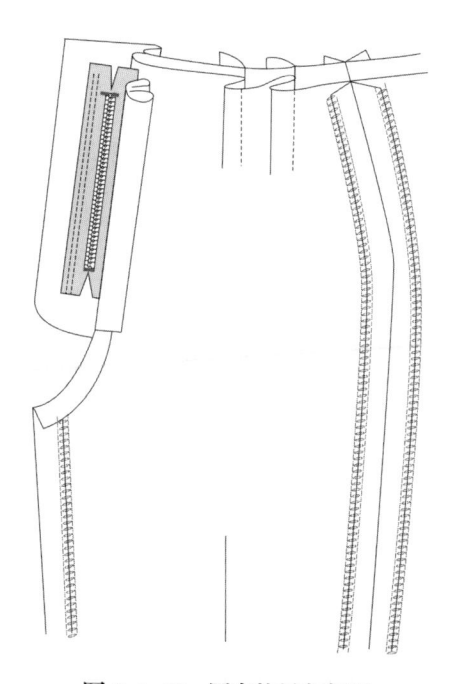

图 7-1-11　绱底襟　　　　　　　　　　图 7-1-12　固定拉链与门襟

第七章　裤子

图 7-1-13　门襟与裤片粗缝固定

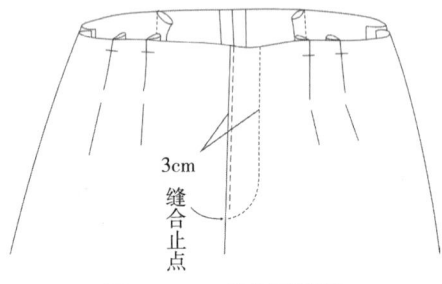

图 7-1-14　缉门襟明线

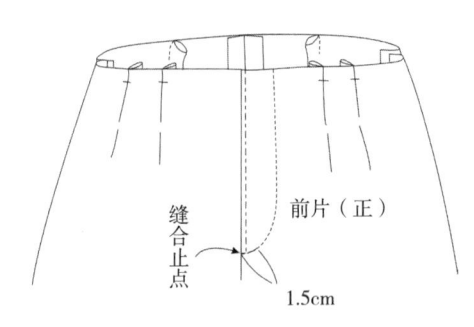

图 7-1-15　加固门襟开口

15. 如图7-1-13所示，推开里襟，将门襟与裤片粗缝固定。

16. 如图7-1-14所示，推开里襟，3cm处缉明线固定门襟与裤片。

17. 如图7-1-15所示，在1.5cm缝合2～3道缝线。

18. 如图7-1-16所示，将前片里子折裥粗缝固定。

19. 如图7-1-17所示，缝合里子后腰省，倒向侧缝。

20. 如图7-1-18所示，将裤里前后正面相对，在净线0.2~0.3cm处缉缝侧缝和下裆缝。

21. 将侧缝和下裆缝的前后两缝头一起包缝。

22. 将缝头倒向前片。

23. 扣烫里子脚口折边并缉缝。

24. 如图7-1-19所示，前后裤片里正面合上，缉缝至距离开口止点1cm。

图 7-1-16　固定里子前裥

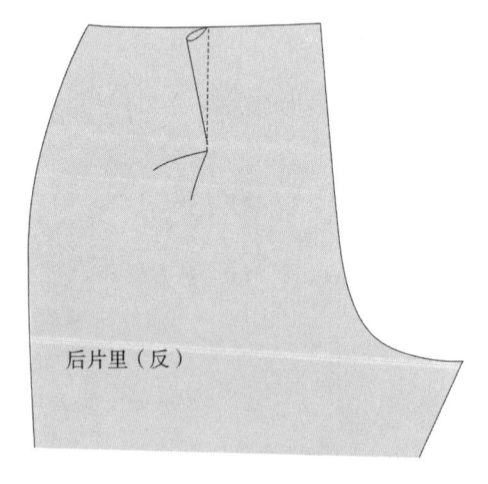

图 7-1-17　缝裤里后省

25. 缝头劈开到直裆线的中间左右，下面的缝头让它自然地竖着。

26. 如图7-1-20所示，将裤里后片的反面与裤面后片的反面相对叠合。

27. 在距离腰口线8~10cm和脚口线20~25cm之间，将裤里外侧缝与裤面外侧缝粗缝固定在一起。

28. 在距离裆底8~10cm和脚口线20~25cm之间，将裤里内侧缝与裤面内侧缝粗缝固定在一起。

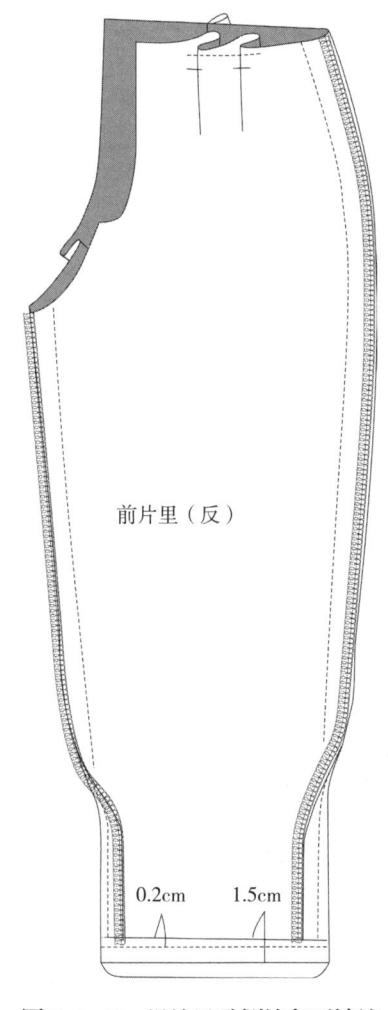

图 7-1-18　缉缝里子侧缝和下裆缝

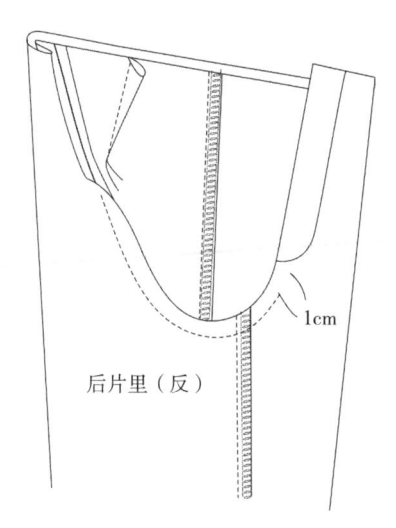

图 7-1-19　合里子上裆缝

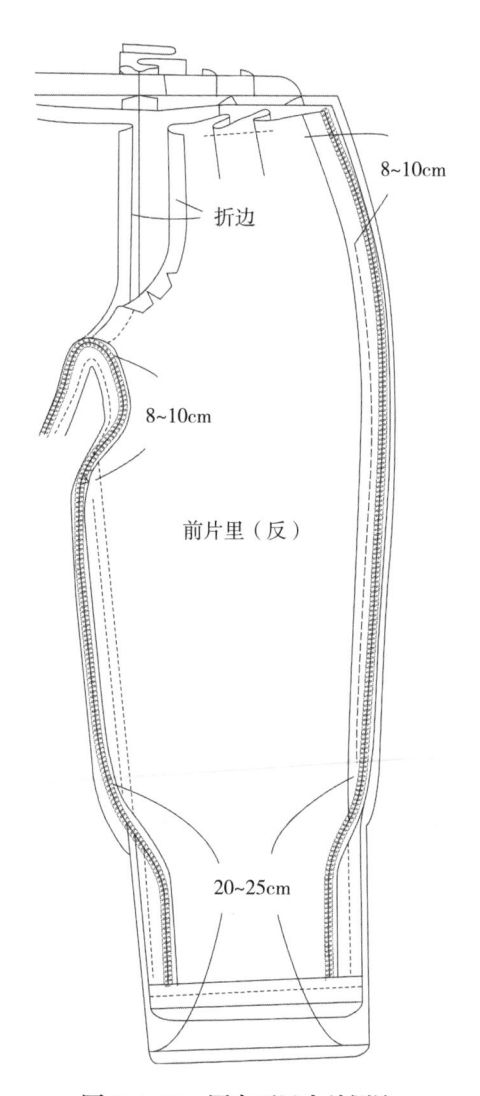

图 7-1-20　固定面里内外侧缝

第七章　裤子　261

29. 如图7-1-21所示，翻转裤片，将裤里朝外。
30. 将裤里门襟开口折边折进，然后缲缝到裤面的门里襟上。
31. 裤腰的制作及装腰，参见西服裙裙腰的做法。
32. 如图7-1-22所示，里子脚口折边与面子折边拉约为3cm的线襻固定。
33. 钉腰钩襻。
34. 熨烫整理。

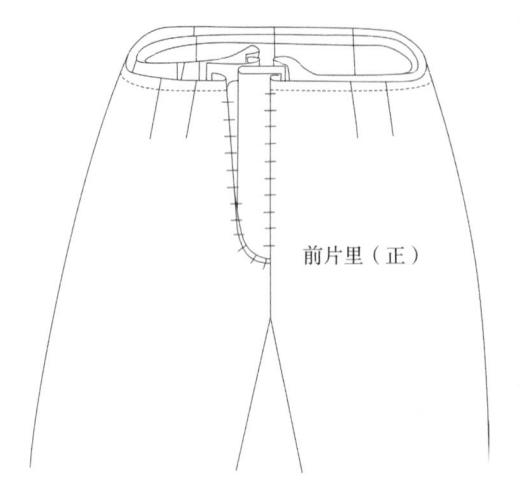

图 7-1-21　固定里子门里襟

图 7-22　拉线襻

第二节　紧身七分裤

一、款式说明

如图7-2-1所示，该款为紧身七分裤。

图 7-2-1　款式图

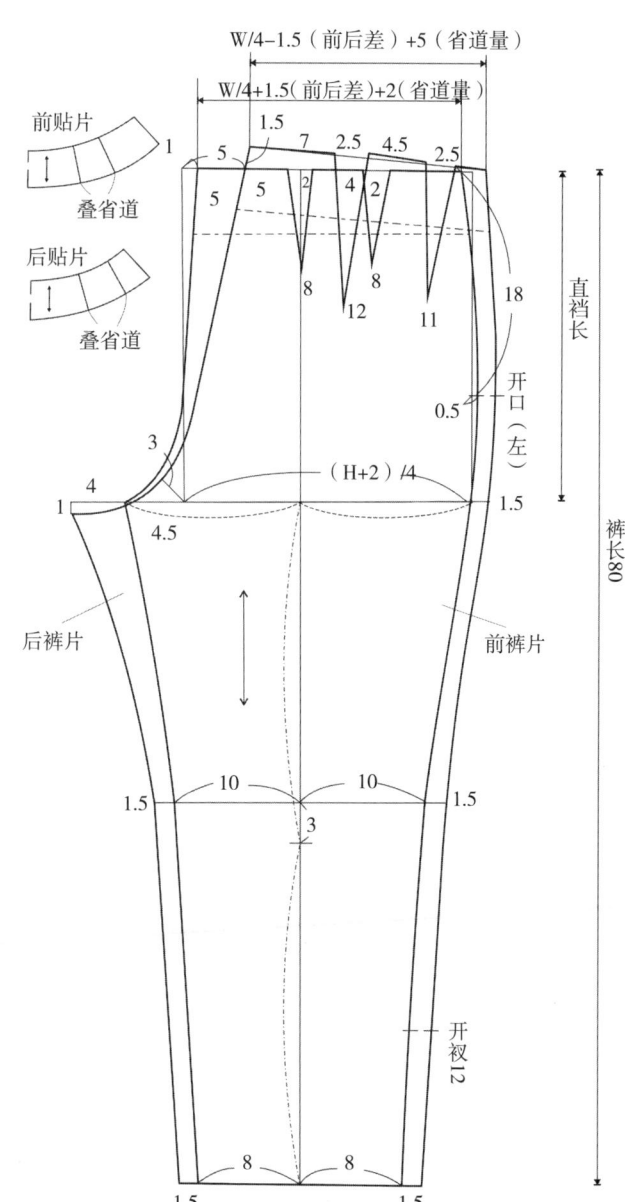

二、结构图

制图说明：如图7-2-2所示，省道拼合及前后侧拼合后，修顺裙腰口弧线。省道的大小可以根据腰臀差进行调整或增加。

图 7-2-2　结构图

三、缝头加放

缝头加放如图7-2-3所示。

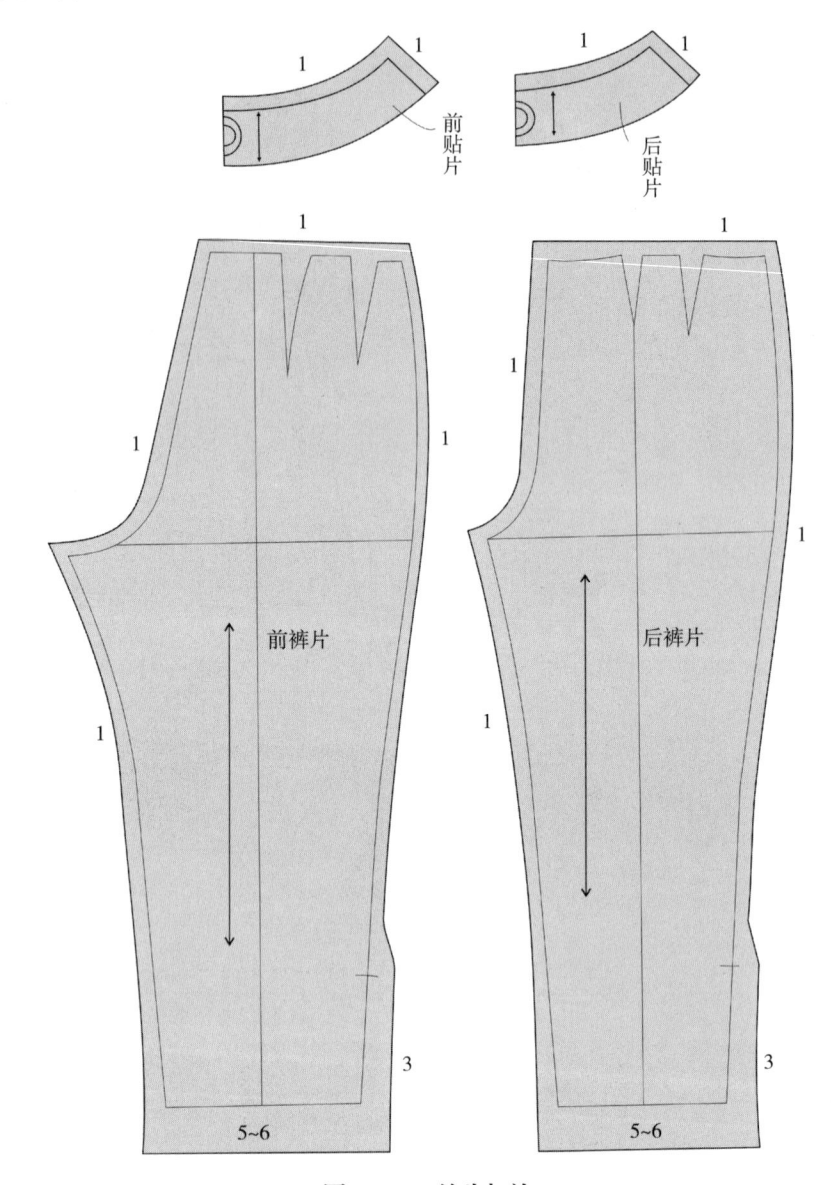

图 7-2-3 缝头加放

四、缝制方法

1. 后裤片的归拔，如图7-2-4所示，将左右两后裤片正面相对，用熨斗拔开后裤片的上裆缝和下裆缝的曲线部分。

2. 如图7-2-5所示，前后裤片的左侧拉链开口部分贴上牵条衬。开衩的贴边部分，贴上黏合衬。

3. 包缝侧缝线、下裆线、直裆线。

4. 缝前后省道，熨烫，并将缝头倒向中心侧。

5. 如图7-2-6所示，将前后片正面相对，缝合侧缝和下裆缝，左裤片侧缝从开衩止点缝至拉链开口止点，右裤片侧缝从开衩止点缝至腰线。

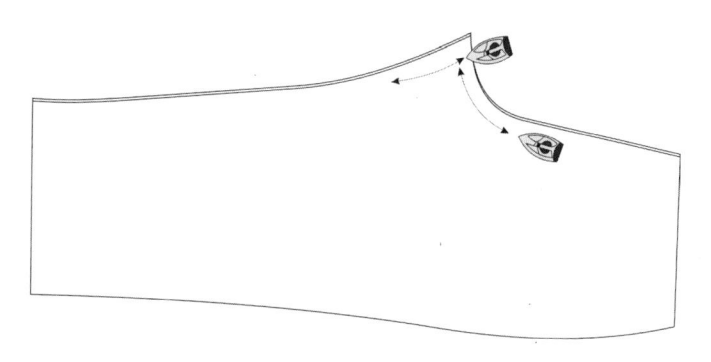

图 7-2-4　拔后裤片

图 7-2-5　缝省道

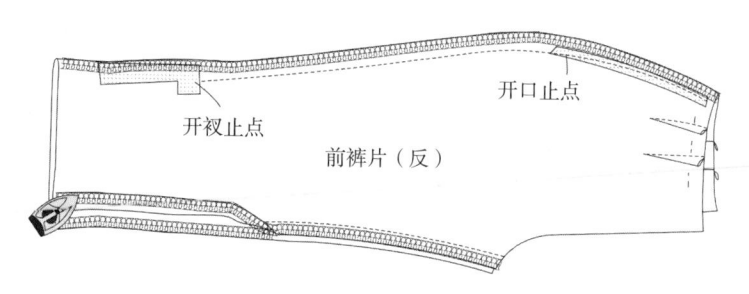

图 7-2-6　合侧缝和下裆缝

6. 如图7-2-7所示，将隐形拉链放在左裤片开口部位的背面，拉链齿中心与侧缝净缝线相对。拉链上端与腰口线净线对齐，将缝头与拉链用大头针固定，检查左右对位情况，然后在拉链牙边上粗缝固定。

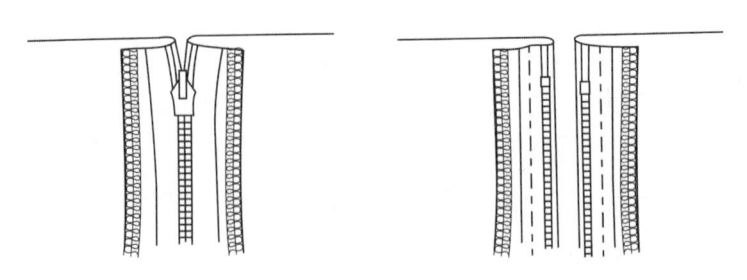

图 7-2-7 固定拉链

7. 如图7-2-8所示，将拉链的拉头拉至最下面。将拉链插进隐形拉链压脚的槽中，一边把拉链牙抬起，一边车缝，直至缝到开口止点。

8. 如图7-2-9所示，左右两边缝完后，从反面拉出拉链的拉头，然后闭合拉链，将拉链金属扣移至开口止口处，用钳子固定。

9. 如图7-2-10所示，拉链基布两侧缲缝或缉缝在裤片的缝头上，下端用三角针固定在缝头上或者用布将下端包住。

10. 如图7-2-11所示，左右裤片正面相对叠合，缝合直裆线。同一缝道上重叠缝一次（缝二次），缝头劈开到直裆的中间左右，下边的缝头自然的竖着。

11. 如图7-2-12所示，前后腰贴边的反面贴上黏合衬，并标记前中和后中的位置。

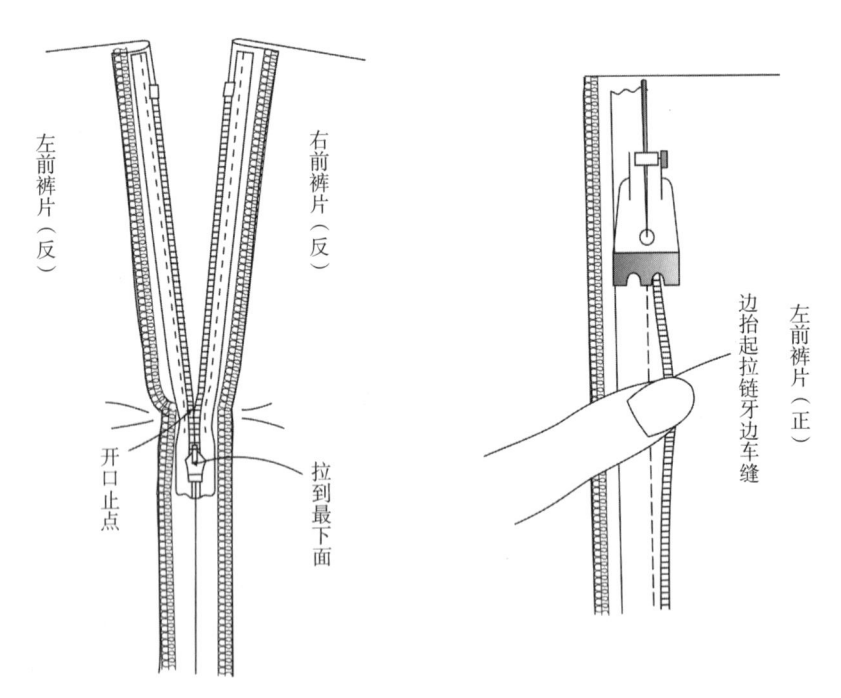

图 7-2-8 缝拉链

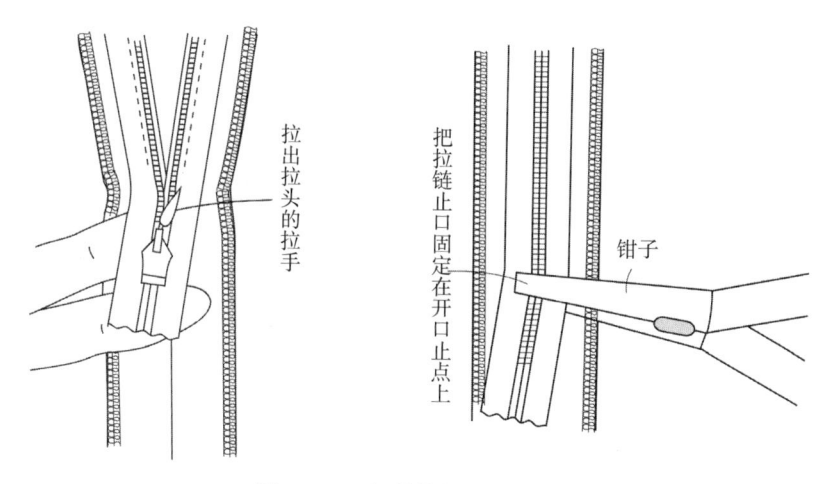

图 7-2-9 调整拉链金属扣位置

图 7-2-10 绷缝拉链基布

图 7-2-11 合裆缝

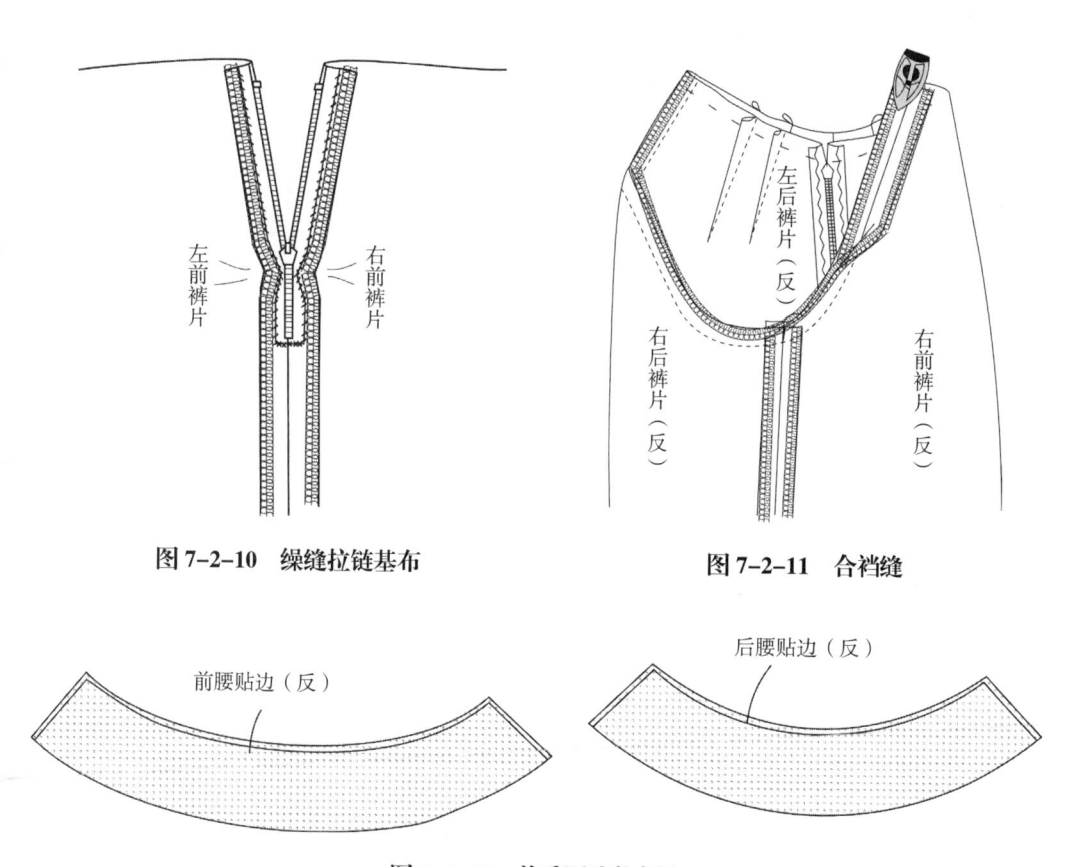

图 7-2-12 前后腰贴黏合衬

12. 如图7-2-13所示，前后贴边正面相合，缝右侧缝线，侧缝的缝头剪成0.5~0.7cm，劈开缝头。

13. 如图7-2-14所示，防止腰口线被拉开变形，在裤片的腰线反面贴上牵条衬。

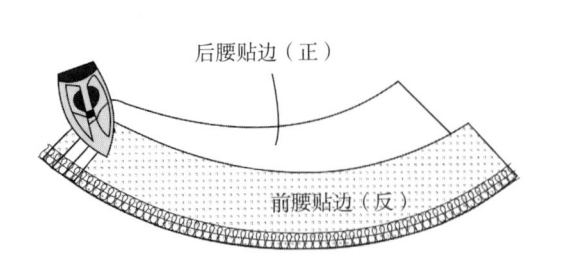

图 7-2-13 合腰头贴边侧缝

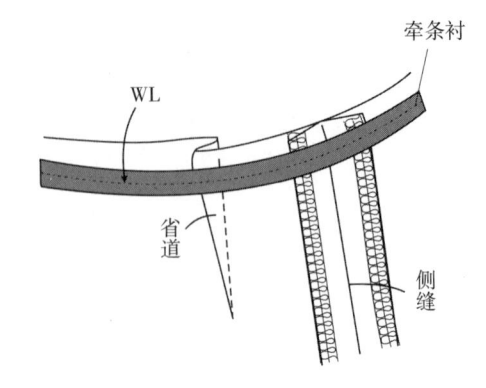

图 7-2-14 腰口贴牵条衬

14. 如图7-2-15所示，裤腰的贴边与裤片在腰部正面相对叠合，裤片净线外0.1cm和贴边净线内0.1~0.2cm处合上，粗缝固定，在粗缝外边在车缝。腰围的缝头要剪成差档（裤片0.8cm左右，贴边0.5左右），弧度大的地方，还要剪进去一些或者打剪口。

15. 如图7-2-16所示，贴边向上竖起，腰围缝头倒向贴边侧，贴边和腰围的缝头做压缉缝。

16. 如图7-2-17所示，将腰口贴边倒向裤身，贴边退进一些，用熨斗整理腰围线。左侧贴边推进一些，离开拉链再折烫。

图 7-2-15 绱腰口贴边

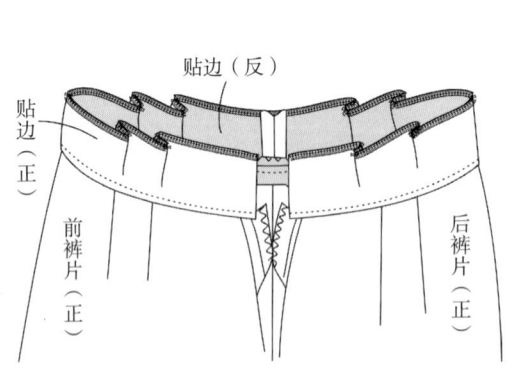

图 7-2-16 缉腰口贴边

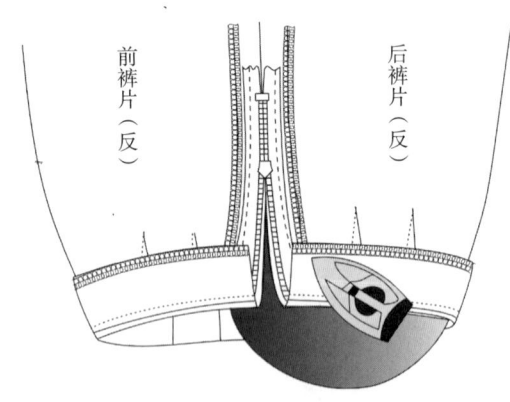

图 7-2-17 烫腰口贴边

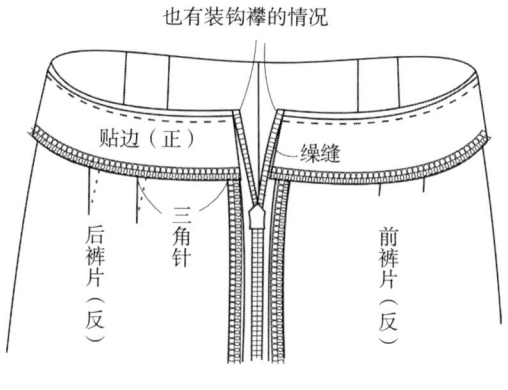

图 7-2-18　绷缝贴边

17. 如图7-2-18所示，绷缝左侧缝的贴边，贴边重叠在缝头上的地方用三角针固定。

18. 如图7-2-19所示，内外侧缝的缝头和脚口贴边的缝头重叠部分留一定宽度后进行修剪。

19. 包缝脚口缝头。

20. 如图7-2-20所示，扣烫脚口折边，将其绷缝固定到裤片上。

21. 如图7-2-21所示，开衩贴边的下摆要退离面裤脚口，并绷缝固定，与折边重叠部分用三角针固定。

22. 将标记和粗缝线全部除去并进行整烫。

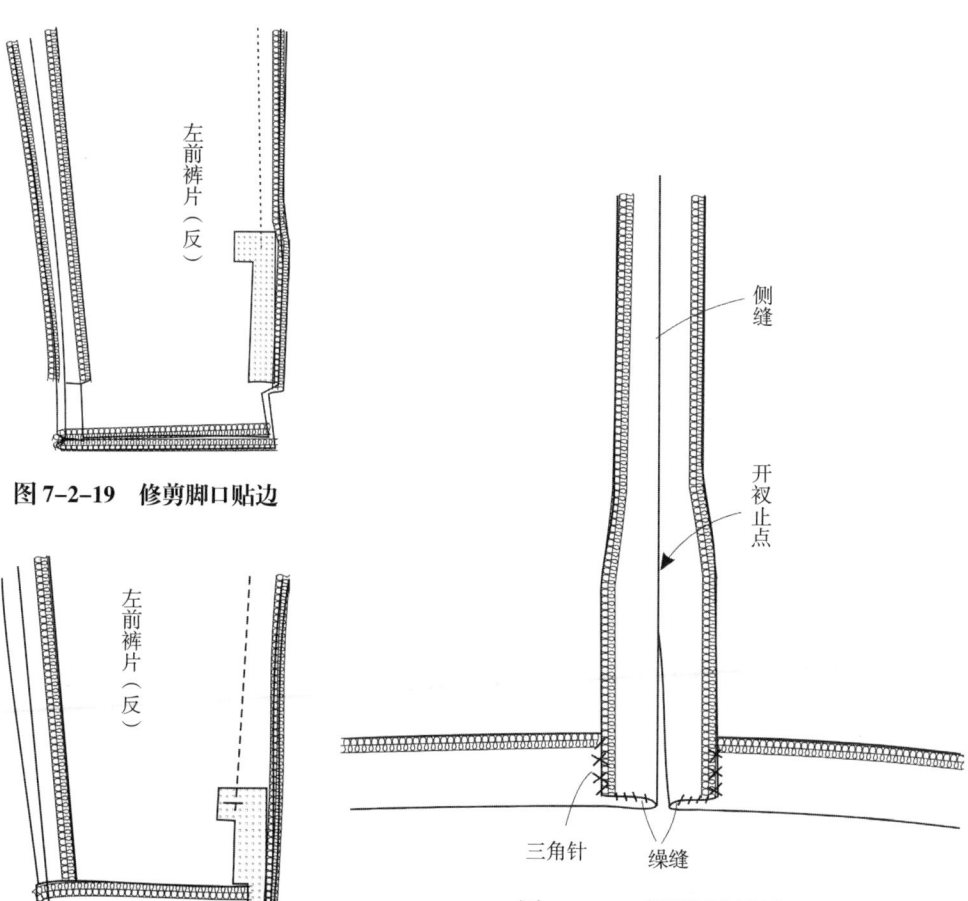

图 7-2-19　修剪脚口贴边

图 7-2-20　扣烫脚口折边

图 7-2-21　绷缝固定贴边

第七章　裤子

第三节　灯笼裤

一、款式说明

如图7-3-1所示，整体宽松，脚口处集中了细褶的灯笼裤。

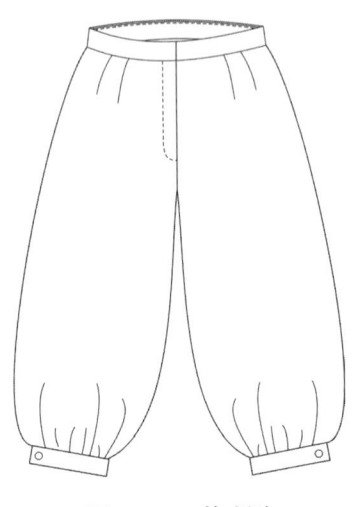

图 7-3-1　款式图

图 7-3-2　结构图

腰头以全长的1/4表示

腰头　W/4+0.5（松量）

下前里襟　3

W/4+0.5（松量）+省道量+0.5（归缩量）

直档长26

开口 18

H/4+1.5

裤长-3（65）

开衩长5

下前里襟

克夫　17.5　2.5

二、结构图

制图说明：如图7-3-2所示，省道拼合及前后侧拼合，修顺裤腰口弧线。省道的大小可以根据腰臀差进行调整或增加。

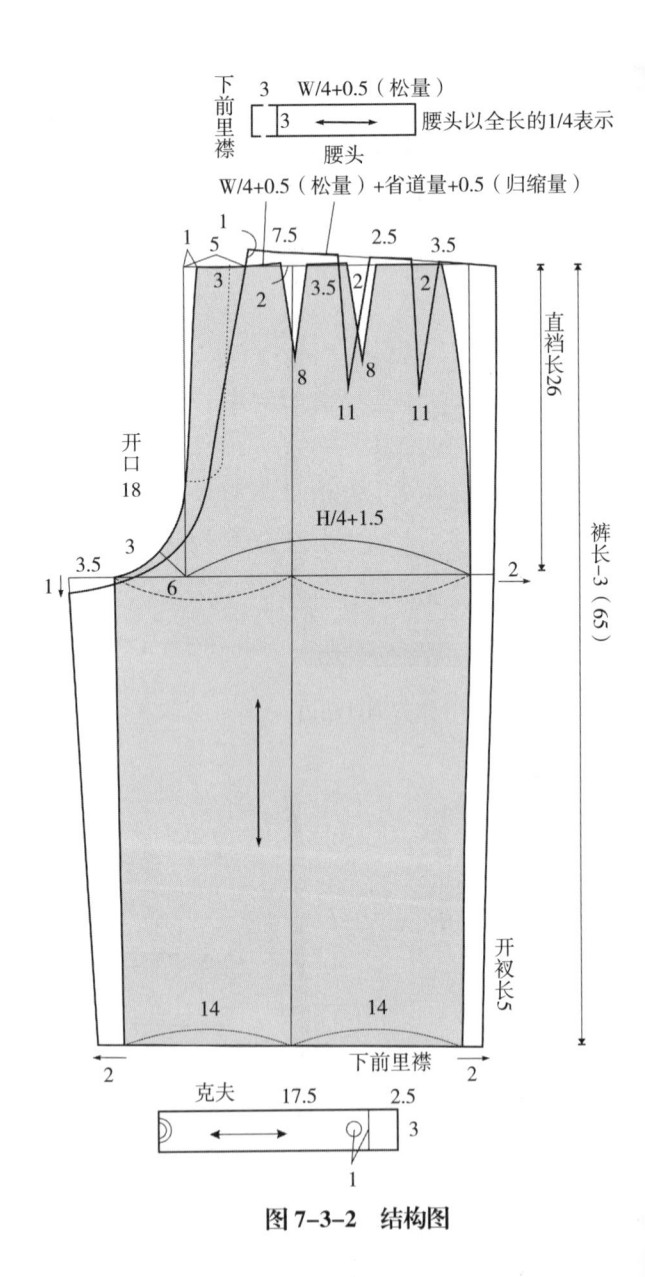

三、缝头加放

缝头加放如图7-3-3所示。

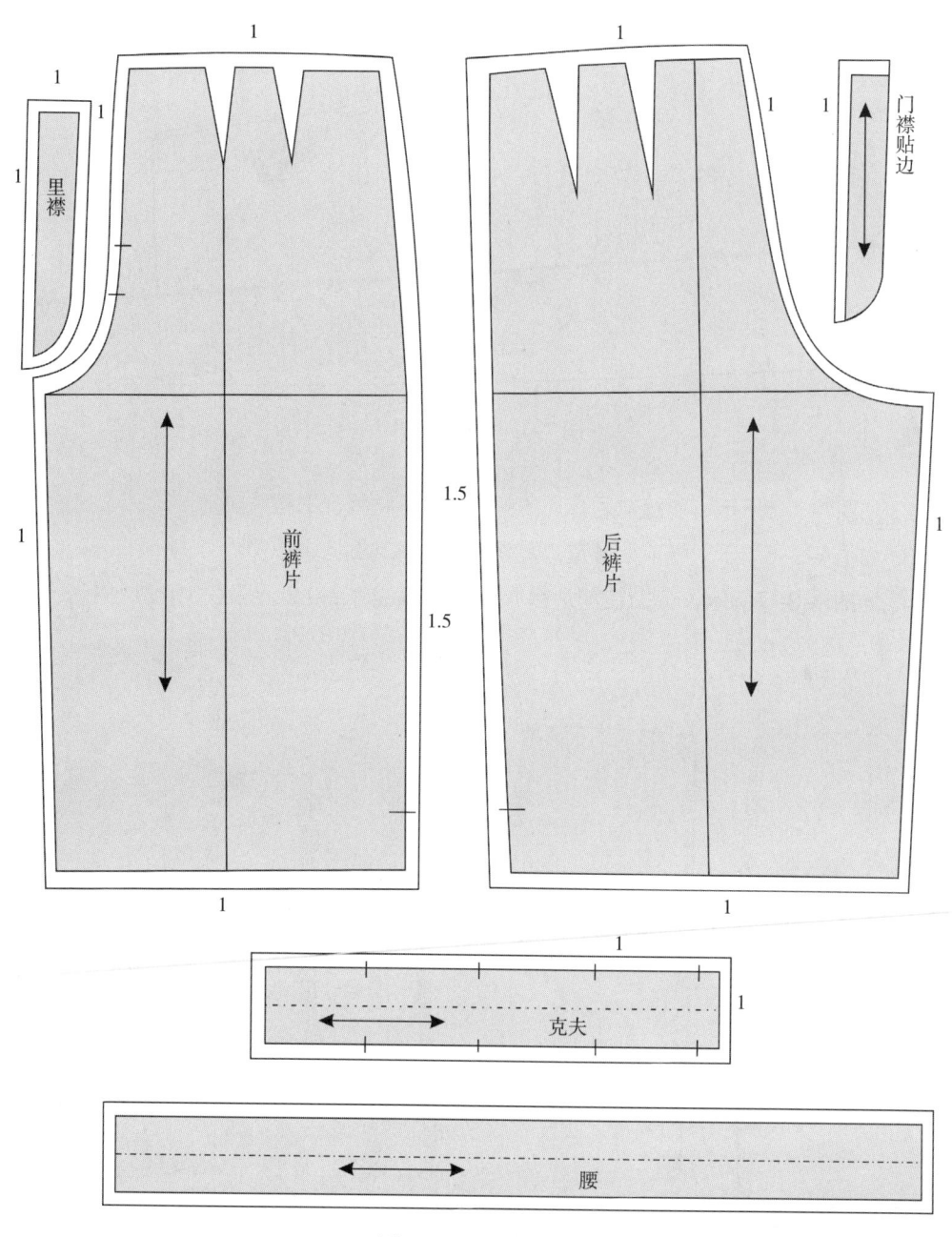

图 7-3-3　缝头加放

四、缝制方法

1. 如图7-3-4，将左右两后裤片正面相对，用熨斗拔开后裤片的上裆缝和下裆缝的曲线部分。

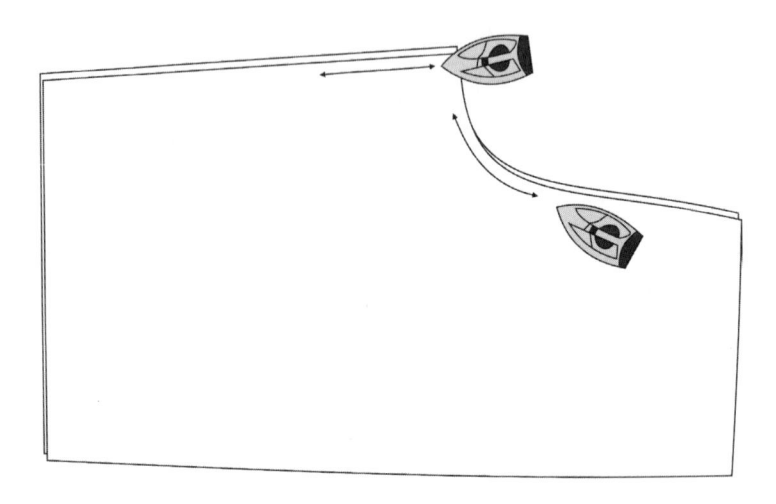

图 7-3-4　拔后裤片

2. 如图7-3-5所示，包缝前后裤片的侧缝线、下裆线、上裆线。
3. 如图7-3-6所示，缝前后省道，熨烫省道，将其倒向中心侧。
4. 如图7-3-7所示，分别在前后裤片的腰部净线外侧0.2cm及0.5cm处拱针，抽缝线，用熨斗归缩处理。

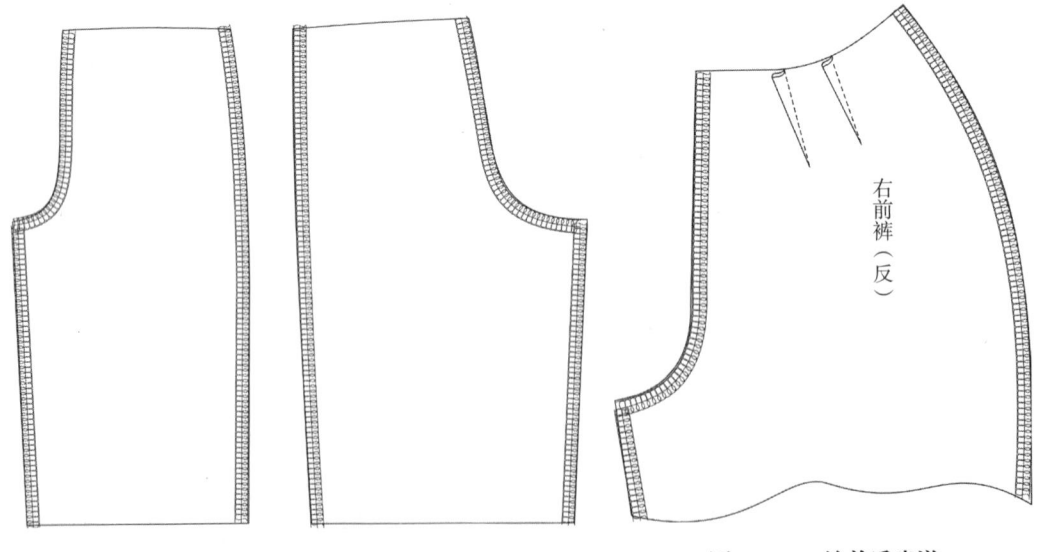

图 7-3-5　包缝前后裤片　　　　图 7-3-6　缝前后省道

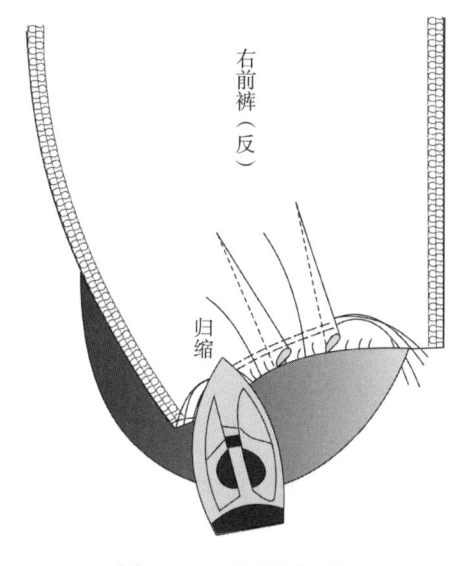

图 7-3-7 处理腰口线

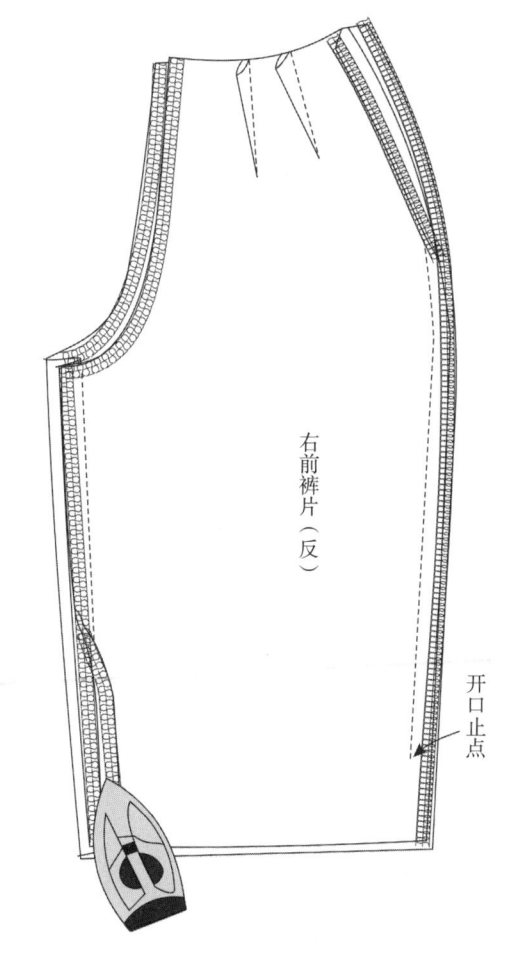

图 7-3-8 合侧缝和下裆缝

5. 如图7-3-8所示，前后裤片正面相对叠合，缝侧缝（开口止点为止）和下裆缝，然后用熨斗将缝头劈开。

6. 如图7-3-9所示，前后裤片正面合上，留出拉链开口部车缝，前后直裆线连续车缝，同一缝道上再重复车缝一次（缝二次）。

7. 缝头劈开到直裆线的中间左右上，下边的缝头让它自然地竖着。

8. 如图7-3-10所示，做前门襟，将两片里襟正面相对车缝。然后翻到正面，用熨斗进行熨烫，为使里襟里布反吐，在熨烫时将里襟里比面退进0.1cm，然后将两片包缝到一起。

9. 如图7-3-11所示，门襟贴边贴上黏合衬后进行包缝，右前片裤片和门襟贴边正面相对，在净缝外侧0.1cm处进行车缝，缝至门襟开口止点，打回车，回车线迹与缝线重合。

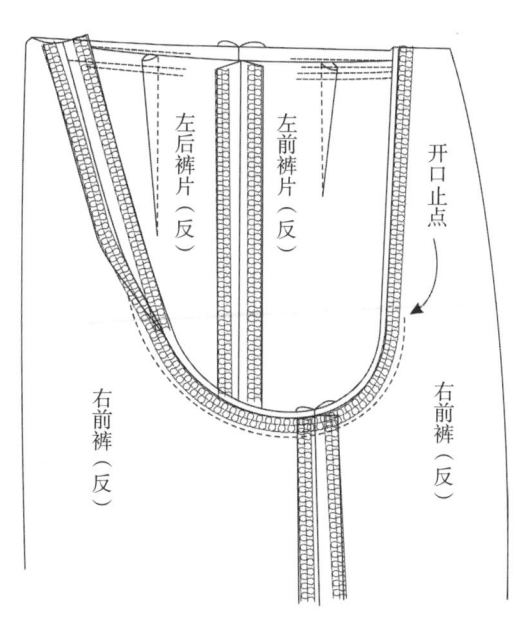

图 7-3-9 合上裆

第七章 裤子

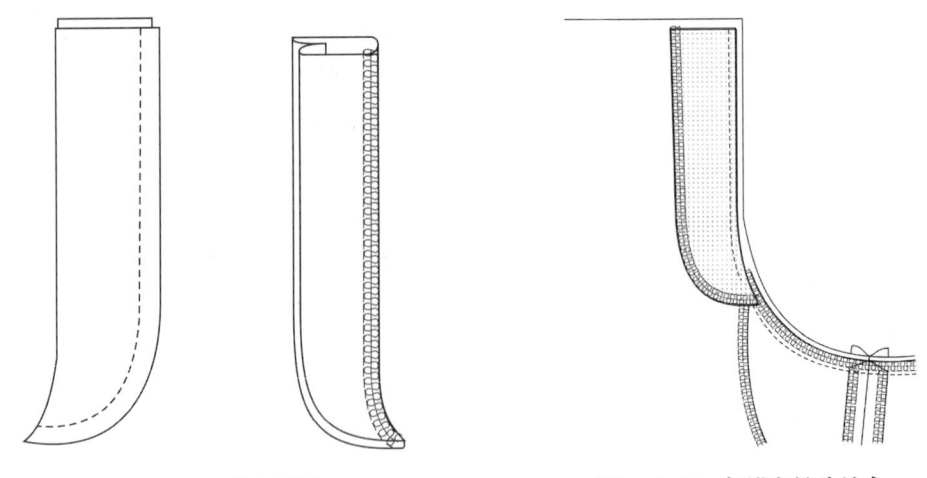

图 7-3-10　缝制底襟　　　　　　　图 7-3-11　门襟和裤片缝合

10. 如图7-3-12所示，将门襟贴边翻到正面，为防止门襟贴边反吐，将贴边退进0.1cm，也就是按裤片净边进行熨烫。然后将折左前片缝头，在净线向外0.5cm折进，这样可以避免里襟露出。

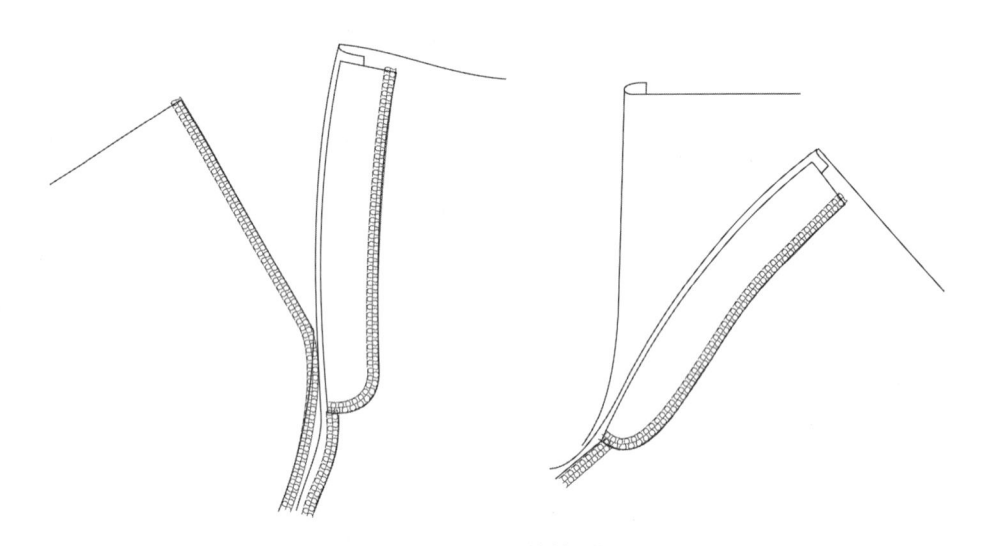

图 7-3-12　熨烫门襟

11. 如图7-3-13所示，将左前片的折痕与拉链牙边沿相对，下面放里襟，然后进行压缉缝，缝制门襟开口止点下1cm左右。然后合上拉链，与左前片的净缝重叠，再用大头针固定。

12. 如图7-3-14所示，翻回到反面，推开里襟，拉链基布与门襟贴边缝合，然后将里襟推开，将门襟和门襟贴边固定，如图在距离止口3cm处进行缉缝。最后将里襟推回，打套结。

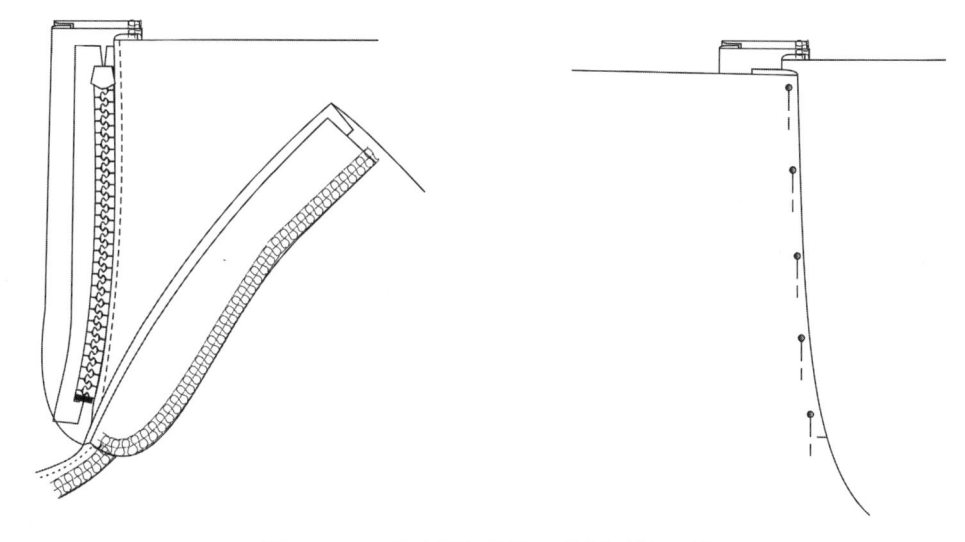

图 7-3-13 装底襟和拉链、固定门襟与里襟

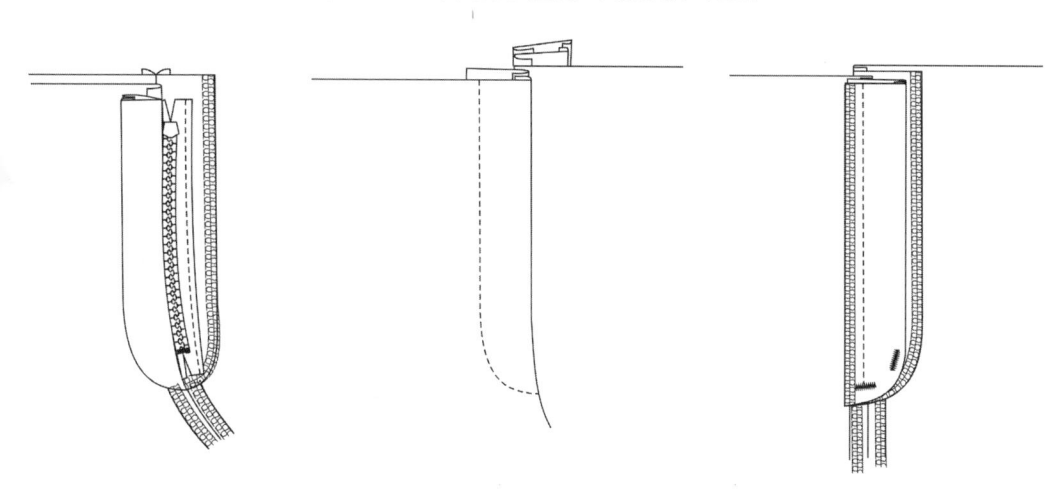

图 7-3-14 拉链与门襟缝合及固定门、里襟

13. 如图7-3-15所示,将门襟上拉链的基布绕缝到门襟贴边上,注意线迹不要露出门襟。

14. 装腰头参见西服裙。

15. 如图7-3-16所示,钉钩襻。

16. 如图7-3-17所示,将克夫的反面贴黏合衬,标上净印。

17. 如图7-3-18所示,裤片的开口部分压缉缝。

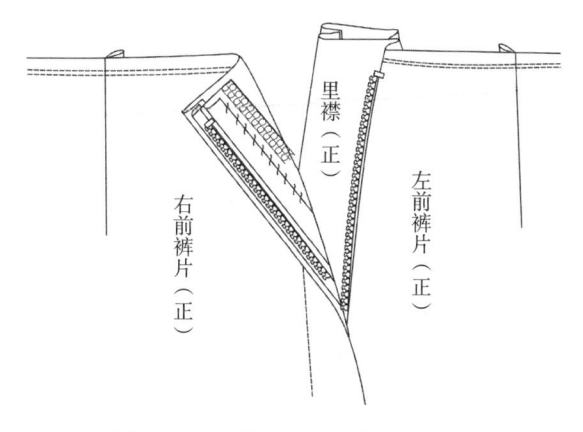

图 7-3-15 拉链的基布与门襟固定

第七章 裤子

图 7-3-16 钉钩襻

图 7-3-17 贴克夫黏合衬

图 7-3-18 缉开口明线

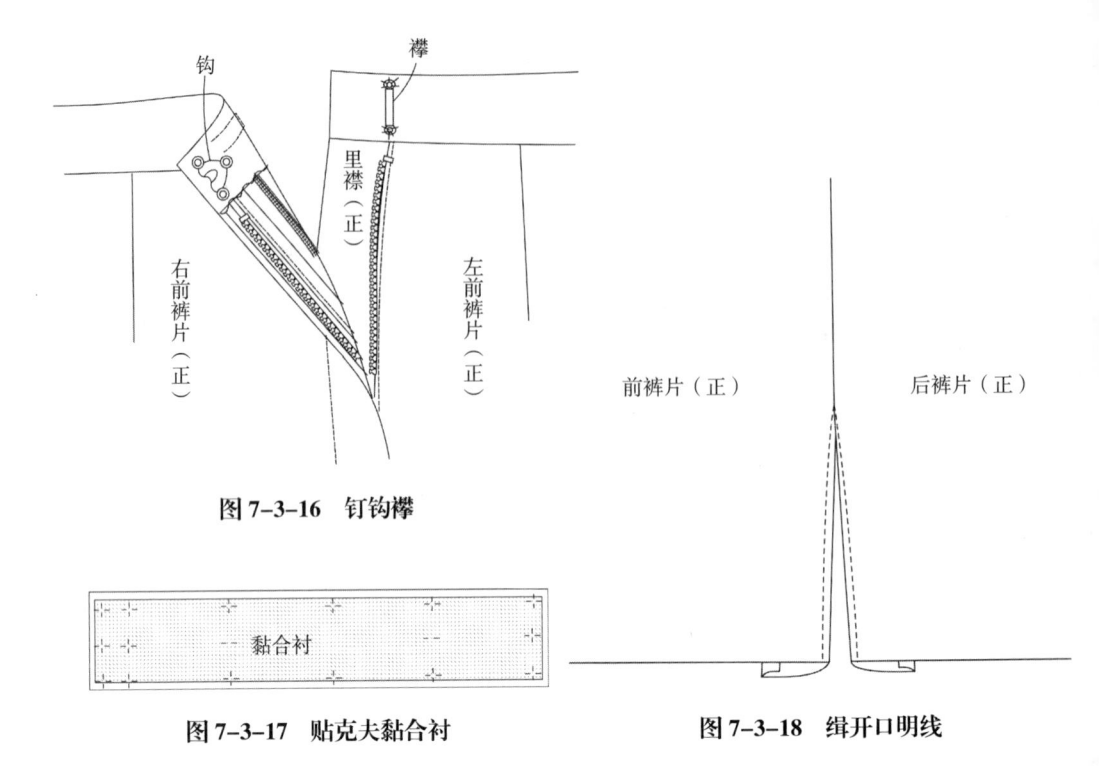

18. 如图7-3-19所示，脚口净印处0.2cm（缝头侧）处，再隔0.3cm处各拱针缝线。

19. 如图7-3-20所示，抽细褶的线，缩短到脚口大制成尺寸，用熨斗压倒缝头，整理细褶。

20. 如图7-3-21所示，将裤子的脚口与克夫正面相对，对了合缝记号作粗缝，再车缝，再整理克夫的缝头（0.8cm左右），然后把克夫翻回正面。

21. 如图7-3-22所示，将克夫正面合上折，缝合两端。

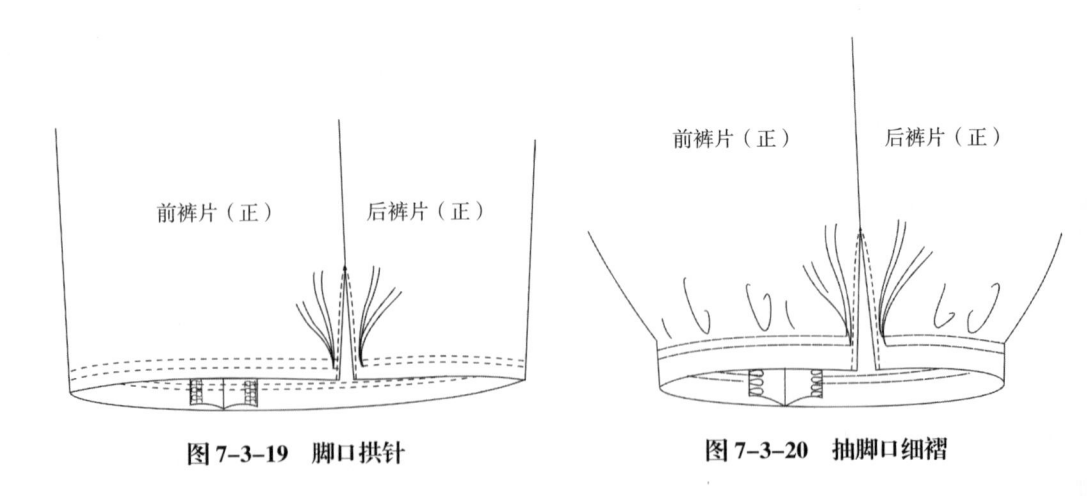

图 7-3-19 脚口拱针

图 7-3-20 抽脚口细褶

图 7-3-21 绱脚口克夫

图 7-3-22 缝克夫两端

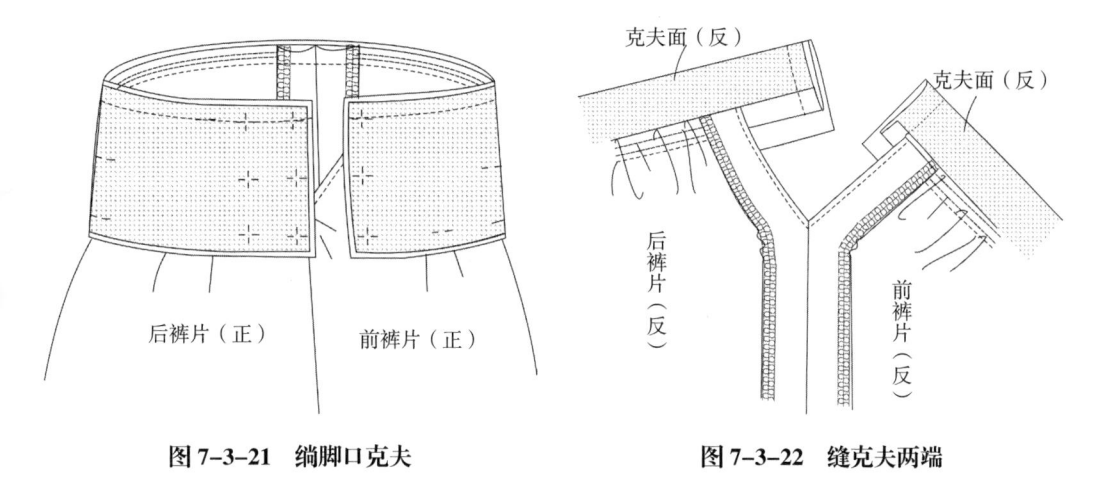

22. 如图7-3-23所示，将缝头倒向克夫侧，克夫里的缝着和缝道合上折进并缲缝。

23. 如图7-3-24所示，克夫的前裤片侧（上前）上做扣眼，在后裤片侧（下前）的里襟上钉钮扣。

24. 熨烫整理。

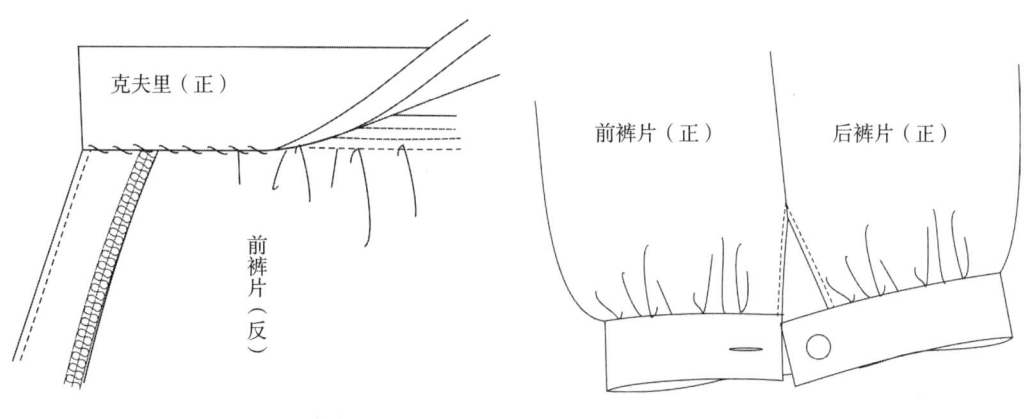

图 7-3-23 缲缝固定克夫里

图 7-3-24 锁眼钉扣

第七章 裤子 277

第四节 牛仔裤

一、款式说明

如图7-4-1所示，该款为直筒型牛仔裤。

二、结构图

制图说明：

1. 先画前片，如图 7-4-2所示，在前片的基础上画后片。省道拼合及前后侧拼合，修顺裤腰口弧线。省道的大小可以根据腰臀差进行调整或增加。

图 7-4-1　款式图

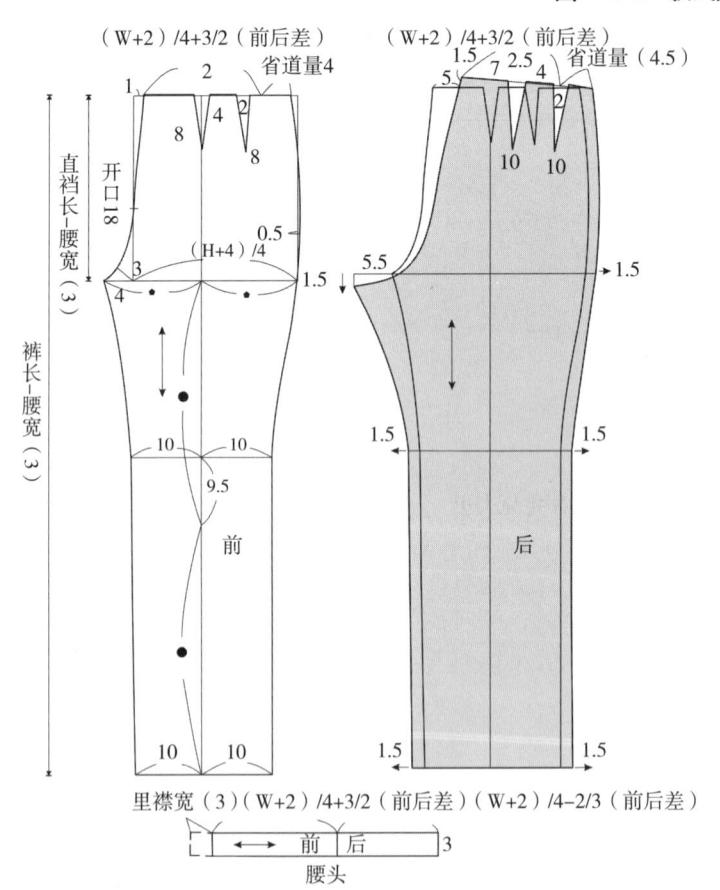

图 7-4-2　结构图

2. 如图7-4-3所示,画口袋位。
3. 如图7-4-4所示,沿虚线剪开,合并省道,比对裤片,将斜线部分修剪掉。
4. 如图7-4-5所示,画后片育克的位置。
5. 如图7-4-6所示,沿育克位线剪开,合并省道,修顺上线弧线,即为完成的育克。
6. 将后裤片的省道量在侧缝去掉。

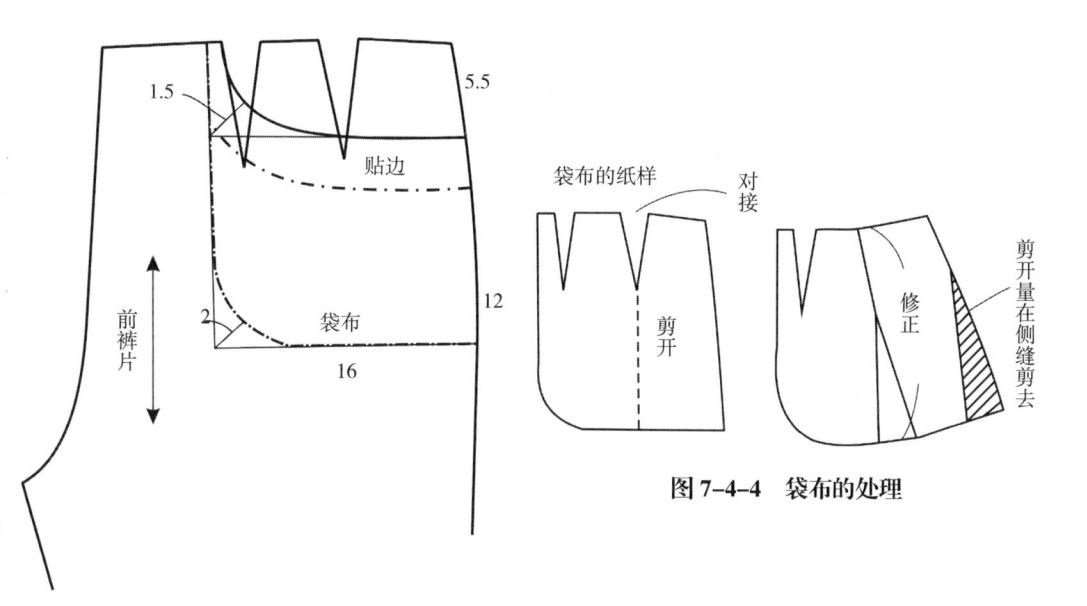

图 7-4-4　袋布的处理

图 7-4-3　口袋的结构图

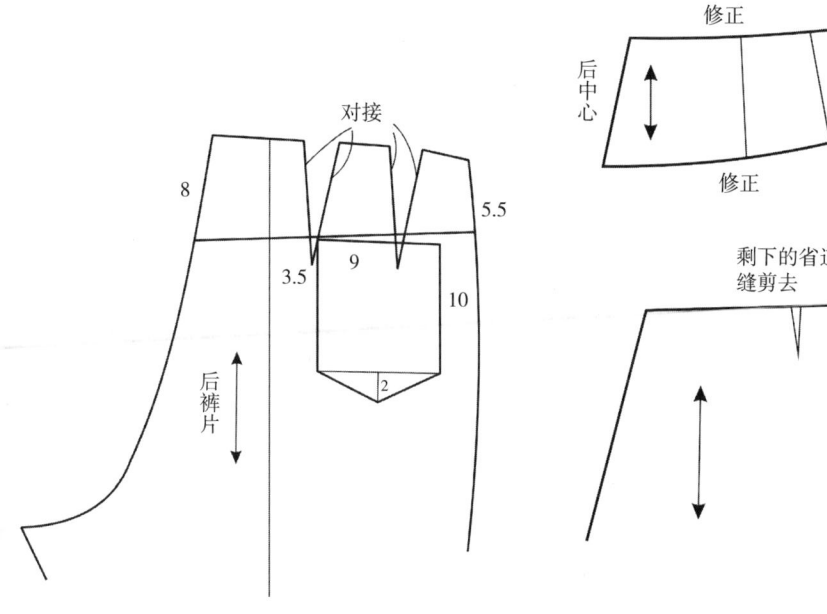

图 7-4-5　后片育克位

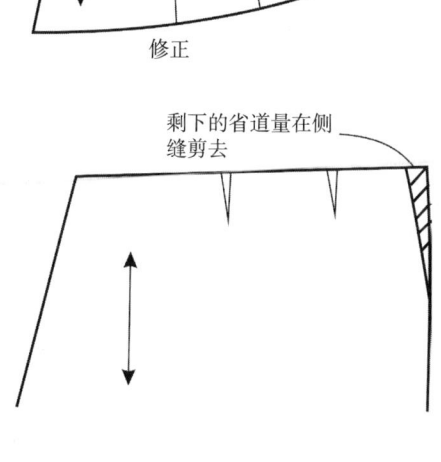

图 7-4-6　后片育克的处理

第七章　裤子

三、缝头加放

缝头加放如图7-4-7所示。

四、缝制方法

1. 如图7-4-8所示，包缝前后裤片和育克。

2. 如图7-4-9所示，缉缝袋布A的省道。

3. 如图7-4-10所示，在袋口贴边的反面贴上黏合衬。

4. 袋布B的正面与袋口贴边正面相对，缝合。

5. 如图7-4-11所示，裤片袋口净线外0.1cm和贴边净线内0.1cm正面相对叠合缉缝。

6. 袋口缝头打剪口。

7. 如图7-4-12所示，熨烫缝道，将袋口缝头倒向贴边一侧。

8. 如图7-4-13所示，翻转袋布，

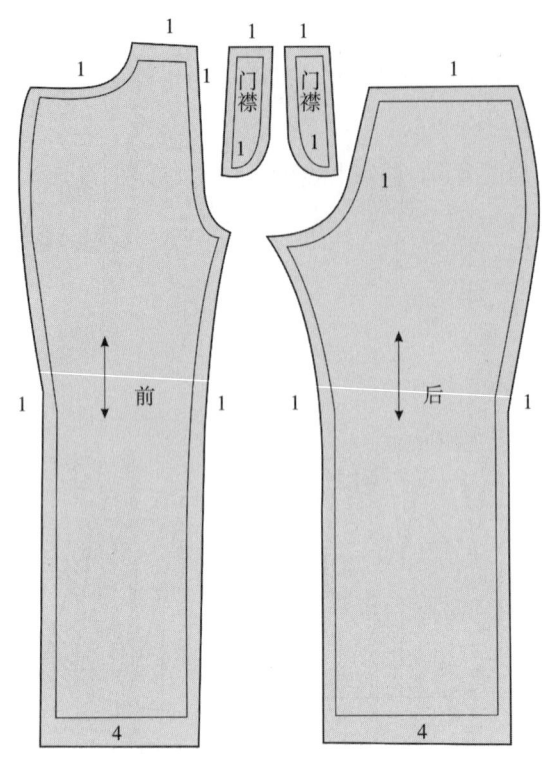

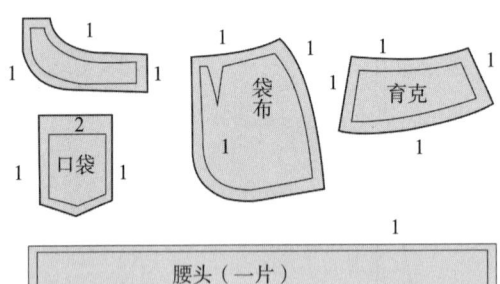

图 7-4-7　缝头加放

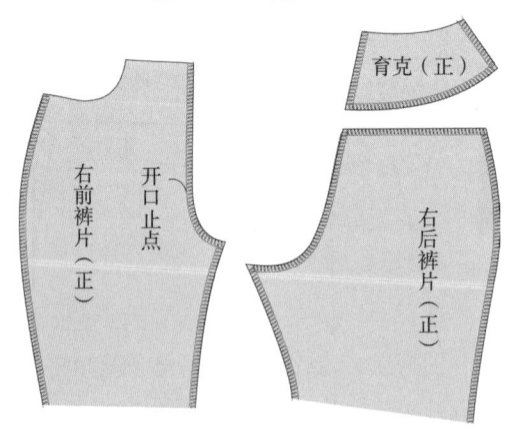

图 7-4-8　包缝

图 7-4-9　缉缝袋布省道

图 7-4-10　袋布—贴边缝合

图 7-4-11 绱袋布　　　　　　　　　　图 7-4-12 烫缝头

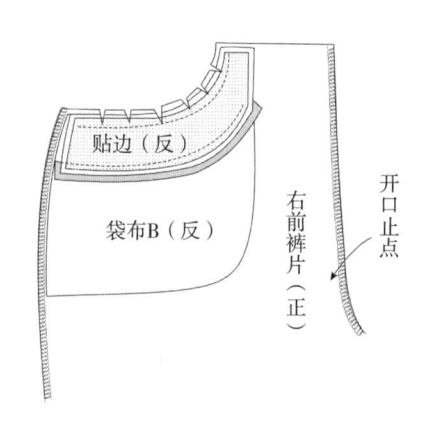

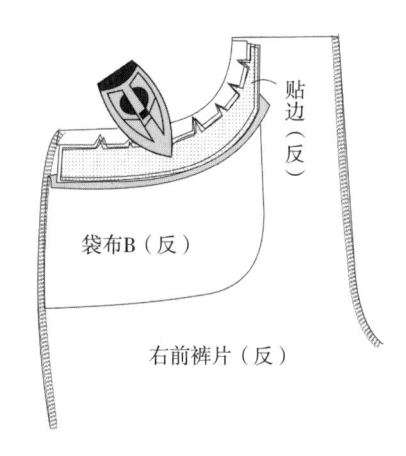

贴边退出0.1cm，然后在袋口正面0.3cm处缉明线。

9. 如图7-4-14所示，将袋布A置于袋布B之下，袋口粗缝固定。

10. 如图7-4-15所示，推开前裤片，袋布周围缉缝两道线，然后将其包缝在一起。

11. 如图7-4-16所示，将后片正面与育克正面相对叠合，缉缝。

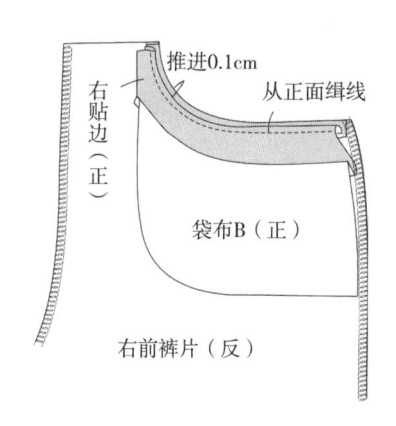

图 7-4-13 缉袋口明线　　　　　　　　图 7-4-14 固定袋布A

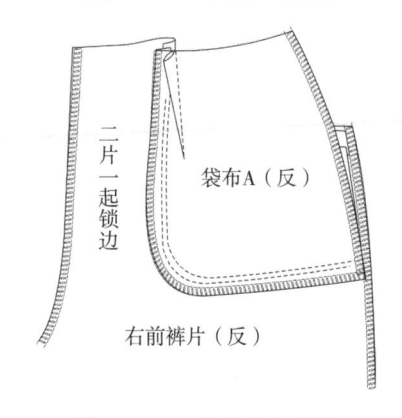

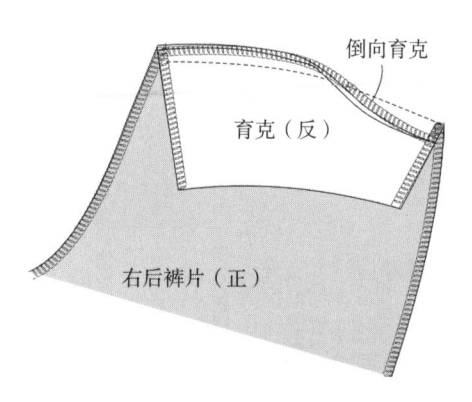

图 7-4-15 缉缝袋布周围　　　　　　　图 7-4-16 合后裤片与育克

第七章　裤子

12. 将缝头倒向育克。

13. 如图7-4-17所示，将左右两后裤片正面相对叠合，缝合后裆缝，从腰围线到育克下4~5cm处缉缝2次，然后劈开缝头。

14. 如图7-4-18所示，翻转至正面，缉缝两道明线作为装饰线。

15. 图7-4-19所示，袋口的反面贴上黏合衬，将袋口多余的缝头剪去。

16. 包缝袋口四周。

17. 扣烫袋口折边，并缉两道装饰明线。

18. 扣烫其他三边缝头。

19. 如图7-4-20所示，将袋布置于后片相应的位置，用大头针固定，或者粗缝固定。

20. 缉两道装饰明线。

21. 缝合侧缝和下裆缝。

22. 缉缝脚口折边。

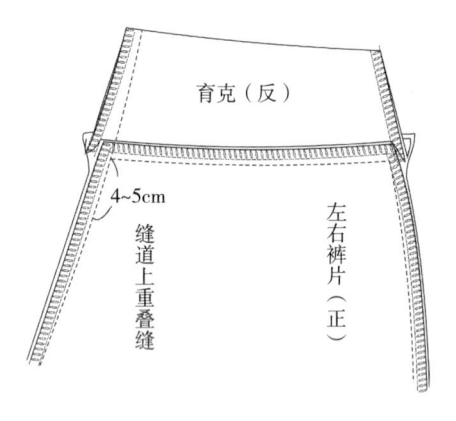

图 7-4-17 缝合后裆缝

图 7-4-18 缉育克明线

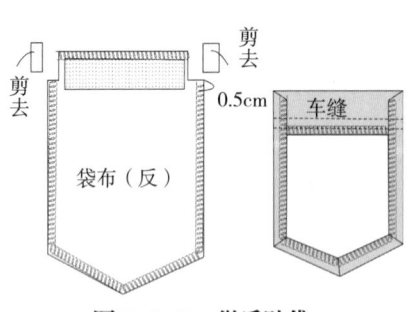

图 7-4-19 做后贴袋

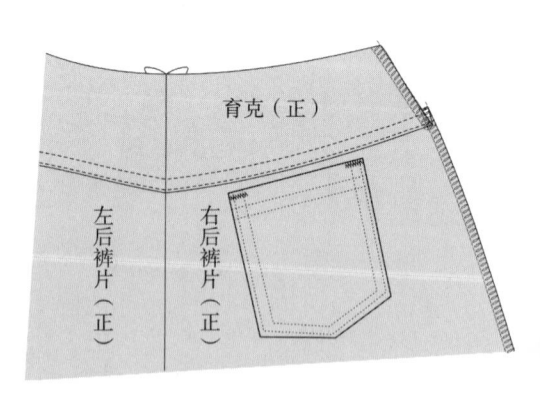

图 7-4-20 装后贴袋

23. 如图7-4-21所示，将裤片正面相对叠合，缝合上裆，缝至前开口止点，缝两道。

24. 做门襟和装裤腰参见灯笼裤。

25. 如图7-4-22所示，将内外侧缝的缝头和脚口贴边的缝头重叠部分留一定宽度后进行修剪。

26. 如图7-4-23所示，扣烫脚口折边。

27. 如图7-4-24所示，缉缝脚口折边。

28. 如图7-4-25所示，打套结，锁眼钉扣。

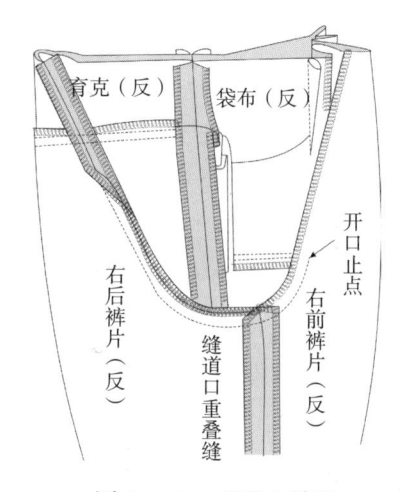

图 7-4-21 缉缝上裆缝

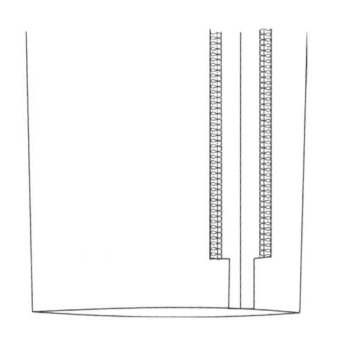

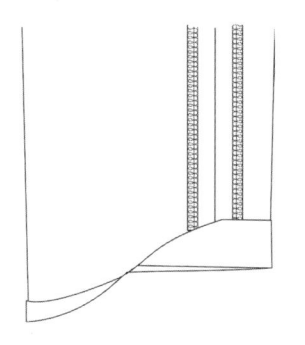

图 7-4-22 修剪缝头　　图 7-4-23 扣烫脚口折边　　图 7-4-24 缉缝脚口折边

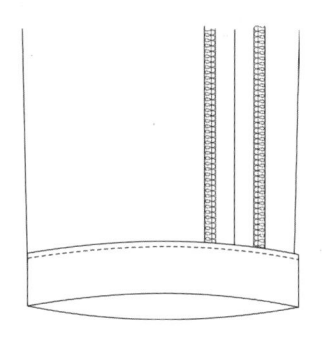

图 7-4-24 打套结，锁眼钉扣

第七章　裤子　283

参考文献

[1] 杉山. 男西服技术手册 [M] 王澄等译. 北京：中国纺织出版社，2002

[2] 康妮·阿玛登·克兰福德，等著. 图解服装缝制手册 [M] 刘恒译. 北京. 中国纺织出版社，2000

[3] 张文斌. 成衣工艺学(成衣工艺分册) [M]. 北京：中国纺织出版社，1997

[4] 王秀芬. 服装缝制工艺大系 [M]. 沈阳：辽宁科学技术出版社，2003

[5] 陆鑫等. 成衣缝制工艺与管理 [M]. 北京：中国纺织出版社，2005

[6] 鲍卫君，朱秀丽. 服装制作工艺 基础篇 [M]. 北京：中国纺织出版社，2002

[7] 孙兆全. 成衣纸样与服装缝制工艺 [M]. 北京：中国纺织出版社，2006

[8] 周邦桢. 服装熨烫原理及技术 [M]. 北京：中国纺织出版社，1999

[9] 姚再生. 服装制作工艺 成衣篇 [M]. 北京：中国纺织出版社，2002

[10] 王秀彦. 服装制作工艺教程 [M]. 北京：中国纺织出版社，2003

[11] 张志. 精做高级服装 [M]. 北京：中国纺织出版社，2003

[12] 吕学海，包含芳. 图解服装缝制工艺 [M]. 北京：中国纺织出版社，2001

[13] 鲍卫君. 现代成衣工程 [M]. 杭州：浙江科学技术出版社，2008

[14] 袁敬民，等. 意大利西服纸样设计与缝制工艺 [M]. 南昌：江西科学技术出版社，1994

[15] 邹奉元，等. 服装工业样板制作原理与技巧 [M]. 杭州：浙江大学出版社，2006

[16] 吴卫刚. 快速精通缝纫 [M]. 北京. 中国纺织出版社，2000